中国科学技术大学研究生教育创新计划项目经费支持

一流规划教材

研究生系列教材
计算机类

实时系统设计与分析

原第4版

REAL-TIME SYSTEMS
DESIGN AND ANALYSIS

Phillip A. Laplante Seppo J. Ovaska 著

郭 燕 吴桂兴 李 曦 译

U0190498

WILEY

中国科学技术大学出版社

安徽省版权局著作权合同登记号：第 12222056 号

Real-Time Systems Design and Analysis：Tools for the Practitioner by Phillip A. Laplante and Seppo J. Ovaska. ISBN：9780470768648.

Copyright 2012 by the Institute of Electrical and Electronics Engineers，Inc.

All Rights Reserved. This translation published by University of Science and Technology of China Press is under license. Authorized translation from the English language edition，published by John Wiley & Sons. No part of this book may be reproduced in any form without the written permission of the original copyright's holder.

本书中文简体版出版权由 John Wiley & Sons，Inc. 公司授予中国科学技术大学出版社。未经许可，不得以任何手段和形式复制或抄袭本书内容。

版权所有，侵权必究。

图书在版编目(CIP)数据

实时系统设计与分析/(美)菲利普·A.拉普朗特(Phillip A. Laplante)，(芬)塞波·J.奥瓦斯卡(Seppo J. Ovaska)著；郭燕，吴桂兴，李曦译.—合肥：中国科学技术大学出版社，2023.6

ISBN 978-7-312-05670-3

Ⅰ.实⋯ Ⅱ.①菲⋯ ②塞⋯ ③郭⋯ ④吴⋯ ⑤李⋯ Ⅲ.实时系统—系统设计 Ⅳ.TP316.2

中国国家版本馆 CIP 数据核字(2023)第 077329 号

实时系统设计与分析

SHISHI XITONG SHEJI YU FENXI

出版	中国科学技术大学出版社
	安徽省合肥市金寨路 96 号，230026
	http：//press.ustc.edu.cn
	https：//zgkxjsdxcbs.tmall.com
印刷	安徽国文彩印有限公司
发行	中国科学技术大学出版社
开本	787 mm×1092 mm 1/16
印张	25.75
字数	593 千
版次	2023 年 6 月第 1 版
印次	2023 年 6 月第 1 次印刷
定价	108.00 元

前　　言

在实时系统中，及时性是系统正确性的关键。实时软件设计人员必须熟悉计算机体系架构和组织、操作系统和相关服务、编程语言、系统和软件工程以及性能分析和优化技术。本书从实时系统设计人员的角度对这些主题进行了务实的讨论。由于这是一项艰巨的任务，因此有时会因内容的广度而牺牲了深度。不过，为了补偿由于篇幅或其他原因而牺牲了的深度，我们提供了经过仔细筛选的额外的文献以供进一步阅读。

本书适合计算机科学、计算机工程和电气工程专业的高年级本科生和研究生以及实践软件、系统和计算机工程师使用。如果辅以高级读物或针对特定主题的精选的学术文章（可以从本书提供的参考书目中收集），则也可以用作研究生水平的教材。本书对于在工业环境中需要快速"上手"的新的实时系统设计人员特别有用。本书所载的内容已经应用于工业客户短期课程的教学中。最后，我们希望本书能够成为具有长期价值的案头参考书，甚至对于经验丰富的实时系统设计师和项目经理来说也是如此。

我们假定读者已经掌握了一种比较流行的编程语言的基本知识，这是学习本书的先决条件，也是最低的要求。熟悉离散数学有助于理解一些形式化的内容，但不是必需的。

由于实时系统设计有多种很实用的语言，例如 Ada、C、C++、C♯以及用得越来越多的 Java，因此当理论和框架应当独立于语言时，将本书重点放在某一种特定的语言（例如 C）上是不公平的。但是，为了讨论的规范性，某些观点会酌情以通用汇编语言和 C 语言进行说明。虽然书中所提供的程序代码不能直接使用，但只要稍作调整，就可以很容易地在实际系统中使用。

本书分为 9 章，各章内容大部分是相互独立的。因此，教师或读者可以根据自己的知识背景和兴趣重新安排或忽略。但是，我们建议先学习第 1 章，因为它包含对实时系统的介绍以及必要的术语。

本书的每一章都包含有简单的和更具挑战性的练习，以激发读者对实际问题的兴趣。然而，这些练习不能替代精心规划的实验室工作或实践经验。

  本书第1章对实时系统的性质进行了概述。在讨论实时系统设计人员所面临的主要挑战的同时,还介绍了许多与实时系统有关的基本词汇。此外,还进行了简要的历史回顾。本章的目的是为本书的其余部分做铺垫,帮助读者快速熟悉相关的术语。

  第2章从实时系统设计者的角度详细回顾了计算机架构概念。特别讨论了高级架构特性对实时性能的影响。本章的其余部分概述了嵌入式系统的不同存储器技术、输入/输出技术和对外设的支持,目的是提高读者对各种设计考虑因素对计算机体系架构影响的认识。

  第3章是本书的核心内容。本章全面介绍了3个主要的实时内核服务:调度/分派、任务间通信/同步和内存管理。它还涵盖了这些设计中固有的特殊问题,例如死锁和优先级反转。

  第4章首先讨论了良好的软件工程实践所需要的特定语言特性,特别是在实时系统设计中。接下来,针对这些特性,对实时系统设计中几种广泛使用的编程语言进行了评估。本书的目的是提供明确的标准来评估一种语言对实时系统的支持能力及可能存在的缺点。

  第5章首先讨论了需求工程的本质,然后,用说明性的示例介绍了实时系统规范中的一系列严格技术。当在开发的后期使用自动设计和代码生成方法时,这种严格的方法特别有用。接下来,本章讨论了结构化和面向对象的方法,以作为需求编写的可选范式。在本章的最后,提供了一个详细的案例研究。

  第6章概述了结构化和面向对象设计中常用的几种设计规范技术,并强调了它们对实时系统的适用性。没有任何一种技术是万能的,本书鼓励读者针对特定的应用,采用自己的规范技术。本章也提供了一个全面的设计案例研究。

  第7章讨论了基于不同估计方法的性能分析技术。所建议的工具集即使在执行任何直接测量之前也是完全可用的。此外,还讨论了如何使用经典排队理论分析实时系统,其中考虑了输入/输出性能问题,重点是缓冲区大小的计算。最后,对实时系统中的内存利用率进行了重点分析。

  第8章讨论了其他的软件工程因素,包括使用软件度量和技术来提高实时系统的容错性和整体可靠性。本章后面还讨论了通过严格测试提高可靠性的不同技术,也考虑了系统集成和性能优化问题。

  第9章展望了实时系统硬件、软件和应用程序的未来。本章的大部分内容都是推测性的,本书对畅想未来会出现的事物以及与实时系统技术有关的事物会如何发展有着极大的兴趣。本章为课堂讨论、辩论和学生项目提供了富有成效的基础。

当将本书应用于大学课程教学时,通常要求学生自行构建一个实时多任务处理系统。通常,这会是 PC 机上的游戏,但有些学生可能会构建中等复杂度的嵌入式硬件控制器。本书给读者的任务是构建一个至少使用了协程模型的游戏或模拟,该应用应该是有用的或是令人愉悦的,因此选择某种游戏是不错的方案。小型项目的设计时间不应超过 20 小时,并涵盖本书中讨论的软件生命周期模型的所有阶段。因此,那些从未建立过实时系统的读者将受益于此。

实时系统工程的内容基于 50 多年的发展经验以及众多个人和组织的全球贡献。在书中笔者没有对每个想法的来源进行过多的引用,而是仅引用那些可以激发读者想要进一步阅读的关键想法。部分内容改编自第一作者撰写的关于软件工程和计算机体系结构的另外两本书,即 Laplante(2003)和 Gilreath & Laplante(2003)。凡是这样的内容,都会注明。

实时系统领域存在许多可靠的理论方法,在适用的情况下,本书进行了引用。尽管如此,这些书籍或期刊文章有时对于执业软件工程师和学生来说还是过于理论化了,读者往往不耐烦其中的推导过程,他们想要的是现在就能在实际工作中使用的结果以及是如何使用这些结果的,而不仅仅只是知道它们的存在。在本书中,我们试图提炼出最有价值的理论成果,结合实践经验和洞察力,为相关从业者提供一个工具箱。

本书每章的末尾都包含了大量的参考书目。在使用参考原文以及其他来源的图片时,笔者都尽量恰当地加以引用。当然,笔者仍然希望纠正任何的疏忽,如果您发现遗漏、授权、引用等错误,请通过电子邮件 plaplante@psu.edu 或 seppo.ovaska@aalto.fi 通知笔者,我们将在再版时更正。

自 1992 年以来,本书的前三个版本已向世界各地的大学和专业市场售出了数千册。比本书被卡内基梅隆大学、伊利诺伊大学厄巴纳-香槟分校、普林斯顿大学、美国空军学院、美国理工大学以及世界各地的许多其他大学采用更令人欣慰的事情是,许多人对该书产生的影响表示感谢,并给予了热情的反馈。前 3 版在国际上的持续成功以及最近的技术进步,促使我们出版了第 4 版。

第 4 版最根本的变化是增加了新的合著者塞波·J·奥瓦斯卡(Seppo J. Ovaska)博士,他丰富的经验极大地充实了本书,并为本书增加了强大而及时的国际视野。

第 4 版介绍了自 2004 年第 3 版出版以来,在构建实时系统的理论和实践方面发生的重要变化。本书第 1~8 章经过仔细修订,加入了新材料、纠正了错误,并删除了过时的材料;此外,第 9 章是一个全新的章节,专门讨论实时系统的未来愿景。全新的或大幅修订的讨论内容包括:

- 多学科设计挑战；
- 实时系统的诞生和演变；
- 内存技术；
- 架构进步；
- 外围接口；
- 分布式实时架构；
- 应用程序的系统服务；
- 多核和能耗感知支持的补充标准；
- 自动代码生成；
- 生命周期模型；
- 与并行化相关的参数；
- 实时系统的不确定性；
- 测试模式和探索性测试；
- 实时设备驱动程序；
- 实时系统的未来愿景。

虽然以前的版本中约有 30% 的材料被删除，但本书又添加了另外 40% 的信息，从而形成了独特而紧跟技术前沿的内容。此外，本书还增加了几个新的案例来说明各种重要的观点。因此，我们怀着自豪和成就感将这本及时精心编写的书呈现给学生和相关从业工程师。

菲利普·A.拉普兰特

于(美国)西切斯特

塞波·J.奥瓦斯卡

于(芬兰)海文凯

2011 年 8 月

目　　录

第 1 章　实时系统基础

　　术语"实时"(real time)在包括技术和常规场合的许多情况中广泛使用。大多数人可能会把"实时"理解为"立刻"或"即时"。然而,《兰登书屋英语词典》(1987 年第 2 版)将"实时"定义为这样的应用:计算机必须按照用户的要求或被控制过程的需要迅速作出反应。这些定义和其他领域的定义是完全不同的,这些差异往往导致计算机、软件和系统工程师以及实时系统用户之间产生误解。在更学究化的层面上,存在着对"real-time"一词的不同书写方法。纵观技术文献和普通文献,可能会出现各种形式,如 realtime,real-time 以及 rea ltime。但对于计算机、软件和系统工程师来说,首选的形式是 real-time,这将是我们在本书中遵循的原则。

　　考虑一个计算机系统,其中的数据需要以固定的速率进行处理。例如,飞机使用一系列加速度计脉冲来确定其位置。除航空电子系统外,其他系统也可能需要对以非规则速率发生的事件作出快速反应,例如处理核电站的超温故障。即使不定义术语"实时",人们也可以理解这些事件需要及时或"实时"处理。

　　现在考虑这样一种情况:一名乘客走到航空公司的值机柜台前,想领取 5 分钟后从纽约飞往波士顿的某航班的登机牌。订票员将适当的信息输入电脑,几秒钟后,登机牌被打印出来。这是一个实时系统吗?

　　事实上,这三个系统——飞机、核电站和航空公司预订都是实时的,因为它们必须在规定的时间间隔内处理信息,否则可能导致系统故障。尽管这些示例可以提供实时系统的直观定义,但仍有必要清楚地了解系统何时是实时的,何时不是。

　　为了给接下来的章节打下坚实的基础,我们首先在 1.1 节中定义了一些核心术语,并澄清了常见的误解。这些定义是针对从业者的,因此具有很强的实用性。在 1.2 节介绍了与实时系统相关的多学科设计挑战。研究表明,尽管实时系统设计和分析是计算机系统工程的分支学科,但它们与其他各种领域,如计算机科学和电气工程,甚至与应用统计学都有重要的联系。可以很直接地向读者展示不同的方法、技术或工具,但是向其传达笔者对实时系统的理解则要困难得多。然而,本书的目的是在提供一些见解的同时,为从业者提供具体的工具。这种对具体工作的洞察力是建立在实践经验和对该领域关键里程碑的充分理解之上的。第 1.3 节讨论了实时系统的诞生以及与技术创新相关的选择性演变路径。第 1.4 节总结了前几节讲述的关于实时系统的基础知识。最后,第 1.5 节提供了习题,以帮助读者获得对实时系统和相关概念的基本理解。

1.1　概念和误解

实时系统工程的基本定义可能因所参考的资料不同而异。我们收集了实用的定义，并将其提炼成最小的通用子集，以形成本书的词汇表。这些定义以对从业工程师，而不是针对理论研究家的最有用的形式呈现。

1.1.1　实时系统的定义

计算机的硬件通过重复执行机器语言指令（统称为软件）来解决问题。而软件在传统上分为系统程序和应用程序。

系统程序由与底层计算机硬件接口的软件组成，如设备驱动程序、中断处理程序、任务调度程序以及各种用作开发或分析应用程序的工具的软件。这些软件工具包括编译器，它将高级语言程序翻译成汇编代码；汇编器，它将汇编代码转换成一种特殊的二进制格式，这种格式的代码称为目标代码或机器代码以及链接器/定位器，它为目标代码在特定的硬件环境中的执行做准备。操作系统是一个专门的系统程序集合，用于管理计算机的物理资源。因此，实时操作系统是一个真正重要的系统程序（Anh，Tan，2009）。

应用程序是为解决特定问题而编写的程序，例如，高层建筑中电梯组的最佳门厅呼叫分配、飞机惯性导航以及某些工业公司的工资单拟备。在设计即将运行于实时环境中的应用软件时，某些设计考虑因素发挥着重要作用。"系统"的概念是软件工程的核心，实际上也是所有工程的核心，因此有必要将其形式化。

定义　系统：系统是一组输入到一组输出的映射。

当系统的内部细节不是特别重要时，输入和输出空间之间的映射函数可以被视为黑盒子，接收一个或多个输入进入系统，产生一个或多个输出离开系统（图 1.1）。此外，Vernon 列出了 5 个属于任何"系统"的一般属性（Vernon，1989）：

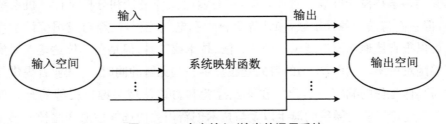

图 1.1　一个有输入/输出的通用系统

① 系统是以有组织的方式连接在一起的组件的集合。

② 如果一个组件加入或离开系统，系统就会发生根本性的改变。

③ 系统有一个目的。

④ 系统有一定的持久性。

⑤ 系统已被确定为具有特殊意义。

现实世界中的每一个实体,无论是有机的还是人工的,都可以建模为一个系统。一方面,在计算系统中,输入表示来自硬件设备或其他软件系统的数字数据。输入通常与传感器、相机和其他提供数据输入的设备相关联,这些设备被转换为数字数据的模拟输入,或提供直接的数字输入。另一方面,计算机系统的数字输出可转换为模拟输出,以控制外部硬件设备,如执行器和显示器,或者无需任何转换便直接使用(图1.2)。

图1.2 一种实时控制系统

(包括来自相机和多个传感器的输入以及到显示器和多个执行器的输出)

如图1.2所示的实时(控制)系统的建模与更传统的实时系统模型有所不同,后者的实时系统模型是一系列待调度的作业和待预测的性能,如图1.3所示。后者过于简单,因为它忽略了一个通常的事实,即受控的输入源和硬件可能非常复杂。此外,图1.3所示的模型还隐藏了其他"全面"的软件工程考虑因素。

再看一下图1.2所示的实时系统模型。在实现过程中,在输入(激励)的呈现和输出(响应)的出现之间存在一些固有的延迟。这一事实可以形式化地表示如下:

定义 响应时间:从向系统提供一组输入到实现所需的行为(包括所有相关输出可用)之间的时间,称为系统的响应时间。

响应时间需要多长、多准时,这取决于特定系统的特点和目的。

先前的定义为实时系统的实际定义奠定了基础。

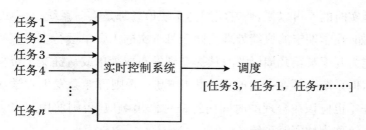

图1.3 实时系统的一种经典表示:可调度工作的序列

定义 实时系统(Ⅰ):实时系统是一个计算机系统,它必须满足有限的响应时间的有限限制,否则就有可能导致包括失败在内的严重后果。

但什么是"失败"的系统?以航天飞机或核电站为例,它们发生故障时的表现是非常明显的。但对于其他系统,比如银行自动柜员机,故障的概念就不那么明显了。目前,"失败"被定义为"系统无法按照预定规范执行",定义如下:

定义 失败的系统:一个失败的故障系统是指不能满足系统要求规范中规定的一项或多项要求的系统。

由于这种对失败的定义,有必要对系统运行标准进行严格的规定,包括时间限制。这个问题将在第5章讨论。

对于"实时性",还有其他不同的定义,这取决于参考的来源。然而,所有定义的共同主题是,系统必须满足截止期限的约束才能正确。例如,另一种定义如下:

定义 实时系统(Ⅱ):实时系统的逻辑正确性基于输出的正确性和及时性。

如果移除及时性的概念,任何一个系统都可以看作一个实时系统。

实时系统通常是响应式或嵌入式系统。响应式系统是指那些任务调度由与环境的持续交互驱动的系统,例如,火控系统对飞行员按下的某些按钮作出反应。嵌入式系统可以非正式地定义如下:

定义 嵌入式系统:嵌入式系统是包含一台或多台在系统的功能中起着核心作用的计算机(或处理器)的系统,但该系统没有被明确地称为计算机。

例如,一辆现代汽车包含许多嵌入式处理器,分别用于控制安全气囊展开、防抱死制动、空调、燃油喷射等。如今,许多家庭用品,如微波炉、电饭煲、音响、电视、洗衣机甚至玩具,都装有嵌入式计算机。很明显,复杂的系统,如飞机、电梯组和造纸机,确实包含多个嵌入式计算机系统。

本章开头提到系统符合实时系统的三个标准。飞机必须在特定时间内(取决于飞机的规格)处理加速计数据,例如,每10 ms处理一次加速计的数据,否则,可能会导致出现错误的位置或速度指示,最好的情况是飞机偏离航线,最坏的情况可能会导致坠毁。而核反应堆的热问题,如果不能迅速作出反应,则可能导致熔毁,最终导致严重事故。最后,航空公司的订票系统必须能够在乘客认为合理的时间内(或在航班离开登机口之前)处理大量的乘客请求。简而言之,并不是系统必须立即或瞬时地处理数据才可以被认为是实时的;它只需要有适当的约束响应时间。

系统何时是实时的?可以说,所有实用的系统最终都是实时系统。例如,即使是面向批处理的系统,譬如,在学期末的成绩处理或两个月一次的工资单运行也是实时的。尽管系统的响应时间可能为几天甚至几周(例如,从提交到发布成绩单或从提交工资信息到发布工资单之间的时间),但系统必须在一定时间内做出响应,否则可能会发生教学或财务事故。即使是文字处理程序也应该在合理的时间内对命令做出响应,否则使用起来会很麻烦。大多数文献将此类系统称为软实时系统。

定义 软实时系统:软实时系统是指因不能满足响应时间约束,性能会下降但不会被破坏的系统。

与此相反,如果不能满足响应时间约束会导致系统产生安全问题或发生灾难性故障的系统,则称为硬实时系统。

定义　硬实时系统：硬实时系统是即使只有一个截止时间或期限未能满足，也可能导致系统完全或灾难性的失败的系统。

准实时系统是指那些具有硬性期限的系统，其中可以容忍少量的错过期限。

定义　准实时系统：这种系统错过少数几个截止期限不会导致完全的失败，但错过多个期限可能导致完全或灾难性的系统失败。

如前所述，所有的实际系统至少是软实时系统。表 1.1 给出了硬实时系统、准实时系统和软实时系统的示例。

对于硬实时系统、准实时系统、软实时系统的解释有很大的自由度。例如，在自动取款机中，错过太多最后期限将导致客户严重不满，甚至可能导致业务损失，从而威胁到银行的生存。这一极端场景表明了这样一个事实，通过构建一个支持性的场景，每个系统通常可以以任何方式——软实时、准实时、硬实时来描述。对系统需求（以及期望）的仔细定义是设定和满足现实的最后期限期望的关键。在任何情况下，实时系统工程的一个主要目标是找到将硬期限转换为准期限、将准期限转换为软期限的方法。

由于本书主要涉及硬实时系统，因此除非另有说明，否则"实时系统"表示嵌入式硬实时系统。

在研究实时系统时，通常会考虑时间的本质，因为截止期限是时间上的瞬间，所以这就产生了一个问题"截止期限从何而来？"一般来说，截止期限是基于被控制系统的根本的物理现象。例如，在动画显示中，图像必须以每秒至少 30 帧的速度更新，才能提供连续的运动，因为人眼可以以这样较慢的速度解析更新。在导航系统中，加速度的读数必须是车辆最大速度的函数，以此类推。然而，在某些情况下，现实世界中的系统有强加给它们的最后期限，并且这些期限是基于不折不扣的猜测或基于一些被遗忘可能被消除的需求的。这些情况下的问题可能会对系统施加不适当的限制。实时系统设计的一个基本准则是，理解时间约束的基础和性质，以便在必要时可以放宽约束收放自如。在经济高效和健壮的实时系统中，一个实用的经验法则是：尽可能慢地处理一切，尽可能少地重复任务。

表 1.1　硬实时系统、准实时系统和软实时系统的示例

系统	实时分类	解释
航空电子武器发射系统，按下一个按钮就可以发射一枚空对空导弹	硬	在按下按钮后，错过发射导弹的最后期限可能会导致错过目标，这将导致灾难
自主式除草机器人导航控制器	准	会导致机器人偏离计划的路径，损坏一些农作物
曲棍球游戏机	软	错过几个最后期限只会降低性能

许多实时系统利用全局时钟和时间戳进行同步、任务启动和数据标记。然而，必须注意的是，所有的时钟都存在误差，即使是美国官方的原子钟也必须定期校准。此外，还存在与时钟相关的量化误差，在使用时钟进行时间标记时，可能需要考虑该这一点。

除了"实时"（即硬实时、准实时或软实时）的程度之外，响应时间的准时性在许多应用中也很重要。因此，我们定义了实时准时性的概念：

定义 实时准时性：实时准时性意味着每个响应时间都有一个平均值 t_R，其上下限分别为 $t_R + \varepsilon_U$ 和 $t_R - \varepsilon_L$，并且，$\varepsilon_U, \varepsilon_L \rightarrow 0^+$。

在所有实际系统中，尽管 ε_U 和 ε_L 可能很小甚至可以忽略不计，但它们的值都是非零的。非零值是由实时硬件和软件中的累积延迟和传播延迟组件导致的。这种响应时间在区间 $t \in [-\varepsilon_L, +\varepsilon_U]$ 内变动。实时准时性在高采样率的周期采样系统中尤为重要，例如在视频信号处理和无线电软件中。

示例 响应时间的来源

电梯门（Pasanen 等人，1991）是自动操作的，它可能具有电容安全边缘，用于感应要关闭的门扇之间是否有乘客。因此，可以在接触乘客并造成不适甚至威胁乘客安全之前，迅速重新打开电梯门。

从识别出有乘客处于正在关闭的门扇之间到开始重新打开电梯门的那一刻，所需的系统响应时间是多少？

该响应时间由 5 个独立分量组成（它们的估计测量值仅供说明之用）：

传感器响应时间：$t_{S\_min} = 5$ ms，$t_{S\_max} = 15$ ms，$t_{S\_mean} = 9$ ms。

硬件响应时间：$t_{HW\_min} = 1\ \mu s$，$t_{HW\_max} = 2\ \mu s$，$t_{HW\_mean} = 1.2\ \mu s$。

系统软件响应时间：$t_{SS\_min} = 16\ \mu s$，$t_{SS\_max} = 48\ \mu s$，$t_{SS\_mean} = 37\ \mu s$。

应用软件响应时间：$t_{AS\_min} = 0.5\ \mu s$，$t_{AS\_max} = 0.5\ \mu s$，$t_{AS\_mean} = 0.5\ \mu s$。

门驱动响应时间：$t_{DD\_min} = 300$ ms，$t_{DD\_max} = 500$ ms，$t_{DD\_mean} = 400$ ms。

现在，我们可以计算综合响应时间的最小值、最大值和平均值：

$$t_{min} \approx 305 \text{ ms}$$

$$t_{max} \approx 515 \text{ ms}$$

$$t_{mean} \approx 409 \text{ ms}$$

因此，整体响应时间由门驱动的响应时间主导，其中包含移动的门扇所需的减速时间。

在软件系统中，状态的改变导致计算机程序控制流的改变。考虑图 1.4 所示的流程图，

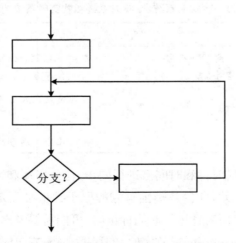

图 1.4 部分程序流程图，显示条件分支引起控制流变化

菱形代表的决策块表明,程序指令流可以选取两种备选路径之一,具体选取哪种取决于相关的响应。在任何编程语言中,case、if-then 和 while 语句都代表了控制流的可能变化。在 Ada 和 C 语言中调用过程表示控制流的变化。在面向对象的语言中,对象的实例化或方法的调用会引起顺序控制流的变化。一般来说,考虑以下的定义:

定义　事件:任何导致程序计数器非顺序变化的情况都被认为是控制流的改变,因此也是一个事件。

在调度理论中,一个作业(job)的发布时间类似于一个事件。

定义　发布时间:发布时间是一个计划任务的实例准备好运行的时间,通常与一个中断相关。

事件与作业略有不同,因为事件可以由中断和分支引起。

事件可以是同步的,也可以是异步的。同步事件是指那些控制流中在可预测的时间发生的事件,如图 1.4 所示流程图中的决策框所代表的事件。控制流的变化,由条件分支指令或内部陷阱中断的发生所代表,是可以预见的。

异步事件发生在控制流中不可预测的点上,通常由外部源引起。一个实时时钟以 5 ms 的速度发生脉冲,这不是一个同步事件。虽然它代表了一个周期性事件,但即使时钟能够以完美的 5 ms 的速度"嘀嗒"而不发生漂移,"嘀嗒"发生的时间点与控制流的点也会受许多因素的影响。这些因素包括时钟相对于程序启动的时间和计算机系统本身的传播延迟。工程师永远不能指望时钟以指定的速率精确"嘀嗒",因此任何由时钟驱动的事件都必须被视为异步事件。

不定期发生的事件称为非周期性事件;此外,很少发生的非周期性事件称为偶发事件,表 1.2 描述了事件的特征。

表 1.2　事件分类及典型实例

	周期事件	非周期事件	偶发事件
同步	循环代码	条件分支	被零除; (陷阱)中断;
异步	时钟中断	规则的,但不是固定周期的中断	掉电报警

注:这些内容将在第 2 章和第 3 章中进一步讨论。

例如,由周期性外部时钟生成的中断代表了周期性但异步的事件。周期性但同步的事件是以重复的、循环的方式调用软件任务序列代表的事件。不属于代码块并且以固定速率重复运行的典型分支指令代表同步但非周期性的事件。很少发生的分支指令(例如,在检测到某些异常情况时)是偶发的和同步的。最后,由外部设备不规则地生成的中断为异步非周期性的或偶发性的,这取决于中断相对于系统时钟是否频繁产生。

在每个系统中,特别是在嵌入式实时系统中,保持整体控制是非常重要的。对于任何物理系统来说,存在某些状态,而在这些状态下,系统被认为是失控的,因此,控制这种系统的软件必须能避免这些状态。例如,在某些飞机制导系统中,快速旋转 180° 俯仰角会导致陀螺控制失效。因此,软件必须能够预测和避免所有此类情况。

软件控制系统的另一个特点是,处理器持续从内存的程序区正确地获取、解码和执行指令,而不是从数据或其他不正确的内存区域获取。后一种情况可能发生在测试不足的系统中,这是一场灾难,几乎没有恢复的希望。

当系统的下一个状态(给定当前状态和一组输入)是可预测的时候,任何实时系统和相关硬件的软件控制都得以维持。换句话说,我们的目标是预测系统在所有可能情况下的行为。

定义　确定性系统:如果对于每一个可能的状态和每一组输入,都可以确定一组唯一的输出和系统的下一个状态,那么这个系统就是确定性的。

事件的确定性意味着对于触发事件的每一组输入,系统的下一个状态和输出都是已知的。因此,确定性系统也是事件确定性的。虽然一个系统只对那些触发事件的输入具有确定性是很困难的,但仍是可能的,所以事件确定性可能并不意味着确定性系统。

有趣的是,尽管设计完全事件确定性的系统是一个巨大的挑战,而且如前所述,可能会无意中得到一个非确定性的系统,但故意设计非确定性的系统肯定也很困难。这种情况源于设计完美随机数发生器存在极大困难。这种故意非确定性的系统是有价值的,例如,赌场的赌博机。

最后,如果在确定性系统中,每组输出的响应时间是已知的,那么系统也表现出时间上的确定性。

设计确定性系统的另一个附带的好处就是可以保证系统能够做出响应,如果是时间确定性系统,可以保证它们何时会做出响应。这一事实加强了“控制”与实时系统的联系。

最后一个要定义的重要的术语是实时系统性能的关键度量。因为只要通电,中央处理器(CPU)就会继续获取、解码和执行指令,所以 CPU 或多或少会执行空操作,或者会执行与满足特定截止期限无关的操作或指令(例如非关键的“内部管理”)。对执行非空闲处理所占用的相对时间的度量、指示发生了多少实时处理,称为 CPU 利用系统。

定义　CPU 利用系数:又称 CPU 利用率或时间负载因子 U,是对正在进行的非空闲处理的相对度量。

如果 $U>100\%$,则称系统时间过载。一方面,利用率太高的系统是有问题的,因为如果要对系统进行添加、更改或更正等操作,会有时间过载的风险。另一方面,利用率不高的系统的性价比可能缺乏成本效益,因为这意味着该系统的设计成本过高,而且很可能可以通过更便宜的硬件来降低成本。对于新产品来说,50%的利用率是很常见的,而对于那些没有预期扩容的系统来说,80%的利用率也是可以接受的。然而,将 70%作为 U 的目标是实时系统理论中最著名和最有潜在价值的结果之一,其中任务是周期性的和独立的——这个结果将在第 3 章中讨论。表 1.3 给出了某些 CPU 的利用率及其相关联的典型情况的总结。

U 的计算方法是将每个(周期性或非周期性)任务的利用率系数求和。假设一个系统有 $n\geq 1$ 个周期性任务,每个任务的执行周期为 p_i,因此执行频率为 $f_i=1/p_i$。如果已知任务

i 的最坏情况执行时间为（或估计为）e_i，则任务 i 的利用率 u_i 为

$$u_i = e_i / p_i$$

表 1.3　CPU 利用率区域

利用率	区域类型	典型应用
$<26\%$	不必要的安全	各种各样
$26\% \sim 50\%$	非常安全	各种各样
$51\% \sim 68\%$	安全	各种各样
69%	理论极限	嵌入式系统
$70\% \sim 82\%$	有问题	嵌入式系统
$83\% \sim 99\%$	危险	嵌入式系统
100%	临界	嵌入式系统
$>100\%$	过载	过载系统

此外，系统总体利用率为

$$U = \sum_{i=1}^{n} u_i = \sum_{i=1}^{n} \frac{e_i}{p_i}$$

需要注意，周期性任务 i 的截止期限 d_i，是一个关键的设计因素，它受到 e_i 的约束。e_i 的确定无论是在代码编写之前还是之后都是非常困难的，而且往往是不可能的，在这种情况下必须使用估计或测量。对于非周期性和偶发性任务，u_i 的计算方法是假设一个最坏的执行周期，通常是相应事件发生之间的最短可能时间。这种近似可能会不必要地夸大利用率，或者由于倾向于"不担心"其过度贡献而导致过度自信。这种情况的危险在于，后来会发现发生频率高于预算，导致时间过载和系统故障。

利用率不同于 CPU 吞吐量，CPU 吞吐量是基于某个预先确定的指令组合对每秒可处理的机器语言指令数的度量，这种类型的测量通常用于比较特定应用程序的 CPU 吞吐量。

示例　CPU 利用率的计算

某高层电梯中的单个电梯控制器有以下软件任务，执行周期为 p_i，最坏执行时间为 e_i，$i \in \{1,2,3,4\}$：

任务 1：与组调度程序通信（19.2 kb/s 的数据速率和专用通信协议），$p_1 = 500$ ms，$e_1 = 17$ ms。

任务 2：更新电梯轿厢位置信息，管理楼层间运行以及电梯门控制，$p_2 = 25$ ms，$e_2 = 4$ ms。

任务 3：登记和取消电梯轿厢呼叫，$p_3 = 75$ ms，$e_3 = 1$ ms。

任务 4：其他系统监控，$p_4 = 200$ ms，$e_4 = 20$ ms。

总的 CPU 利用率 U 可计算如下：

$$U = \sum_{i=1}^{4} \frac{e_i}{p_i} = \frac{17}{500} + \frac{4}{25} + \frac{1}{75} + \frac{20}{200} \approx 0.31$$

因此,利用率为31%,属于表1.3中的"非常安全"区域。

任务截止时间的选择,执行时间的估计和减少以及影响CPU利用率的其他因素将在第7章中讨论。

1.1.2 常见的误解

作为真正理解实时系统本质的一部分,解决一些经常被引用的误解是很重要的,这些误解总结如下:

① 实时系统是"快速"系统的同义词。

② 速率单调分析已经解决了"实时性问题"。

③ 对于实时系统的规格和设计,有着广泛接受的通用方法。

④ 不再需要构建实时操作系统,因为存在许多商业产品。

⑤ 对实时系统的研究主要是关于调度理论。

第一个误解是,实时系统必须是快速的,这是因为许多硬实时系统确实要处理几十毫秒的截止期限,例如飞机导航系统。然而,在典型的食品工业应用中,意大利面酱罐可以以每5 s一个的速度沿着传送带移动经过灌装点。此外,航空公司预订系统的截止期限可能是15 s。后面这些期限不是特别短,但是否满足它们决定了系统的成败。

第二个误解是速率单调系统为构建实时系统提供了一个简单的秘诀。速率单调系统是一种周期性系统,其中分配中断(或软件任务)优先级的方法是,执行速度越快,优先级就越高,该方法自20世纪70年代以来受到了很多关注。虽然该方法为实时系统的设计提供了宝贵的指导,并且有丰富的理论研究支撑,但它并不是万能的。第3章将详细讨论速率单调系统。

第三个误解呢? 不幸的是,对于实时系统的规范和设计,没有一种公认的、绝对可靠的方法。这不是研究人员或软件行业的失败,而是因为很难为这个要求苛刻的领域找到通用的解决方案。经过近40年的研究和开发,仍然没有一种方法能够解决实时规范和设计的所有挑战,并且适用于所有应用。

第四个误解是不再需要从头开始构建实时操作系统。虽然有许多经济、高效、流行且可行的商业实时操作系统,但它们也不是万能的。商业解决方案当然有其用武之地,但选择何时使用现成的解决方案以及选择正确的解决方案是第3章将要考虑的挑战。

最后,虽然研究调度理论是学术性的,但从工程的角度来看,大多数已发表的结果都需要简化和极高的洞察力,才能使理论发挥作用。因为本书是一本面向从业工程师的教科书,它避免了任何过于枯燥的纯理论内容。

1.2　多学科设计挑战

实时系统研究是计算机系统工程的一个真正的多维分支学科,受到控制理论、运筹学和软件工程的强烈影响。图 1.5 描述了影响实时系统设计和分析的有计算机科学、电气工程、系统工程和应用统计等学科。然而,这些具有代表性的学科并不是仅有的与实时系统有关系的学科。因为实时系统工程是多学科的,所以它是一个有着众多设计挑战的引人入胜的研究领域。尽管实时系统的基础已经建立,并相当稳固,但不断发展的 CPU 体系结构、分布式系统结构、多功能无线网络和新的应用,使得实时系统成为一个活跃发展的领域。

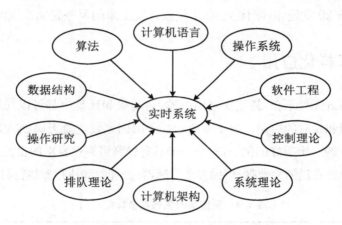

图 1.5　影响实时系统工程的多个学科

1.2.1　影响学科

实时系统的设计和实现需要关注许多实际问题,其中包括:

· 硬件和系统软件的选择,竞争解决方案所需的权衡评估,包括处理分布式计算系统以及并发和同步问题。

· 实时系统的规范和设计以及时间行为的正确和全面的表示。

· 理解高级编程语言的细微差别以及将其优化编译成机器语言代码所带来的实时影响。

· 通过仔细设计和分析,优化系统的容错性和可靠性(具有特定的应用目标)。

· 对在不同层次上设计和管理的充分测试,并选择适当的开发工具和测试设备。

· 利用开放系统技术和互操作性。一个开放的系统是可扩展的独立编写的应用程序的集合,这些应用程序相互协作,从而发挥集成系统的功能。例如,开放操作系统 Linux 的多个版本已经用于各种实时应用程序(Abbott,2006)。互操作性可以通过遵守开放系统标准来衡量,比如实时 CORBA(通用对象请求代理体系结构)标准(Fay-Wolfe 等人,2000)。

- 最后,估计和测量响应时间,并减少响应时间(如果需要的话)。进行可调度性分析,也即先验地确定并保证满足截止期限的要求。

显然,用于硬实时系统的工程技术也可用于其他类型系统的工程设计,并伴随着性能和鲁棒性的提高。这本身就是研究实时系统工程的一个重要原因。

1.3 实时系统的诞生与发展

以美国的实时系统的重要发展为例,实时系统的历史与计算机的发展有着内在的联系。现代实时系统,例如那些控制核电站、军事武器系统或医疗监测设备的系统,都很复杂,但许多系统仍然表现出 20 世纪 40 年代至 60 年代就开发出来的那些先驱系统的特点。

1.3.1 多样化应用

嵌入式实时系统无处不在,甚至在家用电器、运动服和玩具中都可以找到。表1.4给出了一小部分实时领域和相应的应用。图 1.6 所示的美国国家航空航天局(NASA)的火星探测车就是高级实时系统的一个很好的例子:它是一个具有极高可靠性要求的自治系统;通过无线电通信链路接收命令并发送测量数据;借助多个传感器、处理器和执行器执行科学任务。

表 1.4 典型实时领域与多样化应用

领域	应用
航空航天	飞行控制 导航 飞行员接口
民用	汽车系统 电梯控制
工业	交通灯控制 自动化检查 机器人装配线 焊接控制
医疗	重症监护仪 磁共振成像 远程手术
多媒体	控制台游戏 家庭影院 模拟器

图 1.6　火星探测车;一个以太阳能为动力的自主实时系统,
具有无线电通信链路、各种传感器和执行器
（照片由美国宇航局提供）

本章的引言部分介绍了一些实时系统。之后的内容提供了每个系统的更多详细信息,而其他描述则提供了额外的示例规范。显然,这些并不是严格的规范,第 5 章明确而简洁地讨论了规范实时系统的过程。

考虑飞机的惯性测量系统。软件规范规定,软件将以 10 ms 的速率从特殊硬件接收 x、y 和 z 加速度计脉冲。软件将确定每个方向的加速度分量以及飞机的相应横摇、俯仰和偏航。

该软件还将收集其他信息,如每一秒的温度。应用软件的任务是根据当前方向、加速度计读数和各种补偿因素（如温度效应）以 40 ms 的速率计算实际速度矢量。该系统每 40 ms 向飞行员的显示器输出一次真实的加速度、速度和位置矢量,但使用不同的时钟。

这些任务在惯性测量系统中以 4 种不同的速率执行,并且需要保持通信和信息同步。加速计读数必须是时间相关的,也就是说,不允许将离散时刻 k 的 x 加速计脉冲与时刻 $k + 1$ 的 y 和 z 脉冲混合。这些都是该系统的关键设计问题。

接下来,考虑一个核电站的监控系统,它将处理 3 个由中断发出的事件。第一个事件由不同安全点上的几个信号中的任意一个触发,这表明存在安全漏洞,系统必须在 1 s 内对此信号作出响应。第二个事件也是最重要的,表明反应堆堆芯已经过热,必须在 1 ms 内处理此信号。最后,操作员的显示器信息将以大约每秒 30 次的速度刷新。核电站系统需要一个可靠的机制,以确保"熔毁迫在眉睫"时指示器能够以最小的延迟中断任何其他处理。

再举一个例子,回想一下前面提到的航空公司预订系统。管理层决定,为防止排长队和客户不满意,任何交易的处理时间必须少于 15 s,并且不允许超售。在任何时候,多家旅行社都可能会试图访问预订数据库,并可能同时预订同一航班。在这里,需要有效的记录锁定功能和安全的通信机制,来防止包含预订信息的数据库被一个以上的工作人员同时更改。

现在,考虑一个实时系统,它控制着意大利面酱罐子沿传送带移动时的所有阶段。空罐子首先用微波炉加热消毒。当罐子经过罐装口下面时,一个装置精确地为每个罐子装入特定酱料。另一个工位为填满的罐子盖上盖子。此外,还有一个供操作员使用的显示屏,可提供生产线活动的动画效果。生产线上会出现许多异常事件,传送带堵塞以及罐子溢出或破裂;传送带速度过快,罐子过早地移动并超过其指定的位置。因此,有各种各样的事件需要处理,既有同步的,也有异步的。

最后一个例子,考虑一个用于控制四向交叉路口(北行、南行、东行和西行)的一组交通灯的系统。在像费城这样繁忙的城市,这个系统控制四向交叉路口的车辆和行人交通灯。输入可以来自摄像机、应急车辆应答器、按钮、地下传感器等。交通灯需要以同步方式运行,并且对异步事件(如行人在人行横道上按下按钮)作出反应。如果这个系统不能以适当的方式运行,则可能导致严重事故。

每一个这样的系统所提出的挑战是,针对 1.2 节中讨论的多学科问题确定适当的设计方法。

1.3.2　现代实时系统的发展

实时系统的大部分理论都源自图 1.5 所示的相关学科。特别是 20 世纪 40 年代末出现的运筹学(即调度)和 50 年代初出现的排队论的某些方面,影响更为深远。

Martin 出版了关于实时系统的最早也是最具影响力的著作(Martin,1967)。在 Martin 的著作之后,很快又出版了其他几本著作(例如 Stimler,1969),从这些著作中可以看到运筹学和排队论的影响。在当时硬件尚极为受限的环境下学习与研究这些书籍也是有教育意义的。

1973 年,Liu 和 Layland 发表了他们关于速率单调理论的开创性著作(Liu,Layland,1973)。在过去的近 40 年里,这一理论得到重大改进,使其成为设计实时系统的实用理论。

20 世纪 80 年代和 90 年代,在提高实时系统的可预测性、可靠性以及解决多任务系统相关问题方面的理论成果大量涌现。今天,一小部分专家继续研究纯粹的调度和性能分析问题,而更多的通才系统工程师组则处理与实际系统的实现有关的更广泛的问题。

Stankovic 等人(Stankovic 等,1995)的一篇重要论文描述了实时系统研究时存在的一些困难——即使对系统作了很大的限制,大多数与调度相关的问题也很难用分析技术来解决。

新千年见证了用于实时系统的硬件、可行开源软件、强大的商业设计和实现工具以及出现扩展的编程语言等一系列重要进步,而不是仅仅单一的"突破性"技术。这些进步在某些方面简化了实时系统的构建和分析,但另一方面,系统交互的复杂性和时间约束的许多潜在微妙性被掩盖,又带来了新的问题。

实时计算这个术语的起源尚不清楚。它可能首先用于 Whirlwind 项目(1947 年由 IBM 为美国海军开发的飞行模拟器)或 SAGE 项目(在 20 世纪 50 年代后期为美国空军开发的半自动地面环境防空系统)。即使按照今天的定义,这两个项目也符合实时系统的要求。除了实时这一贡献之外,Whirlwind 项目还首次使用了铁氧体磁芯(简称"铁芯")存储器"fast"和一种早于 Fortran 的高级语言编译器。

其他的早期实时系统用于航空公司预订,例如 SABRE(1959 年为美国航空公司开发)以及过程控制,但美国国家太空计划的出现为开发更先进的用于航天器控制和遥测的实时系统提供了更好的机会。直到 20 世纪 60 年代,此类系统才迅速发展起来,也是在那时,非军事部门对实时系统产生了重大兴趣,相关设备也开始出现。

低性能的处理器和既慢又小的内存阻碍了许多早期系统的发展。在 20 世纪 50 年代早期,异步中断被引入 Univac Scientic 1103A 中,后来作为一种标准功能被纳入其中。20 世纪 50 年代中期,为科学计算而设计的大型计算机的运算速度和系统复杂性明显提高,而物理尺寸却没有增加。这些发展使得在控制系统领域应用实时计算成为可能。这样的硬件改进在 IBM 的 SAGE 开发中尤其引人注目。

在 20 世纪 60 年代和 70 年代,集成水平和处理速度的进步扩大了可以解决的实时问题的范围。据估计,仅在 1965 年,就有 350 多个实时过程控制系统(Martin,1967)。

例如,在 20 世纪 80 年代和 90 年代,分布式系统和非冯·诺依曼体系结构被用于实时应用程序。

最后,20 世纪 90 年代末和 21 世纪初,消费品和网络设备中的实时嵌入式系统发展出现了新的趋势。具有有限内存和功能的紧凑型处理器的出现使早期实时系统设计者面临的一些挑战重新出现。幸运的是,现在有 60 年的经验可供借鉴。

早期的实时系统直接用微码或汇编语言编写,后来则用高级语言编写。如前所述,Whirwind 使用了一种称为代数编译器的早期高级语言来简化编码。后来的系统分别采用 Fortran、CMS-2 和 JOVIAL,它们分别是美国陆军、海军和空军的首选语言。

20 世纪 70 年代,美国国防部(DoD)授权开发一种所有军种都能使用的语言,并为实时编程提供高级语言结构。经过仔细选择和修订,1983 年作为标准的 Ada 语言出现了。后来研究者发现这种语言存在缺陷,于是 1995 年出现了新的改进版本 Ada 95。

然而,目前只有少数系统是用 Ada 开发的。大多数嵌入式系统是用 C 或 C++ 开发的。过去的 10 年中,在嵌入式实时系统中使用面向对象的方法以及 C++ 和 Java 等语言的情况显著增加。编程语言的实时性将在第 4 章讨论。

第一批商业操作系统是为早期的大型计算机设计的。IBM 于 1962 年开发了第一个实时执行器 Basic Executive,它提供了多种实时调度。到 1963 年,Basic Executive Ⅱ 有了磁盘驻留系统和用户程序。

到 20 世纪 70 年代中期,在许多工程环境中,可以找到更经济实惠的小型计算机系统。为此,小型计算机制造商开发了一系列重要的实时操作系统。其中值得注意的是数字设备公司(DEC)为 PDP-11 开发的实时多任务执行器(RSX)系列和惠普公司为 HP 2000 产品线开发的实时执行(RTE)系列操作系统。

到了 20 世纪 70 年代末和 80 年代初,出现了第一个基于微处理器的实时操作系统。其中包括 RMX-80,MROS 68K,VRTX 等。在过去的三四十年里,出现了许多商业实时操作系统,也有许多已经消失了。

表 1.5 选择性地总结了美国实时系统领域有里程碑意义的事件。

1.4 总 结

实时系统的深厚根基可以追溯到微处理器时代之前的计算机和计算的历史岁月。然而,实时系统的第一次"繁荣"大约发生在 20 世纪 80 年代初,当时大量的电子、系统、机械和航空航天工程师已经可以使用适当的微处理器和实时操作系统(用于嵌入式系统)了。这些从业工程师没有多少软件知识,甚至没有受过计算机教育。因此,在大多数工业领域,最初的学习过程是很费力的。在早期,大多数实时操作系统和通信协议都是专门设计的——应用人员自己开发系统和应用软件。但是,随着更有效的高级语言编译器、软件调试工具、通信标准的引入以及专业软件工程的方法论和相关工具的逐步出现,情况开始得到改善。

大约 30 年前的那些开创性岁月留下了什么? 好吧,实时系统的基础仍然是惊人的相同。核心问题,如不同程度的实时性和确定性要求以及实时准时性,都继续构成主要的设计挑战。此外,多任务和调度的基本技术以及伴随的任务间通信和同步机制,在现代实时应用中仍被使用。因此,实时系统知识的生命周期很长。尽管如此,世界范围内的实时系统工程正在发生许多富有成效的进步:引入了新的规范和设计方法;创新的处理器和系统架构变得可用和实用;灵活且低成本的无线网络得到普及;许多新颖的应用不断出现,例如在普适计算领域。

由此可以得出结论,对于高年级的本科生、研究生和继续教育者而言,实时系统工程是一个全面而及时的主题;它为各个行业提供了日益增长的就业潜力。在接下来的章节中,我们将涵盖广泛的、对从业工程师至关重要的主题(图 1.7)。本书的重点虽然是软件问题,但也仔细概述了实时硬件的基础知识。我们的目标是为需要快速"上手"的新实时系统设计人员,提供能够在工业环境中使用的综合书籍。这一目标在本书中得到了高度重视,其描述性的副标题是"面向从业人员的工具"。

表 1.5 美国实时系统史上的里程碑

年 份	里程碑	开发者	开发项目	创 新
1947	Whirlwind	IBM	飞行模拟器	铁芯存储器("fast"),高级语言
1957	SAGE	IBM	防空	专为实时性设计
1958	Scientific 1103A	Univac	通用	异步中断
1959	SABRE	IBM	航空公司预订	"Hub-go-ahead"策略
1962	Basic Executive	IBM	通用	多样化的实时调度
1963	Basic ExecutiveII	IBM	通用	磁盘驻留的系统/用户程序

续表

年 份	里程碑	开发者	开发项目	创 新
20 世纪 70 年代	RSX,RTE	DEC,HP	实时操作系统	在小型计算机中使用
1973	Rate-monotonic system	Liuand Layland	基本理论	可调度系统利用率的上限
20 世纪 70~80 年代	RMX-80, MROS 68K, VRTX,etc.	多家公司	实时操作系统	在小型计算机中使用
1983	Ada 83	U.S.DoD	编程语言	针对任务关键型嵌入式系统
1995	Ada 95	社区	编程语言	Ada 83 的改进版本
21 世纪 00 年代	—	—	硬件、开源和商业系统软件和工具的各种进步	持续增长的"实时"创新应用范围

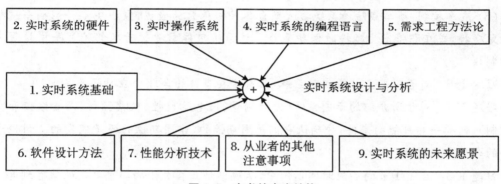

图 1.7 本书的内容结构

练 习

习题 1.1 考虑一家电梯公司的薪资处理系统。描述三种不同的场景,在这些场景中,系统分别为硬实时、准实时或软实时的。

习题 1.2 讨论以下是硬实时系统、准实时系统还是软实时系统:

(a) 美国国会图书馆的印刷-手稿数据库系统。

(b) 提供被盗汽车信息的警察数据库。

(c) 购物中心的自动取款机。

(d) 某个游乐园里的投币式电子游戏机。

(e) 大学的成绩处理系统。

(f) 用于电话公司交换机的计算机控制的路由开关。

习题1.3 考虑一架战斗机上的实时武器控制系统。讨论一下对实时计算系统来说，以下事件哪些是同步的，哪些是异步的：

(a) 外部产生的 5 ms 的时钟中断。

(b) 非法指令代码（陷阱）中断。

(c) 内置测试内存故障。

(d) 飞行员按下导弹发射按钮产生的离散信号。

(e) 指示"燃料不足"的离散信号。

习题1.4 描述一个完全非实时的系统，也就是说，对任何反应时间都没有任何限制的系统。在现实中存在这样的系统吗？

习题1.5 对于以下系统概念，请在表1.2所示的单元格中填写对可能事件的描述，估计周期性事件的事件周期：

(a) 电梯组调度器：该子系统负责路易斯维尔这样一个热闹的城市中心的一座40层大楼的高速电梯组的最佳厅门呼梯分配。

(b) 汽车控制：该车载防撞系统接收来自各种传感器的数据，做出决定并影响车辆行为以避免碰撞，或在即将发生碰撞时保护乘员。该系统可能需要暂时从驾驶员手中接管汽车的控制权。

习题1.6 对于习题1.2中实时系统，所有这些事件的合理响应时间是多少？

习题1.7 对于所介绍的示例系统（惯性测量、核电站监控、机票预订、面食装瓶和交通灯控制），列举一些可能的事件，并确认它们是周期性的、非周期性的还是偶发的。讨论这些事件的合理响应时间。

习题1.8 在1.1节的响应时间示例中，从观察到正在关闭的门扇之间的乘客到开始重新打开电梯门之间的时间为 305~515 ms。如何进一步论证这些特定的时间是否适合这种情况？

习题1.9 一个控制系统正在以 100 μs 的速度测量其反馈量。根据测量结果，通过使用复杂决策的启发式算法计算出一个控制命令。新的命令在每个采样时刻后的 27~54 μs（相当均匀地分布）可用。这种相当大的抖动给控制器的输出带来有害的失真。怎样才能避免（减少）这种抖动？如果有解决方案的话，它的缺点是什么？

习题1.10 重新考虑1.1节的CPU利用率的例子。任务1的执行期 e_1 可以短到什么程度，以保持CPU利用率不差于"有问题"（表1.3）？

参 考 文 献

[1] ABBOTT D. Linux for embedded and real-time applications[M]. 2nd. Burlington：Newnes，2006.

[2] ANH T N B,TAN S-L. Real-time operating systems for small micro controllers[J]. IEEE Micro，2009,29(5):30-45.

[3] FAY-WOLFEETAL V. Real-time CORBA[J]. IEEE Transactions on Parallel and Distributed Systems,2000,11(10):1073-1089.

[4] LIU C L, LAYLAND J W. Scheduling algorithms for multi-programming in a hard real-time environment[J]. Journal of the ACM,1973,20(1):46-61.

[5] MARTIN J. Design of real-time computer systems[M]. Englewood Cliffs：Prentice-Hall,1967.

[6] PASANEN J,JAHKONEN P,OVASKA S J,et al. An integrated digital motion control unit[J]. IEEE Transactions on Instrumentation and Measurement,1991,40(3):654-657.

[7] STANKOVIC J A,SPURI M,DI NATALE M,et al. Implications of classical scheduling results for real-time systems[J]. IEEE Computer,1995,28(6):16-25.

[8] STIMLER S. Real-time data-processing systems[M]. New York：McGraw-Hill,1969.

[9] VERNON P. Systems in engineering[J]. IEE review, 1989,35(10):383-385.

第 2 章　实时系统的硬件

　　软件和系统工程师显然需要对硬件有基本的了解,特别是在设计或分析嵌入式实时系统的时候。本章从实时的角度重点介绍与硬件相关的基本问题。因此,也为硬件开发与实践人员提供了一个有用的概述。在实时系统中,从输入(激励)到输出(响应)的多个步骤和随时间变化的延时路径中会产生相当大的时序和延迟挑战。因此,在设计实时软件或将软、硬件集成时,应理解并妥善管理这些挑战。根据我们正在处理的具体应用,这些挑战自然具有不同的复杂性和重要性。从全球航空预订和订票系统到新兴的普适计算,有各种各样大规模和更紧凑的实时应用程序。同样地,从联网的多核工作站到单个的 8 位甚至 4 位微控制器,硬件平台也有很大的不同。虽然对于为工作站环境开发软件的应用程序员来说,与硬件相关的问题相当抽象,但对于使用嵌入式微控制器或数字信号处理器的系统程序员和个人来说,这些问题确实是具体的。

　　计算硬件和网络解决方案是活跃的研究和开发领域;先进的处理器架构(甚至是可重构)以及高速无线网络为产品创新者和设计师提供了令人兴奋的机会。然而,这样的硬件进步通常使得实时的准时性更难实现,在许多情况下,平均性能大幅提升,但响应时间的概率分布变得更宽。在最新的处理器体系结构、内存层次结构、分布式系统配置和超低功耗限制情况下尤其如此。此外,实时操作系统也是类似不确定性的主要来源。响应时间的不确定性增加可能会降低系统性能和鲁棒性,譬如,在具有高采样率且对时间要求苛刻的控制系统中。那么,请问是否真的有必要采用严格的实时? 答案完全取决于应用程序的性质——程序必须作为一个硬实时系统、准实时系统来运行,还是作为一个软实时系统来运行。第 1 章已经对"实时性"的不同程度或强度进行了界定。

　　在第 2.1 节中,我们首先介绍一个基本的处理器结构,即最基本的冯·诺依曼体系结构。这个参考结构为实现实时准时性奠定了基础。接下来,第 2.2 节将讨论内存层次结构及其对响应时间的不确定性的影响。第 2.3 节描述了处理器体系结构的广泛进步。虽然在大多数情况下,与参考体系结构相比,新的体系结构性能有了显著提高,但在多阶段、多管道的情况下,最坏情况下的实时准时性却急剧下降。第 2.4 节讨论了外设接口技术和中断处理的选择,重点讨论延时和优先级问题。第 2.5 节从应用的角度比较了微处理器和微控制器两种计算平台。有关现场总线系统和时间触发结构的介绍性讨论见第 2.6 节。这些分布式和异构系统可能有严格的定时规定,这得益于所有节点的容错时钟同步。第 2.7 节总结了前面关于实时硬件的内容。最后,提供了大量关于实时硬件的练习题。

　　虽然本章着重于处理器体系架构和外设接口技术的实时特性,但关于计算机体系架构和接口的更一般的介绍可分别在 Hennessy，Patterson（2007）和 Garrett（2000）这两本"经典"书籍中找到。

2.1　基本的处理器结构

在下面的小节中，我们首先介绍一个基本的处理器体系结构，并定义一些关于计算机架构、指令处理和输入/输出（I/O）组织方面的主要术语。本节为本章后面专门讨论体系结构与其他硬件的改进的内容奠定了坚实的基础。

2.1.1　冯·诺依曼体系结构

传统的冯·诺依曼计算机体系结构，也称为普林斯顿体系结构，用于众多商业处理器中，可以只用三个元素来描述：中央处理器（CPU）、系统总线和内存。图 2.1 展示了这样的架构，其中 CPU 通过系统总线连接到内存。从更详细的角度来看，系统总线实际上是由三个独立总线组成的集合，它们分别是地址总线、数据总线和控制总线。在这些并行总线中，地址总线是单向的，由 CPU 控制；数据总线是双向的，可以传输指令和数据；控制总线是独立控制、状态、时钟和电源线的异构集合。实时应用程序中的处理器包含有 4 根、8 根、16 根、24 根、32 根、64 根，甚至更多根的一组数据线，它们共同构成了数据总线。另外，地址总线的宽度通常在 16 位到 32 位之间。在基本的冯·诺依曼结构中，I/O 寄存器被称为内存映射，因为它们的访问方式与普通内存位置相同。作为实际冯·诺依曼计算机的许多实施方案的一个例子，数据总线协议可以是同步的也可以是异步的：前者提供了更简单的实施结构，而后者在内存和 I/O 设备的不同访问时间方面更灵活。

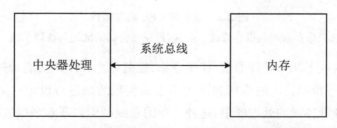

图 2.1　没有显式输入/输出单元的冯·诺依曼计算机架构

CPU 是进行指令处理的核心单元，它由如图 2.2 所示的控制单元、内部总线和数据通路组成。此外，数据通路包含一个多功能的算术逻辑单元（ALU）、一组工作寄存器以及一个状态寄存器。控制单元通过程序计数器寄存器（PCR）与系统总线连接，该寄存器将下一条指令从外部存储器的位置取到指令寄存器（IR）。每条取出的指令首先在控制单元中解码，在那里识别特定的指令代码。在识别指令代码之后，控制单元像 Mealy 类型的有限状态机一样适当地控制数据通路;从内存加载操作数,用一组操作数激活特定的算术逻辑单元功能,其结果最终存储到内存中。整数数据通常占用 1,2 或 4 个字节内存,浮点数通常占用 4 个或更多字节的内存。工作寄存器单元在 ALU 和内存之间形成了一个快速的接口缓冲区。状态寄存器的各个位或标识根据先前 ALU 操作的结果和当前 CPU 状态进行更新。特定的状态标识,如"零"和"进位/借位",用于实现条件分支指令和扩展精度的加减运算。有一个内部时钟和其他信号用于定时和数据传输,还有许多在 CPU 内部隐藏的寄存器,但未在图 2.2 中显示。

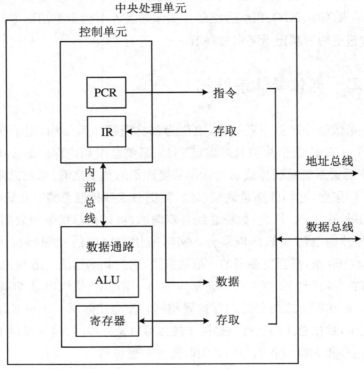

图 2.2   简化的 CPU 内部结构

(指令存取与数据存取成对合并,形成一公共的地址与数据总线)

该结构框架提供了几个设计参数,如指令集、控制单元、ALU 功能、寄存器库大小、总线宽度和时钟频率,可根据特定的应用程序的需求和实现约束进行设定。虽然冯·诺依曼体系结构广泛用于各种各样的处理器中,这种简单的总线结构实现起来很紧凑,但有时人们认为指令和数据只能通过单系统总线按顺序访问是一个严重的限制。

2.1.2 指令处理

指令处理由多个连续的阶段组成,每个阶段需要不同数量的时钟周期来完成。这些独立的阶段共同形成一个指令周期。在本书中,我们假设一个五阶段指令周期:取指令、解码指令、加载操作数、执行 ALU 和存储结果。图 2.3 显示了顺序指令周期的时序图。指令周期的持续时间取决于指令本身,乘法通常比简单的寄存器间的传送更耗时。此外,并非所有指令都包含有效的加载、执行和/或存储阶段,这些缺失的阶段要么被跳过,要么用空闲时钟周期来填充。

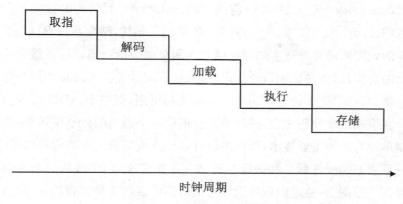

时钟周期

图 2.3　五阶段的顺序指令周期

每条指令都由其存储在内存中的唯一二进制码表示,这些码流构成了一个机器语言程序。然而,在下面的内容中,我们将使用助记符来代替二进制码。这些助记符指令代码被称为汇编语言指令,它们的存在仅仅是为了让我们的工作更轻松——CPU 只使用二进制代码。为了了解指令处理的特性,简要介绍汇编语言指令是有益的。下面将介绍一个指令集,其描述了处理器的功能,还与处理器的架构密切相关。

在处理汇编语言编程时,我们必须知道现有的指令集以及可用的寻址模式和工作寄存器。通用指令的格式如下:

　　　op-code　operand_1,　perand_2,　operand_3

这里,op-code 表示一个汇编语言指令代码,后面跟着 3 个操作数。应该注意的是,整个指令的物理长度(以字节或字为单位)取决于操作数的数量。与浮点操作数指令相比,带整数操作数的指令通常更可取。根据具体的功能,实际指令可能有 1 个、2 个、3 个操作数或没有操作数。下面给出了此类指令的说明性示例(下面是典型的助记符代码,因处理器不同而异):

　　　INC R1　　　　　　　　　　　;将工作寄存器 R1 的数值加 1
　　　ADD R1,R2　　　　　　　　　;将 R1 与 R2 的值相加,结果存到 R1
　　　SUB R1,R2,R3　　　　　　　;将 R2 的值减去 R3 的值,结果存到 R1
　　　NOP　　　　　　　　　　　　;空操作,仅将程序计数存储器的值加 1

根据操作数的最大数目,一个特定的处理器可以有单地址形式、双地址形式或三地址形式。在上面的例子中,所有的操作数都指向某些工作寄存器的内容。因此,这种寻址模式称为寄存器直接寻址。为了方便实现常用的数据结构,如向量和矩阵,通常采用某种间接或索引寻址方式。寄存器间接寻址模式使用其中一个工作寄存器来存储指向位于内存中数据结构的指针(地址):

　　　ADD R1,[R2]　　　　　　　　;将 R1 的值与 R2 所指向的内存位置中的值相加,并

将和存储到 R1

除了基本的寄存器直接寻址和寄存器间接寻址模式外,每个处理器还至少提供直接寻址和立即寻址模式:

INC &memory　　　　　　　　;将内存的 memory 位置处的内容加 1

ADD R1, 5　　　　　　　　　;将 R1 的值与 5 相加,结果存到 R1

现实世界的处理器通常有适度的寻址模式集和全面的指令集。这显然会给指令解码阶段带来相当大的负担,因为在识别指令代码时,具有不同寻址模式的每条指令都被视为一条单独的指令。例如,如果上面讨论的四种寻址模式都可用,则单个 ADD 指令会被视为 4 条单独的指令。在识别指令代码之后,控制单元会创建一个适当的命令序列来执行该指令。

实现控制单元有两种主要技术:微程序设计和硬连线逻辑。在微程序设计中,每条指令由一个包含一系列原始硬件命令和微指令的微程序来定义,用于激活适当的数据通路功能和互补的子操作。原则上,通过微程序设计构造机器语言指令是很直接的,但是这种微指令序列往往需用几个时钟周期来完成。这可能会成为一个障碍,因为复杂指令需要大量的时钟周期。商用处理器的用户不能访问微程序内存,但它是由设计指令集的人员永久配置的。在指令集较小或要求非常快的指令处理的处理器中,控制单元通常使用由组合数字电路、时序数字电路组成的硬连线逻辑来实现。与微程序设计相比,这种低级的实现方法会使得每条指令占用更多的空间,但它可以提供明显更快的指令执行速度。然而,当使用硬接线控制单元时,创建或修改机器语言指令会更困难。稍后在我们讨论高级处理器体系结构时会看到,现代商用处理器中已广泛使用微程序设计和硬连线逻辑。这主要是与指令集的大小和复杂性有关的实现问题。

在前面的段落中,我们介绍了指令处理的基本原理,它由五个连续的阶段组成,没有并行性。实际上,看上去它依赖于以下隐式思维,即一个程序中的连续指令同时具有内部依赖性和相互依赖性,这就阻止了任何类型的指令级并行。这种不切实际的限制使得 ALU 资源的利用率很低。因此,在先进的计算机体系结构中,这种现象大大缓解了。即使使用这种参考架构,仍然可以通过使用宽的内部和系统总线、高时钟速率和大量的工作寄存器来减少访问(较慢的)外部存储器的需求,从而提高计算性能。这些直观的改进与硬件限制有直接关系:集成电路的理想尺寸和所用的制造技术。此外,从实时系统的角度(响应时间及其准时性)来看,这些改进都表现良好。

为了节约能源和使软件"绿色",许多现代处理器都有一个减速模式。特定的指令可以降低电路电压和时钟频率,从而降低计算机速度,使用更小的功率,产生更少的热量。对于实时设计师来说,使用此功能尤其具有挑战性,因为他们必须考虑降频之后的任务执行是否满足截止期限的要求以及任务执行时间的变化。

2.1.3　输入输出与中断考虑

每个计算机系统都需要输入和输出端口,以输入激励并输出相应的响应。计算机与操作环境或用户之间总是存在一定的互动。这种关系在嵌入式系统中至关重要。在实时系统中,这样的 I/O 操作有一个关键的需求;它们通常有严格的时间限制。

图 2.1 所示的冯·诺依曼体系结构不包含任何 I/O 块,但假定输入和输出寄存器存在于内存块内的常规内存空间中。因此,从 CPU 的角度来看,这些 I/O 专用寄存器形成了微小内存段,只有几个伪内存位置对应于可配置 I/O 端口的模式、状态和数据寄存器。使用内存映射 I/O,其端口可以通过所有具有内存操作数的指令进行操作。这在实现高效的设备驱动程序时是有利的。

编程 I/O 是内存映射 I/O 的常用替代方案。在该方案中,稍微增强的总线体系结构为 I/O 寄存器提供了单独的地址空间;标准系统总线仍然用作 CPU 和 I/O 端口之间的接口,但是现在有一个额外的控制信号"Memory/IO",用于区分内存和 I/O 访问。此外,访问 I/O 寄存器需要单独的输入(IN)和输出(OUT)指令。实现这些指令有不同的方法,但下面的例子展示了一个典型的情况,其中使用某个工作寄存器来保存 I/O 数据:

```
IN R1，&port              ;读 port 地址端口的内容,并存到 R1 寄存器
OUT &port，R1             ;将 R1 寄存器的内容写到端口 port
```

一方面,在地址空间较小的低端微控制器中,可编程 I/O 的主要优点是节省有限的地址空间只用于存储器元件。另一方面,在高端微控制器和功能强大的微处理器中,将速度较慢的 I/O 端口与较快的存储器组件放置在不同的地址空间中是有益的。这样,在指定系统总线的速度时就不需要做折中。图 2.4 描述了具有独立内存和 I/O 单元的增强型冯·诺依曼体系结构。

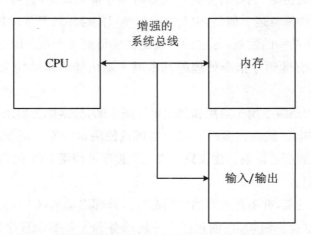

图 2.4　带有可编程输入与输出增强型的冯·诺依曼结构

中断是启动事件的外部硬件信号。中断用于发出信号,表示 I/O 传输已完成或需要启动。I/O 端口对于任何计算机系统来说都是至关重要的,而中断,可以这样说,至少在任何硬实时系统中都是至关重要的。硬件中断使得对操作环境中发生的重要事件提供及时服务成为可能。只要(几乎)同时发生的中断请求的数量非常低,并且相应的中断处理时间非常短,中断原理就工作得很好。因此,应该仔细规划哪些设备或传感器有权中断。只有最具时间紧迫性的事件才有此特权,因为其他事件可以通过定期轮询来识别。一般来说,存在两种

类型的硬件中断：可屏蔽中断和不可屏蔽中断。可屏蔽中断通常用于在正常操作条件下发生的此类事件；而不可屏蔽中断则保留给需要立即采取行动的极其关键事件，如快速接通断电的警报。

虽然中断通常与真正及时的服务相关，但是在中断识别和服务过程中存在一些延迟元素。这些明显降低了实时准时性，并使响应时间存在不确定性。一个典型的中断服务过程如下：

- 中断请求线路被激活。
- 中断请求由 CPU 硬件锁定（～）。
- 正在进行的指令处理完成（～）。
- 程序计数器寄存器（PCR）的内容被压入栈。
- 状态寄存器（SR）的内容被压入栈。
- 中断处理程序的地址被加载到 PCR 中。
- 执行中断处理程序（～）。
- SR 的原始内容从堆栈中弹出。
- PCR 的原始内容从堆栈中弹出。

此中断服务过程中的三个特定步骤（用波浪号～表示），是长度可变的延迟的来源。虽然中断请求锁存通常不超过一个时钟周期，但完成正在进行的指令可能需要 0 到指令周期最大长度之间的任何时间。中断处理程序代码的执行自然需要多个指令周期。仅在极少数情况下，某些面向块的指令（例如需要花费大量时间才能完成的内存到内存的块移动）可能需要被中断，以减少中断延迟。但是，中断这些指令可能会导致严重的数据完整性问题。随着计算机和内存体系结构的发展，延迟的不确定性变得更加严重。因此，可以得出结论，从硬件的角度来看，具有纯顺序指令处理的基本冯·诺依曼体系结构为实时准时性设置了基线。

处理器提供了两条指令用于启用和禁用可屏蔽中断，分别称为启用优先级中断（EPI）和禁用优先级中断（DPI）。然而在实时应用中要谨慎使用这些原子指令，因为当中断被禁用时，实时性可能会受到严重影响。建议只允许系统程序员使用 EPI 和 DPI，而应用程序程序员完全不能使用它们。

最后，应该注意的是，并不是所有的中断都是从外部启动的，CPU 可能有一个特殊的指令来启动软件中断本身。例如，在创建操作系统服务和设备驱动程序时，软件中断非常方便。此外，内部中断（或称陷阱）是由执行异常产生的，如算术溢出、除零或非法指令代码。

2.2　内　存　技　术

当设计和分析实时系统时，了解当前内存技术的主要特征是必要的。例如，对于那些

CPU 利用率计划保持在 83%～99% 的"危险"范围内的嵌入式应用（请参阅第 1 章），这一点尤其重要。在那些几乎时间过载的系统中，最坏情况下的层次性内存架构的访问延迟可能会导致非周期性的错过截止期限，并造成相当大的延迟。下面的小节包含行为和定性的讨论，这些讨论偏向于软件和系统工程师而非硬件设计人员。Peckol（2008）对嵌入式应用的内存和内存系统进行了全面的研究。

2.2.1　不同种类的内存

易失性 RAM 与非易失性 ROM 是半导体存储器的两个主要类别，其中 RAM 表示随机存取存储器，ROM 表示只读存储器。多年来，只要 ROM 设备确定其内容在内存芯片的制造过程中或者在应用工厂中被"编程"的类型，这种区分就是很明确的。现在，RAM 和 ROM 组之间的界限已经不再那么清晰了，因为常用的 ROM 类、EEPROM 和 Flash 无需特殊的编程单元即可重写，因此它们是系统内可编程的。这两大类内存中有许多不同的类别，而下面只介绍最重要的几类。图 2.5 描述了通用内存组件的普通接口线。

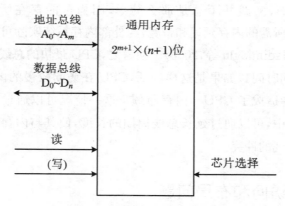

图 2.5　通用内存组件的接口线

（写操作不与 ROM 设备一起使用，存储器容量为 $2^{m+1} \times (n+1)$ 位）

电可擦可编程只读存储器（EEPROM）及其紧密相关的闪存（Flash）都是基于动态浮栅原理，并且它们都可以像 RAM 设备一样被重写。然而，这些 ROM 类型设备的擦除和写入过程比 RAM 要慢得多。EEPROM 的重写周期比相应的读取周期长 100 倍。此外，每个存储单元通常只能被重写 100 000 到 1 000 000 次，因为大量的重写过程会损耗组建 EEPROM 和 Flash 存储单元介质。基本的 1 位存储单元被配置在一个阵列中，以形成一个实用的存储设备。虽然个别的存储位置可以用 EEPROMs 稀疏地重写，但是闪存只能大块地擦除。因此，这些可重写的（其中的数据可以保存十年之久）ROM 绝不是 RAM 设备的竞争对手，但它们是为不同的用途而设计的。EEPROM 通常用作非易失性程序和参数存储，闪存用于存储应用程序和大型数据记录。在某些标准化应用中，不可重写掩模编程 ROM 仍然被用作低成本的程序存储器，具有很大的生产量。最后，应该提到的是，ROM 类型的存储器的读取速度比典型的 RAM 设备慢。因此，在许多实时应用中，从更快的 RAM 而不是 ROM 中运行程序是可行的,甚至是必要的。另一个常见的做法是将应用程序从可移动闪存卡(或 U 盘)加载到 RAM 存储器中执行。这样一来,闪存设备就充当了嵌入式系统的耐用而且低成本的大容量存储器。

有两类 RAM 设备:静态 RAM(SRAM)和动态 RAM(DRAM)。实时系统会用到这两个类中的一类或两类。单个 SRAM 类型的存储单元通常需要 6 个晶体管来实现双态触发器结构,而 DRAM 单元只需要单个晶体管和电容器就可以实现。因此,如果我们比较相同尺寸和类似制造技术的存储器,从其结构来看,SRAM 的结构占用更多空间,成本更高,但存取速度更快;DRAM 非常紧凑,更便宜,但存取速度较慢。由于 DRAM 存储电容中固有的电荷泄漏,其必须定期刷新,以避免任何数据丢失;刷新周期不得低于 3~4 ms。刷新电路在逻辑上增加了 DRAM 芯片的空间,但这通常不是一个关键问题,因为单个 DRAM 设备比 SRAM 设备包含更多的内存,因此,刷新电路的相对比例是可以接受的。类似的控制电路也存在于 EEPROM 和闪存中,用于管理更高电压的擦除和写入过程。

在为某些实时应用程序设计 RAM 子系统时,有一个基本的经验法则:如果需要大内存,则使用 DRAM;但是如果内存需求不超过中等水平,特别是对于小型嵌入式系统来说,推荐使用 SRAM。然而,实践并不总是那么简单,因为可能存在所谓的 CPU - 内存差距——"有效执行指令所需的内存延迟和带宽,与外部内存系统实际可提供的延迟和带宽之间的差距越来越大"(Hadimioglu 等,2004)。换言之,CPU 最快的总线周期可能(远)小于可用内存组件的最小访问时间。如果是这样的话,CPU 在访问较慢的内存时无法全速运行。这在高性能应用程序中造成了 CPU - 内存瓶颈。这一情况可以通过分层的内存组织来缓解:在性能较低的应用中,可以通过延长总线周期的长度,使其与内存组件的访问时间规格相匹配,来克服可能出现的冲突。

2.2.2　内存访问和布局问题

内存访问原理与特定的计算硬件密切相关。然而,即使是实时软件或系统工程师也不能忽视它们。从上面介绍的 CPU - 内存瓶颈问题可以看出,仅仅了解 CPU 的架构和峰值性能是不够的。通常,由于内存访问时间的限制,系统总线不能全速运行。这会对实时系统的响应时间产生负面影响。内存读取访问时间是启用寻址内存组件和在数据总线上获取请求的数据这两个操作之间的基本时间延迟。图 2.6 的时序图说明了这一点,图中使用了通用的内存组件的信号(图 2.5)。也相应地定义了内存写入访问时间。典型的读写周期包含 CPU 和内存设备之间的握手。完成握手的时间取决于 CPU、系统总线和内存设备的电气特性。

在确定合适的总线周期时,我们需要知道内存和 I/O 端口在最坏情况下的访问时间以及地址解码电路的延迟和系统总线上可能的缓冲区。使用同步总线协议,可以将等待状态(或额外的时钟周期)添加到默认总线周期,并动态调整它以适应内存和 I/O 组件不同的访问时间。异步系统总线不需要这种等待状态,因为 CPU 与存储器或 I/O 端口之间的数据传输基于握手类型的协议。这两种总线协议都用于商用总线处理器中。

　　另一个关键的制约因素有时可能是实时硬件的总功耗,它随着 CPU 时钟频率的增加而增长。从这个角度来看,时钟频率应该尽可能低,而内存应该尽可能慢。因此,适当的总线周期长度是一个特定的应用参数,在电池供电的嵌入式系统中可能是一个关键参数。

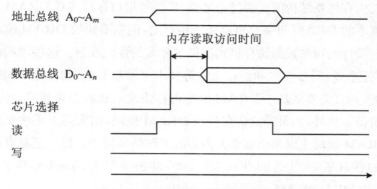

图 2.6　内存读取总线周期的时序图

（数据和地址总线中显示的角度"<>"表示在此期间涉及多条逻辑状态不同的线路）

　　对于实时软件工程师来说,内存和 I/O 布局或映射是非常重要的。例如,考虑一个支持 32 位地址空间组织的 16 位嵌入式微处理器,如图 2.7 所示。这些起始地址和结束地址是任意的,但可以代表特定的嵌入式系统。例如,这样的映射可能与电梯控制器的内存组织一致。

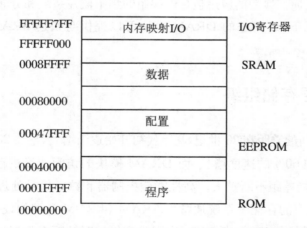

图 2.7　显示分配区域的典型内存映射(没有按比例缩放)

（请注意,很大一部分内存空间没有分配给任何特定用途）

　　在我们想象中的电梯控制器中,可执行程序代码驻留在十六进制内存地址 00000000 到 0001FFFF 中。这个标准的控制系统具有很高的产量,所以使用掩模编程的 ROM 器件(128 K 字)是切实可行的。其他配置数据,可能与各种出厂设置和安装规格参数有关,存储在 EEPROM(32 K 字)中的 00040000 到 00047FFF 位置,在维修或维护访问期间可以重写。位置 00080000 到 0008FFFF 是 SRAM 存储器(64 K 字),它们用于存储实时操作系统的数据结构和通用数据。最后,位置 FFFFF000 到 FFFFF7FF(2 K 内存位置)包含与接口模块相关的地址,这些接口模块用于内存映射的 I/O 访问,例如,各种状态和命令信号的并行输入和输出;现场总线连接,用于与组调度程序和轿厢计算机进行串行通信;服务终端的 RS-232C 接口以及实时时钟和定时器/计数器功能。该内存映射将系统和应用软件的可自由重定位地址固定到物理硬件环境中。

在开始分层内存体系结构的重要讨论之前,根据数据访存模式对 DRAM 进行分类是有意义的。虽然基本的 DRAM 设备是可以随机访存的,但是不同的 DRAM 模块为快速访存连续内存位置而设计的特殊数据访存模式提供了显著的性能改进。这些类型的设备利用诸如行访存、访存流水线、同步接口和访存交错等技术来缩小 CPU 与内存之间的差距。当内存组织是分层的,并且需要从基于 DRAM 的主内存快速加载数据块到缓存内存时,这些高级模式非常有价值。另外,如果随机访存高级 DRAM 模块,则实际上无法实现显著的速度提升。因此,DRAM 模块主要用于需要大内存的工作站环境中。以下是具有高级访存模式的 DRAM 模块(按其从 20 世纪 80 年代末到 2007 年出现顺序)的演变路径示例:

- 快页模式(FPM)DRAM。
- 扩展数据输出(EDO)DRAM。
- 同步 DRAM(SDRAM)。
- 直接 Rambus DRAM(DRDRAM)。
- 第三代双倍速率同步 DRAM(DDR3 SDRAM)。

在常规的办公用途或在更可靠的工业 PC 机上实现的实时系统中,高级 DRAM 模块自然被用在主存储器层面。典型的应用包括电梯组的集中监控系统和分布式的航班预订和订票系统。在特定情况下,最先进的 DRAM 模块可以提供与快速 SRAM 相当的最短访问时间。

2.2.3　分层存储组织

CPU 与内存之间的差距在 20 世纪 80 年代初开始逐渐增大,早在 20 世纪 90 年代,CPU 时钟频率以每年增加 60% 的速度增长,而 DRAM 模块的访问速度的改善每年不到 10%。因此,令人烦恼的性能差距不断扩大。高性能微控制器和数字信号处理器也存在这种类似的情况,尽管它们较小的存储子系统通常由 SRAM 和 ROM 类型的设备组成。然而,绝大多数低端微控制器不存在 CPU-内存瓶颈,因为它们的时钟频率不超过几十兆赫。但是在 21 世纪初,由于千兆赫处理器过高的功耗和严重的发热问题,CPU 时钟速率的增长实际上已经饱和。虽然实时系统需要尽可能快的内存,但成本限制往往决定了可以使用的技术。

缓解 CPU-内存差距的一个有效方法是在主内存和 CPU 之间实现缓存。缓存依据的是访存局部性原理。访存局部性是指连续代码或数据访存之间在内存中的地址距离。如果获取的代码或数据倾向于驻留在内存中,那么访存的局部性就高。相反,当程序执行较分散的指令时,访存的局部性就低。过程语言中编写良好的程序往往在代码模块和指令循环体中按顺序执行,因此通常具有较高的访存局部性。虽然对于面向对象的代码来说并不一定如此,但这类代码中有问题的部分通常可以线性化。例如,数组倾向于按顺序存储在块中,元素通常按顺序访问。当软件以线性顺序方式执行时,指令是有顺序的,因此被存储在附近的内存位置,从而产生较高的访问局部性。

访存局部性为分层存储组织提供了强大的基础,它可以有效地利用具有快速块访存能力的高级 DRAM 模块,将顺序指令代码或数据从 DRAM(主存)加载到 SRAM(Cache)。高速缓存是一种相对较小的快速内存,用于保存频繁使用的指令和数据。缓存还包含一个可快速访问的当前在缓存中的内存块(地址标记)列表。每个内存块可以保存少量的指令代码或数据,通常不超过几百个字。

缓存的基本操作如下。假设 CPU 请求 DRAM 一个位置的内容。首先,高速缓存控制器检查地址标记以查看特定位置是否在缓存中。如果存在,则立即从缓存中检索数据,这比从主内存获取数据要快得多。但是,如果所需的数据不在缓存中,则必须写回缓存内容,并将所需的新块从主内存加载到缓存中。然后将所需的数据从高速缓存传送到 CPU,并由高速缓存控制器相应地更新地址标签。

缓存设计考虑因素包括访存时间、缓存大小、块大小、映射函数(例如直接映射、组关联、全关联)、块替换算法(例如先入先出 FIFO、最近最少使用的 LRU)、写入策略(例如应立即写入更改的数据或等待块替换)、缓存的数量(例如有单独的数据和指令缓存,或者只有一个指令缓存)以及缓存级别数(通常为 1~3)。Patterson 和 Hennessy(2009)对这些设计考虑因素进行了深入讨论。图 2.8 说明了一个三级内存层次结构,其中缓存级别为 L1 和 L2。

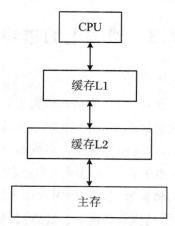

图 2.8　在 CPU 和主存之间具有两个缓存
级别(L1 和 L2)的分层内存组织

示例　缓存结构的性能估计

一个实用的缓存能提供什么样的性能优势?考虑一个两级内存层次结构,在 CPU 内部构建一个 8 KB 的缓存。假设一个非缓存内存引用的时间开销为 100 ns,而从缓存访问只需要 20 ns。现在假设缓存命中率为 73%(缺失率为 27%),那么平均访问时间是

$$T_{\text{AVG\_1}} = 0.73 \times 20 + 0.27 \times 100 \approx 42 \text{(ns)}$$

接下来,我们考虑一个三级内存层次结构,在 CPU 内部构建一个 8 KB 的上层缓存和一

个 128 KB 的外部低级缓存。假设访问时间分别为 20 ns 和 60 ns，非缓存内存引用的开销为 100 ns。上层命中率为 73%，下层命中率为 89%，现在平均访问时间是

$$T_{AVG\_2} = 0.73 \times 20 + 0.27 \times 0.89 \times 60 + 0.27 \times 0.11 \times 100 \approx 32\,(ns)$$

由于缓存的访问时间比主内存快，因此性能优势是缓存命中率的函数，命中率是在缓存中找到的所需指令代码或数据的百分比。较低的命中率可能会导致比没有缓存的性能更糟糕。也就是说，如果在缓存中找不到所需的数据，则需要写回一些缓存块（如果有任何数据被更改），并替换为包含所需数据的内存块。当命中率很低时，这种时间开销会变得很大。因此，低命中率会降低性能。因此，如果访问的局部性较低，则预期的缓存命中次数会很低，从而降低实时性能。

使用缓存的另一个缺点是，有效的访问时间是不确定的，不可能事先知道缓存的内容以及总的访问时间。在上述两个例子中，有效存取时间在 20～100 ns 之间变化，平均值分别为 42 ns 和 32 ns。因此，在具有分层内存组织的实时系统中，响应时间包含源自缓存的不确定性元素。在多任务实时系统中，不同软件任务之间的频繁切换以及不定期的中断服务，确实会暂时违反访问的局部性原理，从而导致缓存缺失的概率很高。

在某些嵌入式处理器中，可以将时间关键型代码序列永久性地加载到指令缓存中，从而降低其执行时间的不确定性。在许多要求严格实时性的数字信号处理、控制和图像处理应用中，这是一个潜在的选择。

2.3　架构上的进步

自从第一代微处理器问世以来，CPU 体系结构得到了显著的发展。基本冯·诺依曼体系结构的顺序指令周期的局限性引起了对体系结构的各种改进。这些改进措施大多是建立在较高的访存局部性假设之上的，而这种假设在大多数情况下都是高概率成立的。随着设计自动化和集成电路技术的稳步发展，设计和集成越来越多的功能到一个芯片上成为可能，架构的创新者已经利用这种能力将新形式的并行引入指令处理中。因此，对于实时系统工程师来说，了解先进的计算机体系结构是必需的。虽然我们并不打算对计算机体系结构进行全面回顾，但有必要对最重要的问题进行讨论。

在第 2.1 节中，我们介绍了一个顺序指令循环：取指令（F）、解码指令（D）、加载操作数（L）、执行 ALU 函数（E）和存储结果（S）。该指令周期包含两种内存引用：指令获取和数据加载/存储。在图 2.1 或图 2.4 所示的经典冯·诺依曼体系结构中，F 和 L/S 阶段并不相互独立，因为它们共享单个的系统总线。一方面，在稍后讨论的流水线体系结构中，为指令和数据设置独立的总线，以便能够同时执行 F 和 L/S 阶段将是有益的。另一方面，两条并行的地址/数据总线占用了相当大的芯片面积，但这也是性能提高所要付出的代价。这种架构被称为哈佛体系结构，它首先在数字信号处理器中流行。许多现代 CPU 同时具有哈佛架构和

冯·诺依曼架构的特点：独立的片上指令和数据缓存具有哈佛类型的接口，而通用的片外缓存则通过单一的系统总线进行连接。因此，这种混合式结构的内部是哈佛架构的，而外部则是冯·诺依曼（即普林斯顿）架构的。

在哈佛架构中，有可能为指令和数据传输设置不同的总线宽度。例如，指令总线可以是 32 位宽，而数据总线只有 16 位宽。此外，指令地址总线可以有 20 位，数据地址总线可以有 24 位。这相当于 200 万字的指令存储器和 1600 万字的数据存储器。因此，架构设计师在指定总线结构时具有灵活性。图 2.9 描述了具有并行指令和数据访问能力的哈佛架构。从实时系统的观点来看，基本的哈佛架构代表了一种良好的改进，它不会给指令周期带来任何额外的延迟或不确定性，甚至可以被看作是 CPU 内存瓶颈的一个潜在的缓解方式，但这并不是哈佛架构当前的使用方式。

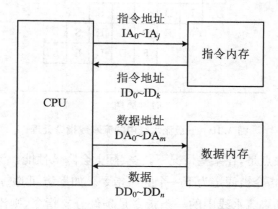

图 2.9　不同总线宽度的哈佛结构

如今，哈佛和冯·诺依曼体系结构都有了许多增强功能，提高了指令处理中的并行性水平。下面将讨论最重要的体系结构改进。尽管它们在平均情况下有很大的好处，但如 Thiele 和 Wilhelm(2004) 所述，它们通常会降低时间预测能力和最坏情况下的性能。

2.3.1　流水化的指令处理

流水线技术在一条指令处理的不同阶段赋予了隐式的执行并行性，从而提高了指令的吞吐量。假设一条指令的执行包括前面所述 5 个阶段（F-D-L-E-S）。在第 2.1 节介绍的顺序（非流水线）执行中，一条指令一次只能在一个阶段进行处理。使用流水线技术，可以同时在不同的阶段处理多条指令，从而相应地提高处理器的性能。

例如，考虑图 2.10 中的五级流水，图上方显示了两条指令的取指、解码、加载、执行和存储阶段的顺序执行，这需要 10 个时钟周期。在这个序列之下是另一组相同的两条指令，再加上另外 4 条指令，它们对各个 F-D-L-E-S 阶段的处理是重叠的。如果指令阶段的长度相等，并且每一条指令都需要相同的时间来完成，那么这个流水线就可以完美地工作。如果我们假设一个流水线阶段需要一个时钟周期，那么前两条指令只在 6 个时钟周期内完成，其余指令在 10 个时钟周期内完成。在连续满流水线的理想条件下，一条新指令以一个时钟周期的速度完成。通常，N 级流水线的最佳指令完成时间是非流水线情况下完成时间的 $1/N$。因此，可以更有效地利用 ALU 和其他 CPU 资源。但是，应该指出的是，流水线结构需要在指令处理的不同阶段之间使用缓冲寄存器。而这会导致流水线指令周期的额外延迟，在非流水线周期中，可以直接从一个阶段转换到另一个阶段，而无需中间缓冲区写入和读取。

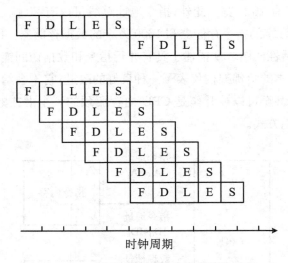

图 2.10　五级流水线中的流水线指令处理

流水线的另一个缺点是，在某些情况下，它实际上会降低性能。流水线是一种预测性执行的形式，因为预取的指令被假定为下一个顺序指令。如果访问的局部性保持得很高，则预测性执行效果很好。如果流水线中的一条指令是条件分支指令，则流水线中的后续指令可能无效，必须对流水线进行刷新（流水线寄存器和标志寄存器都将重置）并逐级重新填充流水线。为了避免流水线刷新/填充的负面影响，许多处理器具有先进的分支预测和推测功能。外部中断会出现类似但不可预测的情况。此外，连续机器语言指令之间的数据和输入依赖关系可能会由于需要临时暂停或浪费时钟周期而减慢流水线的流动。

如果进一步分解指令周期，则可以构造更高级别的流水线或超级流水线。例如，可以构建一个六级流水，包括一个取指阶段、两个解码阶段（需要支持间接寻址模式）、一个执行阶段、一个回写阶段（在缓冲区中查找完成的操作，并释放相应的功能单元）和一个提交阶段（在该阶段中将验证结果写回到内存中）。在实际应用中，在高性能 CPU（GHz 级时钟速率）中存在着 10 级以上的超流水线。超级流水线具有较短阶段长度，原则上可以提供较短的中断延迟。然而，当指令访存的局部性受到严重影响时，这种潜在的好处通常被不可避免的缓存缺失和必要的流水线刷新/填充所抵消。因此，在实时系统中，大量的流水线是一个重要的不确定性来源。

2.3.2　超标量超长指令字体系结构

超标量架构进一步提高了指令处理中的推测水平，至少有两个并行流水线来提高指令吞吐量。其中一条流水线可能只为浮点指令保留,而所有其他指令在单独的流水线中或者在多个流水线中进行处理。图 2.11 显示了两条具有五级超标量流水线的运行情况。这些流水线由高度冗余的 ALU 和其他硬件资源支持。理论上,在具有 N 级流水的 K-流水体系结构中,指令完成时间可能是非流水线情况下完成时间的 $1/(K \cdot N)$,因此在一个时钟周期内可以完成多条指令。如果执行的指令彼此完全独立,并且分支预测能力完美,那么这样的并行方案就会很有效。然而,现实世界的程序通常不是这样,因此,并行资源的平均利用率远远低于 100%。如果与单级流水线或超级流水线的架构相比,多流水线 CPU 在最佳情况和最坏情况下的性能之间有更大的差异。

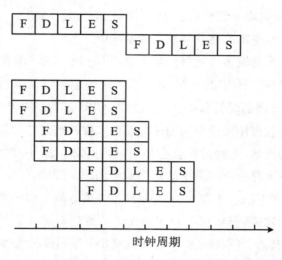

图 2.11 具有两个并行指令流水线的超标量体系结构

超标量 CPU 是复杂的集成电路实现,不仅因为它们具有广泛的功能冗余,还由于它们有复杂的相互依赖性检查和调度逻辑。如果为了最大化昂贵的 ALU 资源的利用率而使用乱序指令执行,则仍然可能会增加硬件的复杂性。因此,超标量处理器主要用于工作站和非实时应用。很难在超标量平台上构建确定性嵌入式系统,尽管它可以提供非常高的峰值性能。

超长指令字(VLIW)架构与超标量架构相似,因为它们都具有大量的硬件冗余,可以支持指令的并行处理。然而,在检查连续指令之间的相互依赖性并将它们最优地分配给适当的功能单元的过程中,它们有一个根本的区别。超标量体系结构完全依赖于基于硬件的(在线)依赖性检查和调度,但 VLIW 体系结构不需要任何硬件资源来实现这些目的。VLIW 处理器的高级语言编译器可以离线地处理依赖性检查和调度任务,超长指令码(通常至少 64 位)由多个常规指令码组成。由于只有相互独立的指令才能组合,任何两个访问数据总线的指令都不能组合。在 VLIW 体系结构中,对指令调度无法进行在线推测,但指令处理行为是可以很好预测的。

需要注意的是,VLIW 体系结构的效率完全取决于高级编译器的功能和本机指令集的属性。Yan 和 Zhang(2008)研究了编译器对 VLIW 处理器的支持。由于存在许多并行化目标和相互依赖的约束,编译器的代码生成过程变得非常具有挑战性。因此,应用程序员应该通过为特定 VLIW 平台定制关键算法来协助编译器解决困难的调度问题。一般来说,为某个 VLIW 处理器编写的程序很难移植到其他 VLIW 环境中。超标量 CPU 可用于通用计算应用程序,而 VLIW CPU 通常是为某些特定类别的应用程序(如多媒体处理)定制的,它们甚至可用于实时系统。

2.3.3 多核处理器

作为一种架构创新,具有多个互联内核或 CPU 的处理器并不新鲜。直到 2000 年初通用多核处理器问世,这种并行架构一直被认为是一种特殊的结构。这些特殊的架构用于不同的数字处理应用,例如有限元建模或基于群体算法的多模态优化。目前,多核处理器应用于计算量大或任务并发性要求严格的高端实时系统中。

到底是什么推动了大规模多核发展?到了 21 世纪初,CPU 架构的发展显然不能再依赖于不断增长的时钟速率。具有 20～30 个流水线级的超级流水线结构假定时钟速率为几千兆赫。另一方面,如此高的时钟频率大大增加了 CPU 芯片的功耗,不可避免地会导致严重的发热问题。用昂贵且占用大量空间的冷却配件来保持高速芯片足够的冷却是一个重大挑战。如果没有足够的冷却,这些芯片会在短时间内烧坏。此外,在大型集成电路中,亚纳秒时钟周期在大型集成电路中产生棘手的数据同步问题。因此,领先的 CPU 厂商似乎达成共识,维持最高时钟速率不超过 2 GHz～3 GHz,并将重点放在多核架构的开发上。随着集成电路制造技术的不断发展,仍然有可能在最先进的处理器芯片上增加等效门的数量。目前,"多核"一词是指具有 2 个(双核)、4 个(四核)或 8 个相同核的处理器,但随着集成电路技术的进步,并行核的数量将不断增加。

在多核处理器中,每个单独的核通常有一个专用的高速缓存,或者是单独的指令和数据缓存。这些小的片上高速缓存连接到一个更大的片上高速缓存,该存储器是所有核共用的。一个典型的多核架构如图 2.12 所示。与具有多个独立内核的类似实现相比,集成多核处理

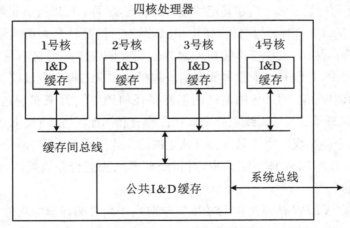

图 2.12　具有单个片上缓存和通用片上缓存的四核处理器架构

("I" = 指令,"D" = 数据)

器需要的印刷电路板占用空间更小,这在许多应用中是一个相当大的优势。

标准多核处理器的引入为几乎所有应用领域的研发工程师提供了解决并行处理任务的机会。尽管如此,在任何并行环境下,严肃的研发工作都需要一套完整的软件工具来支持整个开发过程,并创建可以利用真正的任务并发的全部潜力的多任务实时系统。此外,软件工程师应该学会设计他们的并行算法,否则,将很难利用多核架构的潜力。在不同核之间进行手动负载平衡是一项重要的任务,其需要足够的专业知识和适当的工具来进行性能分析。

将现有的单 CPU 软件有效地移植到多核环境中非常耗时。这无疑会降低应用公司将成熟的实时应用程序移植到多核处理器上的兴趣,例如电梯组控制或手机交换机,即使这些应用无疑会从这种移植中获益。

在多核体系结构中,指令处理的不确定性主要是由底层内存层次结构、流水线和可能的超标量特性引起的。对于开发实时系统的工程师来说,任务并发的机会无疑是非常重要的。最后,应该记住,在开发高性能并行系统时,准时和快速的内核间通信是一个关键问题。通信信道是多处理器系统中众所周知的瓶颈。本书将在第 7 章中重新讨论并行化的挑战,并介绍阿姆达尔定律。该定律为增加并行核数量时引起的速度提升奠定了理论基础。就速度提升而言,并行的极限似乎是一个软件属性,而不是硬件属性。

2.3.4　复杂指令集与精简指令集

复杂指令集计算机(CISC)提供了相对复杂的功能作为本机指令集的一部分,这为高级语言编译器提供了丰富的机器语言指令,可以用来生成高效的系统或应用程序代码。通过这种方式,CISC 类型的处理器可以提高执行速度和最小化使用内存。此外,在早期,当汇编语言仍然在实时编程中扮演着重要角色时,具有复杂指令的 CISC 架构减少并简化了程序员的编码工作。

传统的 CISC 理念基于以下 9 个原则:
① 复杂指令需要多个时钟周期;
② 实际上,任何指令都可以访问内存;
③ 没有指令流水线;
④ 微程序控制单元;
⑤ 大量的指令;
⑥ 指令的格式和长度是可变的;
⑦ 多种寻址方式;
⑧ 单套工作寄存器;
⑨ 复杂性由微程序和硬件处理。

此外,由于在高级语言中实现复杂的函数将需要许多程序内存字,因此其可以显著地节省内存。最后,用微代码编写的功能总是比用高级语言编写的功能执行得快。

在精简指令集计算机(RISC)中,每条指令只占用一个时钟周期。通常,精简指令集计算机很少使用或根本不使用微代码。这意味着指令解码过程可以作为一个快速的数字电路来实现，而不是一个较慢的微程序。此外，降低了芯片复杂度，允许在相同的芯片区域内有更多的工作寄存器。有效地使用寄存器直接指令可以减少使用较慢的内存访问的次数。

近期的 RISC 标准是 CISC 九项原则的补充，这些原则是：

① 简单指令只需要一个时钟周期；

② 仅通过加载/存储指令访问内存；

③ 高度流水线式的指令处理；

④ 硬连线控制单元；

⑤ 少量指令；

⑥ 指令格式和长度都是固定的；

⑦ 很少的寻址模式；

⑧ 多组工作寄存器；

⑨ 复杂性由编译器和软件解决。

Tabak(1991)对 RISC 进行了更加量化的定义。任何 RISC 类型的体系结构都可以看作是一个具有最少数量的垂直型微指令的处理器，其中程序直接在硬件上执行。在没有任何微码解释器的情况下，所有的指令操作都可以在一个（硬连接的）"微指令"中完成。

RISC 指令较少，因此那些更复杂的操作必须通过组合一系列简单指令来实现。如果是一些经常使用的操作，编译器的代码生成器可以使用预先优化的指令序列模板来创建代码，就好像它是那个复杂的指令一样。对于构成复杂指令的指令序列，RISC 自然需要更多内存。另外，CISC 使用更多的时钟周期来执行在本机指令集中实现复杂指令的微指令。

在实时系统中 RISC 的一个主要优点是平均指令执行时间比 CISC 短。指令执行时间的减少导致了更短的中断延迟，从而缩短了响应时间。此外，RISC 指令集往往有助于编译器生成更快的代码。由于指令集受到极大的限制，编译器必须考虑的特殊情况就大大减少，从而允许使用更多种代码优化方法。

RISC 处理器的缺点是，它通常与缓存和复杂的多级流水线相关联。通常，这些体系结构的改进是通过缩短频繁访问的指令代码和数据的有效内存访问的时间来提高处理器的平均性能。然而，在最坏的情况下，响应时间会增加，因为较低的缓存命中率和频繁的流水线刷新会降低性能。尽管如此，以降低最坏情况下的性能为代价而大大改善平均情况下的性能，至少在准实时和软实时应用中是可以容忍的。最后，应该提到的是，现代 CISC 类型的处理器共享 RISC 架构的一些原理，例如，几乎所有 CISC 处理器都包含某种形式的指令流水线。因此，CISC 和 RISC 之间的边界并不清晰。如果一个特定的 CPU 架构满足 CISC 的 9 个原则中的大部分，那么它就属于 CISC 范畴；这也适用于 RISC 的定义。

2.4　外　围　接　口

外设设备、传感器和执行器接口（Patrick，Fardo，2000）是实时硬件的核心领域，其发展速度比内存子系统和处理器架构等要慢得多。虽然后者似乎在不断发展，但其外围接口的原则几十年来基本保持不变，输入和输出处理的基本做法仍然与 20 世纪 70 年代末相同：

- 轮询 I/O；
- 中断驱动 I/O；
- 直接内存访问。

在轮询 I/O 系统中，会定期检查 I/O 设备的状态，或至少定期检查。因此，这种 I/O 活动是由软件控制的，在硬件方面只需要可访问的状态和数据寄存器。一方面，这种方法的一个明显的优点就是简单；但另一方面，它可能由于不必要的状态请求而占用 CPU。通常，只有少数状态请求会导致与数据寄存器之间的输入或输出事务。通过减少 I/O 状态的轮询频率，可以减少这种不必要的占用。但是，这会增加最坏情况下的 I/O 延迟。因此，适当的轮询间隔是针对特定应用程序的理想的 CPU 利用率系数和允许的 I/O 延迟之间的折中。

图 2.13 描述了具有三个内部寄存器的通用外设接口单元（PIU）。除了状态寄存器和数据寄存器外，还有一个配置寄存器，用于选择所需的操作模式。实际上，在某些情况下，可编程 PIU 是一个专用处理器，它可以独立地管理诸如通信网络协议或多通道脉冲宽度调制等复杂功能。因此，在嵌入式实时应用中，先进的 PIU 可以显著减轻 CPU 负载。应用程序

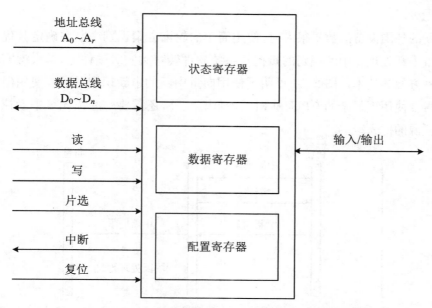

图 2.13　具有三个内部寄存器的通用外设输入、输出单元的接口线

员不应直接访问 PIU,而是通过系统软件的设备驱动程序来使用它们。这些设备驱动对应用程序员来说隐藏了硬件的具体细节,这样一来,就更容易将应用程序代码移植到具有不同外设接口设备的其他硬件环境中。这种情况可以在生命周期较长的嵌入式系统中找到,例如,高层电梯控制系统的寿命大约为 25 年,这对其备件的可用性提出了挑战,有时,必须为现有的应用软件开发新的硬件。

接下来的两个小节将介绍中断驱动 I/O 和直接内存访问的工作原理,它们可以大大提高实时系统的 I/O 性能。

2.4.1　中断确定输入、输出

与直接轮询 I/O 相比,中断驱动的 I/O 处理具有显著的优势:一般来说,在不增加 CPU 负载的情况下,可以减少服务延迟并降低不确定性。在 2.1 节中,我们已经介绍了一个典型的中断服务过程,即当中断被启用时,每次只有一个中断请求是有效的。然而,在许多实际情况下,可能会同时出现多个中断请求。这显然就提出了两个问题:如何识别各种中断源以及应该以何种顺序为中断提供服务? 有一些标准的程序可用于识别中断的外围设备以及确定它们的服务顺序。其中一些程序在小型实时系统中很实用,而另一些在更大规模的系统中特别有效。尽管如此,它们通常是在系统软件中进行管理,而对应用程序员来说是不可见的。

在小型实时系统中,可能的中断源数量通常不多,一般可以通过轮询所有 PIU 的状态寄存器来识别中断的外围设备。状态寄存器通常包含一些标志,在特定的 PIU 请求中断时设置这些标志。此外,通过适当地选择静态轮询顺序,某些高优先级的外围设备可能总是先于一些低优先级的外围设备得到服务。而且,如果有需要,可以动态地修改轮询顺序,以提供轮换优先级。

当中断的外围设备的数量很大时,使用简单的轮询方案识别中断并确定其优先级不再可行。向量中断处理将中断识别的负担从系统软件转移到实时硬件上,是大型实时系统中实施的一种方便的技术。图 2.14 说明了使用向量中断的中断识别过程。使用向量中断的代价在于需要使用更复杂的 CPU 和 PIU 硬件。此外,还需要一些优先级中断控制器来管理各个中断源的优先级。

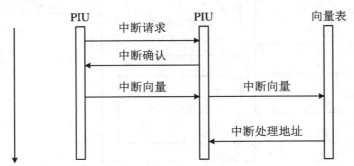

图 2.14　CPU 和 PIU 之间使用向量中断的中断识别过程

　　支持向量中断的 CPU 通常有大量可用的中断向量。如果向量的数量是 256,则可能有 256 个可区分的中断源。然而,大多数情况下,在实时应用程序中可用的中断向量并不是都会被用上。尽管如此,我们还是建议为那些未使用的中断码编写中断服务程序。为什么呢?在某些操作环境中,电磁辐射干扰(EMI)、带电粒子以及各种震动和噪声可能会导致主存储器、寄存器或系统总线上的某些位发生反转,从而造成虚假问题。这类问题有时被归类为"单事件扰动"(Laplante,1993),其结果可能是灾难性的。例如,即使中断向量中的一个位被反转,被改变的中断码也可能对应于未被使用的中断(幻象中断),因此没有中断服务程序。这种影响会导致系统崩溃。幸运的是,对于这个崩溃问题有一个简单的解决方案:每个中断向量都应该有一个对应的服务例程,在幻象中断的情况下,它只是一个从中断返回的指令或 RETI 指令。不过,建议将非易失性存储器中的某一幻象中断计数器的值也加 1。可以在产品生命周期的早期阶段对这种计数器的值进行监控;如果硬件设计和实现得当,则计数器永远不会增加。不幸的是,尽管任何实时硬件的设计都应满足特定的电磁兼容性(EMC)和辐射强化标准(Morgan,1994),并且可以使用适当的软件预防技术来处理单事件扰动(Laplante,1993),但实际的成本/进度压力和不充分的系统测试通常会导致上面描述的各种问题的发生。

　　当使用向量中断方案识别不同的中断时,用优先级中断控制器(PIC)对不同的中断进行优先级排序。PIC 有多个来自 PIU(或直接来自外围设备)的中断输入以及一个将要发送到CPU 的中断输出。有些处理器甚至可能具有内置的 PIC 功能。这些可编程设备提供了动态设置优先级和屏蔽不同优先级中断的能力,这取决于所连接的外围设备的需要。每个中断可以独立设置为边沿触发(上升或下降)或电平触发。边沿触发中断可用于非常长或非常短的中断脉冲,以及在单一的线路上不可能发生重叠的中断请求时候使用;而电平触发的中断用得很少,只有当期望在一条线路上有重叠的中断请求时才使用,因为边沿触发中断的时间间隔更精确。图 2.15 描述了使用外部 PIC 处理多个中断的过程。该过程包含 10 个主要

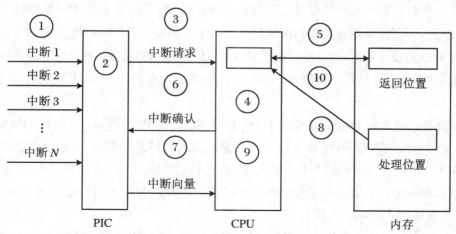

图 2.15　使用外部优先级中断控制器处理多个中断
(带圆圈的数字是指文中描述的 10 个步骤)

步骤(假设已启用中断):

① PIC 同时接收多个中断请求。

② PIC 首先处理优先级最高的请求。

③ CPU 从 PIC 接收中断请求。

④ CPU 完成当前执行的指令。

⑤ CPU 将程序计数器寄存器(PCR)的内容存储到内存中。

⑥ CPU 向 PIC 确认中断。

⑦ PIC 向 CPU 发送中断向量。

⑧ CPU 将相应的中断处理程序地址加载到 PCR 中。

⑨ CPU 执行中断处理程序。

⑩ CPU 从内存中重新加载原始 PCR 内容。

虽然中断驱动的 I/O 是(硬/准)实时系统的一种有效技术,但是应该记住,中断的特权应该仅赋予时间关键的 I/O 事件。否则,大量的并发中断请求可能会导致响应时间过长。关于中断相关问题的更多讨论可参见 Ball(2002)的研究。

2.4.2 直接内存访问

当内存和 I/O 端口之间传输的数据字节或字的数量相当小时,中断驱动的 I/O 处理是有效的,但如果传输大数据块,这种处理就变得无效。每个数据元素必须首先从内存或输入端口读取到 CPU 的工作寄存器,然后写入输出端口或内存位置。这种块传输过程经常发生,例如,通信网络、图形控制器和硬盘接口,甚至发生在两个内存段之间。为了消除通过 CPU 进行的耗时的数据循环,可用另一种 I/O 处理方式,即直接内存访问(DMA)。在 DMA 中,系统中的其他设备可以访问计算机的内存而无需任何 CPU 干预。也就是说,数据直接在主存储器和一些外部设备之间传输。在这种情况下,除非将 DMA 处理电路集成到 CPU 本身,否则需要单独的 DMA 控制器。由于不需要 CPU 参与,数据传输比轮询或中断驱动的 I/O 更快。因此,DMA 通常是实时系统的最佳 I/O 方法,并且由于通信网络和分布式系统架构的广泛使用,DMA 正变得越来越普遍。有些实时系统甚至有多个 DMA 信道。

I/O 设备通过激活 DMA 请求信号(D_REQ)来请求 DMA 传输,这使得 DMA 控制器向 CPU 发出总线请求信号(B_REQ)。CPU 完成其当前的总线周期,并激活总线确认信号(B_ACK)。在识别出激活的 B_ACK 信号之后,DMA 控制器激活 DMA 确认信号(D_ACK),指示 I/O 设备开始数据传输。当传输完成时,DMA 控制器取消激活 B_REQ 信号,将总线返回给 CPU(图 2.16)。

DMA 控制器通过总线仲裁确保在任何时候只有一个设备可以在总线上放置数据。这个基本的仲裁程序类似于前面讨论的中断优先级。如果两个或多个设备试图同时控制总线,则会发生总线争用。当某个设备已经控制了总线,而另一个设备企图获得访问权限时,

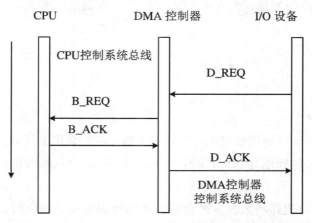

图 2.16　使用 DMA 在 I/O 设备和主存储器之间建立数据传输连接

就会发生冲突。DMA 控制器通过要求每个设备发出必须由 D_ACK 信号确认的 D_REQ
信号来防止冲突。在数据确认信号 D_ACK 被发送到请求设备之前,它与系统总线的连接
处于高阻抗状态。任何处于高阻抗状态(即断开)的设备都不能影响存储器数据总线上的数
据位。一旦向请求设备发出了 D_ACK 信号,其内存总线线路将变为活动状态,并且会发生
与 CPU 的数据传输类似的数据传输。对于每个数据传输场合,DMA 控制器需要一个内存
地址,指定数据块存在的位置或它将被放置的位置以及可传输的字节或字的数量。这些信
息由 CPU 编程到 DMA 控制器的控制寄存器中(系统软件的一种功能)。

在 DMA 传输期间,普通 CPU 数据传输过程无法继续。此时,CPU 可以只处理与总线
无关的活动,直到 DMA 控制器释放总线,或者直到它放弃并发出总线超时信号(在预定的
时间之后)。然而,在 DMA 传输过程中,带有高速缓冲存储器的 CPU 仍然可以执行一段时
间的指令。从实时的角度来看,较长的 DMA 周期有点类似于禁用中断,因为 CPU 在 DMA
周期结束之前无法为任何中断提供服务,这在具有高采样率和严格响应时间要求的实时系
统中可能至关重要。为了解决这个问题,可以使用周期窃取模式代替全块模式,将一个大数
据块的单个传输周期分割成较短的多个传输周期。在周期窃取模式下,DMA 传输一次使用
的时间不超过几个总线周期。因此,在使用 DMA 传输大型数据块时,中断服务延迟不会变
得过长。

然而,在某些硬实时应用中,会通过在面向块的 I/O 设备和 CPU 之间放置双端口
SRAM(或 DPRAM)设备来避免使用 DMA。DPRAM 包含一个内存阵列,该阵列与主
CPU 和一些 I/O 处理器有专用总线连接。因此,主 CPU 从不将其系统总线的控制权交给
任何其他设备,但面向块的数据传输是在双端口存储器中进行的,并不会干扰 CPU。双端
口 SRAM 广泛应用于通信网络和图形控制器。

2.4.3　模拟和数字输入/输出

实时系统设计人员应了解输入/输出信号及功能的某些特性,这些特性与定时和精度相

关。I/O 的种类很多,特别是在嵌入式实时系统中,下面是核心类别:

- 模拟;
- 数字并行;
- 数字脉冲;
- 数字串行;
- 数字波形。

下面将通过一些硬件示例来讨论这个重要主题。我们指出了模拟和数字 I/O 信号及其无故障接口有关的关键问题,而 Ball(2002)、Vahid、Givargis(2002)提供了关于特殊外围接口单元的补充说明。

模数转换或 A/D 电路将来自各种设备和传感器的连续时间(模拟)信号转换为离散时间(数字)信号。通过各种转换方案,类似的电路可以转换来自传感器和换能器的压力、声音、扭矩和其他电流或电压输入。A/D 电路的输出是被监控的模拟信号的离散时间的和量化的版本。在每个采样时刻,A/D 电路提供 n 位近似值,表示信号的量化版本。这些数据可以通过三种 I/O 处理方法中的任何一种传递到实时计算机系统。在应用程序中,原始连续振幅波形的采样信号被视为按比例计算的整数。

使用 A/D 电路处理时变信号的基本参数是采样率。为了将连续时间信号转换成离散时间形式而不损失任何信息,模拟信号的采样率必须至少是信号最高频率分量的两倍(Nyquist-Shannon 采样定理)。因此,最高频率分量为 500 Hz 的信号必须每秒采样 1000 次以上。这意味着为 A/D 电路服务的软件任务必须以相同的速率运行,否则就有丢失信息的风险。此外,在许多控制和信号处理应用中,连续采样时刻的高准时性是必不可少的。这些因素构成了软件任务调度设计过程的固有部分。然而,在大多数控制应用中,实际应用的采样率比最小采样率高 5~10 倍,这样做的一个原因是要对测量信号中常见的噪声内容进行低通滤波,以免违反采样定理,导致有害的混叠。尽管如此,传统的带通滤波器总是会给过滤后的原始信号引入一些延迟(或相移)(Vainio、Ovaska,1997),这可能会降低装置或过程的可控性。使用更高的采样率,通常可以改善控制性能,并且在不使用高选择性低通滤波器的情况下降低混叠效果。幸运的是,在许多监控和音频信号处理应用中,适度的相位延迟是可以容忍的,因此可以在 A/D 转换器前使用适当的低通滤波器。

然而,需要注意的是,Nyquist-Shannon 采样定理根本没有考虑非线性量化效应。虽然具有适当采样率的纯采样是一种真正的可逆操作,但量化总是给数字信号带来一些不可逆的误差。量化分辨率增加一位相当于数字化信号的信噪比(SNR)增加大约 6 dB(Garrett,2000)。在控制应用中,A/D 转换器的位数通常为 8~16 位,但在高保真音频系统中可能超过 20 位。图 2.17 说明了三位 A/D 转换器在简化情况下量化误差的变化。在实时系统中,A/D 转换器的分辨率通常是应用精度要求和产品成本压力之间的折中。此外,一个实际的 A/D 转换通道的精度永远不会与其分辨率相同,但通常情况下,一个或两个最低有效位应被视为是错误的,在实现控制和信号处理算法时必须记住这一点。

另一个与模拟输入通道相关的设计问题是偶尔需要对两个或更多测量量进行同步采

样。通常,在 A/D 转换器前面有一个模拟多路复用器,为单个 A/D 转换器提供可选择的测量通道。这是一个紧凑和低成本的解决方案,但不能对多个量进行同步采样。直接的解决方案是增加额外的 A/D 转换器,但在许多嵌入式系统中,它可能是一个相对昂贵的选择。因此,在需要同步采样的测量通道中,通常采用单独的采样和保持(S&H)电路。CPU 给这些 S&H 电路发出一个同步的"采样"命令,在短时间内记住它们的模拟输入。在此之后,所有的 S&H 输出通过一个 A/D 转换器依次转换为数字形式。虽然数字采样信号相继出现,但它们仍然对应于相同的采样时刻。

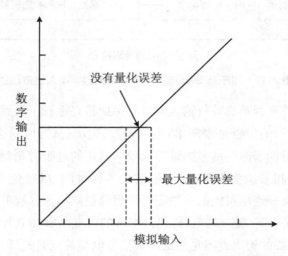

图 2.17　使用三位 A/D 转换器对模拟斜坡信号进行量化
(量化误差在 $-1/2$ LSB(最低有效位)和 $+1/2$ LSB 之间变化,
因此它与转换过程中的比特数成正比)

数模转换或 D/A 电路:执行 A/D 电路的反向功能,它将数字量转换为模拟量,允许计算机根据内部存储的数字版本输出模拟电流或电压。然而,在实时系统中,D/A 转换器不像 A/D 转换器那样常见,因为许多执行器和设备都是直接用数字信号来执行指令的。D/A 转换器有时仅用于提供计算算法的关键的或可选的中间结果的实时输出,这在复杂的控制和信号处理算法的软硬件集成和验证阶段可能有用。与 D/A 电路的通信也使用了所讨论的三种 I/O 处理方法之一。

数字 I/O 信号可分为 4 类:并行、脉冲、串行和波形。例如,不同的并行输入对于读取如开/关型设备的状态是实用的,并行输出同样用于向建筑自动化中的各种执行器(如风机或泵)提供开/关命令。虽然 PIU 输出端口需要一些驱动电路来吸收/提供高负载电流,但输入端口必须受到保护,防止干扰损坏输入信号。严重的电磁干扰幅度在实时系统的工业应用中很常见(Patrick,Fardo,2000)。典型的输入电路首先包含一些过电压抑制器,用来保护接口通道。随后是一个光隔离器,用于转换电压电平(例如,从 $+24/0$ V I/O 逻辑转换为 $+5/0$ V CPU 逻辑),并在 I/O 接地电位和 CPU 接地之间建立电流隔离。这对于防止恶劣的操作环境中产生的干扰对敏感的计算机系统电耦合是必需的。电流隔离后,开/关型信号通常由 RC 滤波器低通滤波,以衰减高频干扰和噪声,最后通过一个含有迟滞的施密特触发电路恢复平滑后的信号边沿(上升或下降)。通过这些手段以确保数字输入信号在输入到PIU之前足够好(图 2.18)。此外,应特别注意这种直接引起中断的数字信号,因为一个有噪声的开/关边沿可能被解释为多个边沿,导致一连串的假中断,而不是一个期望的中断。因此,工业环境中的接口硬件要求与家庭或办公室环境中的接口硬件要求大不相同。

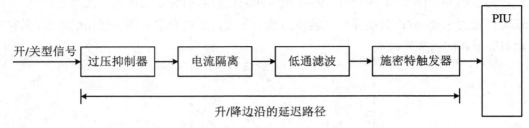

图 2.18 用于高 EMI 电平工作环境的数字输入通道框图

但为什么实时软件工程师对并行输入端口的保护感兴趣呢?虽然通过使用适当的信号处理技术来清除开/关型的信号是很简单,但是,转换边沿(从"开"状态到"关"状态或相反)必定会引起延迟。这增加了激励信号的延迟以及从真正的过渡时刻到相应的输出动作的响应时间。因此,对于时间紧迫型事件,应尽量减少各种过滤,以避免不可容忍的硬件延迟。这个初始延迟分量是与一连串可能的非确定性延迟分量累积在一起的,例如,来自"危险的"CPU 利用系数、流水线刷新、缓存缺失、传感器网络的可变负载和软件任务调度。如果不能提供足够的过滤,则主要的解决方案是使用屏蔽信号电缆甚至是光纤,以防止干扰损坏边沿临界信号,这一点也适用于脉冲型输入。

另外,脉冲和波形输出也有精度要求,因为产生的脉冲宽度有特定的公差。当使用单个脉冲在精确的时间段内打开/关闭设备或功能时,这一点至关重要。此外,在高性能脉冲宽度调制中,连续脉冲的公差控制要求可能相当严格。脉冲和波形通常都是由定时器电路产生的,定时精度取决于参考频率以及计数器寄存器的长度。此外,由于中断处理和软件任务调度,这存在一个不确定的延迟分量。在对实时系统中的不同中断和相关任务进行优先级排序时,应该考虑到这种延迟。脉冲和波形输入也需要类似的考虑。

串行数字 I/O 用于在单条线路而不是在多条并行线路(或总线)上传输数据。嵌入式系统通常有两种串行链路:一种是用于本地用户接口的低速串行链路,另一种是与某些较长距离通信(或现场总线)网络的高速连接。虽然低速串行链路不会给实时软件工程师带来任何挑战,但高速网络可能需要大量的算力。因此,接收器/发送器缓冲和通信协议通常由专用处理器处理,该处理器通过 DMA 与主 CPU 连接。

如今,越来越多的网络连接通过无线介质(红外线或无线电连接)来实现。新兴的无线传感器网络使用微型计算机节点,在不可能为这些节点提供外部电源的环境中执行自主测量。因此,分布式节点由电池供电,电池的使用寿命应该最大化,以提高节点服务的经济性。这种经济性是通过有效利用 CPU 的睡眠模式来实现的,通信协议可以调整唤醒硬件进行通信会话的频率。唤醒/休眠占空比取决于应用程序,网络延迟显然是以牺牲电池寿命为代价的,反之亦然。这种超低功耗对特定的实时系统来说是一种新的要求。

2.5　微处理器与微控制器

到目前为止,我们一直使用通用术语"处理器"来表示包含某种 CPU 的各种处理单元——从高性能微处理器到片上系统中的特定应用内核。然而,在处理器类下,有两个不同的子类,微处理器和微控制器,值得我们讨论。从实时系统的角度来看,微处理器目前主要用于非嵌入式应用,而各种微控制器在嵌入式系统领域占据主导地位。不过,情况并非总是如此。因此,最好从 20 世纪 70 年代初第一台微处理器的问世开始讨论实时处理器的发展路径。下文的目的是为理解处理器技术的几个不同发展路径提供一些见解(图2.19)。

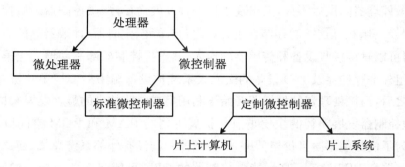

图 2.19　处理器技术的主要发展路径

2.5.1　微处理器

微处理器是包含完整 CPU 功能的集成电路。在大约 40 年前问世时,它为研发领域创新和设计智能系统和产品提供了全新机遇。在这方面,我们对"智能"一词采用以下定义:

智能可以定义为系统在一系列环境中调整其行为以实现其目标的能力(Fogel,2006)。

微处理器的第一个十年里,人们有很多的困惑,因为微处理器组件和软件开发工具还处于起步阶段,这些微处理器的新用户或多或少都是自学成才,没有经验可循。然而,到了 20 世纪 70 年代中期,第一批基于微处理器的电梯控制系统已经被成功地开发出来。根据定义,这些早期的实现并不智能,因为它们只是用直接的微处理器代码取代某些基于继电器的逻辑。尽管如此,微处理器在嵌入式应用中的引入无疑是这个保守的工业分支的一个转折点。其他无数领域也是如此,它们逐渐开始受益于微处理器以及通过软件创造新功能甚至机器智能提供的令人兴奋的机会。

20 世纪 80 年代初期,当微处理器的指令处理吞吐量稳步提高,存储器和外围接口设备变得更加先进时,嵌入式系统的时代才真正开始。一开始,硬件显然在所有开发工作中起着核心作用,但到了 80 年代中期,开始出现适当的软件工程程序和相关支持工具的逻辑需求,实时软件的开发不再仅仅是编写代码。今天,我们注意到微处理器环境中的大多数实时系统开发工作都是软件工程,而不是硬件工程,开发者使用的硬件平台通常是标准的办公室 PC 或带有特殊接口模块的工业 PC。

微处理器已经有了显著的发展,2.3 节中讨论的改进的架构在最新的微处理器中得到了应用。微处理器发展的首要目标是进一步提高指令处理的吞吐量。随着创新架构的发展,例如超流水线和无序执行的超标量处理,微处理器在嵌入式系统中的使用已经大大减少。中断延迟的非确定性增加,给硬实时系统带来了难以克服的问题。然而,许多嵌入式应用在原则上可以从微处理器的高指令处理量中获益。

2.5.2 标准微控制器

在 8 位微处理器问世后不久,又出现了另一种发展途径,即微控制器。微控制器是一个包含 CPU 以及一组相互连接的存储设备、外设接口单元、定时器/计数器等的集成电路。因此,微控制器可以直接接收设备和传感器的输入,并直接控制外部驱动器。当第一个基于微处理器和一组外部存储器及 I/O 设备的嵌入式系统被设计出来后,对"单片机"的需求就变得明显了。之后,当微处理器的发展路径始终利用集成电路技术的显著发展来推进 CPU 体系结构时,微控制器发展路径的主要重点是扩展可用的 RAM 和 ROM 空间以及各种外设接口单元。为了使封装紧凑且价格低廉,一些微控制器没有外部系统总线,而这也使得可以使用外部存储器和 PIU 设备。高性能微控制器的 CPU 可能有一条短指令的流水线,一个清晰的 RISC 体系结构,带有一组重复的工作寄存器集用于中断处理程序,还有可能采用哈佛体系结构。作为优化的融合结果,现代微控制器可以包含以下一组 PIU 和存储设备集:

- EEPROM 或闪存;
- SRAM;
- 带多路复用器的模数转换器;
- 直接内存访问控制器;
- 并行输入和输出;
- 串行接口;
- 计时器和计数器;
- 脉冲宽度调制器;
- 看门狗定时器。

这个列表并不全面,但它包含了许多商用微控制器中可用的功能集合。

有一个有趣的元件"看门狗定时器"值得一提,因为在实时系统中,特别是在那些自主运行的系统中它可以用作监控单元。许多嵌入式系统都配备了看门狗递增计数器,它通过时钟信号周期性地递增计数。在计数器溢出并产生看门狗中断之前,必须通过适当的脉冲定期清除计数器(这种清除操作有时称为"抚摸狗")。在正常操作条件下,应用软件通过内存映射或编程 I/O 定期发出脉冲,以足够频繁地清除计数器。

看门狗定时器可以确保某些设备定期得到服务,确保某些软件任务按照其预定的速率执行以及 CPU 继续正常工作。为了确保崩溃的实时系统能够成功恢复,有时明智的做法是将看门狗定时器的中断输出连接到不可屏蔽的中断线,甚至连接到用于重置整个系统的线路(图 2.20)。此外,每当激活看门狗中断时,非易失性存储器中的一个变量递增,来记录这样的异常事件,它表明的是一些软件或硬件的问题,或者可能是与电磁干扰有关的系统级问题。

图 2.20　看门狗定时器及其输入和输出的框图

第一代微控制器是针对一般嵌入式应用而设计的,其存储容量和 PIU 的选择没有针对任何特定应用领域进行定制。然而,到了 20 世纪 80 年代初,各种专用微控制器开始出现。在这段时间内,所谓的数字信号处理器也可用于数据通信和其他信号处理应用。

数字信号处理器的 CPU 架构支持快速处理有限指令集,并提供较短的中断延迟。这种性能是由 RISC 类型的哈佛体系结构实现的,它具有真正的并行乘法和加法单元。乘法累加(MAC)指令只需要一个时钟周期即可执行,是将这种结构与数字信号处理(DSP)应用联系起来的关键特性,因为许多 DSP 算法(例如卷积)包含一系列乘法和加法运算。此外,这些算法的采样率通常比较高。最近,一些具有超长指令字(VLIW)架构的数字信号处理器已可用于特定的 DSP 应用。尽管如此,一个典型的数字信号处理器只不过是具有特殊用途的 CPU 结构和适当的 PIU 和内存支持的特定应用的微控制器。

除数字信号处理器外,还有其他专用微控制器,用于通常的应用领域,如汽车、通信、图形、电机控制、机器人和语音处理。此外,在 20 世纪 80 年代中期,引入了一个特殊的可联网微型控制器系列,即晶片机(transputers),以便轻松实现并行处理。一个晶片机包含一个相当传统的冯·诺依曼 CPU(无论是否支持浮点),但其新颖的指令集包括通过 4 个连接到其他晶片机(节点)的串行链接发送或接收数据的指令。晶片机虽然能够用作单处理器,但最好相邻配置,连接在一起加以利用。尽管如此,晶片机因从未得到全球研发界的真正认可而被终止生产。尽管晶片机本身已经消失了,但它开创性的体系结构如今被应用到一些联网微控制器上。那些可以自动(通过硬件)更新网络变量的微控制器特别用于楼宇自动化和电梯控制应用(Loy 等,2001)。也许晶片机的概念出现得太早了,当时人们还没有认识到通过各种媒体进行便捷联网的潜力。

大多数微控制器是标准元件,每年生产几十亿个,多为简单的 8 位微控制器。因此,通常现成的微控制器的某些内存或 PIU 功能在特定的实时系统中并没有得到(完全)利用。通过创建特定于产品的定制微控制器可以避免这种低效。事实上,在开发特定的大批量产品时我们看到这种情况正在发生。

2.5.3 定制微控制器

定制的微控制器(或核心处理器)在 20 世纪 80 年代后期开始出现,主要用于高速电话调制解调器等以及各种低功耗系统。例如,虽然标准微控制器中 SRAM 可用 2 K 字,但譬如说一种假想的虚拟软件的确切需求是 1234 字,那么核心处理器可以只包含 1234 字的内存。因此,存储阵列将减少大约 40%,芯片尺寸也将相应减小。只有当核心处理器的产量大到足以补偿定制集成电路的高昂的设计费用时,才能实现这种潜在的好处(Vahid,Givargis,2002)。这样的设计可以看作是片上计算机(图 2.19),它们需要广泛的验证阶段,因为最终的设计没有提供修改的可能性。但是,如果核心处理器包含用于程序代码的 EEPROM 或 Flash 块,则可以在固定存储空间的限制内修改软件。核心处理器的 CPU 要么是标准 CPU 的某个版本,要么是特殊的定制设计。

此外,最近在现场可编程门阵列(FPGA)环境中提出了一些(动态)可重新配置的处理器架构(Hauck,Dehon,2007 年)。FPGA 为具有灵活计算性能的实时系统提供了新的可能性。可配置的 FPGA 技术可用于构建具有特定应用的 CPU、内存和 I/O 的定制微控制器,甚至可用于低产量或中等产量的产品,因为 FPGA 是由应用程序设计人员配置的标准组件。图 2.21 说明了 FPGA 设备的一般架构。除了缓冲 I/O 单元和包含基本组合逻辑和时序逻辑的基本逻辑单元之外,FPGA 还可以包括更高级的单元,例如:

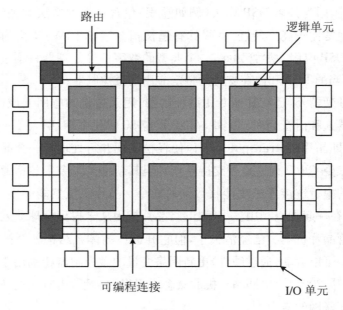

图 2.21

- 乘法器;
- 三态总线;
- CPU 内核;

- SRAM 和 ROM；
- 对外部 DRAM 模块的接口支持；
- FPGA 制造商提供的特定应用的非物质财产(IP)模块。

片上系统通过在同一芯片上集成除数字模块之外的其他功能，使内核处理器方法更进一步(Saleh 等,2006)。片上系统(或 SoC)可能还包含模拟信号、模拟电源、混合模拟数字、射频或微机电模块。因此,SoC 器件的设计和制造可能成为一项重大挑战,如产生一笔不菲的开支。数码相机是一种典型的实时应用,几乎所有电子设备都集成在单个 SoC 上,它的产量很高,必须紧凑且功耗很低。如果由于要使用过于多样的集成电路技术,导致设计和制造 SoC 不可行或不可能,那么相关的替代方案可能是系统级封装或 SiP,其中一些异构芯片被放置在单个封装中。SoC 和 SiP 设备特别适用于新型的普适计算应用,其中传感器和实时计算可紧密地集成到日常活动和对象中(Poslad,2009)。

2.6　分布式实时体系结构

20 世纪 70 年代,嵌入式控制系统开始出现,分布式实时体系结构的需求在许多应用中变得很明显。通过串行通信接口进行空间上的分布的主要动机通常是:节省大量布线费用、灵活设计和升级大型系统以及在需要时提供计算能力。一开始,不同的子系统之间通过使用一些专有通信协议的异步串行链路进行点对点互联。这样实现的数据速率比较低,并且很难修改,因为主 CPU 也在处理低级别的通信协议。应用软件和通信协议之间通常有适度的重叠,尚不存在通信协议的多级分层或专用通信处理器。尽管如此,到了 20 世纪 80 年代初,一个具有 8 部电梯的电梯组控制系统可包含 11 个微处理器子系统,这些子系统通过两个总线型串行链路以 19.2 KB/s 的数据速率进行通信。而且,这些微处理器的类型与第一台 IBM PC 的 CPU 相同。

2.6.1　现场总线网络

适当的分层将通信协议分成多个部分,分层的协议比单层的协议更易设计和实现。因此,在现代通信网络中,分层的概念是基础,它通常遵循 7 层开放系统互联(OSI)模型(Wetteroth,2002):

① 物理层(比特):通过网络传输比特流；
② 数据链路层(帧):构建数据包并同步传输；
③ 网络层(数据包):将从数据路由送到正确的目的地；
④ 传输层(段):错误检查和交付验证；
⑤ 会话层(数据):打开、协调和关闭会话；

⑥ 表示层（数据）：将数据从一种格式转换为另一种格式；

⑦ 应用层（数据）：定义通信方。

使用 OSI 模型可以独立地改变数据传输介质（铜线、光纤、无线电或无线红外）和协议栈的其他特性。在本节中，我们将讨论现场总线网络，它构成了分布式系统的分层通信平台。

现场总线是用于实时控制系统的通信协议的总称（Mahalik，2003），有几种标准协议，例如，用于汽车和工厂自动化应用。现场总线网络的一个例子是广泛使用的控制器局域网（CAN），它最初用于汽车应用，但后来也广泛应用于工业应用。CAN 的数据传输速率高达 1 MB/s，协议由专用微控制器支持，可独立处理整个通信会话。这种 CAN 控制器可以通过双端口 RAM 与主 CPU 通信。现场总线网络类似于办公环境中常见的计算机网络（例如以太网），但它们旨在具有高电磁干扰水平的操作环境中支持时间关键的数据传输。然而，目前流行的以太网也有工业改进版，因此办公室和现场总线网络之间的界限正在变得模糊。

根据特定应用的性质和要求，现场总线网络可以使用各种拓扑（或物理结构）来实现，例如总线、环形、星形和树形（图 2.22）。这些拓扑为架构设计师提供了灵活性。在大型系统中，现场总线网络中的节点数可能有数百甚至数千。而在前面提到的电梯组控制系统中，现

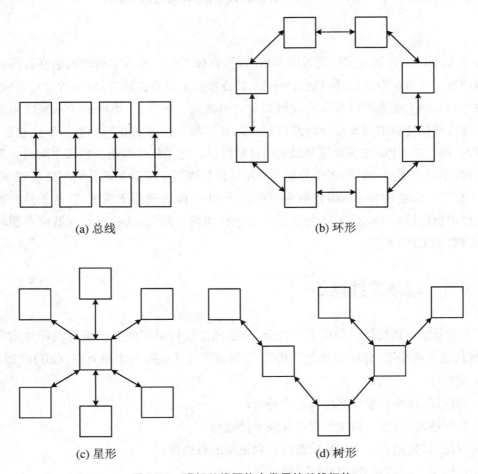

(a) 总线　　　　　　　　　　　　　(b) 环形

(c) 星形　　　　　　　　　　　　　(d) 树形

图 2.22　现场总线网络中常用的总线拓扑

在有超过 100 个包含微控制器的节点可以通过几个 LON 型网络进行通信（总线拓扑和 78 KB/s 数据速率）（Loy 等,2001）。

除了分布式的明显优势外,网络化还为实时系统设计人员带来了挑战:固有的消息传输延迟及因传输介质的时变负载而产生的变化。这些约束可能成为综合响应时间的重要组成部分,并导致分布式软件任务的同步出现问题。

在闭环控制系统中,延时问题变得至关重要,它必须始终提供令人满意的性能并保证稳定性。网络控制系统设计有两种主要方法（Chow,Tipsuwan,2001）。第一种方法由多个子系统组成,其中每个子系统包含一组传感器和执行器以及控制算法本身。另一种方法是将传感器和执行器直接连接到现场总线网络。后一种方法中,控制算法位于一个单独的节点上,通过网络进行闭环控制。这种控制系统被称为基于网络的控制系统,它们必须容忍消息传输延迟及其变化。传统的控制系统设计对输入和输出进行严格的周期采样,否则控制系统的鲁棒性和性能会急剧下降。目前已有鲁棒设计技术和随机控制方法来解决延时问题,但该问题只在要求不高的特殊情况下得到了解决,并没有通用的解决方法。

如果通信平台能够在所有实际情况下提供最小和可预测的延迟,那么就没有必要使用特殊算法。为了实现这一目标,有时必须在某些节点之间提供两个现场总线连接:常规通道和优先级通道。"常规"现场总线网络承载大部分数据传输负载,而"优先"连接仅用于最紧急和延迟敏感的消息。这种直接的解决方案显然是一个复杂的问题,它降低了系统的可靠性,增加了材料和装配成本。因此,拥有一个能保证信息传输准时性的通信架构和相应的协议将是非常有价值的。

2.6.2　时间触发的结构

具有公共时钟的同步通信体系结构为分布式实时系统提供了可靠的平台。然而,当单个节点之间的物理距离可能急剧变化时,精确地同步多个节点并非易事。Kopetz 等人开发的时间触发体系结构（TTA）可用于实现分布式硬实时系统（Kopetz,1997）。TTA 将分布式实时系统建模为一组由实时通信网络互联的独立节点（图 2.23）,它基于容错时钟同步。每个节点由一个通信控制器和一台主机组成,它们都有一个全局同步的时钟。此外,每个节点都是真正自治的,但是通过复制的广播信道（实际上是两个冗余信道）与其他节点通信。因此,TTA 中的每个节点都应该被设计成一个自给自足的实时系统。这种同步架构为节点之间的通信提供了一种非常可靠和可预测的机制。此外,基于 TTA 的系统是容错的,如果一个节点发生故障,而故障可以被另一个节点检测到,那么理论上该节点可以承担故障节点的责任。

使用时分多址（TDMA）,每个节点分配一个固定的时隙,在这个时隙中,它可以通过一个独特的寻址方案,在广播信道上向一个或多个接收节点发送信息。因此,可以预测信道上所有消息的延迟,从而保证硬实时消息传递。此外,由于消息是在预定时间点发送的,所以延迟抖动（或不确定性）是最小的。因此,时间触发架构可以实现实时准时性。通过比较特

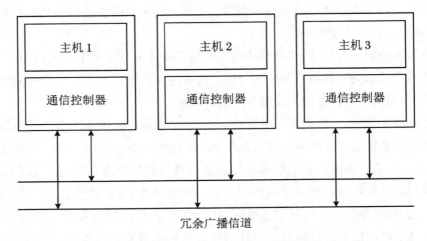

图 2.23　具有 3 个节点和 2 个冗余广播信道的时间触发架构

定消息发送和接收的已知时间点,主机可以以足够的精度同步其时钟。然而,要使分布式时钟完全同步是不可能的,因此不同节点的时钟之间总是存在残余相位差。在整个分布式系统中引入一个稀疏的时序网格,可克服这一不可避免的问题。选择网格的均匀间距,使得在时间触发系统中任意两个观测点的时间顺序都可以从它们的时间戳中重建出来(Kopetz,1995)。

　　TTA 节点间的协调通信由相应的时间触发协议(TTP)实现。TTP 是一种双通道协议,每个冗余通道上的数据速率为 25 MB/s。多家制造商以集成电路或 IP 的形式提供 TTP 通信控制器。TTP 有两个版本:用于安全关键、硬实时应用的综合 TTP/C(Kopetz,1997);用于低成本现场总线应用的简化 TTP/A(Kopetz,2000)。

　　例如,时间触发体系结构已经成功地应用于许多安全性和可靠性至关重要的汽车和航空电子应用中。此类涉及人员安全的应用程序必须包含超可靠的实时系统,以将发生灾难性故障的风险降至最低。因此,超可靠系统必须由专业认证机构认证。正如 Kopetz 所述,如果认证机构能够确保以下 3 个问题得到满足,那么这种认证过程将大大简化(Kopetz,1995):

　　①"对系统安全运行至关重要的子系统由稳定的接口保护,该接口消除了错误从系统其他部分传播到这些安全相关子系统的可能性。"

　　②"可以证明,给定的负载和故障假设所涵盖的所有情况都可以根据规范进行处理,而无需参考概率论证。"

　　③"该体系结构支持建设性认证,即子系统的认证可以独立进行,例如,通信子系统满足所有截止期限的证明可以独立于节点性能的证明。"

　　可以理解的是,在整个开发项目中,系统、软件和硬件团队之间需要进行建设性的协作,以充分满足上面讨论的问题,因为每个关键子系统都是一个完整的软硬件组件。

　　同步 TTA 的替代方案是某种事件触发架构(ETA),其中计算和通信操作由实时系统或其环境中发生的特定事件异步激活。虽然 ETA 方法被广泛应用于各种应用中,但当目标是一个超可靠的实时系统,且其定时行为中的随机性最小时,它们对设计、实现和维护的要求更高。

2.7　总　　结

当在开发项目的早期阶段,对有关系统结构和特定硬件设备做出决定时,就为实时系统奠定了坚实的基础。这些决策也为可实现的响应时间及其不确定性建立了基准。后来,系统和应用软件进一步影响这些关键数据。因此,每个响应时间都由多个部分组成,在选择实时操作系统或关键应用算法时,了解每个延迟组件的平均值和可能变化非常有益。一般来说,性价比高的系统往往在整个响应时间链中都有均衡的延迟组件;如果由现场总线网络引起的主延迟比最小中断延迟大几个数量级,则不需要 CPU 具有最小中断延迟。

处理器类型的选择(图 2.19)与所需的"实时"强度有关。一方面,对于硬实时系统,推荐的计算环境显然是一些微控制器,没有广泛的流水线和复杂的内存层次结构。通过这种方式,中断延迟保持在最小,这在许多嵌入式应用程序中是至关重要的。另一方面,软实时系统要么是嵌入式的,要么是非嵌入式的。在嵌入式的情况下,微控制器也是主要的选择,而基于微处理器的工作站是在非嵌入式和典型的网络应用中占据主导地位。由于长距离(甚至是洲际)通信网络中不可避免的延迟是高度不确定性的,因此,在网络化的非嵌入式应用程序(如航空公司预订和订票系统)中,由广泛的流水线和复杂的内存层次结构引起的延迟不确定性是可以容忍的。准实时系统大多是嵌入式系统,因此,在微控制器平台上实现是可行的。尽管如此,多核微处理器在需要高指令吞吐量的应用中还是有潜力的。在这种情况下,应用程序优化的硬件(内存和 I/O 子系统)应该围绕某些多核 CPU 进行设计。这种方法将减少通用工作站的延迟不确定性,但仍然提供了在准实时系统中真正并行多任务处理的机会。

I/O 子系统可能是测量不准确性以及相当大的延迟的来源。其中,模拟输入和输出是不准确性的常见来源,因为设计师可能会认为 A/D 和 D/A 转换器的精度与其分辨率相等。然而,事实并非如此,例如,在设计信号处理和控制算法时,必须解决精度问题。其他重要的 I/O 问题是中断的使用及其优先级,只有最关键的 I/O 事件才有权中断。这样,关键响应时间变化较小。现场总线和其他通信网络可以被视为硬实时和准实时系统的潜在威胁,因为在不同的网络负载条件下,它们的延迟特性可能会有很大的变化。因此,有时有必要对常规和优先级消息实现并行的网络,甚至使用一些同步通信体系结构,如时间触发体系结构,以确保在所有实际条件下都能满足严格的响应时间要求。

本章介绍的内容主要限于各种硬件体系结构的实时效果、它们的实际实现以及一些特定设备。因此,它为下一章的实时操作系统奠定了坚实的基础,实时操作系统是通过设备驱动程序、中断处理程序和调度程序直接使用硬件资源。

练　习

习题 2.1　构建一个表，为以下地址总线宽度提供可用的内存空间：16、20、24 和 32 位。

习题 2.2　程序员通常会创建连续的测试和循环代码，以便轮询 I/O 设备或等待中断发生；或者一些处理器提供一个指令（等待或停止），允许处理器休眠直到中断发生。为什么后一种形式更有效、更可取？

习题 2.3　用通用术语提出一种可能的方案，允许机器语言指令可中断。对指令的执行时间、CPU 的吞吐量和响应时间有什么总体影响？

习题 2.4　图 2.5 显示了通用内存组件的接口线。假设 $m=15$，$n=7$。微处理器的地址总线是 24 位宽。原则上，这个特定的内存块如何以地址 040000（十六进制）开始定位？相应的终端地址是什么？

习题 2.5　比较和对比本章讨论的与嵌入式实时系统相关的不同内存技术。

习题 2.6　如何测试 EEPROM 中存储的工厂参数的有效性和完整性？为此目的拟定一个合适的程序。

习题 2.7　假设分层存储系统具有联合指令/数据高速缓存，命中时内存访问时间为 10 ns，未命中时内存访问时间为 90 ns。一种没有分层内存结构的替代设计的内存访问时间为 70 ns。使分层内存系统有用的最小缓存命中率是多少？

习题 2.8　哈佛体系结构（图 2.9）为指令代码和数据提供单独的地址和数据总线。为什么为编程的 I/O 也设置单独的总线不可行？

习题 2.9　通过一个示例说明本章讨论的五级流水线（图 2.10）如何从哈佛体系结构中获益。

习题 2.10　超级流水线和超标量架构给实时系统设计者带来了哪些特殊问题？对于非实时系统，它们有什么不同吗？

习题 2.11　在 CISC 型处理器中，大多数指令都有内存操作数，而 RISC 型处理器仅通过 LOAD 和 STDRE 指令访问内存。这两种方案的优缺点是什么？

习题 2.12　若您正在为硬实时应用程序设计高性能 CPU 的体系结构。列出并证明您将做出的主要架构选择。

习题 2.13　讨论与实时系统相关的内存映射 I/O、编程 I/O 和 DMA 的相对优缺点。

习题 2.14　为什么在大多数系统中，DMA 控制器对主存的访问比 CPU 对主存的访问具有更高的优先级？

习题 2.15　嵌入式系统有一个 12 位 A/D 转换器，用于测量 −10 V 和 +10 V 之间的电压。+5.6 V 对应的数字值是多少？

习题 2.16　找到一个具有独特特殊指令的微控制器，考虑到该处理器的应用领域，讨论这些特殊指令的必要性。

习题 2.17 与片上计算机相比,片上系统有哪些优势(图 2.19)?从网上找到几个商用片上系统的例子。

习题 2.18 看门狗定时器(图 2.20)用于高电磁干扰环境中监控嵌入式系统的运行。为什么将看门狗电路的输出连接到 CPU 的不可屏蔽(而不是可屏蔽)中断输入是可行的?

习题 2.19 列出本章中提到的不同数据传输介质,并给出每种介质的典型应用。

习题 2.20 时间触发协议(TTP/C 或 TTP/A)用于安全和时间关键的应用中,在网上搜索一下,找到使用该协议的特定商业应用程序。

参 考 文 献

［1］ BALL S R. Embedded microprocessor systems: real world design[M]. 3rd. Burlington: Elsevier Science, 2002.

［2］ CHOW M Y, TIPSUWAN Y. Network-based control systems: A tutorial[C]//Proceedings of the 27th Annual Conference of the IEEE Industrial Electronics Society. Denver, CO, 2001: 1593-1602.

［3］ FOGEL D B. Evolutionary computation: Toward a new philosophy of machine intelligence[M]. 3rd. Hoboken: Wiley-Interscience, 2006.

［4］ GARRETT P H. Advanced instrumentation and computer I/O design: real-time computer interactive engineering[M]. Hoboken: Wiley-Interscience, 2000.

［5］ HADIMIOGLU H, KAELI D, KUSKIN J, et al. High performance memory systems[M]. New York: Springer-Verlag, 2004.

［6］ HAUCK S, DEHON A. Reconfi gurable computing: The theory and practice of fpga-based computation[M]. Burlington: Morgan Kaufmann Publishers, 2007.

［7］ HENNESSY J L, PATTERSON D A. Computer architecture: A quantitative approach[M]. 4th. Boston: Morgan Kaufmann Publishers, 2007.

［8］ KOPETZ H. Why time-triggered architectures will succeed in large hard real-time systems[C]// Proceedings of the 5th IEEE Computer Society Workshop on Future Trends of Distributed Computing Systems. Cheju Island, Korea, 1995: 2-9.

［9］ KOPETZ H. Real-time systems: design principles for distributed embedded applications[M]. Norwell: Kluwer Academic Publishers, 1997.

［10］ KOPETZ H, ELMENREICH W, MACK C. A comparison of LIN and TTP/A[C]//Proceedings of the 3rd IEEE International Workshop on Factory Communication Systems. Porto, Portugal, 2000: 99-107.

［11］ LAPLANTE P A. Fault-tolerant control of real-time systems in the presence of single event upsets[J]. Control Engineering Practice, 1993, 1(5): 9-16.

［12］ LOY D, DIETRICH D, SCHWEINZER H J. Open control networks: Lon works/EIA 709 technology control engineering practice[M]. Norwell：Kluwer Academic Publishers,2001.

[13] MAHALIK N P. Fieldbus technology：Industrial network standards for real-time distributed control[M]. New York：Springer,2003.

[14] MAYER-BAESE U. Digital signal processing with field programmable gate arrays[M]. 3rd. New York：Springer,2007.

[15] MORGAN D. A handbook for emc testing and measurement [M]. London：Peter Peregrinus,1994.

[16] PATRICK D R,FARDO S W. Industrial electronics：Devices and systems [M]. 2nd. Lilburn：The Fairmont Press,2000.

[17] PATTERSON D A,HENNESSY J L. Computer organization and design：The hardware/software interface[M]. 4th. Boston：Morgan Kaufmann Publishers,2009.

第 3 章　实时操作系统

每个实时系统都包含一些类似于操作系统的功能,以提供与输入/输出硬件的接口,并协调单处理器环境中的虚拟并发,或者甚至在多核处理器和分布式系统架构中实现真正的并发。这样一个核心的系统软件具有以下的主要目的:为多任务和资源共享提供一个可靠的、可预测的和低开销的平台,使应用程序软件设计更容易、对硬件约束更少,使各行业的工程师能够专注于他们核心的产品知识,而将计算机的具体问题更多地交给专门人员和软件供应商。尽管实时应用程序种类繁多,但"实时操作系统"的种类也相当多:从为应用程序定制的伪内核到商业级的操作系统。Stankovic 和 Rajkumar(2004)对实时操作系统的体系结构、原理和范例进行了实用的概述。

大多数应用程序开发人员会很乐意拥有成熟的操作系统的功能,但是明显的设计限制例如系统成本和复杂性以及响应时间及其准时性,通常会使得从业者寻求合适的折中方案。对于具有较高产量的低端嵌入式系统而言,这种情况尤其如此。尽管完整的操作系统可以为应用程序员提供非常有价值的服务,但是执行(或"运行支撑架构")额外的在线工作的处理器可能也正在执行对时间要求严格的应用程序代码。因此,即使从实时的角度来看,这些服务也不是没有代价的。

可以说,本章是这本书中最重要的一章,因为它建立了实时多任务处理的基本框架,而其他都与这个基本框架相关。我们精心编排了以下七节,介绍了实时操作系统的主要方面,这些都对实践工程师有直接帮助。第 3.1 节介绍了用于不同类型的实时应用程序的各种内核和操作系统。该节进一步阐述了从微内核到操作系统的多级分类,并通过实际示例讨论了相关的实现方法。在第 3.2 节概述了调度的理论基础,其中对选定的固定优先级和动态优先级调度原理进行了简要地分析和比较。接下来,第 3.3 节对应用程序的典型服务进行了全面介绍。重点是任务间的通信和同步以及死锁和饥饿的避免。第 3.4 节专门讨论了实时操作系统中的内存管理问题,例如,它考虑了普通任务控制模块模型的原理和实现。在对实时操作系统有了深入的理解之后,我们在第 3.5 节中讨论选择合适的操作系统的复杂过程。从不同的角度研究了"购买还是搭建"的关键问题,并介绍了一种实用的选择指标。第 3.6 节对前面实时操作系统的内容进行了总结。第 3.7 节提供了本章各主题相关的大量练习。

3.1 从伪内核到操作系统

进程(在本书中也称为"任务")是运行中的程序的抽象,是实时操作系统可调度的逻辑工作单元。进程通常由一个私有数据结构表示,该私有数据结构至少包含标识、优先级、执行状态(例如运行、就绪或暂停)以及与该进程关联的资源。线程是轻量级进程,必须驻留在某个常规进程中,并且仅使用该特定进程的资源。逻辑上驻留在同一进程中的多个线程可以共享资源。尽管进程是系统级多任务的主要参与者,但是线程也可以被视为进程级多任务的成员。图3.1示出了这种层次结构。但是,应该注意的是,进程和线程只在功能齐全的操作系统中可用,这些操作系统通常在工作站环境中执行。这种高端环境通常运行软实时应用程序,而大多数嵌入式实时系统执行单一类别的任务。

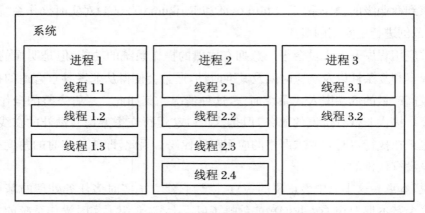

图 3.1 系统、多个进程和多个线程的层次性关系

实时操作系统提供有关软件任务的三个基本功能:调度、分派以及任务间通信和同步。操作系统的内核是提供所有这些功能的最小实体。调度程序确定在多任务系统中下一个运行的任务,而分派程序执行必要的簿记以启动该特定任务。此外,任务间的通信和同步确保并行任务可以有效地协作。图3.2显示了操作系统功能的四个层次以及相关的分类法。

图3.2的底层是一个微内核,用于普通任务的调度和分派。内核还经如邮箱、队列、管道和信号量提供任务间通信和同步。实时执行程序是一个扩展的内核,其中包括私有内存块、输入/输出服务和其他支持功能。根据这种定义,大多数商业实时内核实际上是执行程序。最后,操作系统是提供通用用户界面、安全特性和复杂文件管理系统的高级执行程序。

无论使用哪种操作系统体系结构,最终目标都是满足实时的行为和时间要求,并提供灵活、强大的无缝多任务环境。

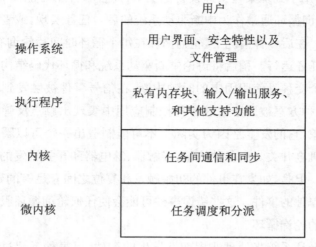

图 3.2 操作系统内核的作用

（从下往上看，分类栈展示了每一层提供的额外的功能，

并表明了每一层与硬件 vs 用户的相对接近程度）

3.1.1 各种伪内核

实时多任务处理在其基本形式下可以在没有中断甚至没有操作系统的情况下实现。在可行的情况下，这些伪内核方法是首选，因为所产生的系统通常是高度可预测的且易于分析。但是，与使用真实内核的实时系统相比，伪内核可能更难扩展和维护。如今，伪内核通常只在低端嵌入式系统中使用。

直接轮询循环用于为单个设备提供快速响应。在轮询循环系统中，一条重复指令会测试一个标志，该标志指示是否已发生某些事件。如果事件尚未发生，则轮询将继续。

示例 时间片轮转

假设使用一个软件来处理数据包，这些数据包以每秒不超过一个的速度到达。现场总线控制器设置名为"packet_here"的标志，控制器经直接存储器访问将数据写入主存储器。在 packet_here = 1 的情况下，数据是可用的。

使用 C 代码片段，编写一个轮询循环来处理这样的系统：

```
for(;;) {                    /* 无限循环 */
    if (packet_here)/* 检查标志 */
    {
        process_data();/* 处理数据 */
        packet_here = 0;/* 复位标志 */
    }
}
```

当单个 CPU 专用于处理某些快速设备的 I/O，并且事件不可能重叠时，轮询循环方案效果很好。此外，轮询循环通常作为中断驱动系统的后台任务实现，或者作为循环代码结构中的单个任务实现。在后一种情况下，轮询循环在每个循环时间片轮询有限的次数，以允许非事件驱动的其他任务运行。稍后将讨论中断驱动系统和循环代码结构。

轮询循环的一个变种是使用固定的时钟中断，在信号事件被触发到复位之间的时间内进行暂停。例如，这种方案被用于处理各种控制应用中表现出触点反弹的问题事件。触点反弹是一种物理现象，它的发生是因为实际上不可能制造出一个可以瞬间改变其状态而没有任何触点振荡的机电开关。由各种按钮、接触器、继电器和开关触发的事件均显示出这种不希望出现的现象。但是，如果在事件的初始触发和复位之间有足够的延迟，则系统会避免将触点振荡解释为单独的事件。这些错误事件可能会使任何轮询循环服务不堪重负。

示例 带延迟的轮询循环

假设使用轮询循环系统来处理非周期性发生的事件，但每秒不超过一次。已知该事件表现出强烈的触点反弹行为在不超过 20 ms 后会消失。可以使用具有 1 ms 分辨率（或嘀嗒长度）的系统计时器 pause 来创建适当的延迟。外部设备经 DMA 设置内存位置 flag = 1 来触发该事件。

下面的 C 代码片段实现了轮询循环结构，该结构对所描述的触点反弹不敏感：

```
for(;;)    {                      /* do forever */
        if (flag)/* check flag */
        {
        process_event();/* process event */
        pause(21);/* wait 21 ms */
        flag = 0;/* reset flag */
        }
    }
```

为了确保所有虚假事件在标志复位之前都已消失，延迟长度被设置为比已知的触点振荡突发时间长 1 ms。假设可以使用 pause 系统调用，则轮询循环系统很容易编程和调试，响应时间也容易确定。

轮询循环非常适合处理高速数据通道，特别适合事件发生的时间间隔分散，并且 CPU 专门用于处理数据通道的情况。但是，因为未考虑爆发事件，轮询循环系统可能会失败。此外，轮询循环本身不足以处理复杂的系统，且肯定会浪费 CPU 时间，特别是在时间片轮转事件很少发生的情况下。

循环代码结构是非中断驱动的系统，通过在连续循环中利用高速处理器上相对较短的任务，可以提供同时性的错觉。

示例 循环代码结构

考虑一个连续循环中的 n 个独立任务，task_1 到 task_n。提供下面的 C 代码片段来实现具有不同循环速率（rate）的循环代码结构：

```
for(;;)  {/ * 无限循环 * /
    task_1();
    task_2();
    ...
    task_n();
    }
```

在这种情况下,因为任务以时间片轮转方式执行,所以每个任务的循环速率相同。如下所示,通过在列表中适当地重复执行一项任务,可以实现不同的循环速率:

```
for(;;)  {/ * 无限循环 * /
    task_1();
    task_2();
    ...
    task_n();
    task_2();
    }
```

这里,task_2 在一个周期中运行两次,而其他任务仅执行一次。

当使用循环代码方法时,可以在创建和完成任务时,通过保留一个由"伪操作系统"管理的任务的指针列表,来动态调整任务列表。例如,任务间通信可以通过全局变量来实现。但是,应始终谨慎地使用全局变量,以避免数据完整性问题。如果每个任务的时间相对较短且大小一致,则通常可以在不中断的情况下实现足够的反应性和同步性。此外,如果所有任务都经过精心构造,包括通过全局变量实现的适当的同步,那么可以实现完全的确定性和精确的可调度性。但是,除了最简单的实时系统外,循环代码结构不足以解决所有问题,因为很难均匀地划分任务,并且可能会产生冗长的响应时间。

状态驱动的代码使用嵌套的 if-then 语句、case 语句或有限状态机(FSM),将单个功能的处理分成多个代码段。任务的划分使得每个任务在完成之前被临时挂起,而不会丢失关键数据。这种被挂起然后恢复的能力反过来促进了多任务处理,比如我们即将讨论的协程方案。当任务太长或大小不均时,状态驱动的代码和循环代码结构结合使用得很好。最后,由于存在减少状态数的严格技术,因此可以自动优化基于 FSM 的程序。针对 FSM 有丰富的理论研究,相关的理论成果将在第 5 章中概述。

并非所有任务都能自然地划分为多个状态,因此有些任务并不适合使用该技术。另外,实现代码所需的调用表可能会变得非常大,从有限状态机符号到表格形式的手动转换过程也容易出错。

协程或协作式多任务系统需要高度规范的编程和适当的应用。这些类型的伪内核与 FSM 驱动的代码结合使用。在此方案中,两个或多个任务以刚才讨论的状态驱动方式进行编码,并且在完成每个阶段后调用一个中央分派程序。分派程序保存以时间片轮转方式执行的任务列表的程序计数器;也就是说,它选择下一个任务。该任务随后执行,直到其下一阶段完成,并再次调用中央分派程序。请注意,如果只有一个协程,那么它将循环重复。这种系统称为循环代码结构。任务之间的通信通过全局变量实现。任何需要在分派之间保留的数据都必须存储到全局变量空间中。

示例 协程

考虑一个系统,其中两个任务"并行"地且独立地执行。在执行 phase_a1 之后,task_a 通过执行 break 将控制权返回给中央分派程序。分派程序启动 task_b,该任务执行 phase_b1 至完成,然后再将控制权返回给分派程序。接着,分派程序启动 task_a,task_a 开始执行 phase_a2,依此类推。在三阶段的情况下,下面给出了 task_a 和 task_b 的说明性 C 代码:

```
void task_a(void)
{
for(;;)
  {
  switch(state_a)
    {
    case 1: phase_a1();
      break;/* 返回至分派程序 */
    case 2: phase_a2();
      break;/* 返回至分派程序 */
    case 3: phase_a3();
      break;/* 返回至分派程序 */
    }
  }
}
void task_b(void)
{
for(;;)
  {
  switch(state_b)
    {
    case 1: phase_b1();
      break;/* 返回至分派程序 */
    case 2: phase_b2();
      break;/* 返回至分派程序 */
    case 3: phase_b3();
      break;/* 返回至分派程序 */
    }
```

```
    }

  }
```

请注意,以上示例中的变量 state_a 和 state_b 是状态计数器,它们是由分派程序管理的全局变量。事实上,为简单起见,任务间的通信和同步完全通过全局变量维护,并由分派器进行协调。使用协程的方法可以扩展到任意数量的任务,每个任务被划分为任意多个阶段。如果每个程序员都以已知的时间间隔提供对分派程序的调用,则响应时间很容易确定,因为这个系统是在没有硬件中断的情况下编写的。

当轮询循环必须等待特定事件,而其他处理可以继续时,就会出现这种方案的一个变体。这样的方案减少了轮询事件标志所浪费的时间,并允许处理其他任务。简而言之,协程是最容易实现的"公平调度"的类型。但是应注意,在大多数嵌入式应用程序中,调度的公平性没有太大价值,因为不同的任务通常具有不同的重要性和紧迫性。另外,协程任务可能由独立的各方编写,并且不必事先知道任务的最终数量。某些编程语言(例如 Ada)具有用于实现协程的有效的内置结构。

过去,使用协程程序甚至成功实现了大型复杂的实时应用程序,例如,IBM 的交易处理系统、客户信息控制系统(CICS),最初完全是通过协程构建的。不幸的是,对协程的任何使用都假定每个任务都会定期放弃 CPU。它还需要涉及全局变量的通信方案,而这通常是不期望的方法。最后,任务不可能总是均匀地分解,这会对响应时间产生不利影响,因为最小响应时间渐近地受到最长阶段的限制。

3.1.2　仅用中断的系统

在仅用中断的系统中,"主程序"只是一条单个的 jump-to-self 指令。系统中的各种任务由硬件或软件中断进行调度,而任务分派则由中断处理例程执行。

使用纯硬件中断调度时,实时时钟或其他外部设备发出中断信号,这些信号被导向到中断控制器。根据相关中断到达的顺序和优先级,中断控制器向 CPU 发出中断信号。如果处理器体系结构支持多个中断,则硬件也将处理显式调度。如果只有一个中断级别可用,则中断处理例程将不得不读取中断控制器上的中断状态寄存器,以确定发生了哪些中断,并分派适当的任务。一些处理器使用微代码实现此功能,因此操作系统设计人员可以免除这一职责。

在嵌入式应用程序中,实时软件通常需要处理来自一个或多个专用设备的中断。在某些情况下,软件工程师需要从头开始编写设备驱动程序,或者改编通用驱动程序代码,其中需要中断实现同步。无论哪种情况,对于软件工程师来说,了解中断机制及其正确处理方式都是很重要的。

中断有两种:硬件中断和软件中断(请参见 2.1.3 节和 2.4.1 节)。硬件和软件中断之间的根本区别在于其触发机制。来自外部设备的电信号会触发硬件中断,而其触发原则是执行了特定机器语言指令。大多数处理器具有的另一项功能是异常,异常是内部中断,是由程序试图执行特殊、非法或意外的操作所触发的。这三种情况导致 CPU 将执行转移到预先确定的位置，然后执行与该特定情况相关的中断处理程序（IH）。

硬件中断本质上是异步的或偶发的，也就是说，中断可能在任何时间发生。中断时，程序被暂停，而 CPU 调用 IH。通常，应用程序开发人员需要为特定类型的硬件中断编写 IH。这种情况下，重要的是要了解 CPU 状态的构成以及除工作寄存器以外，IH 是否必须保留其他任何内容。

通常是通过在应用程序中的读取或写入共享资源的任何代码附近禁用中断来实现的。对与 IH 共享的资源的访问的控制，在 IH 中无法使用标准同步机制，因为让 IH 等待资源可用是不切实际的。禁用中断后，系统受外界的影响降到最低（仅通过不可屏蔽的中断）。因此，保持其中禁用了中断的代码的临界区（critical section）尽可能短非常重要。如果中断处理程序消耗大量时间来处理中断，那么外部设备可能会在其下一个中断被服务之前等待太长时间。

可重入代码可以在两个或更多上下文中同时执行。当 IH 正在处理中断时，如果同一中断可能再次发生；并且 IH 可以在完成第一个中断的处理之前安全地处理第二次发生的中断，则说 IH 是可重入的。要创建严格的可重入代码，必须遵循以下一般规则（Simon, 1999）：

- 重入代码不允许以非原子方式使用任何数据，除非数据保存在栈中；
- 重入代码不允许调用任何本身不可重入的其他代码；
- 重入代码不允许以非原子方式使用任何硬件资源；
- 重入代码不允许更改自身的代码。

原子操作特指一组子操作，这些子操作可以组合成一个看起来是单个（不可中断）的操作。无论要写的 IH 是什么类型，在切换任务时都必须保留当前系统状态的快照（称为上下文），以便在恢复被中断的任务时可以恢复。因此，上下文切换是为一个软件任务保存和恢复足够信息的过程，以便可以在中断之后恢复该任务。通常将上下文保存到 CPU 管理的栈数据结构中。上下文切换时间占了综合响应时间的主要部分，因此必须最小化。保存上下文的实用原则很简单：在中断任何任务之后，恢复它所需的最少信息量。此信息通常包括工作寄存器的内容、程序计数器寄存器的内容、内存页面寄存器的内容以及可能的内存映射 I/O 位置的镜像。

通常，在中断处理程序中，在关键上下文切换期间禁用中断。但是，有时在保存了足够的上下文之后，可以在进行部分上下文切换之后启用中断，以处理中断突发、检测虚假中断或管理时间过载情况。

用于上下文切换的灵活栈模型（请参见第 3.4 节）主要用于其中中断驱动任务数量是固定的嵌入式系统。在栈模型中，每个中断处理程序都与一个硬件中断相关联，由 CPU 调用，和指向存储在适当中断处理程序位置的指令流。然后将上下文保存到栈数据结构中。

示例　仅用中断的系统

考虑以下用 C 语言编写的用于部分实时系统的伪代码，由一个简单的 jump-to-self 主程序和三个中断处理程序组成。每个中断处理程序都使用栈模型保存上下文。在系统初始化时,应将中断处理程序的起始地址加载到适当的中断向量位置:

```
void main(void)
{
    init();                    /* 系统初始化 */
    while(TRUE);               /* jump-to-self */
}
void int_l(void)               /* 中断处理程序 1 */
{
    save(context);             /* 将上下文保存到栈上 */
    task_1();                  /* 执行任务 1 */
    restore(context);          /* 恢复上下文 */
}
void int_2(void)               /* 中断处理程序 2 */
{
    save(context);             /* 将上下文保存到栈上 */
    task_2();                  /* 执行任务 2 */
    restore(context);          /* 恢复上下文 */
}
void int_3(void)               /* 中断处理程序 3 */
{
    save(context);             /* 将上下文保存到栈上 */
    task_3();                  /* 执行任务 3 */
    restore(context);          /* 恢复上下文 */
}
```

在这个简化的示例中,过程 save 将关键寄存器和可能的其他上下文信息保存到栈数据结构中,而 restore 将这些信息从栈中弹出。save 和 restore 都可以有一个参数:指向表示上下文信息的数据结构的指针。如在第 3.1.4 节所描述的,栈指针由 CPU 自动调整。

3.1.3 抢占式优先系统

如果优先级较高的任务中断了正在执行的优先级较低的任务,则称其抢占了优先级较低的任务。使用抢占方案而不是时间片轮转或先来先服务调度的系统称为抢占式优先级系统。分配给每个中断的优先级基于与中断相关的任务的重要性和紧迫性。例如,最好将核电站监控系统设计为抢先式优先级系统。例如,虽然适当地处理入侵事件是至关重要的,但没有什么比处理核心超温警报更重要。

优先级中断可以是固定优先级的,也可以是动态优先级的。一方面,因为在系统初始化后无法更改任务优先级,所以固定优先级的系统灵活性较差。另一方面,动态优先级系统允许在运行时调整任务的优先级,以满足不断变化的实时需求。尽管如此,大多数嵌入式系统的实现方式都是固定的优先级,因为需要在运行时调整优先级的情况非常有限。但是,这种做法的一个常见例外是在第 3.3.6 节讨论的有问题的优先级反转情况。

采用抢占式优先级方案可能会出现优先级较高的任务过度占用资源的情况,这可能导致优先级较低的任务无法获得可用资源。在这种情况下,优先级较低的任务面临着一个严重的问题,即饥饿问题。在设计抢占式优先级系统时,必须仔细解决潜在的占用/饥饿问题。

速率单调系统是一类特殊的固定速率、抢占式优先级、中断驱动系统,包括那些执行率越高,则分配优先级越高的实时系统。这种方案在诸如航空电子系统之类的嵌入式应用中很普遍,并已经进行了广泛的研究。例如,在飞机导航系统中,每 10 ms 收集一次加速度计数据的任务具有最高优先级。收集陀螺仪数据并每 40 ms 补偿一次这些数据和加速度计数据的任务具有第二高的优先级。最后,每秒更新飞行员显示屏的任务具有最低的优先级。第 3.2.4 节中将研究速率单调系统的重要的理论方法。

3.1.4 混合调度系统

一些混合调度系统包括以固定速率和偶发发生的中断。例如,偶发的中断可用于需要立即引起注意的紧急情况,因此具有最高的优先级。这种类型的混合中断系统在嵌入式应用中很常见。

在商业操作系统中,另一种类型的混合调度系统是时间片轮转优先级系统和抢占式优先级系统的组合。在这些系统中,优先级较高的任务始终可以抢占优先级较低的任务。但是,如果两个或多个相同优先级的任务同时准备同时执行,则它们将以时间片轮转的方式执行,这将在稍后描述。

总而言之,仅用中断的系统易编写代码,并且因为可以通过硬件来完成任务调度,所以通常响应速度很快。仅用中断系统是前台/后台系统的一种特殊情况,广泛应用于嵌入式系统。仅用中断的典型缺点是会在 jump-to-self 的循环中浪费时间,并且难以提供高级服务。这样的高级服务包括设备驱动程序和到分层通信网络的接口。此外,由于时序变化、意外的竞态条件、电磁干扰和其他问题,仅用中断的系统容易出现多种类型的故障。

前台/后台系统是对仅用中断的系统的一个小而有意义的改进,因为执行有用处理的低优先级代码替代了 jump-to-self 循环。实际上,前台/后台系统是嵌入式应用程序中最常见的架构。它们包括一组中断驱动的任务(称为前台)以及一个非中断驱动的任务(称为后台)(图 3.3)。前台任务以时间片轮转、抢占式优先级或者混合的方式运行。后台任务可以被任何前台任务抢占,因此,它代表实时系统中的优先级最低的任务。

上面讨论的所有实时方案可以看作是前台/后台系统的特例。例如,简单轮询循环是一个没有前台,以轮询循环作为后台的前台/后台系统。添加一个延迟(基于实时时钟中断)以

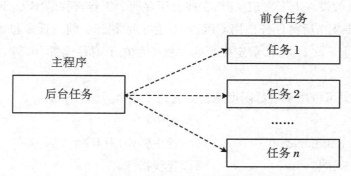

图 3.3　中断驱动的前台/后台系统

用于避免与触点反弹相关的问题,就会形成完整的前台/后台系统。状态驱动的代码也是一个前台/后台系统,它没有前台,而后台是相位驱动的代码。协程系统只是一个复杂的后台任务。最后,仅用中断的系统是没有任何有用的后台处理的前台/后台系统。

作为一个非中断驱动的任务,后台处理应该仅包括非时间关键的内容。尽管后台任务是优先级最低的任务,但只要系统利用率低于 100% 并且没有发生死锁,它就会一直执行直到完成。例如,通常在后台任务中增加一个计数器,以提供时间负载的度量,或检测是否有任何前台任务挂起(hung up)。还可能需要为每个前台任务提供单独的计数器,并在相应的任务中将其重置。如果后台任务检测到计数器之一没有被足够频繁地重置,则可以假设相应的任务没有被正确执行,并且表明存在某种故障。这是软件看门狗定时器的一种形式。某些低优先级的自检也可以在后台执行。此外,低优先级的显示更新、通过键盘的输入参数、登录到打印机或其他慢速的设备的接口都可以在后台方便地执行。

前台/后台系统的初始化通常包括以下 6 个步骤:

① 禁用中断。

② 设置中断向量和栈。

③ 初始化外围设备接口单元和其他可配置的硬件。

④ 执行自检。

⑤ 执行必要的软件初始化。

⑥ 启用中断。

初始化始终是后台任务的第一部分。禁用中断非常重要,因为有些系统在启动时启用了中断,而设置整个实时系统则肯定需要一定的时间。该设置包括初始化中断向量地址、设置一个栈或多个栈(如果它是多级中断系统)、适当地配置硬件以及初始化任何缓冲区、计数器、数据等。此外,在启用中断之前,执行一些自诊断测试通常很有用。最后,可以开始实时处理。

示例　初始化和上下文保存/恢复

假设希望为具有单个中断的 CPU 实现一个中断处理程序。也就是说,除了后台任务之外,我们只有一个中断驱动的任务。EPI 和 DPI 指令可用于启用和禁用可屏蔽中断,并且假定在收到中断请求时,CPU 将暂缓其他中断,直到显式地用 EPI 指令重新启用。

为简单起见,假设在上下文切换时,在栈上保存四个工作寄存器 R0～R3 就足够了。这里,上下文切换涉及在后台任务使用 CPU 时保存它的状态。前台任务将运行到完成,因此永远不会保存其上下文。此外,假定中断处理程序存在于内存位置 int 外,并且栈应从内存位置 stack 开始。

以下汇编代码可以用于最低限度地初始化这个前台/后台系统:

```
DPI                     ;禁用中断。
MOVE handler,&int       ;设置中断处理程序的地址。
LDSP &stack             ;设置栈指针。
EPI                     ;启用中断。
```

现在,中断处理程序可能如下所示:

```
DPI                     ;禁用中断。
PUSH   R0               ;保存 R0。
PUSH   R1               ;保存 R1。
PUSH   R2               ;保存 R2。
PUSH   R3               ;保存 R3。
...                     ;TASK_1 的代码。
POP   R3                ;还原 R3。
POP   R2                ;还原 R2。
POP   R1                ;还原 R1。
POP   R0                ;恢复 R0。
EPI                     ;启用中断。
RETI                    ;从中断返回。
```

应该注意的是,将寄存器推送到栈的顺序必须与从栈弹出寄存器的顺序相反。

图 3.4 显示了上下文保存和恢复过程中栈的行为。在许多处理器中,有专门的机器语言指令,只需一条指令就可以保存和恢复所有相关的寄存器。

示例 后台任务

后台任务将包括一次性初始化过程和非时间紧迫的连续处理。如果程序是用 C 编写的,它可能是这样的:

```
void main(void)
{
init();                 /* 初始化系统 */
while(TRUE)             /* 重复循环 */
  background();         /* 非时间紧迫 */
}
```

前台/后台系统(以及仅用中断的系统)通常具有良好的响应时间,因为它们完全依赖硬件来执行任务调度。因此,它们是许多嵌入式实时系统的首选解决方案。但是,"自制"的前

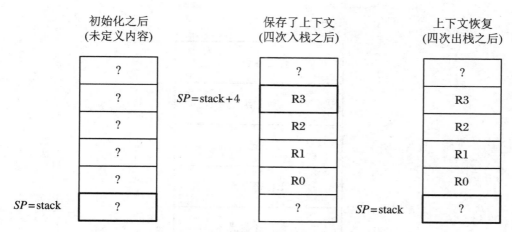

图 3.4　上下文保存和恢复过程中的栈的行为

（这里显示的上下文仅包括寄存器）

台/后台系统至少具有一个明显的缺点：到复杂设备以及可能的通信网络的接口通常需要从头开始编写（偶尔可以使用或改编开源软件，但这样就必须考虑软件许可问题）。编写设备驱动程序和接口的过程可能很繁琐，而且容易出错。另外，前台/后台系统最好在前台任务的数量预先确定和已知的情况下实施。尽管支持内存动态分配的编程语言可以处理可变数量的任务，但这可能很棘手。一般来说，上面讨论的仅用中断的系统的所有弱点在简单的前台/后台系统中几乎都存在。

通过添加典型的补充功能，例如通信网络接口、设备驱动程序和实时调试工具，可以将前台/后台方案扩展为成熟的操作系统。这种完整的系统可广泛用作商业产品。这些商业产品依赖相对复杂的软件结构，使用时间片轮转、抢占式优先级或这些方案的混合来提供调度，而操作系统本身代表了最高优先级的任务。

3.1.5　任务控制块模型

任务控制块（TCB）模型是用于商业化、功能齐全的实时操作系统的最常见的方法，因为软件任务的数量可以变化。此架构特别适用于软实时类型的交互式在线系统，在该系统中，通常不断有与用户相关联的任务启动和结束。TCB 模型可以用于时间片轮转、抢占式优先级或混合调度系统中。尽管它通常与带有固定时间片的时间片轮转系统相关，但是，在抢占式系统中，它有助于动态任务优先级的确定。灵活的 TCB 模型的主要缺点是，当创建大量任务时，调度程序的簿记开销可能会变得非常大。

在任务控制块模型中，每个任务都与称为任务控制块的专用数据结构相关联，如图 3.5所示。操作系统将这些 TCB 存储在一个或多个数据结构中，通常是在一个链表中。

操作系统通过跟踪每个任务的状态来管理 TCB。通常，任务可以处于以下四种状态中的任何一种：

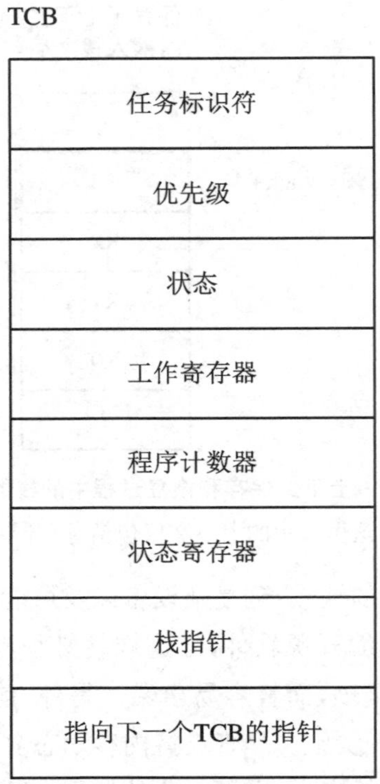

TCB

任务标识符
优先级
状态
工作寄存器
程序计数器
状态寄存器
栈指针
指向下一个TCB的指针

图 3.5　典型的任务控制块

① 执行；

② 准备就绪；

③ 挂起；

④ 休眠。

正在执行的任务是当前正在执行的任务，在单处理器环境中，任何时候都只能有一个这样的任务。任务可以在创建时进入执行状态（如果没有其他任务就绪），也可以从就绪状态进入执行状态（如果根据其优先级或在时间片轮转队列中的位置，轮到它运行）。任务完成后，它将返回到挂起状态。

处于就绪状态的任务是准备执行但尚未执行的任务。当任务在执行时其时间片用完，或者被更高优先级的任务抢占，它就进入就绪状态。如果任务处于挂起状态，触发它的事件发生了，它就可以进入就绪状态。正在等待特定资源从而尚未准备好执行的任务，被称为是挂起的或阻塞的。

休眠状态仅用于固定 TCB 数量的系统中。此状态允许事先确定特定的内存需求，但会限制可用的系统内存。此状态的任务可以描述为已存在，但当前不可调度。创建任务后，可以通过删除它来使其休眠。

操作系统本质上是最高优先级的任务。每个硬件中断和每个系统调用（例如对资源的请求）都会调用实时操作系统。操作系统负责维护一个包含所有就绪任务的 TCB 的链接列表以及另一个处于挂起状态的任务的链接列表。它还保存一个资源表和一个资源请求表。

每个 TCB 都包含了中断处理程序通常会跟踪的基本信息。因此,TCB 模型与中断处理程序模型之间的区别在于:在 TCB 模型中,资源是由操作系统管理的,而在 IH 模型中,任务跟踪它们自己的资源。如果任务的数量在设计时不能确定,或者实时系统运行中可以更改时,TCB 模型是有利的。也就是说,TCB 模型非常灵活。

当调用操作系统时,它将检查就绪列表,以查看是否有其他任务可以执行。如果有任务可以执行,则将当前正在执行的任务的 TCB 移到就绪列表的末尾(时间片轮转方法),并将合格的任务从就绪列表的开头移除,并开始执行。

任务状态管理可以通过适当地操作状态字来实现。例如,如果在列表中设置的所有 TCB 的状态字被初始化为"休眠",那么只需将其状态更改为"就绪",就可以将每个任务添加到活动调度中。在运行期间,任务的状态字会相应更新,如果是下一个符合条件的任务,则更新为"正在执行",如果是被抢占的任务,则更新为"就绪"。被阻塞的任务的状态字更改为"已挂起"。通过将状态字重置为"休眠",可以从活动任务列表中删除已完成的任务。这种方法减少了运行时的开销,因为它不需要对 TCB 进行动态内存管理。它还提供了确定的性能,因为 TCB 列表的大小是恒定的。

除调度外,操作系统还跟踪挂起列表中等待资源的状态。如果一个任务由于等待资源而被挂起,则只有在资源可用时该任务才能进入就绪状态。列表结构用于仲裁在同一资源上挂起的多个任务。如果有资源可用于挂起的任务,则相应更新资源和资源请求表,并将符合条件的任务从挂起列表移至就绪列表。

3.2　调度的理论基础

为了在实时操作系统中应用某些理论结果,有必要进行某种程度的严格表述。大多数实时系统本质上是并发的,也就是说,它们与外部事件的自然交互通常需要多个虚拟的(在单处理器环境中)或真正的(在多处理器环境中)并发任务,来应对控制系统的各种特征。任务是实时系统的活动对象,是由调度程序管理的基本处理单元。任务运行时,它的状态会动态变化,并任何时候,它可能处于 3.1.5 节中定义的 4 种状态(即执行、就绪、挂起或休眠)中的一种,但只能处于一种状态。此外,有时还包括第五种可能状态,即终止。在"已终止"状态下,任务已完成其运行,已中止或自行终止,或不再需要。

图 3.6 描述了与任务(进程或线程)状态相对应的局部状态图。应该注意的是,不同的操作系统具有不同的命名约定,但是在所有实时操作系统中,这种命名法表示的基本状态都会以这种或那种形式存在。

许多功能完备的操作系统都允许在同一程序中创建的进程通过线程方法无限制地访问共享内存。在第 3.1 节中已讨论了普通进程和线程之间的层次关系。

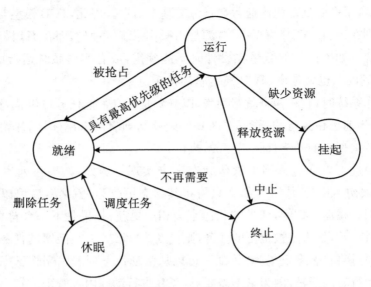

图 3.6 代表性任务状态图,也是部分定义的有限状态机

3.2.1 调度框架

调度是操作系统的主要功能。在某些实时环境中,为了满足程序的时间要求,需要一个可靠的策略来安排系统资源的使用,并且需要实用的方案来预测应用特定的调度策略时的最坏性能(或响应时间)。调度策略主要有两类:运行前调度和运行时调度。这两种调度的明显目标都是严格地满足响应时间规范。

一方面,在运行前调度中,目标是离线手动(或半自动)地创建可行的调度,以保证任务的执行顺序,并防止访问共享资源时发生冲突。运行前调度也考虑并降低了上下文切换开销的成本,因此增加了找到可行调度的可能。

另一方面,在运行时调度中,将分配固定或动态优先级,并根据优先级分配资源。运行时调度依赖于相对复杂的运行时机制,来进行任务同步和任务间通信。这种自适应方法允许事件周期性地、非周期性地,甚至是零星地中断任务和请求资源。在性能分析方面,工程师通常必须依靠随机系统仿真来验证这些类型的设计。

处理器上的工作负载由各个任务组成,每个任务都是一个处理单位,需要时可以分配CPU 时间和其他资源。在任何时候,每个 CPU 最多只能分配给一个任务。此外,每个任务一次最多分配一个 CPU。不会在其发布时间之前安排任务(或作业)。每个任务 τ_i 通常由以下时间参数表征:

- 优先级限制:指定是否有任务需要优先于其他任务。
- 发布时间 $r_{i,j}$:任务 τ_i 的第 j 个实例的发布时间。
- 阶段 φ_i:任务 τ_i 的第一个实例的发布时间。
- 响应时间:任务从激活到完成之间的时间跨度。

- 绝对期限 d_i：必须完成任务 τ_i 的那一刻。
- 相对期限 D_i：任务 τ_i 的最大允许响应时间。
- 宽松度类型：任务执行中的紧迫性或回旋余地。
- 周期 p_i：任务 τ_i 的两个连续发布时间之间的最小间隔时间。
- 执行时间 e_i：当任务 τ_i 单独执行并拥有所需的所有资源时，完成任务 τ_i 执行所需的最长时间。

从数学上讲，刚刚列出的一些参数的关系如下：

$$\Phi_i = r_{i,1}$$

以及

$$r_{i,j} = \Phi_i + (j-1)\,p_i \tag{3.1}$$

$d_{i,j}$ 是任务 τ_i 的第 j 个实例的绝对期限，并且可以表为：

$$d_{i,j} = \varphi_i + (j-1)\,p_i + D_i \tag{3.2}$$

如果周期性任务 τ_i 的相对期限等于它的周期 p_i，则

$$d_{i,k} = r_{i,k} + p_i = \Phi_i + k p_i \tag{3.3}$$

其中，k 是大于或等于 1 的正整数，对应于任务的第 k 个实例。

接下来，我们提出了一个基本的任务模型，以描述实时系统中使用的一些标准调度策略。该任务模型具有以下简化假设：

- 所考虑的集中的所有任务都是严格周期性的。
- 任务的相对期限等于其周期。
- 所有任务都是独立的，没有优先级限制。
- 没有任何任务具有不可抢占的部分，并且抢占的成本可以忽略不计。
- 仅考虑处理要求，内存和 I/O 要求可忽略不计。

对于实时系统来说，至关重要的是所应用的调度算法能产生可预测的调度，也就是说，始终知道接下来要执行哪个任务。许多实时操作系统使用时间片轮转调度策略，因为它简单且可预测。因此，更严格地描述常用的调度算法是很有意义的。

3.2.2　时间片轮转调度

在时间片轮转系统中，通常结合循环代码结构，依次完成多个任务。在使用时间片的时间片轮转系统中，每个可执行任务都分配有一个固定的时间量，称为执行时间片。使用固定速率时钟以与时间片相对应的速率启动中断。分派的任务将执行到完成或其时间片到期为止（如时钟中断）。如果任务没有执行完毕，则必须保存其上下文，并将任务放置在循环队列的末尾。接下来恢复队列中下一个可执行任务的上下文，并继续执行。本质上，时间片轮转调度通过直接的时间复用实现了将 CPU 资源公平分配给相同优先级的任务。

此外，时间片轮转系统可以与抢占式优先系统结合使用，从而产生一种混合系统。图3.7 示出了这种具有三个任务和两种优先级的混合系统。在此，任务 A 和 C 具有相同的优

先级,而任务 B 具有较高的优先级。首先,任务 A 执行了一段时间,然后被任务 B 抢占,任务 B 一直执行直到完成。当任务 A 恢复时,它将继续进行直到其时间片结束,这时任务 C 将开始执行其时间片。

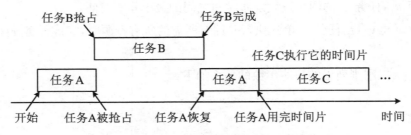

图 3.7 具有三个任务和两种优先级的混合系统
(时间片轮转/抢占)调度

3.2.3 循环码调度

循环码(CC)方法也被广泛使用,因为它简单易用,而且可以生成完整的、高度可预测的调度。CC 指的是这样的调度程序,它运行前的调度,在 CPU 上确定性地交错并顺序执行周期性任务。一般而言,CC 调度程序是固定的过程调用表,其中每个任务都是一个过程,位于一个 do 循环内。

在 CC 方法中,调度决策是周期性而不是在任意时间进行的。调度决策点期间的时间间隔称为帧(frame)或次周期,每个帧的长度 f,称为帧大小。主周期是分配给 CPU 的任务执行所需的最短时间,以确保满足所有任务的期限和周期。主周期或超周期等于各个周期最小公倍数(lcm),即 $p_{hyper} = lcm(p_1, \cdots, p_n)$。

由于仅在每个帧的开始进行调度决策,因此在每个帧内没有抢占。每个周期性任务的阶段 Φ_i 是帧大小的非负整数倍。此外,假定调度程序在每个帧的开始执行某些监控和执行操作。

帧必须足够长,以便每个任务都可以在一个帧内开始和完成。这意味着帧大小 f 要长于每个任务 τ_i 的执行时间 e_i,也即

$$C_1 : f \geqslant \max_{i \in [1,n]} (e_i) \tag{3.4}$$

为了使循环调度的长度尽可能短,应选择合适的帧大小 f,以使超周期具有整数个帧:

$$C_2 : \left[\frac{p_{hyper}}{f} \right] - \frac{p_{hyper}}{f} = 0 \tag{3.5}$$

而且,为了确保每个任务在其期限之前完成,帧必须较短,以便在每个任务的发布时间和截止期限之间至少有一个帧。以下关系是针对最坏情况得出的,即一个任务的周期刚好在帧开始之后发生,因此,直到下一个帧才能发布该任务:

$$C_3 : 2f - \gcd(p_i, f) \leqslant D_i \tag{3.6}$$

其中,"gcd"是最大公约数,而 D_i 是任务 τ_i 的相对期限。对于所有可调度的任务,都应评估

此条件。

示例　帧大小的计算

为了演示如何计算帧的大小,请考虑如表 3.1 指定的一组 3 个任务。超周期 p_{hyper} 等于 660,因为 15、20 和 22 的最小公倍数是 660。对 3 个必要条件 C_1、C_2 以及 C_3 的评估如表 3.1 所示。

表 3.1　帧大小计算的任务集示例

τ_i	p_i	e_i	D_i
τ_1	15	1	15
τ_2	20	2	20
τ_3	22	3	22

这些条件必须同时有效,从中可以推断出 f 的值可以是 3,4,5 或 6 中的任何一个。

3.2.4　固定优先级调度:速率单调方法

在固定优先级调度策略中,每个周期性任务的优先级相对于其他任务是固定的。Liu 和 Leyland 提出的速率单调(RM)算法是一个开创性的固定优先权算法(Liu,Layland, 1973)。对于前面描述的基本任务模型,它是最优的固定优先级算法,其中,周期较短的任务比周期较长的任务具有更高的优先级。该定理为速率单调定理,从实践的角度来看,它是实时系统理论中最重要和最有用的结果。该算法可以描述为(Liu,Layland,1973):

定理　速率单调

给定一组周期性任务和抢占式优先级调度,分配优先级使得周期较短的任务具有较高的优先级(速率单调),从而产生最佳调度算法。

换句话说,RM 算法的最优性意味着如果存在一个满足所有最后期限的、优先级固定的时间表,则 RM 算法将产生可行的调度。该定理的形式证明相当复杂。然而,Shaw 使用归纳法进行了简明的论证(Shaw, 2001)。

证明

第一步:考虑两个固定但非 RM 的优先级任务 $\tau_1 \equiv \{p_1, e_1, D_1\}$ 以及 $\tau_2 \equiv \{p_2, e_2, D_2\}$,其中 τ_2 具有最高优先级,并且 $p_1 < p_2$。假设这两个任务同时发布。显然,对于 τ_1 而言,这将导致最坏的响应时间。但是,在这一点上,为了使两个任务都可调度,有必要使 $e_1 + e_2 \leqslant p_1$;否则 τ_1 不能满足其周期(或期限)。由于执行时间和 τ_2 的周期之间存在这种明确的关系,因此我们可以通过简单地反转优先级来获得可行的调度,从而首先调度 τ_1(即 RM 分配)。

因此,至少在两个任务上 RM 定理成立。

归纳步骤:假设接下来有 n 个任务 $\tau_1, \cdots, \tau_n$,可根据 RM 调度,其优先级按升序排列,但分配不是 RM。令 τ_i 和 τ_{i+1},$1 \leqslant i < n$,是具有非 RM 优先级的前两个任务。即,$p_i <$

p_{i+1}。此简化证明通过交换这两个任务的优先级,并使用初始步骤 $n=2$ 的结果,证明该任务集合仍可调度。通过以这种方式互换非 RM 任务对,继续归纳证明,直到分配变为 RM。因此,如果某些固定优先级分配可以产生一个可行的调度,则 RM 分配也可以。

一个任务的临界时刻定义为对该任务的请求将具有最大响应时间的时刻。通过 Liu 和 Layland 进一步证明,只要任务的请求与任何更高优先级任务的请求是同时发出的,任何任务都会发生临界时刻。然后证明了要检查速率单调的可调度性,只需检查所有任务阶段均为零的情况即可(Liu,Layland,1973)。上面的证明中也使用了这个有用的结果。

示例 速率单调调度

为了说明速率单调调度,请考虑表 3.2 中定义的三个任务集。在时间 0 发布所有任务。由于任务 τ_1 的周期最短,所以它是优先级最高的任务,并且是第一个调度的。图 3.8 描述了对任务集的成功 RM 调度。请注意在时间 4,发布了任务 τ_1 的第二个实例,它抢占了当前运行的任务 τ_3,τ_3 的优先级最低。利用率系数 u_i 等于任务执行时间 e_i 与周期 p_i 的比值。回想一下,公式(1.2)给出了 n 个任务时的总体 CPU 保持利用率。

表 3.2 RM 调度的示例任务集

τ_i	p_i	e_i	D_i
τ_1	4	1	0.25
τ_2	5	2	0.4
τ_3	20	5	0.25

此时

$$U = \sum_{i=1}^{3} \frac{e_i}{p_i} = 0.9$$

对应于表 1.3 中的"危险"区域。

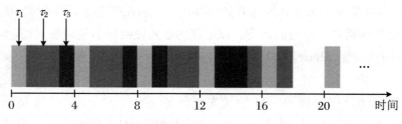

图 3.8 表 3.2 中的任务集的速率单调任务调度

从实践的角度来看,重要的是要知道在什么条件下,固定优先级的情况存在可行的调度。通过以下定理(Liu,Layland,1973)给出了速率单调算法(RMA)的可调度利用。请注意,假定每个任务的相对期限等于其周期。

定理 RMA 约束

如果 CPU 利用率 U,不大于 $n(2^{1/n}-1)$,则任意 n 个周期性任务集都是 RM 可调度的。

这意味着,只要 U 等于或低于给定的利用率阈值,就可以使用 RM 构建成功的调度。

考虑极限条件,当任务数量 $n \to \infty$ 时,最大利用率极限为

$$\lim_{n \to \infty} n(2^{1/n} - 1) = \ln 2 \approx 0.69 \tag{3.7}$$

表 3.3 列出了在不同的 n 值时的 RMA 阈值(%)。请注意,这些 RMA 阈值是充分的,但不是必要的。也就是说,在实践中组成周期任务集时,即使 CPU 利用率大于相应的 RMA 阈值,但仍是 RM 可调度的,这种情况并不少见。例如,表 3.2 中所示的任务集的总利用率为 0.9,大于 3 个任务的 RM 利用率阈值 0.78,但仍可以使用 RM 策略对它进行调度,如图 3.8 所示。

表 3.3 使用 RMA 调度的 n 个周期性任务的 CPU 利用率 U(%)的上限值

n	1	2	3	4	5	6	⋯	$\to \infty$
U(%)	100%	83%	78%	76%	74%	73%	⋯	69%

3.2.5 动态优先级调度:最早截止时间优先方法

与固定优先级算法相比,在动态优先级方案中,随任务的发布和完成,一个任务相对于其他任务的优先级发生变化。最著名的动态算法之一,即最早截止时间优先算法(EDFA),它处理的是截止时间而不是执行时间。在任何时间点,具有最早截止时间的就绪任务具有最高优先级。以下定理给出了在最早截止时间优先(EDF)方案下存在可行调度的必要和充分条件(Liu,Layland,1973 年)。

定理 EDFA 约束

一组 n 个周期性任务,每个任务的相对期限等于其周期,当且仅当 $U = \sum\limits_{i=1}^{n} e_i/p_i \leqslant 1$ 时,EDFA 可以合理调度这些任务。

对于允许任务抢占的单处理器,EDF 是最优的。换言之,如果存在可行的调度,那么 EDF 策略也将产生可行的调度。而且,在错过截止时间之前,永远不会出现处理器闲置。

示例 最早截止时间优先调度

为了说明最早截止时间优先调度,考虑表 3.4 中定义的一对任务,其中 $U = 0.97$("危险")。对该任务的 EDF 调度如图 3.9 所示。尽管 τ_1 和 τ_2 同时发布,但 τ_1 首先执行,因为它的截止时间最早。在 $t = 2$ 时,可以开始执行 τ_2。即使 τ_1 在 $t = 5$ 再次发布,其截止时间也不会早于 τ_2。该规则的序列一直持续到时间 $t = 15$ 为止,此时 τ_2 被抢占,因为其截止时间($t = 21$)晚于 τ_1 的截止时间($t = 20$);当 τ_1 完成后,τ_2 恢复。

表 3.4 EDF 调度的示例任务对

τ_i	p_i	e_i	D_i
τ_1	5	2	0.4
τ_2	7	4	0.57

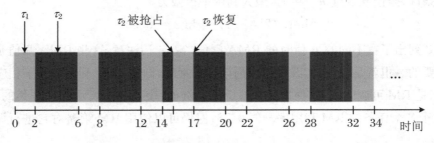

图 3.9　针对表 3.4 中任务对的最早截止时间优先的任务调度

　　RM 和 EDF 调度的主要区别是什么？对调度周期性任务的算法，可调度的 CPU 利用率是其性能的客观度量。我们期望调度算法能产生最大的可调度利用率。按照这个标准，动态优先级算法明显优于固定优先级调度算法。因此，EDF 更加灵活，也能获得更好的利用率。但是，使用固定优先级算法调度的实时系统的时间行为，比根据动态优先级算法调度的系统的时间行为更容易预测。在过载的情况下，如果出现错过截止期限，RM 是稳定的；同样的优先级较低的任务每次都会错过截止期限，对更高优先级的任务则没有影响。相反，当使用 EDF 调度任务时，在可能的过载情况下，很难预测哪些任务会错过其截止期限。另外，请注意，已错过截止期限的延迟任务比截止期限还未到的任务具有更高的优先级。如果允许延迟任务继续执行，则可能导致许多其他任务延迟。因此，对于这种无法避免偶然过载情况的系统，如果采用动态优先级算法，则需要一种有效的超限管理方案。最后，一般来说，RM 往往需要更多的抢占权，EDF 仅在较早的期限任务到达时才抢占。

3.3　应用程序的系统服务

　　第 3.2 节中考虑的基本任务模型假定所有任务都是独立的，它们可能在执行的任何时候被抢占。但是，从实际的角度来看，这种假设是不现实的，大多数实时应用程序中都需要协调的任务交互。本节将讨论使用同步机制维护共享数据或资源的一致性和完整性以及用于任务间通信的各种方法。主要关注的问题是，当并发任务使用共享资源时，如何在实时系统中将可能出现的耗时阻塞最小化。与此相关的是共享临界资源的问题，这些资源一次只能由一个任务使用。此外，在设计和实施资源共享方案时，应始终牢记潜在的死锁和饥饿的问题。

　　在第 3.2 节中讨论了多任务处理的基本技术，假设每个任务都独立于其他任务运行。在实践中，需要严格控制的机制以允许任务通信、共享资源并同步它们的活动。本节中讨论的大多数机制和现象可以很容易理解，但是深入掌握可能很难。滥用这些技术（尤其是信号量）可能会导致灾难性后果，例如死锁。

3.3.1 线性缓冲器

在多任务系统中,可以采用多种机制在各个任务之间传输数据。其中最简单、最快的是使用全局变量。尽管全局变量与良好的软件工程实践背道而驰,但在具有信号量保护的高速操作中,人们仍然可以成功地使用全局变量。与仅使用全局变量相关的一个潜在问题是,较高优先级的任务可能会不恰当地抢占了较低优先级的任务,从而破坏了全局数据。

另一种典型情况是,一个任务可能以每秒1000个单位的恒定速率产生数据,而另一个任务可能以小于每秒1000个单位的速率消耗这些数据。假设数据生产突发长度比较短,那么如果生产者任务将数据填充到中间存储缓冲区,则可以适应较慢的消耗速率。这个线性缓冲区保存多余的数据,直到消费者任务可以处理它为止。这样的缓冲区可以是队列或其他数据结构。自然地,如果消费者任务无法跟上生产者任务的速度,则会出现溢出的问题。选择适当大小的缓冲区对于避免此类问题至关重要。

全局变量的常见用法是双缓冲区。当需要在不同速率的任务之间传输与时间相关的数据,或者当一个任务需要一套完整的数据,但只能由另一任务逐步提供时,就会使用这种灵活的技术。这种情况显然是经典的有界缓冲区问题的一个变体,其中一块内存用作"写者"产生数据并由"读者"使用数据的存储库。进一步泛化是"多读者与多写者"问题,如图3.10所示,其中有多个读者和多个写者共享资源。该有界缓冲区一次只能由一个"写者"或"读者"写入或读取。

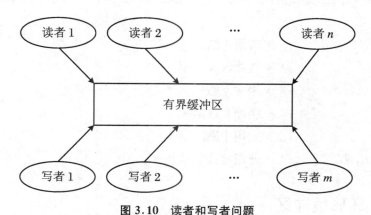

图 3.10　读者和写者问题

(有 n 个读者和 m 个写者,共享资源是一个有界缓冲区)

许多遥测系统使用双缓冲方案将数据块从一个单元传输到另一个单元,并通过软件或硬件开关来切换缓冲区。这种有效的策略还经常用于图形界面、导航设备、电梯控制系统和许多其他地方。例如,在意大利面酱工厂的操作员显示屏中,假定线条和其他图形对象是逐一地绘制在屏幕上的,直到完成整个图像。在此动画系统中,看到逐个对象的绘制过程是不可取的。但是,如果该软件首先在隐藏屏幕上绘制完整图像,同时在另一个屏幕上显示,然后翻转隐藏/显示的屏幕,则单独的绘制操作将不会干扰进程管理程序(图 3.11)。

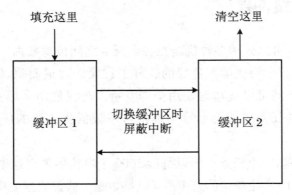

填充这里　　　　　　　　　　清空这里

缓冲区 1　　切换缓冲区时屏蔽中断　　缓冲区 2

图 3.11　双缓冲
(两个相同的缓冲区由交替进行的任务填充和清空,
切换由软件或硬件来完成)

示例　与时间相关的缓冲

再次考虑将惯性测量单元实现为抢占式优先级系统的情况。它在一个 10 ms 任务中读取 x、y 和 z 加速度计脉冲。这些原始数据将在一个 40 ms 的任务中处理,该任务的优先级低于这个 10 ms 的任务(RM 调度)。因此,在 40 ms 任务中处理的加速度计数据必须与时间相关。也就是说,不允许处理来自时刻 k 的 x 和 y 加速度计脉冲以及来自时刻 $k+1$ 的 z 加速度计脉冲。如果 40 ms 任务已完成对 x 和 y 数据的处理,但是在处理 z 数据之前被 10 ms 任务中断,则可能会出现这种不希望见到的情况。为避免此问题,在 40 ms 任务中使用缓冲变量 xb、yb 和 zb,并在对其进行缓冲时禁用中断。40 ms 的任务可能包含以下 C 代码来处理缓冲:

```
introff()          ;/ * 禁用中断 * /
xb = x             ;/ * 缓冲区 x 数据 * /
yb = y             ;/ * 缓冲 y 数据 * /
zb = z             ;/ * 缓冲 z 数据 * /
intron()           ;/ * 启用中断 * /
进程(xb,yb,zb)      ;/ * 使用缓冲的数据 * /
```

3.3.2　环形缓冲区

环形缓冲区(或循环队列)是一种特殊的数据结构,使用方式与普通队列相同,可用于解决多个读者和写者任务的同步问题。当有两个以上的读者或写者时,环形缓冲区比双缓冲区或普通队列更易管理。在环形缓冲区中,可以通过保持独立的头索引和尾索引来同时进行输入和输出操作,在尾索引处写入数据,并从头索引处读取,如图 3.12 所示。

示例　环形缓冲区

假设环形缓冲区是 ring_buffer 类型的数据结构,它包括名为 content,大小为 n 的整数

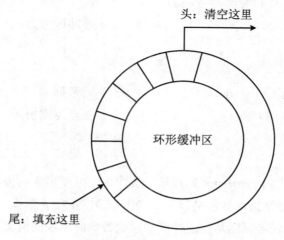

图 3.12   环形缓冲区

（任务在尾索引处写入数据，并从头索引处读取数据）

数组以及分别称为 head 和 tail 的头索引和尾索引。这两个索引都初始化为 0，即缓冲区的开始，如下所示：

```
typedef struct ring_buffer
{

intconten[n];                        / * 缓冲区 * /
inthead = 0;                         / * 头索引 * /
inttail = 0;                         / * 尾索引 * /
}
```

下面的 C 代码分别给出了从环形缓冲区 s 读取和写入的 read(data,&s) 和 write(data, &s) 操作的实现：

```
void   read( int   data, ring_buffer  *  s)
{
if (s-> head = = s-> tail)
data = NULL;                         / * 缓冲区下溢 * /
else
{
data = s-> contents + head;          / * 读取数据 * /
s-> head = (s-> head + 1)%n;         / * 更新头索引 * /
}
}
void write(int data, ring_buffer  *  s)
{
```

```
if((s-> tail + 1)%n = = head)
error();                              / * 缓冲区上溢 * /
else
{
s-> contents + tail = data;           / * 写数据 * /
tail = (tail + 1)%n;                  / * 更新尾索引 * /
}
}
```

需要额外的一段代码 error() 来处理环形缓冲区中可能发生的溢出情况。此外,使用环形缓冲区的任务需要测试读取数据是否下溢(NULL)。试图将数据写入满的缓冲区时会发生上溢。另外,下溢是任务试图从空缓冲区中检索数据时出现的情况。

3.3.3　邮箱

邮箱提供了一种任务间通信机制,其广泛应用于许多商业操作系统中。邮箱实际上是一个特殊的内存位置,可用于一个或多个任务传输数据,或者更广泛地用于同步。这些任务依赖于内核,以允许它们通过 post 操作向邮箱写入数据,或通过 pend 操作从邮箱读取数据——不允许直接访问任何邮箱。两个系统调用,pend(d, &s)和 post(d, &s)分别用于接收和发送邮件。这里,第一个参数 d 是邮件数据,第二个参数 &s 是邮箱位置。回顾一下,除非强制使用指针进行引用传递,否则,C 语言将按值传递参数;因此,在调用诸如 pend 和 post 之类的函数时,必须使用解引用运算符"&"。

pend 操作和简单轮询邮箱位置之间的重要区别是,在等待数据出现时,pending 的任务是被挂起的。因此,不会因为轮询邮箱而浪费任何 CPU 时间。

通过邮箱传递的邮件可以是用于保护临界资源的标志(称为钥匙)、单个数据或指向数据结构的指针。例如,当从邮箱中获取钥匙时,邮箱将被清空。因此,尽管可以在同一个邮箱上 pend 多个任务,但是只有一个任务可以收到钥匙。由于钥匙代表对临界资源的访问,因此不能同时访问临界资源。

在操作系统中,邮箱通常基于 TCB 模型实现,其中,主管任务具有最高的优先级。维持了一个状态表,包含任务和所需资源(例如邮箱、A/D 转换器、打印机等)列表以及第二张表,包含资源及其当前状态列表。例如,在表 3.5 和表 3.6 中,存在三种资源:一个 A/D 转换器和两个邮箱。此处,任务 10 正在使用 A/D 转换器,而任务 11 正在使用邮箱 1(从邮箱读取或写入邮箱)。任务 12 在邮箱 1 上处于挂起状态,挂起的原因是所需的资源不可用。当前没有任何任务使用邮箱 2,或在其上挂起。

表 3.5　任务资源请求表

任务号	资源	状态
10	A/D 转换器	拥有资源
11	邮箱 1	拥有资源
12	邮箱 1	挂起

表 3.6　与任务资源请求表一起使用的资源表

资源	状态	所有者
A/D 转换器	繁忙	10
邮箱 1	繁忙	11
邮箱 2	空	无

当主管任务由某个系统调用或硬件中断调用时,它将检查这些表以查看某个任务是否在邮箱上挂起。如果相应的邮件可用(邮箱状态为"已满"),则该任务的状态将更改为"就绪"。同样,如果任务发送到邮箱,则主管任务必须确保将邮件放置在邮箱中,并将其状态更新为"已满"。

有时,邮箱上还有额外的操作可用。例如,在某些实现中,提供了 accept 操作。accept 允许任务在邮件可用时读取邮件,或者在邮件不可用时则立即返回错误代码。在其他实现中,pend 操作配备有超时功能以防止死锁。此功能对运行于电磁干扰严重的恶劣环境中的自治系统特别有用(以从偶发消失的中断中恢复)。

某些操作系统支持特殊类型的邮箱,该邮箱可以对多个挂起请求进行排列。这些系统提供 qpost、qpend 和 qaccept 操作,来向 1 从队列发布中挂起和接受数据。在这种情况下,可以将队列视为邮箱的任意数组,并且可以通过前面讨论的相同资源表来实现。

邮箱队列不应用于无效地传递数据数组;在这种情况下,指针应该是首选。各种设备服务器,如果涉及一个设备池,可以方便地使用邮箱队列来实现。这里,环形缓冲区保存着对设备的请求,并且在头部和尾部使用邮箱队列来控制对环形缓冲区的访问。这种安全方案在构造设备控制软件时很有用。

3.3.4　信号量

多任务系统通常与资源共享有关。在大多数情况下,这些资源一次只能由一个任务使用,并且对资源的使用不能中断。此类资源被认为是可以串行重用的,它们包括某些外设、共享内存以及 CPU。尽管 CPU 可以自行保护不被同时使用,但与其他可串行重用的资源交互的代码却无法做到这一点。这样的一段代码称为临界区。如果两个任务同时进入同一临界区,则可能发生灾难性错误。

为了说明这一点,请考虑两个任务 Task_A(高优先级)和 Task_B(低优先级),它们在抢占优先级系统中运行并共享一台打印机。Task_B 打印消息"路易斯维尔在肯塔基州",而

Task_A 打印消息"芬兰,欧洲"。在打印过程中,Task_B 被 Task_A 中断,Task_A 开始并完成其打印。结果是错误的打印输出:"路易斯维尔在**芬兰,欧洲**肯塔基州"。黑体显示了 Task_A 的文本,以强调它中断了 Task_B 的文本。

实践中,如果在嵌入式控制系统中,两项任务都由单个 A/D 转换器执行可选(A/D 转换器前面的模拟多路复用器,参见 2.4.3 节)数量的测量,则可能会引起非常严重的并发问题。复用串行可重用的资源会导致冲突。因此,当务之急是提供一种防止冲突的可靠机制。

最常见的保护临界资源的机制包括称为信号量的二进制变量,其功能类似于传统的铁路信号量设备。信号量 s 是特定的内存位置,用作保护临界区的锁。两个系统调用,wait(&s)和 signal(&s),用于获取或释放信号量。与前面讨论的邮箱类似,任务依赖于内核,以允许它们通过 wait 操作获取信号量或通过 signal 操作释放信号量——对任何信号的直接访问都是不允许的。wait(&s)操作挂起调用任务,直到信号量 s 可用,而 signal(&s)操作使信号量 s 可用。因此,每个 wait/signal 调用会激活调度程序。

进入临界区的任何代码都被适当的 wait 和 signal 调用所包围。这样可以防止多个任务同时进入临界区。

示例 串行可重用资源

考虑一个抢占式优先级嵌入式系统,该系统具有独立的加速度和温度的测量通道,由 Task_1 和 Task_2 使用单个 A/D 转换器周期性测量这两个量。开始 A/D 转换之前,必须选择所需的测量通道。将如何在 Task_1(高优先级)和 Task_2(低优先级)之间共享串行可重用的资源呢?

一个二元信号量 s,可用于保护临界资源,并且在任一项任务开始之前,应将其初始化为 1("一个可用资源")。以下伪代码片段显示了正确使用信号量 s 的方法:

```
/* 任务 1 */
...
wait(&s);                        /* 等到 A/D 转换器可用 */
select_channel(acceleration);
a_data = ad_conversion();        /* 测量 */
signal(&s)                       /* 释放 A/D 转换器 */
...


/* 任务_2 */
...
wait(&s);                        /* 等到 A/D 转换器可用 */
select_channel(temperature);
t_data = ad_conversion();        /* 测量 */
signal(&s)                       /* 释放 A/D 转换器 */
...
```

如果操作系统没有提供信号量原语,则可以使用邮箱来实现二元信号量。使用虚拟邮件 key 可以如下所示实现 wait 操作:

```
void wait(int s)
{
int key = 0;
pend(key,&s);
}
```

相对应的 signal 操作通过以下方式利用邮箱的 post 操作实现:

```
void signal(int s)
{
int key = 0;
post(key,&s);
}
```

到目前为止,这些信号量被称为二元信号量,因为它们只有以下两个值之一:0 或 1。或者,可以使用计数信号量(或通用信号量)来保护资源池。在开始实时处理之前,这种特殊的信号量必须被初始化为可用资源的总数。例如,当使用环形缓冲区时,通常使用被初始化为环形缓冲区大小的计数信号量来实现数据的同步访问。计数信号量需要相应的 wait 和 signal 信号量原语 multi_wait 和 multi_signal。一些实时内核仅提供二元信号量,而其他一些实时内核仅包括计数信号量。二元信号量是计数信号量的特例,其计数永远不超过 1。在某些操作系统中,wait / multi_wait 操作配备了超时功能,以从可能的死锁中恢复。

信号量为各种资源共享问题提供了有效的解决方案。但是,在应用中对信号量的无故障使用需要严格的规则、高水平的编程规范以及软件项目中不同程序员之间的充分协调。下面列出了与使用信号量有关的典型问题(Simon,1999 年):

- 遗忘了特定信号量的使用:导致同时使用单个资源或共享数据的用户之间发生冲突。
- 错误地使用错误的信号量:与忘记使用特定信号量一样严重。
- 持有信号量的时间过长:其他任务(甚至更高优先级的任务)可能会错过其截止期限。
- 使用的信号量根本没有被释放:最终导致死锁。

显然,所有这些问题都是程序员引起的,因此应该将其作为产品开发和质量控制过程的一个组成部分来管理,并贯穿整个软件生命周期。

3.3.5　死锁和饥饿问题

当多个任务竞争同一组串行可重用的资源时,可能会出现死锁情况(或僵局)。下面使用一个例子来说明死锁的概念。

示例 死锁问题

假设 TASK_A 和 Task_B 都需要资源 1 和 2。Task_A 拥有资源 1,但是正在等待资源 2。Task_B 拥有资源 2,但是正在等待资源 1。Task_A 和 Task_B 都不会放弃该资源,直到它的其他请求得到满足。该麻烦的情况如下所示,其中两个信号量 s1 和 s2 分别用于保护资源 1 和资源 2:

```
／＊ Task_A ＊／
. . .
wait(&s1);                     ／＊等待资源 1 ＊／
. . .                          ／＊使用资源 1 ＊／
wait(&s2);                     ／＊等待资源 2 ＊／
发生死锁
. . .                          ／＊使用资源 2 ＊／
signal(&s2);                   ／＊释放资源 2 ＊／
signal(&s1);                   ／＊释放资源 1 ＊／
. . .


／＊ Task_B ＊／
. . .
wait(&s2);                     ／＊等待资源 2 ＊／
. . .                          ／＊使用资源 2 ＊／
wait(&s1);                     ／＊等待资源 1 ＊／
此处死锁
. . .                          ／＊使用资源 1 ＊／
signal(&s1);                   ／＊释放资源 1 ＊／
signal(&s2);                   ／＊释放资源 2 ＊／
. . .
```

如果信号量 s1 保护资源 1,信号量 s2 保护资源 2,则可能出现如图 3.13 的资源图所示的情况。

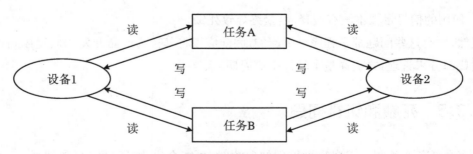

图 3.13　在资源图中形成了环,也即死锁

死锁是一个麻烦的问题,因为即使通过相对全面的测试也无法保证检测到死锁。此外,它可能很少发生,这使得寻找已知的死锁问题变得很困难。找到解决死锁问题的通用方案绝非易事,而且可能会带来意想不到的后果,例如增加响应时间。

尽管在实践中不太可能出现上述那种明显的死锁场景,但糟糕的设计以及粗心的实现可能会被复杂的结构掩盖。如果系统资源图包含类似于图 3.13 的子图,即它包含循环,则可能发生死锁。Petri 网仿真和分析有助于识别这种情况(请参阅第 5 章)。

在死锁状态下,两个或多个任务由于同时等待彼此的一些资源而导致无法执行,并且此状态会无限地持续下去。一个相关的问题是饥饿,它与死锁不同,因为至少一项任务可以满足其要求,而其他的一项或多项任务却不能在合理的时间内满足需求(Tai,1994)。以下是形成死锁的 4 个必要条件(Havender,1968):

① 互斥;

② 循环等待;

③ 保持并等待;

④ 不可抢占。

互斥适用于那些无法共享的资源,例如通信通道、磁盘驱动器和打印机。可以使用特殊的缓冲服务(例如守护程序和后台处理程序)来减轻甚至消除这种情况,这些服务允许多个任务虚拟地共享这些资源。

当存在一个顺序的任务链,链上的某任务持有链中更下游的其他任务所需的资源时(例如在典型的循环码结构中),就会出现循环等待条件。消除循环等待的一种方法是对资源进行显式的排序,并强制所有任务请求所有资源,而不是所需的最低数量的资源。例如,如表3.7 所示,假设对设备的集合进行了排序。现在,如果某些任务仅需要使用打印机,则将为其分配打印机、扫描仪和显示器。然后,如果另一个任务仅请求显示器,它将不得不等待,直到第一个任务释放保留的 3 个资源——尽管第一个任务实际上并没有使用显示器。显而易见,这种简单的方法消除了循环等待,但可能会导致饥饿。

表 3.7　设备排序方案,以消除循环等待条件

设备	数量
硬盘	1
打印机	2
扫描仪	3
显示器	4

当任务请求一个资源然后锁定该资源,直到其他后续资源请求也都被满足时,就会发生保持并等待条件。解决此问题的一种方法是,与前面的情况一样,将所有可能需要的资源同时分配给一个任务。但是,这种方法可能导致其他任务饥饿。另一种解决方案是永远不允许任务一次锁定多个资源。例如,将一个受信号保护的文件记录复制到另一文件时,锁定源

文件并读取记录,解锁该文件,锁定目标文件并写入该记录,最后解锁该文件。当然,这可能导致资源利用效率低下和其他任务中断以及干扰磁盘驱动器的使用。

最后,消除不可抢占条件可以避免死锁。例如,这可以通过对导致问题的系统调用 wait (或 pend)使用超时来实现。但是,这样的抢占行为会导致低优先级任务被饿死,并引发其他潜在问题。例如,如果低优先级任务已锁定打印机以进行输出,而现在高优先级任务已经开始打印,该怎么办?但是,这是解决任何死锁情况的最终解决方案。

在复杂的实时系统中,尽管可以使用看门狗定时器或实时调试器进行死锁的检测和识别,但是死锁的检测和识别可能并不总是那么容易。因此,处理死锁的最佳方法是完全避免死锁!有几种可以避免死锁的技术,例如,如果实现保护临界资源的信号量(或"key"邮箱)是使用了超时实现的,则不会发生真正的死锁,但是极有可能使一个或多个任务饿死。

假设锁是指用于保护临界区的任何信号量。建议使用以下 6 步资源管理方法来避免死锁:

① 最小化临界区的数量及其长度;

② 所有任务必须尽快释放任何锁;

③ 在任何任务控制临界区时,请勿暂停;

④ 所有临界区代码必须 100% 正确;

⑤ 不要在中断处理程序中锁定任何设备;

⑥ 始终对临界区内使用的指针执行有效性检查。

但是,方法①~⑥可能难以实现,因此通常需要采取其他措施来避免死锁。

假设可以通过使用信号量超时来检测死锁情况,那么可以采取什么措施呢?如果死锁发生的频率很低,例如每月一次,并且实时系统不是关键系统,那么简单地忽略该问题可能是可以接受的。例如,如果已知在主机游戏中很少发生此问题,则考虑到系统的成本和目标,识别和纠正死锁问题并不划算。但是,对于第 1 章中讨论的任何硬实时或准实时系统,忽略此问题自然是不可接受的。如何通过重置系统(可能是通过看门狗定时器,请参见第 2.5.2 节)来处理死锁?同样,这对于关键系统可能是不可接受的。最后,如果检测到死锁,则在某些情况下可以执行某种形式的回滚回到死锁前状态,尽管这可能会导致死锁的反复出现;如果没有特殊的硬件/软件安排,某些操作(例如对某些文件或外围设备的写入)将无法始终回滚。

3.3.6 优先级反转问题

当一个较低优先级的任务阻止了较高优先级的任务时,就发生了优先级反转。考虑以下发生优先级反转的示例。

示例 优先级反转问题

假设 3 个任务 τ_1,τ_2 和 τ_3 的优先级递减(即 $\tau_1 > \tau_2 > \tau_3$,其中">"是优先级符号),τ_1 和 τ_3 共享一些需要独占访问的数据或资源,而 τ_2 不与其他两个任务交互。对临界区的访问可以通过对信号量 s 的 wait 和 signal 操作来进行。

现在,考虑如图 3.14 所示的执行场景。任务 τ_3 在时间 t_0 开始,并在时间 t_1 锁定信号量 s。在时间 t_2,τ_1 到达并抢占了正在其临界区内的 τ_3。一段时间后,τ_1 通过尝试锁定 s 来请求使用共享资源,但由于 τ_3 当前正在使用该资源而被阻塞。因此,在时间 t_3,τ_3 继续在其临界区内执行。接下来,当 τ_2 在时间 t_4 到达时抢占 τ_3,因为它具有更高的优先级并且不与 τ_1 和 τ_3 交互。τ_2 的执行时间增加了 τ_1 的阻塞时间,因为它不再仅取决于 τ_3 执行的临界区的长度。其他中间优先级任务(如果有的话)之间也可能出现类似的不公平条件,从而可能导致过多的阻塞延迟。当 τ_3 最终完成其临界区时,任务 τ_1 将在时间 t_6 恢复执行。也就是说,优先级反转发生在时间间隔 $[t_4, t_5]$ 内,在此期间,中等优先级任务 τ_2 不适当地阻止了最高优先级任务 τ_1 的执行。另外,在 $[t_3, t_4]$ 和 $[t_5, t_6]$ 期间,τ_1 被 τ_3(占有锁)的阻塞是可接受和必要的,这样可以保证共享资源的完整性。

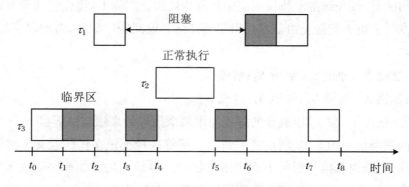

图 3.14　典型的优先级反转情形

固定优先级调度和动态优先级调度都对实时系统中的优先级反转问题进行了深入研究。一种有用的算法是优先级继承协议(Sha 等,1990),它为无限制的优先级反转问题提供了一个简单解决方案。

在优先级继承协议中,任务的优先级将会是动态调整的,临界区中任何任务的优先级都获得该临界区中待处理的最高优先级任务的优先级。尤其是,当任务 τ_i 阻止了一个或多个更高优先级的任务时,它会临时继承被阻止任务中的最高优先级。该协议的基本原则是:

· 当最高优先级的任务试图锁定信号量,而该信号量保护临界区已被其他任务锁定时,将放弃 CPU。

· 如果任务 τ_1 被 τ_2 阻止,并且 $\tau_1 > \tau_2$,只要任务 τ_2 还在阻止 τ_1,则任务 τ_2 继承 τ_1 的优先级;当 τ_2 退出导致堵塞的临界区时,它恢复为进入该临界区时的优先级。

· 此外,优先级继承是可传递的:如果 τ_3 阻止了 τ_2,而 τ_2 则阻止 τ_1($\tau_1 > \tau_2 > \tau_3$),则 τ_3 将通过 τ_2 继承 τ_1 的优先级。

因此,在刚刚讨论的 3 个任务示例中,τ_3 的优先级将在时间 t_3 暂时提高到 τ_1 的优先级,从而防止 τ_2 在时间 t_4 被抢占。图 3.15 显示了使用优先级继承协议的调度表。这里,τ_3 的优先级在时间 t_5 还原为原始值,τ_2 只有在 τ_1 完成其执行后才执行,正如所期望的那样。

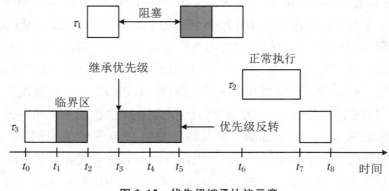

图 3.15　优先级继承协议示意

需要指出的是，优先级继承协议不能防止发生死锁。实际上，优先级继承有时会导致死锁或多重阻塞。它也不能防止由信号量引起的任何其他问题。例如，考虑以下加锁-解锁序列（$\tau_1 > \tau_2$）：

τ_1：加锁 S_1；加锁 S_2；解锁 S_2；解锁 S_1

τ_2：加锁 S_2；加锁 S_1；解锁 S_1；解锁 S_2

这里，两个任务 τ_1 和 τ_2 以嵌套的方式使用两个信号量来锁定临界区 S_1 和 S_2，但顺序相反。这个问题类似于图 3.13 所描述的情况。尽管这种死锁在任何意义上都不依赖于优先级继承协议（它是由对信号量的不当使用引起的），但是优先级继承协议也无法防止这种问题发生。为了解决这个问题，有必要使用优先级天花板协议（Chen，Lin，1990），该协议对信号量的访问施加了总体排序。稍后将介绍该协议。

1997 年，美国国家航空航天局（NASA）的火星探路者（Mars Pathfinder）太空任务的"旅居者"（Sojourner）漫游者探测器发生了一次臭名昭著的优先反转问题。在这个案例中，MIL-STD-1553B 信息总线管理器使用互斥锁同步。互斥锁是增强的二元信号量，包含优先级继承和其他可选功能。因此，低优先级和低执行速率的气象数据收集任务阻止了高优先级和较高速率的通信任务。这种少见的情况导致整个系统重置。如果启用了（商业）实时操作系统提供的可选优先级继承机制，则可以避免该问题。但是，不幸的是，它被禁用了。尽管如此，这个问题在地面测试中被成功地诊断出来，并通过简单地启用优先权继承协议得以远程纠正（Cottet 等，2002）。

优先级天花板协议通过链式阻塞扩展到优先级继承协议，这种方式使得任何任务都不会以导致它阻塞的方式进入临界区。为此，每个资源都分配了一个优先级（优先级天花板），该优先级等于可以使用该资源的最高优先级任务的优先级。

优先级天花板协议与优先级继承协议基本相同，不同之处在于，如果存在任何信号量，由其他某些优先级天花板大于或等于 τ_i 的优先级的任务持有，还可以阻止任务 τ_i 进入临界区。例如，考虑表 3.8 中所示的方案。假设 τ_2 当前在临界区 S_2 上持有锁，而 τ_1 被启动。任务 τ_1 的优先级不大于临界区 S_2 的优先级天花板，因此将被阻止进入临界区 S_1。接下来将讨论一个更严格的示例,以清楚地显示优先级天花板协议的优点。

表 3.8 优先级天花板协议示例的数据

临界区	访问者	优先级天花板
S_1	τ_1, τ_2	$P(\tau_1)$
S_2	τ_1, τ_2, τ_3	$P(\tau_1)$

示例 优先级天花板协议

考虑具有以下加锁-解锁操作顺序的 3 个任务,这些任务的优先级递减($\tau_1 > \tau_2 > \tau_3$):

τ_1:加锁 S_1;解锁 S_1

τ_2:加锁 S_1;加锁 S_2;解锁 S_2;解锁 S_1

τ_3:加锁 S_2;解锁 S_2

按照信号量分配优先级天花板的基本规则,S_1 和 S_2 的优先级天花板分别为 $P(\tau_1)$ 和 $P(\tau_2)$。以下描述以及图 3.16 说明了优先级天花板协议的操作。假设 τ_3 首先开始执行,在时间 t_1 锁定了临界区 S_2,然后进入临界区。在时间 t_2,τ_2 抢占 τ_3,开始执行,并尝试在时间 t_3 锁定临界区 S_1。此时,τ_2 被挂起,因为它的优先级不高于当前被 τ_3 锁定的临界区 S_2 的优先级天花板。现在,任务 τ_3 临时继承了 τ_2 的优先级并恢复执行。在时间 t_4,τ_1 到达,抢占 τ_3,并执行到时间 t_5,此时需要锁定临界区 S_1。注意,在时间 t_5 允许 τ_1 锁定临界区 S_1,因为它的优先级大于当前被锁定的所有临界区的优先级天花板(在这种情况下,将其与 S_2 比较)。任务 τ_1 在 t_6 完成其执行,并且使 τ_3 在 t_7 执行至完成。然后允许任务 τ_2 锁定 S_1,然后在 t_8 锁定 S_2,最后在 t_9 完成。

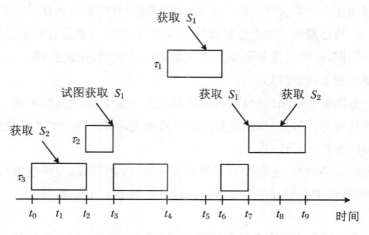

图 3.16 优先级天花板协议的说明

当应用优先级天花板协议时,一个任务只会被低优先级的任务阻塞一次,并且最多只能阻塞一个临界区的持续时间。

3.3.7 计时器和时钟服务

在开发实时软件时,最好能有易于使用的定时服务。例如,假设一个诊断任务定期检查电梯系统的"健康状况"。本质上,任务将执行一轮诊断,然后等待通知再次运行,并且该任务将永远重复。这可以通过设置一个可编程定时器来创建所需的时间间隔来实现的。

通常可以使用系统调用 delay 来挂起正在执行的任务,直到所需的时间过去为止,然后将已挂起的任务移到就绪列表中。delay 函数有一个整数参数 ticks,用于指定延迟的长度。为了生成适当的时间参考,配置了定时器电路以固定的速率中断 CPU,并且内部系统时间在每个定时器中断时递增。定时器被编程中断的时间间隔定义了系统中的时间单位,也称为"嘀嗒"或时间分辨率。

示例　延迟不确定性

假设我们有一个可用延迟服务,并且"嘀嗒"被初始化为 25 ms。现在,如果我们想将诊断任务挂起 250 ms(相当于 10 个"嘀嗒"),我们可以简单地调用 delay(10)。

但是这种延迟有多精确呢? 因为时钟信号的相位和 delay 函数的调用瞬间彼此异步,所以 delay(10)实际上会产生从 225 ms 到 250 ms 变化的延迟。因此,这种延迟函数通常有最大化为一个"嘀嗒"的不确定性。自然地,可以通过减小"嘀嗒"长度来减小该随机变化。但是,过短的"嘀嗒"长度可能会给 CPU 带来显著的中断开销。适当的嘀嗒值是允许的延迟不确定性与容许的中断开销之间的折中。

计时器提供了一种方便的机制来控制任务的执行速率。在某些操作系统环境中,可以选择使用计时器功能——单次计时器或重复(周期性的)计时器。单次计时器具有初始到期时间,仅到期一次,然后撤销。加上重复周期后,计时器就成为重复计时器。计时器到期,然后再次加载重复周期,在经过重复周期后将重新设置计时器,依此类推。上面讨论的 delay 函数代表一个基本的单次定时器。

如果某些任务需要非常精确的计时,而将嘀嗒缩短到足够的长度不切实际,那么,最好使用专用的硬件计时器。但是,与使用专用计时器相比,delay 函数的明显优势在于,单个硬件计时器可以同时支持多种计时需求。

除了这些计时器函数外,还需要具有设置和获取实时时间以及可能的日期的功能。为此,许多实时操作系统中都可以使用专门的 set_time 和 get_time 函数。

3.3.8 应用研究:实时结构

在介绍了提供给应用程序的各种操作系统服务后,接下来看一下其用法的真实示例很有指导意义。在本小节中,我们将从实时结构的角度研究电梯控制系统。因此,我们主要关注的是诸如任务及其优先级、硬件中断和信号量的使用、缓冲和全局变量的安全使用以及实时时钟的使用等问题。

所考虑的电梯控制系统代表单个电梯的控制器,该控制器是多轿厢电梯组的一部分。因此,电梯控制器需要与组调度程序通信,而组调度程序周期性地为整个电梯组执行最佳的门厅呼叫分配。典型地,一个电梯组中电梯的数量最多为 8 台,所服务的楼层通常不超过 30 层——真正的高层建筑则可以分别使用低层、中层和高层电梯组。例如,这种多组电梯装置用于大型写字楼和大型酒店中。

图 3.17 说明了组调度程序与五个单独的电梯(服务 15 层楼)控制器之间的串行通信连接。这种总线类型的连接是主从类型的:组调度程序是"主",负责协调通信会话;而电梯控制器是"从",仅在被请求时才允许发送数据。组调度程序具有串行接口,用于注册和取消门厅呼叫("门厅呼叫"是用户按下"上"或"下"按钮以控制电梯的事件),并且根据各个电梯当前的状态(例如占用率、轿厢位置、运行方向和已登记的轿厢呼叫),组调度程序动态地将登记的呼叫分配给最合适的电梯。因此,组调度程序需要周期性地从每个单独的电梯收集状态信息。门厅呼叫的分配使用多目标的计算智能优化方法,以尽量减少乘客的平均等待时间,并避免过长的等待时间。

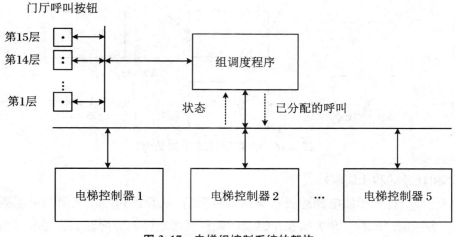

图 3.17　电梯组控制系统的架构

一个电梯组内的所有电梯控制器都是相同的,因此我们将重点放在单个(某种程度上简化了的)控制器及其特定的实时结构上。图 3.18 描绘了实时框架的高层图;它包含五个软件任务,任务 1~5,然后按优先级顺序进行介绍。实时操作系统具有抢占式优先级调度的前台/后台内核,用于同步的计数信号量以及创建所需的执行周期的 delay 系统调用。

① 该优先级最高的任务通过 19.2 KB/s 的串行链路与组调度程序进行通信,并负责专有的通信协议。它的执行周期约为 500 ms;每个通信会话持续不超过 15 ms,并且始终由组调度程序启动。另外,任务 1 将接收到的数据解压,并将其写入全局变量区域 Global 1(由任务 2 读取)。

② 该任务的执行周期为 75 ms,它执行彼此相关的多个功能:更新轿厢位置信息;登记以及取消轿厢呼叫;确定下一次/当前运行的目标楼层并将状态数据(将由任务 1 发送到组调度程序)打包到双缓冲区(buffers)。此外,任务 2 将一些状态变量写入另一个全局变量区

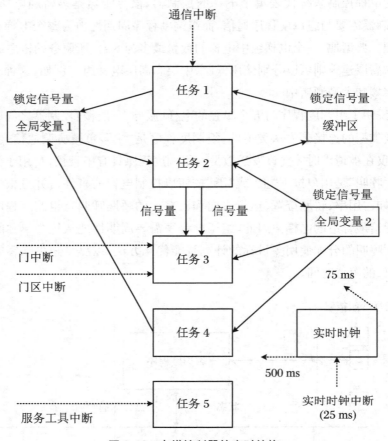

图 3.18 电梯控制器的实时结构

Global 2（由任务 3 和 4 读取）。

③ 该任务执行实际的电梯运行（"电梯运行"是指从开始到停止之间的一系列操作）。此外，该任务控制门的打开和关闭操作以及轿厢位置指示器和方向箭头。任务 3 没有固定的执行时间，但在有特殊要求时会运行——实际上，它是一个有限状态机。

④ 该最低优先级的前台任务以 500 ms 的速率执行各种监控和自我诊断操作。当没有与组调度程序的通信连接，或者组调度程序中的关键门厅呼叫接口损坏时，此任务还将运行一个穿梭交通型备用系统（"穿梭交通型备用系统"根据预定的楼层调度表循环运行电梯）。这种简单的备用解决方案可以在故障情况下为等待的乘客提供一些服务。使用备份系统时，任务 4 将命令写入相同的全局变量区 Global 1，其中任务 1 在正常运行时将接收到的数据解压缩。

⑤ 最后，当 CPU 没有任何更紧急的任务需要处理时，将执行后台任务。任务 5 运行多功能的实时调试器，该调试器通过 2.4 KB/s 串行链接以便从服务工具接收命令。

任务 1～5 的优先顺序基于以下理由设定。显然，只要组调度程序希望开始通信会话，电梯控制器就必须准备好进行通信，因此，任务 1 具有最高优先级。任务 2 执行与更新目的地楼层相关的基础且时间紧迫的操作，因此，电梯特定任务中它的优先级是最高的。到目标楼层以及相关的门操作的完整运行由任务 3 按需进行处理。因此，它的优先级低于任务 2 的优先级。下一个任务为任务 4，执行的是与电梯的正常运行没有直接关系的监控型操作，因此，其优先级低于主要任务的优先级。最后，剩余的 CPU 容量分配给后台任务，即任务 5。

对于时间最紧迫的输入/输出，会使用一些硬件中断。在中断处理程序（禁用了中断）中仅执行了最少的处理，这些处理程序通过特定的信号量通知相应的任务。因此，更耗时的中断触发服务是在任务（启用中断）中执行的。以下是按优先级顺序列出的硬件中断的列表：

- 通信中断：接收器就绪，发送器就绪，并且发送器为空（异步）。
- 实时时钟中断："嘀嗒"长度为 25 ms。
- 门区中断，用于启动打开门（异步）。
- 门中断：关闭，一些门需要重新打开以及关闭超时（异步）。
- 服务工具中断：接收器就绪，发送器就绪（异步）。

除了显式与硬件中断相关联的信号量外，其他信号量还用于锁定全局变量区和缓冲区以及从一个任务向另一任务发信号。下面列出了这些与中断无关的信号量：

- 用于保护双缓冲区交换的信号量，任务 2 会定期为任务 1 填充该缓冲区。
- 需要开始运行时，任务 2 为任务 3 设置的信号量。
- 当需要开始减速到下一个可能的楼层时，任务 2 为任务 3 设置的信号量。
- 两个用于保护全局变量区域 Global 1 和 Global 2 的信号量。

在任务 1 和任务 2 之间使用双缓冲（请参阅第 3.3.1 节），因为它们具有截然不同的执行周期（500 ms/75 ms），并且任务 1 应始终从任务 2 获取最新状态。此外，此状态数据严格与时间相关。应该强调的是，尽管全局变量通常被认为是实时编程中潜在问题的根源，但是如果配合适当的锁机制，还是可以安全地使用它们。但是，最好的做法是最小化全局变量的数量，并且每个变量仅允许单个任务写入，其他任务仅读取。

任务 2 和 4 中使用了第 3.3.7 节中讨论的 delay 函数，分别生成 75 ms 和 500 ms 的执行周期。但是，应该记住，这种计时从来都不是精确的，而是始终具有一个"嘀嗒"的最大误差（此处为 25 ms）。因此，实际上两个执行周期是 50～75 ms 和 475～500 ms。这个范围的公差对该应用来说是可接受的。

所讨论的实时结构代表了一种最小的解决方案。一切都保持极简，因此该准实时系统的可预测性很高。因为信号量用于保护临界区，所以它们的一致使用非常重要，并且需要开发团队的严格编程。

3.4　内存管理问题

在实时操作系统中，动态内存分配是一个经常被忽略的话题，但它在应用程序任务按需使用内存和操作系统本身的内存需求方面都很重要。例如,应用程序任务可以通过请求堆内存显式地使用内存,也可以通过维护支持复杂高级语言所需的运行时内存来隐式使用内存。例如,操作系统必须执行有效的内存管理以保持任务的隔离。

有风险的内存分配是指任何可能妨碍系统确定性的分配。这样的分配可能因为栈溢出破坏了事件确定性,或者可能引起死锁情况破坏了时间确定性。因此,在减少内存管理所产生的开销的同时,避免有风险的内存分配是非常重要的。这种开销是上下文切换时间的重要组成部分,必须最小化。

3.4.1 堆栈和任务控制块管理

在多任务系统中,需要保存和恢复每个任务的上下文,以便成功切换任务。这可以通过使用一个或多个运行时栈或任务控制块模型来完成。运行时栈足够用于仅用中断和前台/后台系统,而 TCB 模型更适于功能齐全的操作系统。

如果要使用栈来处理运行时环境的保存和还原,则需要两个简单的例程(save 和 restore)。save 例程由中断处理程序调用,以将系统的当前上下文保存到栈区域中;禁用中断后应立即进行此调用。此外,应该在重新启用中断之前以及从中断处理程序返回之前调用 restore 例程(有关上下文保存和恢复的示例,请参见第 3.1.4 节)。

另外,如果使用替代的任务控制块模型(请参见第 3.1.5 节),则需要维护 TCB 列表。该列表可以是固定的,也可以是动态的。固定情况下,系统初始化期间分配了 n 个任务控制块,所有任务处于休眠状态。创建任务时,其在 TCB 中的状态将更改为"就绪"。优先级划分或时间片划分会将就绪的任务移至执行状态。如果要删除某些任务,只需将其在任务控制块中的状态更改为"休眠"即可。在固定数量的 TCB 情况下,不需要实时内存管理。

在更灵活的动态情况下,随着任务的创建,将任务控制块插入到链表或其他的动态数据结构中。任务在创建时处于挂起状态,并通过操作系统调用或某些事件进入就绪状态。由于优先级或时间片,任务进入执行状态。删除一个任务时,将从链表中删除其 TCB,并将其堆内存分配恢复到可用或未占用状态。在这种方案中,实时内存管理包括管理提供任务控制块所需的堆。

由于调度原理有先入先出(FIFO)特性,因此无法在时间片轮转系统中使用运行时栈。在这种情况下,可以方便地使用环形缓冲区来保存上下文。上下文将保存到环形缓冲区的尾部,并从头开始恢复。为了完成这些操作,应相应地修改基本的 save 和 restore 函数。

运行时栈所需的最大内存空间需要提前知道。通常,如果不使用递归并且可以避免堆数据结构,则可以很容易地确定栈大小。如果没有(保守的)堆栈内存估计可用,则可能会发生危险的内存分配,并且实时系统可能无法满足其行为和时间要求。实际上,栈分配时应该至少比预期多分配一项任务,以便为例如虚假中断和时间超载留出余地。

3.4.2　多栈布置

通常,在前台/后台系统中,单个运行时栈不足以或不便于管理多个任务。更加灵活的多堆栈方案将单个运行时栈用于上下文,同时每个任务还有一个额外的任务栈。图 3.19 描述了一个典型的多栈布置。在实时系统中使用多个堆栈具有明显的优势:

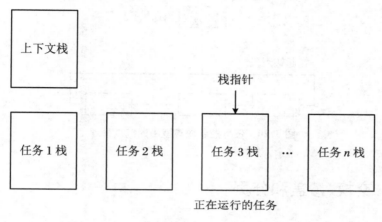

图 3.19　多栈布置

- 它允许任务自行中断,从而允许处理瞬时过载情况或检测突发虚假中断。
- 可以使用支持重入和递归的编程语言编写实时软件。可以为每个任务维护单独的任务栈,其中包含支持递归所需的带有动态链接的适当激活记录。指向这些栈的指针需要保存在与特定任务关联的上下文或任务控制块中。
- 对于单栈模型,建议仅使用基本的非重入语言,例如汇编语言。

3.4.3　任务控制块模型中的内存管理

在实现用于实时多任务的 TCB 模型时,主要的内存管理问题是维护就绪和挂起任务的两个链表。图 3.20 举例说明了这种簿记活动。在步骤 1 中,当前正在执行的任务释放已挂起的高优先级任务所需的某些资源。因此,在步骤 2 中,正在执行的任务插入到就绪列表中,而在步骤 3 中,挂起的高优先级任务开始执行。因此,通过适当地管理链表、更新 TCB 中的状态字(请参见图 3.5)并通过检查 TCB 中的优先级字遵守适当的调度策略,可以引入时间片轮转、抢占式优先级或某些混合调度方案。其他内存管理职责可能包括维护某些内存块,这些内存块按照请求分配给各个任务。

多链表的一个替代方案是只用一个链表,其中仅修改了 TCB 中的状态变量,而不是将整个块移动到另一个链表。因此,当任务从挂起状态切换到就绪状态或从就绪状态切换到执行状态时,只需更改单个状态字。这种直截了当的方法有一个明显的优势,即可以简化列表管理。但是,这会导致遍历时间变慢,因为在每次上下文切换期间都必须遍历整个列表,以搜索就绪的下一个优先级最高的准备运行的任务。

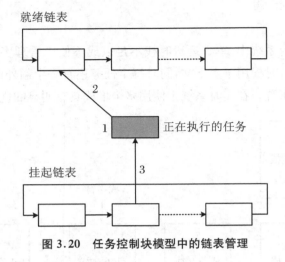

就绪链表

2

1　正在执行的任务

挂起链表

3

图 3.20　任务控制块模型中的链表管理

3.4.4　交换、覆盖和分页

　　交换可能是允许操作系统"同时"将内存分配给两个任务的最简单方案。在这种情况下，操作系统本身总是驻留在内存中，并且只有一个任务可以共同驻留在操作系统未使用的可用存储空间（称为用户空间）中。当需要运行第二个任务时，将第一个任务挂起，然后连同其上下文一起交换到辅助存储设备（通常是硬盘）上。然后，第二个任务及其上下文将被加载到用户空间中，并由任务调度程序启动。这种类型的内存管理方案可以与时间片轮转或抢占式优先级系统一起使用，并且相对于冗长的内存-磁盘-内存交换延迟，让每个任务的执行较长时间的方法是可行的。对辅助存储的不同访问时间（硬盘是毫秒级）是导致上下文切换开销和实时响应延迟的主要原因。因此，它破坏了实时系统的实时准时性。

　　覆盖是一种通用技术，它允许单个程序大于可用的内存。在这种情况下，程序被分解成被称为覆盖层（overlay）的独立的代码和数据部分，覆盖层可以装入可用的存储空间，必须包括特殊的程序代码，以根据需要将新的覆盖层交换到内存中（替换现有的覆盖层），并且在设计此类系统时必须格外谨慎，而且，此技术会影响实时性，因为必须从速度较慢且不确定的辅助存储设备中交换覆盖层。但是，可以使用灵活的覆盖层来扩展可用的地址空间。一些商业实时操作系统支持与常用的编程语言和流行的 CPU 相结合的覆盖层。

　　请注意，在交换和覆盖方案中，内存的一部分永远不会被交换或覆盖。该关键内存段包含交换或覆盖管理程序；在覆盖的情况下，所有覆盖层通用的代码都称为 root。

　　一种比简单的交换更有效的方案是，通过将用户空间划分为多个固定大小的分区，允许在任意时刻将多个任务驻留在内存中。该方案在预先已知要执行的固定任务数量的系统中特别有用。当一个任务被抢占时，可以将分区交换到磁盘上。但是，任务必须驻留在连续的分区中，并且内存的动态分配和重新分配可能是一个挑战。

在某些情况下,主内存可能会被未使用但存在的分区碎片化,如图 3.21 所示。在这种情况下,"方格"存储空间被称为外部碎片。当无法满足内存请求时,这种类型的碎片会产生问题,因为即使有大量内存可用,也不存在所请求大小的连续块。

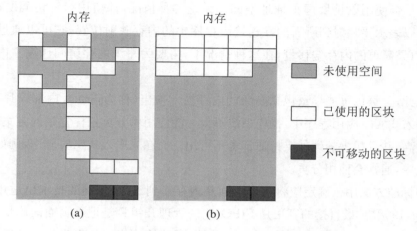

图 3.21 压缩前的碎片化内存(a)和压缩后的内存(b)
(不可移动的区块代表实时操作系统的 root 程序)

固定分区方案还会发生另一个相关问题,即内部碎片,例如,在实时 Unix 环境中的一个任务需要 1 MB 的内存时,仅有 2 MB 分区可用。通过创建不同大小的固定分区,然后分配大于所需内存空间的最小分区,可以减少浪费的内存(或内部碎片)量。内部和外部碎片均会阻碍内存的有效使用,并最终导致实时性能下降,这是因为定期进行清理会产生大量开销。

这种类型的动态内存分配效率低下,因为将任务分配到可用内存和执行磁盘交换会产生开销。但是,在某些实现中,尤其是在商业实时操作系统中,可以将内存划分为多个区域,其中每个区域都包含一组大小不同或大小固定的分区。例如,一个内存区域可能由 10 个大小为 16 MB 的块组成,而另一个区域可能包含 5 个 32 MB 的块,依此类推。然后,操作系统尝试满足内存请求,以便使用最小的可用分区。这种方法有助于有效地减少内部碎片。

在另一种方案中,内存被分配为大小不固定的块,块的大小由将要加载到内存中的任务的要求确定。当实时任务的数量未知或发生变化时,这种技术更合适。另外,这种技术的内存利用率比固定块方案更好,因为每个任务所需的内存分配量都是精确的,很少或没有内部碎片产生。由于内存分配和释放的动态特性,并且仍必须连续地将内存分配给每个任务,所以仍然可能产生外部碎片。

必须使用内存碎片压缩来减少内部碎片(图 3.21)。压缩是一个占用大量 CPU 的过程,因此,在正常运行过程中,在硬实时或准实时系统中不可行。如果必须执行压缩,则应在后台进行,并且必须在移动内存时禁止中断。

在按需页面系统中,程序段可以根据请求按固定大小的块(称为页面)加载到不连续的内存中。该方案有助于消除外部碎片。不在主内存中的程序代码将交换到某些辅助存储(通常是磁盘)。当需要引用未加载到主内存中的页面中的某个位置时,将引发页面错误异常。此异常的中断处理程序检查内存中的空闲页面,如果未找到,则必须选择一个页面块并将其交换到磁盘(如果已被更改),该过程称为分页挪动。大多数商业操作系统都提供分页技术,该技术的优势在于它允许通过页表对页面进行非连续引用。另外,可以将分页与存储区交换硬件结合使用以扩展虚拟地址空间。无论哪种情况,都使用指针访问所需的页面。这些指针可以表示要映射到所需的硬连接内存库中的内存映射位置,它可以通过关联内存实现,也可以是简单的内存偏移量,在这种情况下,需要为每个内存访问计算主内存中的实际地址。

尽管如此,分页仍可能导致包括高频的内存换入换出(称为抖动)、内部碎片,甚至死锁问题。在嵌入式实时应用程序中,操作系统不太可能使用像分页这样复杂的方案,因为这种方案开销过高,并且相关的硬件支持通常也不可用。而在非嵌入式实时应用,例如航空公司的预订系统中,通常会使用分页。

有几种标准方法用于确定应将哪个页面从内存换到磁盘,相同的技术也适用于缓存块替换(Torng,1998)。最直接的算法是 FIFO,它的管理开销只是记录页面的确切加载顺序。但是,最好的实用方案是最近最少使用(LRU)算法,该算法指出如果发生页面错误,则最近最少使用的页面将被换出。LRU 方案的管理开销在于记录对所有页面的访问序列,这个开销可能相当大。因此,需要充分权衡 LRU 的优点和其相对于 FIFO 的代价。

除了抖动之外,实时系统中页面交换的主要缺点是缺乏可预测的执行时间。因此,通常需要将任务的某些部分锁定到主内存中,以减少分页中涉及的开销,并使执行时间更可预测。一些商业实时操作系统提供此功能,称为内存锁定。这些操作系统通常允许将特定任务的代码或数据段(或两者)以及任务栈段锁定到主内存中。这样就可以防止任何具有一个或多个锁定页面的任务被换出到磁盘上。内存锁定减少了被锁定模块的执行时间,更重要的是,可用于提高实时准时性。同时,它导致应用程序可用的页面更少,从而加剧了竞争。

垃圾是已分配但不再被任务使用的内存,也即是任务已经放弃它。如果进程异常终止而没有释放内存资源,则垃圾可能会堆积。例如,在 C 语言中,如果使用 malloc 过程分配了内存,并且该内存块的指针丢失了,那么该内存块既不能使用也不能正确释放。垃圾在面向对象的系统中也可能产生,并且作为非过程语言(例如 C++)中的正常的副产品出现。如果垃圾回收不是语言的一部分,则实时垃圾收集是一项重要功能,必须由程序执行语言(例如 Java 语言)的运行时支持或操作系统执行。第 4 章将进一步讨论垃圾收集技术。

3.5 选择实时操作系统

为一个特定应用选择一个特定的实时操作系统(RTOS),是一个没有通用的解决策略的问题。在制定系统需求规范时通常会问的一个相关问题是:"应该使用商用 RTOS 还是应该从头开始构建?"

3.5.1 购买 vs 构建

尽管这个重要的问题的答案自然取决于整体情况,但人们通常会选择商业内核,因为商业内核可以提供可靠的服务、易于使用,甚至可移植。商业可用的实时操作系统具有完善的功能和出色的性能,并且可以支持许多标准设备和通信网络协议。这些系统通常配备有用的开发和调试工具,并且可以在各种硬件平台上运行。简而言之,如果需要以具有竞争力的价格满足响应时间要求,并且实时系统必须在各种平台上运行时,商业 RTOS 是最佳选择。

虽然在调度规则和支持的任务数量方面,成熟的 RTOS 具有灵活性,但它们仍存在明显的缺点。例如,使用它们通常比使用普通的中断驱动框架慢,因为在执行如第 3.4.3 节所述的任务控制块模型时会产生大量开销,而任务控制块模型是商用实时操作系统的典型体系结构。此外,商业解决方案可能包括许多不需要的功能,这些功能是为了使 RTOS 产品在市场上具有更广泛的吸引力,这导致执行时间和内存成本可能过高。最后,制造商可能会给出具有误导性的说明,或仅给出最佳情况下的性能数据。而真正有价值的是最坏情况下的响应时间,但 RTOS 供应商通常不会提供这些响应时间。即使有这些数据,通常也不会发布,因为最坏情况下的数据可能将产品在竞争中置于不利境地。

对于嵌入式系统,当商业 RTOS 产品的单位许可费用太高,或某些所需功能不可用,或系统开销太高时,唯一的选择是自行开发/发布实时内核。但这不是一项简单的任务,需要在整个生命周期中进行大量的开发和维护工作。因此,应尽可能认真地考虑商业实时操作系统。

虽然有很多可用于实时系统的商业 RTOS,但是很难确定哪种 RTOS 最适合给定的应用(Anh,Tan,2009)。必须考虑嵌入式实时操作系统的许多功能,包括成本、可靠性和速度。但是,根据应用程序的要求不同,还有许多其他特征可能同样重要,甚至更为重要。例如,RTOS 通常驻留在某种形式的 ROM 中,并且经常需要控制没有容错功能的硬件,因此,RTOS 也应具有容错能力。此外,硬件通常需要能够非常快速地对系统中的不同事件做出反应。因此,实时操作系统应该能够高效地处理多个任务。最后,由于操作系统所驻留的硬件平台可能具有非常有限的内存空间,因此 RTOS 的代码和数据结构对内存的使用必须合理。

实际上,任何商业 RTOS 都有许多功能和非功能属性,因此评估和比较不可避免地相对主观。但是,应该使用一些合理的标准和度量来支持启发式的决策过程。一套精心制定的标准会为成功的决策提供指导性的"路标"(Laplante,2005)。

3.5.2 商业实时操作系统的选择标准和衡量标准

从业务和技术角度来看,选择合适的商业实时操作系统是关系到成败的决定。因此,必须使用一组广泛而严格的选择标准。以下是实时系统的理想特性(此讨论摘自 Laplante

（2005））：

- 容错性；
- 可维护性；
- 可预测性；
- 在峰值负载下正常工作；
- 及时性。

因此，选择标准应明确反映这些需求（Buttazzo，2000）。但不幸的是，除非拥有在多个相同应用程序领域中使用多个商用 RTOS 的综合经验的基础，否则基本上只有两种方法可以确定 RTOS 产品对给定应用程序的适用性。第一种是依靠第三方的成功或失败报告。这些报告比比皆是，并且广泛地发布在 Web 上，尤其是在实时系统会议上。第二种是根据制造商在技术手册、技术报告和网站上发布的信息来比较替代方案。

下面的讨论提出了半客观的"一对一"技术，用来基于市场信息比较商业实时操作系统。这种简单的技术应与来自实际经验和第三方报告中的补充信息结合使用。

考虑 13 个选择标准 $m_1, \cdots, m_{13}$，每个标准都具有范围 $m_i \in [0,1]$。其中，"1"表示该标准的最高满意度；"0"表示完全不满意。

① 最小中断延迟时间 m_1 用于测量发生硬件中断与相应的中断服务程序开始执行之间的时间。较低的值表示较高的中断等待时间，而较高的值表示较低的等待时间。该标准很重要，因为如果最小延迟时间大于特定嵌入式系统所需的最小延迟时间，则必须选择其他操作系统。

② 标准 m_2 定义了 RTOS 可同时支持的最大任务数。即使操作系统可以支持大量任务，该指标通常也受可用内存的限制。对于需要大量并行任务的高端系统而言，此标准很重要。支持的任务数量相对较高，则 $m_2 = 1$；而支持的任务较少，则 m_2 的值较低。

③ 标准 m_3 指定支持 RTOS 所需的总内存。它不包括运行系统的应用软件所需的额外内存量。$m_3 = 1$ 表示内存需求最小，而 $m_3 = 0$ 则表示内存需求很大。

④ 调度机制标准 m_4 枚举操作系统是否使用了抢占式、时间片轮转调度或其他某种任务调度机制。如果支持多种替代或混合机制，则将为 m_4 分配较高的值。

⑤ 标准 m_5 指操作系统允许任务相互通信/同步的可用方法。可能的选择包括二元信号量、计数信号量和互斥（mutex）信号量、邮箱、消息队列、环形缓冲区、共享内存等。如果 RTOS 提供所有所需的通信和同步机制，则使 $m_5 = 1$。m_5 的值较低表示可用的机制较少。

⑥ 标准 m_6 是指 RTOS 公司对其产品的售后支持。大多数供应商在出售后的短时间内提供某种免费的技术支持，如果需要，也可以选择购买其他支持。一些公司甚至提供现场咨询。较高的值可能会分配给强大且相关的支持计划，而如果没有提供支持，则 $m_6 = 0$。

⑦ 应用程序可用性 m_7 是指可用于开发在实时操作系统上运行的应用程序的软件的数量（随 RTOS 一起提供或在其他地方可用）。例如，GNU 的软件套件支持 RTLinux，其中包括 gcc C 编译器和许多免费的软件调试器以及其他支撑软件。这可能是一个重要的考虑因素，尤其是在开始使用不熟悉的 RTOS 时。如果有大量可用软件，则令 $m_7 = 1$，而 $m_7 = 0$ 意

味着很少或没有可用软件。

⑧ 标准 m_8 涉及支持的 CPU 种类，它在可移植性以及与现成的硬件和软件的兼容性方面很重要。此标准还包含操作系统可以支持的外围设备范围。该标准的值较高表示高度可移植且兼容的 RTOS。

⑨ 标准 m_9 是指实时操作系统的源代码是否可供开发人员调整或更改。源代码可以使开发人员深入理解 RTOS 体系结构，这对调试和系统集成可能很有用。$m_9 = 1$ 意味着开放源代码或免费源代码，而源代码的购买价格越高给 m_9 分配值越低。如果源代码不可用，则令 $m_9 = 0$。

⑩ 标准 m_{10} 是指 RTOS 内核从一个任务切换到另一个任务时，保存上下文所需的时间。相对较快的上下文切换时间，使得 m_{10} 的值更高。

⑪ 标准 m_{11} 与 RTOS 的成本直接相关（一次性许可费和可能的单位版权费）。这一点很关键，因为对于某些低端系统来说，RTOS 成本可能会过高。在任何情况下，当成本较高时，m_{11} 值会较低；而低成本时，则 m_{11} 应较高。

⑫ 标准 m_{12} 评估可用的开发平台。换句话说，这一条评估与给定 RTOS 兼容的其他实时操作系统。较高的 m_{12} 值表示兼容性高，而较低的 m_{12} 值表明仅可用于单一平台。

⑬ 最后，标准 m_{13} 为基于给定 RTOS 支持哪些通信网络和网络协议的记录。知道这一点将很有用，因为它会评估此 RTOS 上运行的软件将使用哪些通信方法与其他计算机进行通信。较高的 m_{13} 值表示支持的网络种类较多。

必须认识到，因为应用不同，各个标准的重要性也会有很大不同，因此将权重因子 $w_i \in [0,1]$ 用于每个标准 $m_i, i \in \{1,2,\cdots,13\}$。如果该标准具有最高的重要性，则分配 1；如果该标准在特定应用中不重要，则分配为零。然后可以计算得出支持决策过程的平均适应度度量 $\overline{M} \in [0,1]$，公式为

$$\overline{M} = \frac{1}{13} \sum_{i=1}^{13} w_i m_i \tag{3.8}$$

显然，高的 $\overline{M}$ 值表示 RTOS 非常适用于该应用，而低的 $\overline{M}$ 值则意味着 RTOS 不适用于该应用。尽管对于任何给定的 RTOS 和任何给定的应用，w_i 和 m_i 的选值难免带有主观因素，但这个明确的指标仍为较客观比较提供了方法。

3.5.3　案例研究：选择商业实时操作系统

首先，根据上面介绍的 13 条标准为典型的商业 RTOS 打分。因为我们的意图不是推荐任何产品——本案例研究仅出于说明目的，所以尽管这些数据大多数都是真实的，但是省略了制造商的名称。对于所有进行比较的 RTOS，均假定工作条件相同且公平。

如果可以直接分配定量标准值，则立刻分配。如果条件是"取决于 CPU"或不确定因素，在缺少实际应用的情况下，则推迟分配数值，并赋值"∗"。稍后在应用程序分析时，再对这个"未知"值取近似。还要注意，对比表格的各列之间的值必须保持一致。例如，如果

RTOS X 的 6 μs 中断等待时间 $m_1 = 1$ 时,那么 RTOS Y 的 6 μs 中断等待时间也应使得 $m_1 = 1$。

考虑商业系统 RTOS A。表 3.9 总结了基于以下原理的标准和打分。产品说明表明,最小中断等待时间取决于 CPU,因此此处分配了 $m_1 = *$。没有给出上下文切换时间和其他 RTOS 的兼容性,因此显示 $m_{10} = m_{12} = *$。在这些情况下,"$*$"稍后将会赋值为 0.5,以计算公式(3.8)的值。RTOS A 支持 32 个任务优先级,但是尚不知道任务总数是否有限制,因此分配了 $m_2 = 0.5$ 的值。RTOS A 本身需要 60 KB 的内存,这比某些替代方法要多一些,因此分配的值为 $m_3 = 0.7$。操作系统仅提供一种调度形式,即抢占优先级,因此在此处分配了一个较低的值 $m_4 = 0.25$。任务间通信和同步仅通过直接消息传递才可用,因此分配了相对较低的值 $m_5 = 0.5$。RTOS A 可用于各种硬件平台,但少于其竞争对手,因此 $m_8 = 0.8$。

表 3.9 RTOS A 的汇总数据

标准	描述	打分	评价
m_1	最小中断延迟	$*$	取决于 CPU
m_2	最大任务数	0.5	32 个任务优先级级别
m_3	所需的总内存	0.7	ROM:60 KB
m_4	调度机制	0.25	仅抢占式
m_5	通信/同步	0.5	直接信息传递
m_6	售后支持	0.5	付费电话支持
m_7	应用程序可用性	1	多种
m_8	支持的 CPU	0.8	多种
m_9	源代码	1	有
m_{10}	保存上下文	$*$	未知
m_{11}	成本	0.5	2500 美元 + 专利费用
m_{12}	开发平台	$*$	不详
m_{13}	网络和协议	1	多种

RTOS A 的厂商提供付费电话支持,不如其他公司慷慨,因此 $m_6 = 0.5$。初始许可费用适中,每个生产的单位都有一定的特许权使用费,因此 $m_{11} = 0.5$。最后,该产品具有广泛的软件支持,包括可用的源代码和通信网络协议,因此,这三个标准的统一值已给出($m_7 = m_9 = m_{13} = 1$)。

考虑以下应用程序和一组五个实时操作系统,包括刚刚描述的 RTOS A 和 RTOS B~RTOS E,它们的标准值是以类似的方式确定的;有关更多详细信息,请参见 Laplante (2005)。

控制飞行器惯性测量系统的硬实时软件需要进行大量的输入/输出处理,这自然会引起很高比例的硬件中断。这是一个对反应性和任务性要求很高的系统,需要快速的上下文切换($w_{10} = 1$),最短的中断等待时间($w_1 = 1$),紧凑的硬件实现($w_3 = 1$),多功能同步($w_5 = 1$)和运行良好的系统($w_6 = w_7 = 1$)。硬件兼容性不是很重要,因为几乎不需要移植系统,并且支持的任务数量相对较少,因此 $w_2 = w_8 = 0.1$。在该应用中,RTOS 的成本不是很重要,因此 $w_{11} = 0.4$。其他标准设置为0.5,因为它们并不是很重要,$w_4 = w_9 = w_{12} = w_{13} = 0.5$。

表3.10 中汇总了所分配的权重和相应的标准值,由表的结果看出 RTOS D 是我们的惯性测量系统的最佳匹配,$\overline{M} = 0.527$,而这里最大可能的值是 $\overline{M}_{max} = 0.662$。不过,RTOS E 的度量($\overline{M} = 0.489$)仅比 RTOS D 降低 7.2%,因此它是第二好的匹配项。其他候选系统的指标比最好的指标低 20.4%~23.0%。此外,应该注意的是,所有考虑的实时操作系统的加权选择指标的标准差都相对较高(0.269~0.384)。这可由权重 w_i(0.352)的可比标准偏差来解释。

表 3.10 惯性测量系统的决策表

标准	描述	权重 w_i	A	B	C	D	E
m_1	最小中断延迟	1	0.5	0.8	1	0.5	1
m_2	最大任务数	0.1	0.5	0.5	0.5	1	1
m_3	所需的总内存	1	0.7	0.2	0.5	1	0.9
m_4	调度机制	0.5	0.25	0.5	0.25	0.25	0.25
m_5	通信/同步	1	0.5	1	0.5	1	1
m_6	售后支持	1	0.5	0.5	1	0.8	1
m_7	应用程序的可用性	1	1	0.75	1	1	0.5
m_8	支持的 CPU	0.1	0.8	0.5	0.2	1	0.2
m_9	源代码	0.5	1	1	0	0.4	1
m_{10}	保存上下文	1	0.5	0.5	0.5	1	0.5
m_{11}	成本	0.4	0.5	0.5	0.1	0.1	0.7
m_{12}	开发平台	0.5	0.5	0.5	0.5	0.5	0.5
m_{13}	网络和协议	0.5	1	1	1	1	0.6
$\overline{M}$			0.405	0.417	0.419	0.527	0.489
$STD_{weighted}$			0.269	0.295	0.384	0.382	0.364

实践中,在做出最终决定之前,会仔细研究 RTOS D 和 RTOS E。图 3.22 示出了 RTOS D 和 RTOS E 的加权等级。我们可以观察到,在权重为1的6个最重要的标准中的4个,RTOS D 的加权等级高于 RTOS E。此外,对于 RTOS D,第一标准的分数(最小中断等待时间)为 0.5,因为它被模糊地定义为"取决于 CPU"。另外,RTOS E 的最小中断等待时间明确规定为 6 μs($\Rightarrow m_1 = 1$)。这些和其他特定细节可从 Laplante(2005)获得。在做出实际决定之前,应明确找到与该关键标准相对应的精确值。对于 RTOS E 的"保存上下文"标准也是如此。在获得了这些附加数据,并考虑了具体经验和可能的第三方报告中的补充信

息之后,可以准备开始与 RTOS D 或 RTOS E 的厂商进行谈判了。最后,指导用户做出准客观决策的所有因素均需全面记录,以备将来之需。

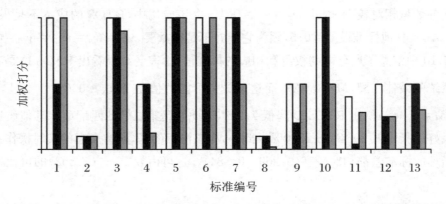

图 3.22　单个的标准权重(白色)和对 RTOS D(黑色)和 RTOS E(灰色)加权标准打分

3.5.4　多核和节能支持的补充标准

多年以来,以上讨论的基本的选择标准 m_i, $i \in \{1,2,\cdots,13\}$ 的内容基本保持不变;利用公式(3.8)的标准度量,在评估 RTOS 对特定应用的适用性方面没有重大进展。仅在应用程序可用性(标准 m_7)以及通信网络和网络协议的可用性(标准 m_{13})方面有数量上的扩展。然而,近来,当为多核环境(Sindhwani,Srikanthan,2005 年)或节能敏感的嵌入式系统(Saran 等,2005)选择实时操作系统时,有两个新的标准变得重要。

多核处理器(请参阅第 2.3.3 节)越来越多地用于非嵌入式和嵌入式实时应用中,因为它们可以为实时多任务提供高指令吞吐量和真正的并发性。为了充分利用可用的并行处理功能,需要为多核体系结构设计和配置特殊的 RTOS。仅有少数商用 RTOS 显式支持多核,例如,混合多任务方案中,可提供内核内和内核间多任务处理以及双层操作系统层次结构。这种内核内多任务类似于单处理器环境系统的行为,而更高级别的内核间多任务处理则提供了只有两个或更多内核才可能实现的真正的并发性。在某些情况下,在线调度程序甚至可以将一个任务分解到多个核(Lakshmanan 等,2009)。因此,为了满足最新的需求,我们引入了另一个标准,即多核支持(m_{14}),该标准在所需的处理环境不是传统的单处理器使用时的环境。这里,$m_{14} = 0$ 对应于不支持多核的 RTOS;如果存在多核功能以及相关的负载平衡实用程序软件可用,则 $m_{14} = 1$。

节能敏感型操作系统越来越多地用于无线传感器网络应用中,包括环境监控、高科技桥梁、军事监控、智能建筑和交通监控(Eswaran 等,2005)。那些微小的、空间分散、高度协作的实时系统通常由电池供电,并且最主要的要求是最大限度地延长电池寿命。在最简单的形式中,"节能"意味着 RTOS 能够在 CPU 空闲时(没有任务在指定的时间范围内调度执行)置于睡眠模式,睡眠模式的功耗可以降低为不到活跃模式功耗的 1%。来自实时时钟或通信控制器的硬件中断会在几微秒内将 CPU 唤醒回到活动模式。更复杂的节能敏感操作系统可以为通信性能提供自适应的服务质量（QoS）；较高的数据丢失率和传输错误概率与较低的能耗进行折中，反之亦然（Raghunathan 等，2001）。通过适当调整 CPU 的电源电压和时钟频率可以来调节 QoS。这样，在自组织网络中以可接受的 QoS 级别可以获得显著的节能效果。为了满足这些新兴需求，我们引入了另一项标准，即节能敏感的支持（m_{15}）。当应用程序具有特定的节能要求时，可以使用它。如果 RTOS 不提供节能支持，则 m_{15} 设置为零。m_{15} 值高，则表示提供了几种节能方案。某些轻量级的节能操作系统基于事件驱动的编程模型，该模型不同于传统的调度方法（Rossetto，Rodriguez，2006）。

最后，在引入两个补充选择标准 m_{14} 和 m_{15} 之后，我们必须相应地修改公式（3.8）。将来，随着处理器和应用程序技术的发展，可能会不时地引入其他标准。此外，除了上面讨论的标准应用程序之外，某些实时应用程序还需要考虑特定于应用程序的特定标准。

总　　结

在本章中，我们全面介绍了与实时操作系统有关的核心问题。实际讨论既有广度，也有相当的深度，这为理解、设计和分析具有共享资源的多任务系统奠定了坚实的基础。与大多数其他有关实时系统的教科书不同，本章还涵盖了伪内核的异构集合，因为软件设计人员的主要目标是创建一个有竞争力的实时系统，而不仅仅是使用操作系统（被视为一种工具）。

但是，从讨论中得出的一般结论和建议是什么？实时软件工程需要了解要实现的目的、可用资源以及为实现最终目标而共同分配它们的方式——一种可预测和可维护的实时系统，该系统可以足够准确地满足所有响应时间要求。为了实现最终目标，我们编写了一组实用的规则，这些规则是从第 3.1 至 3.5 节的内容中得出的：

- 从伪内核到操作系统。有多种"操作系统"体系结构可用，但首先应考虑简单的体系结构，因为它们通常更可预测，并且其计算开销较低；如果用户决定在嵌入式系统中使用除伪内核之外的其他方法，那么需要尽量减少任务数量，因为任务切换和同步非常耗时。

- 调度的理论基础。记住固定优先级和动态优先级调度的一般原则，因为在实际的实时系统中对任务或中断进行优先级排序时，它们很有用。

- 应用程序的系统服务。如果没有安全的锁定机制，切勿使用全局缓冲区。在多个任务之间共享关键资源时，请始终特别注意避免死锁；提防优先级反转；尽管系统服务使编程工作变得更容易，但是请记住，大多数系统调用都很耗时，因为它们最终都要进行调度。

- 内存管理问题。如果用户的操作系统使用多个栈，请为其保留（最坏情况下的）足够的空间——偶发的栈溢出是灾难性的，而且难以调试。具有虚拟内存的计算平台仅适用于软实时和准实时系统，因为主内存和辅助存储之间的页面交换非常耗时；此外，主存和辅存需要定期进行垃圾收集和压缩，这可能会影响时间紧迫的任务。

- 选择实时操作系统。如果用户是在操作系统分类法中的"内核"级别以上（参见图 3.2）

进行选择,则商业解决方案通常最佳。用户应该投入大量的专业知识和精力用于选择,因为所选的 RTOS 会工作很长时间;收集有关的技术信息,以使决策具有一定的客观性;承认最终决策只能是半客观的(最好),因为这是一个多目标优化问题,在复合代价函数中存在明显的不确定性;不要害怕主观标准或"感觉",因为许多复杂的问题(例如选择职业或雇主)通常可以通过主观的观点成功解决;无论如何,所选的 RTOS 应该只是"足够好"。

近年来,随着处理器和应用程序技术的发展,对实时操作系统提出的要求也发生了变化。多核处理器和能耗敏感的传感器网络为 RTOS 开发人员提出了全新的挑战。此外,在这些领域及其他新兴领域,仍有大量的创新和研究空间。因此,从工程和研究的角度来看,实时操作系统的领域都是至关重要的。

练 习

习题 3.1 解释单处理器环境下的任务并发性。

习题 3.2 为了使时间关键的应用程序具有可预测性,操作系统应该具有哪些期望的功能?

习题 3.3 基于第 1 章中描述的一些实时系统示例,讨论哪种操作系统体系结构最合适:

(a) 惯性测量系统;

(b) 核监测系统;

(c) 航空公司预订系统;

(d) 意大利面酱装瓶系统;

(e) 交通灯控制器。

可以做出任何假设,请记录下来并说明有效性。

习题 3.4 在固定优先级的嵌入式应用程序中,什么决定了任务的优先级?

习题 3.5 使用 4 个过程 A,B,C 和 D 构造循环代码结构。过程 A 的运行频率是 B 和 C 的 2 倍,过程 A 的运行频率是 D 的 4 倍。

习题 3.6 后台任务和前台任务之间的主要区别是什么?

习题 3.7 异常可以方便地用作错误恢复的框架,定义以下术语:

(a) 同步异常;

(b) 异步异常;

(c) 应用程序检测到的错误;

(d) 环境检测到的错误。

习题 3.8 是否应该允许中断服务程序可中断? 如果是,后果是什么?

习题 3.9 编写一些不能够重入的简单汇编语言例程。如何使其可重入?

习题 3.10　假设可以使用全部压入(pushall)和全部弹出(popall)指令来保存和还原所有工作寄存器,请使用汇编代码编写 save 和 restore 例程(请参阅第 3.1.4 节)。

习题 3.11　讨论固定与动态、在线与离线、最佳与启发式调度算法之间的区别。

习题 3.12　用数学方法证明,如式(3.7)所示的速率单调方法中的 CPU 利用率的上限 $\lim\limits_{n \to \infty} n(2^{1/n} - 1)$ 正好是 $\ln 2$。

习题 3.13　将最早截止期限优先调度与速率单调调度相比较,并讨论其各自的优点。

习题 3.14　解释上下文切换开销以及如何在速率单调和最早截止期限优先的可调度性分析中分析开销。

习题 3.15　举例说明,如果不允许抢占,则最早的截止期限优先算法不再是最佳调度算法。

习题 3.16　给出两种不同的解释,说明为什么速率单调算法可以调度以下 3 个周期性任务:$\tau_1 \equiv \{0.8, 2\}$,$\tau_2 \equiv \{1.4, 4\}$ 和 $\tau_3 \equiv \{2, 8\}$。在这里,符号 $\tau_i \equiv \{e_i, p_i\}$ 给出了任务 τ_i 的执行时间 e_i 和周期 p_i。

习题 3.17　验证速率单调算法下的可调度性,并构造以下任务集的调度:$\tau_1 \equiv \{3, 7\}$,$\tau_2 \equiv \{5, 16\}$,和 $\tau_3 \equiv \{3, 15\}$。在这里,符号 $\tau_i \equiv \{e_i, p_i\}$ 给出了任务 τ_i 的执行时间 e_i 和周期 p_i。

习题 3.18　验证最早的截止期限优先算法下可调度性,并构建以下任务集的调度:$\tau_1 \equiv \{1, 5, 4\}$,$\tau_2 \equiv \{2, 8, 6\}$,和 $\tau_3 \equiv \{1, 4, 3\}$。此处,符号 $\tau_i \equiv \{e_i, p_i, D_i\}$ 给出任务 τ_i 的执行时间 e_i,周期 p_i 和相对截止时间 D_i。

习题 3.19　环形缓冲区的长度对其性能有什么影响?如何确定特定情况下的合适长度?

习题 3.20　用汇编代码编写 save 和 restore 例程(请参阅第 3.1.4 节),以使它们分别将上下文保存到环形缓冲区的头部和尾部,并从环形缓冲区的头部和尾部中恢复上下文,而不是使用栈。

习题 3.21　假设具有两个任务 τ_1 和 τ_2($\tau_1 > \tau_2$)共享一个临界资源。给出一个执行场景,其中,一个简单的软件标志(全局变量)在应用程序任务级别不足以保证临界资源的安全共享。

习题 3.22　操作系统为系统中的任务提供 256 个固定优先级,但通过消息队列交换的消息仅提供 32 个优先级。假设每个 posting 任务通过将 256 个优先级映射到 32 个消息优先级级别来选择其消息的优先级。讨论与此统一映射方案相关的一些潜在问题。你会采取哪种方法?

习题 3.23　编写两个伪代码例程以访问(读取 read 和写入 write)具有 20 项数据的环形缓冲区。例程应使用二元信号量,以使得多个用户安全地访问缓冲区。

习题 3.24　列举一个现实世界中死锁的例子。这种情况通常如何解决?

习题 3.25　说明优先级继承如何导致死锁。考虑 3 个任务($\tau_1 > \tau_2 > \tau_3$)和适当的锁定-解锁序列。

习题 3.26 在多中断系统中需要什么知识来确定运行时栈的大小？需要哪些安全预防措施？

习题 3.27 编写一个伪代码例程，压缩 64 MB 的内存，该内存分为 1 MB 的页。使用指针方案。

习题 3.28 编写一个伪代码例程，该例程可应要求分配内存页。假设有 100 个大小为 1 MB、2 MB 和 4 MB 的页面可用。该例程应将请求页面的大小作为参数，并返回指向所分配页面的指针。使用最小的可用页面，但是如果最小页面不可用，则应使用下一个最小的页面。

习题 3.29 通过 Web 搜索，收集至少两个商业实时操作系统的尽可能多的相关数据。总结这些数据并将这些操作系统进行比较，指出其主要区别。

习题 3.30 确定现有的商业实时内核在任务和安全关键型应用程序开发中的一些局限性。使用 Web 搜索必要的信息。

参 考 文 献

[1] ANH T N B,TAN S L. Real-time operating systems for small micro controllers[J]. IEEE Micro, 2009,29(5):30-45.

[2] BUTTAZZO G. Hard real-time computing systems：Predictable scheduling algorithms and applications[M]. Norwell：Kluwer Academic Publishers,2000.

[3] CHEN M I, LIN K J. Dynamic priority ceilings：A concurrency control protocol for real-time systems[J]. Real-Time Systems,1990,2(4):325-346.

[4] COTTET F,DELACROIX J,KAISER C,et al Scheduling in real-time systems[M]. Chichester：John Wiley & Sons,2002.

[5] ESWARAN A,ROWE A,RAJKUMAR R. Nano-RK：An energy-aware resource-centric RTOS for sensor networks[C]//Proceedings of the 26th IEEE International Real-Time Systems Symposium. Miami,2005:256-265.

[6] HAVENDER J. Avoiding deadlock in multitasking systems[J]. IBM Systems Journal,1968,7(2):74-84.

[7] LAKSHMANAN K,RAJKUMAR R,LOHOCZKY J. Partitioned fixed-priority preemptive scheduling for multi-core processors[C]//Proceedings of the 21st Euromicro Conference on Real-Time Systems. Dublin,2009:239-248.

[8] LAPLANTE P A. Criteria and a metric for selecting commercial real-time operating systems[J]. Journal of Computers and Applications,2005,27(2):82-96.

[9] LIU C L,LAYLAND J W. Scheduling algorithms for multi-programming in a hard real-time environment[J]. Journal of the ACM,1973,20(1):46-61.

[10] RAGHUNATHAN V,SPANOS P,SRIVASTAVA M B. Adaptive power-fidelity in energy-aware wireless embedded systems[C]//Proceedings of the 22nd IEEE Real-Time Systems Symposium.

London,2001:106-115.

[11]　ROSSETTO S,RODRIGUEZ N. A cooperative multitasking model for networked sensors[C]// Proceedings of the 26th IEEE International Conference on Distributed Computing Systems Workshops. Lisbon,Portugal,2006:91-91.

[12]　SHA L,RAJKUMAR R,LEHOCZKY J P,et al. Priority inheritance protocols: An approach to real-time synchronization[J]. IEEE Transactions on Computers,1990,39(9):1175-1185.

[13]　SHAW A C. Real-time systems and software[M]. New York: John Wiley & Sons,2001.

[14]　SIMON D E. An embedded software primer[M]. Boston: Addison-Wesley,1999.

[15]　SINDHWANI M,SRIKANTHAN T. Framework for automated application-specific optimization of embedded real-time operating systems[C]//Proceedings of the 5th International Conference on Information,Communications and Signal Processing. Bangkok,Thailand,2005:1416-1420.

[16]　STANKOVIC J A,RAJKUMAR R. Real-time operating systems[J]. Real-Time Systems,2004, 28(2/3):237-253.

[17]　TAI K C. Definitions and detection of deadlock,livelock,and starvation in concurrent programs [C]//Proceedings of the International Conference on Parallel Processing. Raleigh,1994:69-72.

[18]　TORNG E. A unified analysis of paging and caching[J]. Algorithmica,1998,20(1):175-200.

第 4 章　实时系统的编程语言

在嵌入式实时系统的早期,编程语言在程序员中引起了激烈的争论:在软件项目开发时,是否应该继续使用汇编语言,继续使用 PL/I 的衍生语言之一(英特尔的 PL/M、摩托罗拉的 MPL 或 Zilog 的 PL/Z),其或考虑新兴的 C 语言? 如今,开发嵌入式软件的从业人员之间几乎没有这种争论。如果考虑到全球的专业实时程序员,我们甚至可以将编程语言选择范围缩小为两个主要的选择,即 C++ 或 C,而且,C++ 越来越流行。当然,我们把选择范围压缩得太厉害了,除此之外,也有例外:Ada 在美国国防部(DoD)的新项目和老项目中始终占有一席之地,而 Java 被广泛用于多个平台上运行的应用程序之中。尽管如此,这里我们还是决定简化选择,对 C++ 和 C 进行讨论:如果用户有一个大型软件项目,那么程序员的工作效率和项目代码的长期可维护性至关重要,C++ 则是一个不错的选择;而对于较小的项目,其严格的响应时间规范和/或相当大的材料成本压力,使得可选的硬件平台比较少,则 C 是合适的语言。特别地,我们仅谈论新产品,也即是需要从头开发的软件。如果我们想重用早期项目中的某些软件或仅仅是扩展现有产品,情况显然就不同了。

编写软件越来越被认为是一种商品化的工作,如果遵循严格的需求工程流程,可以将其转包给软件咨询公司。这种情况尤其适用于大型项目,例如开发自动化系统或手机交换机。另外,在时间紧迫的应用和创新产品的核心部分中,软件开发工作可能会非常接近相应的算法开发,以确保嵌入式系统能在"危险"的 CPU 使用区(见表 1.3)达到所需的采样率,或者必须保护机构关键的知识产权。

在本章中,我们将对实时系统的编程语言进行评估性讨论。由于考虑到每个组织和应用程序都是独特的,并且往往需要考虑多种语言的选择,因此必要的讨论超出了本章开始所述的简化的 C++/C 观点。第 4.1 节介绍了编写实时软件的一般性问题,并简要介绍了编码标准。在第 4.2 节中讨论了汇编语言有限但持续的使用,而在第 4.3 节和第 4.4 节中分别讨论了关于过程语言和面向对象语言的优缺点。第 4.5 节重点介绍了主流编程语言:Ada、C、C++、C♯ 和 Java。长期以来,自动生成代码一直是软件工程师的梦想,但是没有通用的技术可以"自动"创建实时软件。第 4.6 节介绍了自动代码生成及其挑战。第 4.7 节介绍了在编译器中使用的一些标准代码优化策略。当使用过程语言编写对时间要求严格的代码,或在汇编语言指令级别调试嵌入式系统时,这些优化策略特别有价值。接下来的第 4.8 节提供了对前面各节的深入总结。最后,第 4.9 节提供了一组精心设计的练习。

4.1　实时软件的编码

在实时系统中,对底层编程语言的不当使用是导致性能下降和错过截止期限的最大单一原因。此外,在实时系统中使用面向对象的语言时,这种性能问题可能更难以分析和控制。尽管如此,面向对象的语言正在稳步取代过程语言,成为实时嵌入式系统开发中的首选语言。图 4.1 描绘了从 20 世纪 70 年代到现在的数十年间,嵌入式实时应用程序中使用的主流编程语言。

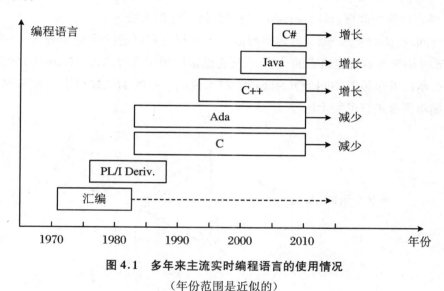

图 4.1　多年来主流实时编程语言的使用情况

（年份范围是近似的）

本节的某些部分改编自 Laplante(2003)。

4.1.1　实时应用程序语言的适用性

程序设计语言代表了设计和结构的联系。因此,由于软件的实际"构建"取决于编译、生成二进制代码、链接和创建二进制对象的工具,因此"编码"所花费的时间应比需求工程和设计工作的时间要少。不过,"编码"("编程"和"编写软件"的同义词)在传统上更像是一门手艺,而不像是生产,并且像任何手艺一样,最优秀的从业人员以其工具的质量和有效性而闻名。

代码生成过程中的主要工具是语言编译器。当前可以通过各种编程语言来构建实时系统(Burns,Wellings,2009),包括 C、C＋＋、C♯、Java、Ada、汇编语言,甚至是 Fortran 或 Visual Basic 的各种方言。在这个包含各种各样语言的列表中,C＋＋、C♯和 Java 都是面向对象的,而其他都是过程式的。应该指出的是,C＋＋可能会被滥用,以至于失去所有面向对象的优势(例如通过将老的 C 程序嵌入到"God"类中)。此外,Ada 95 同时具有面向对象和过程语言的元素,因此可以根据程序员的技能和偏爱以及具体的项目策略,使用任何一种方式。

一个经常被问到的相关问题是:"什么样的编程语言才适用于实时应用? 可以使用哪些度量标准来衡量或至少估算这种适用性?"为了解决这个多维度的问题,可以考虑 Cardelli 的 5 个标准(Cardelli,1996):

C1 执行效率,程序运行有多快?

C2 编译效率,从多个源文件到一个可执行文件需要多长时间?

C3 小规模发展的效率,单个程序员必须得多努力工作?

C4 大规模开发的效率,一个开发团队必须得多努力工作?

C5 语言功能的效率,学习或使用一种编程语言有多困难?

毫无疑问,在实时系统方面,每种编程语言无疑都具有自己的优势和劣势,这些定性标准 C1～C5 可用于衡量特定语言的功能,以便在给定应用中进行比较。Cardelli 标准可以用如图 4.2 所示的五角星图(Sick,Ovaska,2007)来说明。这样的图提供了一种简单方法,可以对候选编程语言进行可视化比较。

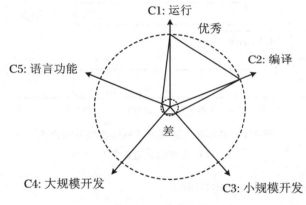

图 4.2 五角星图

(用于说明各种效率的 Cardelli 标准,五角星对应的是汇编语言)

在本章中,我们并没有进行详尽的编程语言调研;相反,我们关注的是那些可以用于最小化最终代码执行时间,并有助于性能预测的语言特性。编译时对执行性能的预测可以直接支持可调度性分析。在特殊的实时编程语言的设计中,重点是消除那些导致语言无法分析的构造,例如无界递归和无界 while 循环。大多数所谓的"实时语言"都在努力消除所有这些结构。另外,当主流语言用于实时编程时,可以通过编码标准来简单地禁用某些有问题的代码结构。

4.1.2 实时软件的编码标准

编码标准(Li,Prasad,2005)不同于语言标准。语言标准,例如 C＋＋ ANSI/ISO/IEC

14882：2003，体现了 C++ 编程语言的语法规则。对违反任何这些规则的源程序，编译器会报错。而编码标准是一组风格约定或"最佳实践"。违反这些约定不会导致编译器报错。换句话说，遵守语言标准是强制性的，而遵守编码标准至少在原则上是自愿的。

遵守语言标准可促进跨不同编译器的可移植性，因此可促进硬件环境的可移植性。而遵守编码标准不会促进可移植性，但是在许多情况下，会提高可读性、可维护性和可重用性。一些从业者甚至认为，使用严格的编码标准可以提高软件的可靠性。编码标准还可以通过鼓励或强制使用某些已知的，可以生成更有效代码的语言构造，从而来提高性能。许多敏捷方法，例如极限编程（Hedin 等，2003），都包含特殊的编码标准。

编码标准通常涉及对编程语言使用的以下部分或全部元素进行标准化：

- 头文件格式；
- 注释的频率、长度和风格；
- 类、数据、文件、方法、过程、变量等的命名；
- 对程序源代码的格式，包括空白和缩进的使用；
- 代码单元的大小限制，包括最大和最小代码行数以及使用的方法数；
- 选择所用语言结构的规则。例如，何时使用 case 语句而不是嵌套的 if-then-else 语句。

虽然目前尚不清楚遵守这些规则是否可以大幅提高可靠性，但显然，严格遵守编程规则可以使程序更易于阅读和理解，因此可能更易于重用和维护（Hatton，1995）。

存在许多不同的编码标准，这些标准要么是独立于语言的，要么是特定于某种语言的。编码标准可以是公司范围内、团队范围内、用户组特定的（例如 GNU 软件组有 C 和 C++ 的标准）或者是客户要求的符合他们的标准。此外，一些标准已形成共识。一个例子是匈牙利注释标准（Petzold，1999），为纪念查尔斯·西蒙尼（Charles Simonyi）而命名，西蒙尼是第一个颁布使用该标准的人。匈牙利表示法是一个公布标准，旨在用于面向对象的语言（尤其是 C++）。该标准使用有一定目的性的命名方案，可以在名称中嵌入有关对象、方法、属性和变量的类型信息。因为该标准实质上提供了一组有关命名各种标识符的规则，所以它可以并且已经与其他语言一起使用，例如 Ada、Java，甚至 C。另一个例子是 Java，按照惯例，常量名中字母都大写，例如 PI 和 E。此外，一些类使用末尾下划线来区分属性（如 x_）和方法（如 x()）。

样式标准（例如匈牙利表示法）的一个普遍问题是，它们可能导致变量名混乱，并且使程序员将重点放在如何遵循"匈牙利"命名，而不是在代码中选择有意义的变量名。换句话说，符合标准的名字可能不会总是有意义的变量名。另一个问题是，编码标准的强项也可能是它的缺点。例如，在匈牙利表示法中，如果对象名称中嵌入的类型信息实际上是错误的呢？任何编译器都无法识别此错误。有一些商业的规则工具，类似于 C 语言检查工具 lint，可以调整代码以强制执行编码标准，但是必须对其进行编码以与编译器协同工作。而且，它们可能会忽略某些不一致之处，导致程序员过分乐观。

最后，不建议在项目中期才采用编码标准。从项目一开始就遵守标准，要比改变现有风格来符合标准要容易,也更有目的性。使用特定编码标准的决定是机构级别的决定,需要深思熟虑并进行公开讨论。

4.2　汇　编　语　言

在 20 世纪 70 年代中后期,当出现第一种可用于微处理器的高级语言时,一些大学老师告诉学生:"5 年后,不会有人用汇编语言编写真正的应用程序。"但是,从那时起经过了 30 多年,在实时编程中汇编语言仍然(虽然有限)占有一席之地。

这背后的原因是什么? 因为,虽然汇编语言对编程者来说很不友好且效率低下,但是在实时编程中确实具有特殊优势。相比高级语言,汇编语言可以对计算机硬件进行最直接的控制。尽管汇编语言确实是非结构化的,并且抽象属性非常有限,但这一优势足以使得实时系统采用汇编语言。另外,汇编语言的语法因处理器不同有很大的差异。通常,使用汇编语言进行编码是一件耗时、乏味且容易出错的工作。最后,生成的代码难以在不同的处理器之间移植,因此不建议在嵌入式实时系统或任何专业系统中使用汇编语言。

早期的优秀程序员能够生成的汇编代码,往往比过程语言编译器生成的代码更有效率。但是随着编译器优化方面取得显著进步,现在这种情况已经很少见——如果程序员可以使用像 C 这样的过程语言编写程序,则编译器应该能够生成在执行速度和内存使用方面非常高效的机器语言代码。因此,只有在特殊情况下,例如,当编译器不支持某些机器语言指令,或者时间限制非常严格,以致只有手动调整才能产生满足极端的响应时间要求的代码时,才需要编写汇编代码。此外,读者会在许多传统的实时应用程序中找到汇编语言代码,即使在今天,仍然偶尔会遇到需要使用汇编语言编写实时系统的情形。我们很快会讨论其中一些情况。

因为不需要编译,就 Cardelli 的各种效率标准而言,汇编语言具有出色的执行效率以及编译效率。然而,汇编语言在大规模开发以及语言功能方面的效率很差(图4.2)。因此,汇编语言编程应仅限于在时限非常严格的情况下使用,或用于控制编译器不支持的硬件功能。对当前汇编语言应用范围的总结如下:

- 对于某些类型的代码,例如中断处理程序和用于独特硬件的设备驱动程序,需要最小化硬件和软件之间的"智力差距"。
- 在某些情况下,由不理想的编程-语言-编译器之间的交互导致极难或无法获得有效代码的情况。
- 为了有效利用 CPU 的所有体系结构功能,例如并行加法器和乘法器。
- 对于时间紧迫的应用(例如具有高采样率的复杂信号处理算法),编写执行时间最短的代码。
- 在没有高级语言支持的情况下,可以使用小指令集为定制的 CPU 编写整个软件(请参阅第 2.5.3 节)。

- 用于调试比高级语言代码更低层次的难题,并通过逻辑分析器跟踪获取的指令流。
- 用于计算机体系结构和处理器的内部操作的教学和学习。

为了应对这些特殊情况,软件开发人员通常使用高级语言编写程序的外壳,并将代码编译为中间汇编语言表示,然后对其进行手动微调以获得所需的效果。某些语言(例如 Ada)提供了一种方法,可以将汇编代码与高级语言代码内联。无论如何,在实时系统中尽量不使用汇编语言,如要使用则必须格外小心。

4.3　程　序　语　言

在诸如 Ada、C、Fortran 和 Visual Basic 之类的过程语言中,程序的动作是由一组按顺序执行的操作定义的。这些语言的特点是允许将指令组合为过程或模块。适当的程序结构可实现软件所需的属性,例如模块化、可靠性和可重用性。

在过程语言中,有几种编程语言特性在实时系统中特别重要,尤其是以下几种:

- 模块化;
- 强类型;
- 抽象数据类型;
- 多种参数传递机制;
- 动态内存分配功能;
- 异常处理。

接下来将讨论这些语言特性,这有助于促进软件设计的理想特性和最佳实时实施实践。

4.3.1　模块化和类型问题

过程语言遵循信息隐藏原理,有利于促进高集成度实时系统的构建。尽管 C 语言和 Fortran 语言都具有支持信息隐藏(程序和子例程)的机制,但是其他语言(例如 Ada)倾向于使用更多的模块化设计,因为它们要求在模块参数列表中明确定义输入和输出。

在 Ada 中,程序包(package)的概念完美地体现了 Parnas 信息隐藏的概念(Parnas,1972)。Ada 程序包由规范和声明组成,包括其公共(或可见)接口以及其私有(或不可见)元素。另外,程序包主体具有更多外部不可见组件,包括了包的工作代码。单个软件包是可单独编译的实体,这进一步增强了它们作为黑箱的应用。此外,C 语言提供了单独编译的模块和其他功能,可实现严格的自上而下的设计方法,从而可以实现可靠的模块化设计。

尽管出于多种原因,需要使用模块化软件,但是有与过程调用和基本参数传递相关的开销。在调整模块大小时,应仔细考虑这种不利影响。

类型化语言要求每个变量和常量都有特定类型（例如布尔、整数或实数），并且在使用前声明。强类型语言禁止在操作和赋值中混合使用不同类型，因此要求程序员在处理数据时要保持准确。精确的类型化可以防止因意外的或不必要的类型转换而损坏数据。此外，编译器类型检查是在编译时发现错误的一个重要步骤，而不是在运行时，因为在运行时修复错误的成本更高。因此，对于实时系统来说，强类型语言是真正可取的。

通常，高级语言提供整数和实数类型以及布尔、字符和字符串类型，在某些情况下，也支持抽象数据类型。这些类型允许程序员定义自己的类型以及相关的操作。但是，由于经常需要复杂的内部表示来支持抽象，因此使用抽象数据类型可能会导致执行时间的损失。

某些语言是强类型的，但并不禁止在算术运算中混用类型。由于这些语言在执行混合类型计算时，通常使用存储复杂度最高的类型，因此它们必须将所有变量提升为该最高类型。例如，以下的 C 语言代码片段展示了变量类型的自动转换：

```
int x,y;
float a,b;
y = x * a + b;
```

这里，变量 x 将被提升为浮点（实数型）类型，然后以浮点类型进行乘法和加法。之后，结果将被截断并以整数形式存储在 y 中。对性能的负面影响是会产生隐藏的消耗提升和更耗时的算术指令，而没有实现额外的准确性。由于截断可能会丢失精度，更糟糕的是，如果实数值大于允许的整数值，则可能会发生整数溢出。用弱类型语言编写的程序需要仔细检查是否有这种影响。幸运的是，大多数 C 编译器可以发现函数参数中的类型不匹配，从而防止不必要的类型转换。

4.3.2 参数传递和动态内存分配

参数传递方法有几种，包括使用参数列表和全局变量。虽然这些技术中的每一种都有其首选的用途，但是每种技术也都具有不同的性能影响。请注意，这些参数传递机制也可以在面向对象的编程语言中找到。

两种最广泛使用的参数传递方法是"按值调用"和"按引用调用"。在按值调用参数传递过程中，过程调用中的实际参数值将被复制到过程的形式参数中。由于该过程仅操作形式参数，因此实际参数不会更改。在执行测试或输出的是输入参数的一个函数时，此技术很有用。例如，在将加速度计读数从 10 ms 周期传递到 40 ms 周期时，原始数据不需要以更改的形式返回到调用例程。使用按值调用传递参数时，它们会复制到运行时栈中，这导致额外的执行时间成本。

在按引用调用（或按地址调用）中，参数的地址由调用例程传递给被调用例程，以便在那里更改相应的内存内容。使用按引用调用执行一个过程可能比使用按值调用执行过程花费更长的时间，因为在按引用调用中，涉及所传递变量的任何操作都需要间接寻址模式指令。但是，在传递大型数据结构（例如过程之间的缓冲区）时，更希望使用按引用调用，因为传递指针比按字节传递数据更有效。

参数列表可以促进模块化设计,因为模块之间的接口定义是明确的。明确定义的接口可以减少使用全局访问的过程,但可能对数据造成难以追踪的损害。当列表很长时,按值调用和按引用调用的参数传递技术都可能影响实时性能,因为通常在参数传递过程中禁用中断以保持传递数据的完整性。此外,根据编译器的不同,按引用调用可能会引入微妙的函数副作用。

在确定一组关于参数传递的具体规则以实现最佳性能之前,建议首先构建一组测试用例,以测试不同的选择。每次更改编译器、硬件或应用程序时,都需要重新运行这些测试用例,以更新规则。

全局变量是在所有代码范围内的变量,这通常意味着引用这些变量时,用最少的内存访问便可以解析目标地址,因此比访问通过参数列表传递的变量要快,后者需要附加内存访问。例如,在许多图像处理应用程序中,全局数组被定义为表示整个图像,因此可以避免昂贵的参数传递成本。

但是,使用全局变量很危险,因为可能会有未经授权的代码对其进行访问,从而引入难以隔离的错误。使用全局变量也违反了信息隐藏的原理,使代码难以理解和维护。因此,应避免不必要和随意使用全局变量,仅在需要时间限制或使用参数列表导致代码混淆时才建议使用全局参数传递。无论如何,必须严格协调全局变量的使用并明确记录在案。

决定使用某种参数传递方法,可能代表了良好的软件工程实践与性能需求之间的权衡。例如,经常会因为受到时间限制的影响而不得不使用全局参数,出于使代码清晰和提高可维护性的考虑,可以优先使用参数列表。

大多数编程语言提供了递归功能,也即过程可以调用自身或在其构造中使用自身。虽然递归可能很优雅,有时也是必需的,但必须考虑它对实时性能的不利影响。过程调用需要在堆栈上分配存储空间,用于传递参数和存储局部变量。分配和回收空间以及存储和检索这些参数和局部变量所需的执行时间可能会很长。此外,递归还需要使用大量昂贵的内存和寄存器间接指令。此外,需要采取预防措施以确保递归例程的终止,否则堆栈最终将溢出。使用递归通常会使我们无法确定运行时所需的内存。因此,当性能以及确定性很重要以及不支持递归的语言时,必须使用诸如 while 和 for 循环的迭代技术。

动态分配内存的能力对于构建和维护实时系统所需的许多数据结构都很重要。尽管动态内存分配可能很耗时,但它是必需的,尤其是在构造中断处理程序、内存管理器等方面。动态内存分配带来的清晰度和效率,对链接表、树、堆和其他动态数据结构都是有益的。此外,在仅使用指针传递数据结构的情况下,动态分配的开销可能是合理的。但是,在对实时系统进行编码时,应注意确保编译器始终传递大型数据结构的指针,而不是数据结构本身。

不允许动态分配内存的语言,例如某些原始的高级语言或汇编语言,需要固定大小的数据结构。尽管这可能会更快,但是牺牲了灵活性,因为必须预先确定内存要求,诸如 Ada 语言、C 语言和 Fortran 2003 语言的现代程序语言都具备动态分配功能。

4.3.3 异常处理

某些编程语言提供了一些工具用于处理程序执行期间可能发生的错误或其他异常情况。这些情况包括如浮点溢出、负数求平方根、被零除以及用户定义的可能的情况。高级语言定义和处理异常情况的能力有助于构建用于实时事件处理的中断处理程序和其他关键代码。此外，对异常情况处理不当会降低性能。例如，浮点溢出错误可能在算法中传播不良数据，并导致耗时的错误恢复例程。

在 ANSI-C 中，提供了 raise 和 signal 函数，用于创建异常处理程序。signal 是一种软件中断处理程序，用于对引发操作所指示的异常做出反应。两者均以函数调用的形式提供，通常以宏的形式实现。

可以使用以下函数原型作为异常处理程序前端对信号 S 作出反应：

void(∗ signal(int S, void(∗ func)(int)))(int);

设置信号 S 后，将调用函数 func。该函数代表实际的中断处理程序。另外，我们需要一个互补的原型：

int raise(int S);

这里，raise 用于调用对信号 S 做出反应的任务。

ANSI-C 包含许多用于处理异常情况（如溢出、内存访问违规和非法指令）的预定义信号，但是这些信号也可以用用户定义的信号代替。下面以 C 语言代码描述一个通用的异常处理程序，它会对特定错误情况做出反应：

```
#include<signal.h>
main()
{
  void handler(intsig);
  ...
  signal(SIGINT,handler);   /∗ SIGINT 处理程序 ∗/
  .../∗ 进行一些处理 ∗/
  if(error)raise(SIGINT); /∗ 检测到异常 ∗/
  .../∗ 继续处理 ∗/
}
void handler(intsig)
{
  .../∗ 这里处理错误 ∗/
}
```

在 C 语言中，signal 库函数调用用于构造中断处理程序，通过替换标准的 C 库处理程序，对来自外部硬件的信号做出反应并处理某些陷阱（例如浮点溢出）。

在本章讨论的过程语言中，Ada 具有最明确的异常处理机制，可考虑使用 Ada 异常处理程序来确定一个方形矩阵是否为奇异的（即行列式为零）。假设已定义矩阵类型，并且可以确定矩阵是奇异的，则关联的代码片段可能是：

```
begin
  --计算行列式
  --...
  --异常
when SINGULAR:NUMERIC/ERROR=>PUT("SINGULAR");
when others=>PUT("FATALError");
raise ERROR;
end;
```

在这里，exception 关键字用于指示这是一个异常处理程序，并且 raise 关键字的作用类似于刚刚介绍的 C 异常处理程序中的 raise。SINGULAR 代表矩阵的行列式为零，对它的定义则在其他地方（例如在标头文件中）。

4.3.4　Cardelli 的度量标准和过程语言

本小节根据 Cardelli 标准，从整体 Cardelli 上考虑通用的多种过程语言用于实时系统的情况。在前面的讨论中已经提了他的观点。首先，他指出引入变量类型可以改善代码的生成。因此，只要编译器高效，那么过程语言的执行效率就很高。此外，由于模块可以独立编译，因此至少在接口稳定的情况下，大型系统的编译效率很高。这样就消除了系统整合中更具挑战性的方面。

因为类型检查可以捕获许多编码错误，从而减少了测试和调试工作，所以小型开发是高效的，即便发生了错误也更易于调试，就是因为它排除了大量其他种类的错误。最后，经验丰富的程序员采用的独特的编码风格，会使得一些逻辑错误显示为类型检查错误，因此，他们可以将类型检查器用作开发工具，例如，在类型的不变量发生变化时，改变类型的名称，即使类型结构保持不变，也会对在此之前的所有的对应类型产生错误报告。

此外，数据抽象和模块化对于大规模代码开发具有方法上的优势。大型程序开发团队可以协商要使用的接口，然后分别实现相应的代码段。这些代码段之间的依赖关系被降到最低，并且可以在局部重新安排，而不必担心会有全局的影响。

最后，过程语言是高效的，因为某些精心设计的构造可以自然地以正交方式组合。例如，在 C 语言中，数组的数组可对二维数组建模。语言功能的正交性降低了编程语言的复杂性。这样就降低了程序员的学习难度，并在使用复杂语言时，最大限度地减少了重新学习的需求（Cardelli，1996）。

4.4　面向对象的语言

面向对象的语言有很多公认的优点,例如,其提高了程序员的生产率、提高了软件的可靠性以及具备更高的代码重用潜力。面向对象的语言包括 Ada、C++、C♯和 Java。面向对象的编程语言支持数据抽象、继承、多态性和消息传递。

对象是管理日益复杂的实时系统的有效方法,因为它们自然地为信息隐藏,或者说是受保护的变化和封装提供了环境。在封装中,对象和与之关联的方法的类被包括在或封装在类定义中。一个对象只能通过向另一个对象发送带有要应用的方法名称的消息来利用另一个对象的封装数据。例如,在考虑对象排序的问题时,可能存在一种方法,用于按升序对整数的对象类进行排序,一个关于人的类可能会按其身高排序;具有颜色属性的图像对象的类可能按颜色属性排序。所有这些对象都有一个比较消息方法,但是具有不同的实现方式。因此,如果客户端发送消息来比较这些对象中的一个与另一个,则运行时代码必须动态地解析要应用的方法,这明显会增加执行时间。接下来将会讨论这个问题。

面向对象的语言为信息隐藏提供了有利的环境。例如,在图像处理系统中,定义像素类型的类会很有用,像素具有描述其位置、颜色和亮度的属性以及可应用于像素的操作,例如添加、激活、禁用等;可能还需要将图像类型的对象定义为具有宽度、高度等其他属性的像素的集合。在某些情况下,更容易以面向对象的方式进行系统功能的表达。

4.4.1　同步对象和垃圾回收

在实践中,与其通过继承来扩展类,还不如使用组合。但是,由于使用环境不同,这样做需要支持对象的不同同步策略。具体来说,考虑以下常见的对象的同步策略:

(1) 同步对象　一个同步对象(例如互斥量)与可以被多个线程并发访问的对象相关联。如果使用了内部锁,则在方法进入时,每个公共方法都将获得关联的同步对象的锁,并在方法退出时释放该锁。如果使用外部锁,则客户端负责在访问该对象之前获取关联的同步对象的锁,并在完成时释放该锁。

(2) 封装的对象　当一个对象被封装在另一个对象中时(即被封装对象在封装对象之外不可访问),获得被封装对象的锁是多余的,因为封装对象的锁也保护了被封装对象。因此,对封装对象的操作不需要同步。

(3) 线程局部对象　仅由单个线程访问的对象不需要同步。

(4) 在线程之间迁移的对象　在此策略中,迁移对象的所有权在线程之间转移。当线程转移了迁移对象的所有权时,它将无法再访问该对象。当线程获得了迁移对象的所有权时,可以保证对其具有排他性访问权限(即迁移对象是线程局部的)。因此,迁移对象不需要同步。但是，所有权转移需要同步。

（5）不可变的对象　不可变对象的状态在被实例化后永远不会被修改。因此，不可变对象在被多个线程访问时不需要同步，因为所有访问都是只读的。

（6）不同步的对象　单线程程序中的对象不需要同步。

为了说明支持同步策略的参数化的必要性，可考虑一个类库。类库的开发人员预期该库的用户会很多，因此要使得所有类都同步，这样就可以在单线程和多线程应用程序中安全地使用它们。但是，如果库的客户端应用程序是单线程的，则会因为不必要的同步执行带来不应有的开销。如果对象不需要同步（例如，对象是线程本地的），那么即使多线程应用程序也可能有不必要的开销。因此，为了在不牺牲性能的前提下提高类库的可重用性，理想情况下，库中的类应该允许客户端基于每个对象选择要使用的同步策略。

垃圾是指已不再使用，在其他情况下也不可用的已分配内存。过多的垃圾堆积是有害的，因此必须定期回收垃圾。垃圾收集算法的性能通常不可预测，但平均性能是可知的。确定性的损失来自于未知的垃圾数量、不确定性数据结构的标记时间以及许多增量垃圾收集器要求堆中的每次内存分配或释放都能够为页面错误陷阱处理程序提供服务这一事实。

此外，在过程语言和面向对象语言中都有可能产生垃圾。例如，在 C 语言中，垃圾产生的原因是分配了但没有正确回收内存。但是，垃圾通常与面向对象的语言（例如 C++ 和 Java）相关联。值得注意的是，Java 的标准环境集成了垃圾回收功能，而 C++ 没有。

4.4.2　Cardelli 的度量标准和面向对象的语言

本小节根据 Cardelli 的标准来分析面向对象的语言。就执行效率而言，面向对象的语言本质上比过程语言低。在纯面向对象风格中，每个例程都应该是一个方法。因此由方法表引入了额外的间接访问，并阻止了直接的代码优化（例如内联）。解决此问题的传统方法（分析和编译整个程序）违反了模块化原则，不适用于库。

通常情况下，在编译效率方面类的代码和接口之间没有区别。某些面向对象的语言不够模块化，在编译子类时需要重新编译超类。因此，编译所花费的时间可能会随着系统增大而不成比例地增长。

而在小规模开发方面，面向对象的语言的效率较高。例如，个人程序员可以利用类库和框架，从而大大减少工作量。但是，当项目规模扩大时，程序员必须能够理解所有这些类库的详细信息，而这项任务比理解典型的模块库更加困难。大多数面向对象在语言的类型系统方面表达力不足。程序员必须经常求助于动态检查或不安全的功能，从而破坏程序的健壮性。

就大规模开发效率而言，许多开发人员经常参与开发新的类库以及定制现有类库。尽管重用是面向对象语言的优点，但这些语言在通过继承进行类扩展和修改方面的模块化性能也很差。例如，很有可能重写了不应该被重写的方法，或者重新实现类的方式会导致子类出现问题。其他的大规模开发问题包括类和对象类型之间容易混淆，这限制了抽象的构造，并且子类型多态性不足以表示容器类。

面向对象的语言的特性效率不高。例如,C++基于一个相当简单的模型,但在许多特性方面异常复杂。不幸的是,设计 C++的目的原本是实现效率和统一("一切都是对象"),然而最终实现的却是一个庞大的多种类的集合。而 Java 代表着向降低复杂性迈出的一步,但实际上它却比大多数人所能意识到的还要复杂(Cardelli,1996)。

4.4.3 面向对象语言与过程语言

对于实时系统来说面向对象语言与过程语言哪个更好,目前尚无共识。部分原因是存在大量这种迥异的实时应用程序,例如从非嵌入式的机票预订和预约系统到跑鞋中的嵌入式无线传感器。

使用面向对象方法解决问题以及使用面向对象语言的好处是显而易见的,这一点已经描述过了。还可以想像实时操作系统的某些方面会从对象中受益,例如进程、线程、文件或设备。此外,某些应用程序领域显然可以从面向对象的方法中受益。但是,实时系统中反对面向对象编程语言的主要观点是,它们可能导致出现一个无法预测和效率低下的系统,并且难以优化。尽管如此,我们仍然为软件和企业的实时系统推荐面向对象的语言。

但是,至少对于没有垃圾收集机制的面向对象的语言(例如 C++)而言,不可预测的问题并不成立。C++像 C 语言一样可以容易地构建可预测的系统(也是硬实时系统)。类似地,C 语言也可以像 C++一样构建不可预测的系统。但对于像 Java 这样的垃圾收集语言,确实会出现使用面向对象语言导致系统更加不可预测的情况。

在任何情况下,反对面向对象语言的一个主要观点是,面向对象语言会导致效率低下。通常,与过程语言相比,面向对象语言存在执行时间损失。这种损失部分是由函数多态性、继承和组合所必需的延迟绑定(在运行时而不是在编译时解析内存位置)导致的。这些影响导致相当大的,并且通常不确定的延迟因素;另一个延迟原因是垃圾回收例程的开销。减少这些损失的一种方法是不要定义太多的类,而仅定义包含粗略细节和高级功能的类。

小故事　面向对象的语言缺乏一定的灵活性

以下轶事(来自 Laplante 的一位希望保持匿名的客户)表明,在实时系统中使用面向对象的语言也可能存在微妙的困难。一个实时系统的设计团队坚持使用 C++来实现一个相当简单明了的需求规范。编码完成后,开始测试。尽管开发的系统从未失败过,但是一些用户希望添加一些要求;然而添加这些功能会导致实时系统错过重要的截止期限。因此,客户聘请了一位外部供应商使用过程语言来实现修改后的设计。该供应商通过 C 语言编写代码,然后手动优化编译出的某些汇编语言部分来满足新的要求。基于过程化的 C 语言代码与编译器生成的汇编语言指令之间的紧密对应关系,他们可以使用这种优化方法。但这种简单的方法并不适用于使用 C++的开发人员。

但是,上面的案例并不是对这种解决策略的认可。它只是说明了一个非常特殊的案例。

有时,这种情况被用来质疑面向对象语言在实时应用中的可行性,这是不公平的——许多准实时和强大的实时系统都是使用面向对象的语言构建的。此外,这则小故事中以直接的方式解决了客户的问题,但很容易看出这样生成的系统的可理解性、可维护性和可移植性将是很糟糕的。因此,针对客户案例的解决方案应包括对系统的全面重新设计,包括重新评估截止期限和整个系统架构。

一个更普遍的问题是面向对象语言中的继承异常。当尝试将继承用作代码重用机制时,会出现继承异常,这种机制不会保留可替换性(即子类不是子类型)。如果保留了可替换性,则不会发生异常。由于面向对象方法中,使用继承来实现重用已经不受欢迎了(取而代之的是组合),似乎大多数因为面向对象语言的继承异常,而在实时系统拒绝面向对象语言的论调也已经过时了。

考虑以下来自于关于实时操作系统的优秀文章(Shaw,2001)的示例:

```
BoundedBuffer
{
    DEPOSIT
    pre:notfull
    REMOVE
    pre:notempty
}
MyBoundedBufferextendsBoundedBuffer
{
    DEPOSIT
    pre:notfull
    REMOVE
    pre:notemptyANDlastInvocationIsDeposit
}
```

假设已检查了先决条件并具有"等待语义"(即先决前提条件为真),那么显然MyBoundedBuffer增强了 BoundedBuffer 的先决条件,因此违反了可替换性,因此继承的使用存在问题。

大多数反对在实时编程中使用面向对象语言的人声称,面向对象语言对并发和同步的支持很差。但是,当语言中不存在对并发的内置支持时,通常的做法是创建"wrapper-facade"类来封装系统的并发应用程序接口(API),以便在面向对象中使用并发(例如 C++中用于 POSIX 线程的 wrapper 类)。此外,还有几种可用于面向对象的实时系统的并发循环模式(Douglass,2003;Schmidt 等,2000)。虽然在语言层面上对并发的支持很差,但这并不是问题,因为开发人员可以使用库来代替。

总之,对在实时系统中使用面向对象语言的批评者的火力似乎集中在 Java 上,而忽略了 C++。C++更适合进行实时编程,因为除其他原因外,它没有内置的垃圾回收和类方法,并且默认不使用"动态绑定"。无论如何,没有严格的准则决定何时应该采用面向对象的方法和语言,而应该具体情况具体分析。

4.5 编程语言概述

为了说明上述语言属性,有必要回顾一下当前在实时系统编程中使用的某些语言。以下讨论的过程性语言和面向对象的语言按字母顺序而不是按认可度或特性来排序。

4.5.1 Ada

Ada 最初被计划为强制用于所有美国 DoD 项目的语言,其中包括大量嵌入式系统。1983 年 Ada 的第一个版本标准化,但它存在相当严重的问题。Ada 专门用于实时系统编程,但当时,系统构建者发现生成的可执行代码体积庞大且效率低下。此外,在尝试使用该语言提供的有限工具来执行多任务处理时,还发现了主要问题,例如被广泛批评的会合机制。编程语言社区也已经意识到了这些问题,事实上自从首次交付 Ada 83 编译器以来,就一直在寻求解决这些问题的方法。这些改革和努力最终诞生了该语言的新版本。经过彻底修改的语言称为"Ada 95",被认为是第一种具有国际标准的面向对象编程语言,实际上,有些人将 Ada 95 称为"第一种实时语言"。

Ada 95 中引入了 3 个特别有用的构造,以解决 Ada 83 在调度、资源争用和同步方面的缺点:

① 一种控制任务分配方式的实用指令;

② 一种控制任务调度之间交互的实用指令;

③ 一种控制任务和资源进入队列的排队策略的实用指令。

此外,为了使得 Ada 95 完全地面向对象针对该语言还做了其他的努力,包括:

① 标记类型;

② 程序包;

③ 受保护的单元。

正确使用这些,可以构造出具有面向对象语言的 4 个特征的对象:抽象数据类型、继承、多态性和消息传递。

2001 年 10 月,ISO/IEC 宣布了 Ada 95 标准的技术勘误,并于 2007 年 3 月发布了对该国际标准的主要修正案。Ada 的最新版本称为"Ada 2005"。Ada 95 和 Ada 2005 之间的差异并不多——无论如何,都没有 Ada 83 和 Ada 95 之间的差别那么大。因此,当本书其余部分提到"Ada"时,我们指的是 Ada 95,因为 Ada 2005 并不是一个新标准,而只是一个修订。

修订 ISO/IEC 8652:1995 / Amd 1:2007 包含了一些令实时系统社区特别感兴趣的更

改,例如:

① 实时系统附件包含其他调度策略,对定时事件的支持以及对 CPU 时间利用率控制的支持;

② 改进了面向对象的模型,以提供多重继承;

③ 通过大量改进,增强了语言的整体可靠性。

尽管 Ada 从未实现它所承诺的通用性,但经过修订的 Ada 语言还是卷土重来,特别是 DoD 的很多新系统和许多旧系统都使用 Ada,流行的 Linux 环境也可以使用 Ada 的开源版本。

4.5.2　C 语言

C 编程语言是贝尔实验室于 1972 年左右开发出来的,是一种适用于"底层"编程的语言。因为它源自非常清晰的语言 BCPL(其后继者是 B 语言,也即 C 语言的前驱者),而该 B 语言仅支持一种类型——机器字,因此,C 语言支持与机器相关的项,例如地址、位、字节和字符,这些都可以直接用 C 语言处理。C 语言可以有效地利用这些基本实体来控制 CPU 的工作寄存器、外设接口单元以及实时系统所需的其他内存映射硬件。

C 语言提供了特殊的变量类型,例如 register,volatile,static 和 constant,这些变量类型可在过程语言级别上有效控制代码生成。例如,将变量声明为 register 类型表示将频繁使用该变量。register 关键字将指导编译器把这样声明的变量放在工作寄存器中,这会使得程序更快、更小。此外,C 语言仅支持按值调用,但是通过将指针作为值传递给任何对象可以轻松实现按引用调用。对于声明为 volatile 类型的变量编译器不会进行优化,在处理内存映射的 I/O 和其他不应优化代码的特殊实例时,此功能是必需的。

自动强制类型转换指的是在 C 语言中有时会发生的数据类型的隐式转换。例如,可以将 float 类型的值分配给 int 型变量,但是截断可能会导致信息丢失,同时,C 语言提供了诸如 printf 之类带有可变数量的参数的函数。所以尽管这是一项方便的功能,但因为编译器无法彻底对参数进行类型检查,这意味着在运行时可能会出现各种奇怪的问题。

C 语言通过使用信号来处理异常,并且提供了另外两种机制 setjmp 和 longjmp,使得过程可以从深层嵌套中快速返回——这在需要中止的过程中特别有用。setjmp 过程调用实际上是一个宏(但通常是作为函数实现的),它保存了环境信息,可被后续 longjmp 库函数调用使用。longjmp 调用将程序恢复到上一次 setjmp 调用时的状态,例如,假设调用过程函数进行一些处理和错误检查,如果检测到错误,则可以使用 longjmp 将其转移到 setjmp 之后的第一个语句。

总体而言,C 语言特别适合嵌入式编程,因为它提供了相应的结构和灵活性,而没有复杂的语言限制。C 语言国际标准的最新版本是 1999 年版本(ANSI / ISO / IEC 9899:1999)。

4.5.3　C++

C++是一种混合的面向对象的编程语言,最初是在20世纪80年代作为C语言的宏扩展实现的。今天,尽管C++编译器也应该接受标准的C代码,但C++作为一种独立的编译语言存在。C++具有面向对象语言的所有特征,并且通过封装和比C语言更高级的抽象机制,可以更好地适应软件工程实践。

C++编译器具有一个预处理阶段,该阶段基本上就是对使用♯define或♯typedef指令声明的标识符进行智能搜索和替换。尽管大多数C++倡导者都不鼓励使用继承自C语言的预处理阶段,但它的使用非常广泛。C++中的大多数预处理定义都存储在头文件中,这是对实际源代码文件的补充。预处理方法的问题在于,它为程序员提供了一种无意间给程序增加了不必要的复杂性的方法。预处理方法的另一个问题是类型检查和验证能力较弱。

大多数软件开发人员都承认,在C/C++编程中,滥用指针导致了大多数的错误。以前,C++程序员使用复杂的指针算法来创建和维护动态数据结构,尤其是在操作字符串的时候。因此,他们花费了大量时间来寻找简单的字符串管理中的复杂的错误。但是,如今可以使用动态数据结构的标准库。例如,标准模板语言(STL)是C++的标准库,它兼有常规字符串string和宽字符串wstring的数据类型。这些数据类型足以化解对早期C++版本的所有反对观点,这些反对观点主要涉及字符串操作问题。

C++中有3种复杂的数据类型——类、结构和联合体,但是,C++没有对文本字符串的内置支持。标准技术是使用以null为结束符的字符数组来表示字符串。

常规C语言代码被组织成函数,这些函数是程序可访问的全局子例程。C++添加了类和类方法,它们实际上是连接到类的函数。但是,由于C++仍然支持C,因此原则上没有什么可以阻止C++程序员使用常规函数。但是,这将导致函数和方法的混合使用,从而导致程序混乱。

多重继承是C++的一项有用功能,可以从多个父类派生一个类。尽管多重继承的确强大,但是必须正确使用它,否则会产生许多问题;从编译器的角度来看,它实现起来也很复杂。

如今,越来越多的嵌入式系统是使用C++构建的,许多从业者问:"我应该用C还是C++实现我的系统?"

直接的答案总是"取决于具体情况"。在嵌入式应用程序中选择C代替C++是一种困难的权衡:C程序将更快,更可预测,但难以维护;而C++程序将更慢且难以预测,但可能易于维护。因此选择哪种语言无异于问应该吃"青苹果"还是"红苹果"。

C++仍然允许进行底层控制,例如,它可以使用内联方法而不是运行时调用。这种实现不是特别抽象,也不是完全底层的,但在典型的嵌入式环境中可以接受。

一种不好的做法是,可能会有一些倾向,采用现存的C代码,并通过简单地将过程式代码包装到对象中使其对象化,而不考虑面向对象的最佳实践。这种做法绝不可取,因为它只会含有 C++ 的所有缺点,而得不到任何好处。此外,C++ 不提供自动垃圾收集,这意味着必须手动管理动态内存,否则需要自己开发实现垃圾收集功能。因此,当将 C 程序转换为 C++ 时,需要彻底地重新设计,以充分利用面向对象设计的所有优点,同时最大限度地减少运行时的缺点。

4.5.4　C#

C#(发音为"C Sharp")是一种类似于 C++ 的语言,其语言特性和其操作环境分别与 Java 和 Java 虚拟机相似。因此,C# 首先被编译成中间语言,然后在运行时生成本机映像。C# 与微软的.NET 框架相关联,适用于 Windows CE 这样小型的操作系统。Windows CE 具有高度可配置性,能够从较小的嵌入式系统(占用空间<1 MB 字节)向上扩展到大型系统(例如需要用户界面支持的实时系统)。最小的内核配置提供基本的网络支持、线程管理、动态链接库支持和虚拟内存管理。尽管详细讨论超出了本书的范围,但显然 Windows CE 最初是旨在用作.NET 平台的实时操作系统。

这里的大部分讨论都来自 Lutz 和 Laplante(2003)。

C# 支持"不安全代码",允许指针引用特定的内存位置。指针引用的对象必须显式"固定",以防止垃圾回收器更改其在内存中的位置。垃圾收集器收集固定的对象,但不会移动它们。此功能可以提高可调度性,并且还允许内存直接访问(DMA)写入特定的内存位置,这是嵌入式实时系统中的必要功能。.NET 提供了一种生成式的垃圾回收方法,旨在最大限度地降低标记和清除期间的线程阻塞。例如,不支持在特定时刻创建线程并确保线程在特定时间点完成的方法。此外,C# 提供了许多线程同步机制,但没有一个达到这种精度水平。C# 支持一系列线程同步结构:LOCK、管程、互斥锁和互锁。LOCK 在语义上与临界区相同:一个代码段,保证一次只能由一个线程进入。LOCK 是管程类类型的简单形式。互斥锁在语义上等效于 LOCK,额外的功能是跨进程空间工作。互斥锁的缺点是性能下降。最后,互锁(一组重载的静态方法)用于以线程安全的方式递增和递减数字,以实现优先级继承协议。

C# 中存在功能上与广泛使用的 Win32 计时器相似的计时器。在构造计时器时,将配置计时器在第一次调用之前要等待的时间(以毫秒为单位),还会提供一个间隔(以毫秒为单位),以指定后续调用之间的时间间隔。这些计时器的准确性受制于机器,因此无法保证,从而降低其在跨硬件平台的实时系统中的实用性。

C# 和.NET 平台不适用于大多数硬实时系统,原因有几个,其中包括其垃圾回收环境无限制地运行以及缺乏线程结构来充分支持调度性和确定性。尽管如此,C# 能够有效地与操作系统 API 交互,使开发人员免受复杂的内存管理逻辑的影响,再加上 C# 的良好浮点性能,使其有潜力成为软实时甚至准实时应用程序的编程语言。但是,使用它需要有严格的编程风格(Lutz,Laplante,2003)。

4.5.5　Java

Java 与 C#一样,是一种解释型语言,也就是说代码会编译成与机器无关的中间代码,在一个受管理的执行环境中运行。这个环境是一个虚拟机(图 4.3),它将"目标"代码指令作为一系列程序指令执行。这种做法明显的优势是 Java 代码可以在任何实现了虚拟机的设备上运行。这种"一次编写,随处运行"的理念在移动和便携式计算中具有重要的应用,例如在手机和智能卡以及基于 Web 的计算中应用广泛。

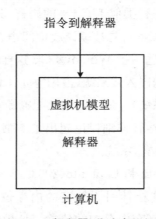

图 4.3　Java 解释器,作为虚拟机模型

还有本机代码 Java 编译器,它们允许 Java 直接在"裸机"上运行,也就是说,编译器将 Java 转换为汇编代码或目标代码。例如,从 Java 2 开始,Java 虚拟机支持特殊的编译器,可以将 Java 代码编译成几种标准体系结构的机器代码。此外,甚至还有特殊的 Java 微处理器,它们可以直接在硬件中执行 Java 字节码(El Kharashi,Elguibaly,1997)。

Java 是一种面向对象的语言,其代码与 C++类似。像 C 一样,Java 支持按值调用,但也可以模拟按引用调用,这将在稍后讨论。但是 Java 是纯粹的面向对象的语言,也就是说,必须通过创建对象类,实例化这些类(或基类)的对象以及通过方法来操作对象的属性来实现 Java 中的所有功能。因此,只有在真正体现面向对象设计方法的情况下,才有可能将用过程语言(例如 C)编写的老代码"转换"为 Java。当然,这种转换不能保证好的面向对象的设计,但是在转换中获得的设计将是基于语言规则的真正的面向对象的设计。这种情况与以前强调的那种简单粗暴地从 C 转换到 C++时获得的虚假的面向对象的转换完全不同。

Java 确实提供了预处理功能。使用常量数据成员代替♯define 指令,并使用类定义代替♯typedef 指令。结果是,相比 C++源代码,Java 源代码通常更一致,也更易于阅读。Java 编译器直接从源代码文件构建类定义,该源代码文件包含类定义和方法实现。但是,这种可移植性自然地会带来性能损失。

Java 语言不支持指针,但是它通过引用提供了类似的功能。Java 通过引用来传递所有数组和对象,这可以防止出现由于指针管理不当而引起的常见错误。缺少指针似乎阻止了诸如动态数组的数据结构的实现。但是,任何指针功能都可以通过引用方便地实现,并且在

Java 运行时由系统提供安全性,譬如对数组索引操作的边界检查——所有这些都会降低性能。

Java 仅实现一种复杂的数据类型:类。当需要结构体和联合体的功能时,Java 程序员使用类。相比于简单数据结构,这种一致性是以增加执行时间为代价的。

Java 语言不支持单独的函数。相反,Java 要求程序员将所有例程捆绑到类的方法中,这又是一个高昂的代价。

而且,Java 不直接支持多重继承,但是,接口允许实现多重继承。Java 接口提供了对象方法描述,但不包含任何实现。

在 Java 中,字符串被实现为一等对象(String,String-Buffer),这意味着它们是 Java 语言的核心。Java 将字符串实现为对象具有许多优点。首先,在所有系统中,字符串的创建和访问都是一致的。其次,由于 Java 字符串类被定义为 Java 语言的一部分,因此字符串的功能是可预测的。最后,Java 字符串类执行广泛的运行时检查,这有助于消除错误,但是所有这些操作都会增加执行时间。

Java 不支持运算符重载,但是,在 Java 的字符串类中,"+"表示字符串的连接以及数字加法。

Java 语言不支持自动强制类型转换。在 Java 中,如果强制转换将导致数据丢失,必须将数据元素显式转换为新类型。Java 确实具有隐式的"向上转换",但是,任何实例都可以向上转换到 Object,该对象是所有对象的父类。同时,向下转换是显式的,并且需要强制转换。这种显示转换对于防止隐藏的精度损失很重要。

系统传递到 Java 程序的命令行参数与传入到 C++ 程序的常规命令行参数不同。在 C 和 C++ 中,系统将两个参数传递给程序 argc 和 argv。argc 指定存储在 argv 中的参数数量,而 argv 是指向包含实际参数的字符数组的指针。另外,在 Java 中,系统只给程序传递一个值 args。args 是包含命令行参数的字符串数组。

4.5.6　实时 Java

本小节专门介绍 Java 的实时版本。尽管实时 Java 只是标准 Java 语言的一种修改,但它值得单独讨论,因为它越来越多地用于实现软实时、准实时甚至硬实时系统,而标准 Java 主要用于软实时系统。尽管出于全面考虑,我们讨论了实时 Java,并且展示了它的一些优点,但仍要重申一下我们的观点,在大多数情况下,相比于 Java,我们更倾向于 C++。

除了难以预测垃圾收集的性能外,对于调度,Java 的规范也仅提供宽泛的指导。例如,当存在对处理资源的竞争时,通常高优先级的线程高于低优先级的线程。但是,此优先并不能保证就绪线程中优先级最高的线程总是在运行,并且不能使用线程优先级可靠地实现互斥。人们很快就认识到,这样的缺点和其他缺陷使标准 Java 不适用于大多数实时系统。

为解决此问题,美国国家标准技术研究院(NIST)工作组开发了专门适合嵌入式实时应用程序的 Java 版本,并于 1999 年 9 月发布了最终的研讨报告,它定义了 Java 实时规范

(RTSJ 1.0)的 9 个核心要求：

① 规范必须包括一个框架，用于查找和发现可用的文件；

② 提供的任何垃圾收集功能都应具有有限的抢占延迟；

③ 规范必须按照现有标准文档中的详细程度来确定实时 Java 线程之间的关系；

④ 规范必须包括 API，使得 Java 和非 Java 任务之间进行通信和同步；

⑤ 规范必须包括内部和外部异步事件的处理；

⑥ 规范必须包括某种形式的异步线程终止；

⑦ 内核必须提供机制，实现无阻塞的互斥；

⑧ 规范必须提供机制，允许代码查询它是在实时 Java 线程还是在非实时 Java 线程下运行；

⑨ 规范必须定义实时 Java 线程与非实时 Java 线程之间的关系。

RTSJ 1.0 满足了除第一个要求以外的所有要求，但这被认为无关紧要的，因为对物理内存的访问不是 NIST 要求的一部分，但是业界促使该组织将其包括在内（Bollella，Gosling，2000）。2006 年，实时规范的增强版本 RTSJ 1.1 公布（Dibble，Wellings，2009）。

以下的大部分讨论改编自 Bollella 和 Gosling（2000）。

RTSJ 定义了实时线程类来创建线程，由驻留调度程序执行该线程。实时线程可以访问堆上的对象，因而可能会因需要垃圾回收而导致延迟。

对于垃圾回收，RTSJ 扩展了内存模型以支持内存管理，但不会干扰实时代码提供确定性行为的能力。这些扩展允许在垃圾收集堆之外分配短期和长期的对象，也具有足够的灵活性使用熟悉的解决方案（例如预分配的对象池）。

RTSJ 中"优先级"的概念比传统上认为的更宽松一些。"最高优先级线程"仅表示最符合条件的线程，即调度程序将从所有就绪的线程中选择线程，它不一定是严格的基于优先级的调度机制。

系统必须将所有等待获取资源的线程按优先级顺序排队。这些资源包括处理器以及同步块。如果活动调度策略允许具有相同优先级的线程，则使用 FIFO 原则对线程排序。具体如下：

① 系统使得等待线程进入优先级队列中的同步块；

② 系统将已经准备运行的阻塞线程添加到它所在优先级的就绪队列末尾；

③ 将一个由其本身或另一个线程显式设置优先级的线程添加到新优先级的就绪队列的末尾；

④ 系统将让出 CPU 操作的线程放置到其优先级队列的末尾。默认实现优先级继承协议。

实时规范还提供了一种机制，通过该机制可以实施系统范围的默认策略。

异步事件功能包括两个类：AsyncEvent 和 AsyncEventHandler。AsyncEvent 对象代表可能发生的事情，如硬件中断；或者代表一个计算事件，如飞机进入受监视区域。当这些事件之一发生时（通过调用 fire()方法指示），系统将调度关联的 AsyncEventHandler。AsyncEvent 管理着两件事：事件开始时处理程序的分派以及与事件相关联的处理程序集。应用程序可以查询该集合，并添加或删除处理程序。AsyncEventHandler 是大致类似于线程的可调度对象。当事件发生时,系统调用关联处理程序的 run()方法。

但是,与其他可运行对象不同,AsyncEventHandler 具有相关联的调度、释放和内存参数,这些参数控制读取或写入的实际执行。

异步控制传输通过声明特定方法抛出异步中断异常(AIE)来识别它们。当这样的方法在线程的运行栈顶部运行并且系统在线程上调用 java. lang. Thread. interrupt()时,其将立即起作用,就像系统抛出了一个 AIE。如果系统在未执行该方法的线程上调用中断,则系统会将该线程设置为 AIE 挂起状态,并在下次控制权传递给该方法(调用它或返回到它)时,将其抛出。当控制处于返回或进入同步块时,系统还将 AIE 的状态设置为"挂起"。

对于希望直接用 Java 代码访问物理内存的情况,RTSJ 定义了两个类。第一个类是 RawMemoryAccess,其定义了一些方法,通过这些方法可以构建一个代表物理地址范围的对象,然后使用 byte,word,long 和多字节粒度访问物理内存。除了 set 和 get 方法外,RTSJ 没有其他语义。第二个类是 PhysicalMemory,其允许构造 PhysicalMemoryArea 对象,通过它系统可以定位 Java 对象的物理内存的地址范围。例如,可以使用 newInstance()或 newArray()方法在一个特定的 PhysicalMemory 对象中构建新的 Java 对象。RawMemoryAccess 实例将原始存储区域建模为大小固定的字节序列。工厂方法允许从特定地址范围或使用特定内存类型的内存创建 RawMemoryAccess 对象。实现必须提供并设置一个工厂方法来相应地解释这些请求。完整的 get 和 set 方法使得系统可以通过相对于基址的偏移量(解释为 byte,short,int 或 long 数据值)访问物理内存区域的内容,并将它们复制到 byte,short,int 或 long 数组中或从字节,short,int 或 long 数组中复制。

4.5.7 特殊的实时语言

在过去的几十年中,出现了各种各样用于实时编程的专用语言,并取得了不同程度的成功,包括:

(1) PEARL 这种过程自动化和实验自动化的实时语言是由德国研究人员在 20 世纪 70 年代初期开发的。PEARL 使用增强策略,在德国,特别是在工业控制环境中应用广泛。当前版本是 PEARL-90。

(2) 实时 Euclid 也是从 20 世纪 70 年代开始应用的一种实验语言,它是完全适合可调度性分析的语言之一,这种适应是通过语言限制来实现的。但实时 Euclid 起源于 Pascal 编程语言,从未进入主流应用。

(3) Occam2 这是一种基于通信-顺序-过程形式主义的语言,旨在支持晶片机上的并发(请参阅第 2.5.2 节)。它出现在 20 世纪 80 年代后期,主要在英国应用,但随晶片机一起消失了。

(4) 实时 C 实际上是一组 C 宏扩展程序包的通用名称,这些宏扩展通常提供标准 C 中没有的时序和控制构造。

(5) Neuron®C 这是标准 C 的增强,具有事件处理、网络通信功能并对硬件 I/O 进行了扩展。它旨在支持适用于 Neuron ©处理器和相应的智能收发器的 LonWorks(控制网络的现场总线标准)应用,并在楼宇自动化领域中得到广泛应用。

(6) 实时 C++　这是专为 C++开发的几个对象类库的通用名称,这些库增强了标准 C++以提供更高级别的定时和控制。

此外,还有许多其他实时语言和相应的操作环境,例如 Anima,DROL,Erlang,Esterel, Hume,JOVIAL,LUSTRE,Maruti,RLUCID,RSPL 和 Timber。其中一些仅用于高度专业化的应用或仅用于研究。

4.6　自动代码生成

在嵌入式系统时代的初期,人们很快就认识到普通汇编语言程序员的编程效率很低,而熟练的程序员严重缺乏。众所周知,采用高级语言可以大大缓解这种情况(图 4.1),程序员的生产力显著提高。成为熟练的高级语言程序员比成为熟练的汇编语言程序员容易得多,耗时更少。当然,正如本章前面讨论的那样,这一重大转变背后还有其他原因。

多年来,硬实时系统的开发人员一直担心,用高级语言编译器产生代码比用汇编语言手工创建代码效率低。如今,由于现代编译器能够自动执行真正有效的代码优化,因此效率低下问题已大大减少。这将在第 4.7 节中概述。

编译器的高效性使用户能够提高抽象级别,并从由程序员生成代码转向自动生成代码——或从解决方案的问题空间转到更高层次的问题空间(也称为“最小化智力距离”)。由于程序员的生产力提高的速度难以跟上大多数应用程序代码的增长速度,因此自动代码生成面临巨大压力。同时,典型产品所需的上市时间正在缩短,但是很大一部分嵌入式软件项目却不能按时完成。此外,由于嵌入式系统领域快速发展,经验丰富的实时系统程序员严重不足。显然,需要进行一些改变,以抓住不断增长的技术机遇。

4.6.1　制定生产质量规范

几十年来,自动生成代码一直是软件工程师和项目经理的梦想。实际上,最初的 Fortran语言被描述为“自动程序生成器”(Backus 等,1957)。在这种情况下,假定自动代码生成器可以以某种形式直接从系统规范中生成高级语言代码(很少使用汇编语言)而无需程序员干预。然而,目前的普遍做法是,程序员需要在编译前手动改进自动生成的高级语言代码。

到 20 世纪 80 年代初,一些开创性组织已经在开发“自动代码生成器”,以加快和提高汇编编码这一耗时且易出错的过程的可靠性。这些努力被证明是成功的,例如,在汽车控制领域,可以使用一种特殊用途的专有应用程序语言在高层制定控制软件的规范,然后生成汇编代码(Srodawa 等,1985)。

在过去的几十年中,许多组织都一定程度上采用了自动代码生成器,将其与程序员生成的代码一起使用。实时软件的某些严格指定的部分(例如有限状态机和各种数值算法)可以由系统规范自动生成组合到某些高级编程语言,例如 Ada(Alonso 等,2007)或 Java(Hagge,Wagner,2004 年)。但是,大多数产品级的高质量代码仍是手动创建的。图 4.4 说明了从程序员生成代码到自动生成代码的持续演进路径。尽管图 4.4(c)的最终目标有些模糊,但混合代码生成方法确实是当前许多实时软件项目和相应组织中存在并日益增长的现实。但是,自动代码生成通常只应用于小部分的代码和熟知领域内的相对简单的应用程序。图 4.4(b)的混合方法类似于经典的两种文化背景的情况,互补性的文化会共存最终将惠及整个社区。

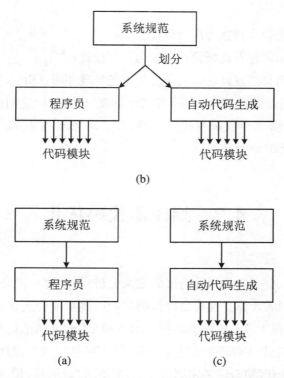

图 4.4　三步演化路径,(a)→(b)→(c),从程序员生成代码到自动生成代码

4.6.2　剩余挑战

在自动代码成为实时系统中产生产品级优质代码的主要方法之前,有两个主要挑战需要解决:

① 如何有效地为复杂的异构系统创建严格的规范?

② 如何提高自动生成代码的执行速度和内存使用率?

第一个挑战与将在第 5 章中讨论的需求工程方法有关,第二个挑战与过去高级语言编译器的效率问题相似。这两个领域都需要大量的研究和开发工作,因为即使对于传统的编译器而言,无论从实践上还是从理论上,设计高效的代码生成器都是编译器设计中最困难的部分。将抽象级别的系统规范用作自动代码生成器的输入,使问题更加棘手。总而言之,难点在于(基于人工智能的)自动代码生成是否可以捕获程序员的丰富知识和经验。

Maclay 认为自动代码生成的问题与软件重用的目的相关,因为它们都倾向于减少实时系统项目中软件工程师的工作量(Maclay,2000)。他指出,自动代码生成对于快速创建原型特别有用,从而加快了以算法为中心的新型嵌入式系统的创新过程。但是,如果要被高要求的应用(例如汽车控制)接受,自动生成的代码与手动创建的代码相比,效率损失应少于10%。这种合理的代价可以由效率更高的处理器来补偿。

而 Glass 认为大规模的自动代码生成"极不可能发生",因为生成器将必须充分了解如下问题:

① 应用领域将问题说明转换为高级设计。

② 应用和实现领域将这种高级设计转换为详细设计;

③ 进一步了解以将详细设计转换为实际代码的实现领域(Glass,1996)。

尽管这些务实的观点早在 20 世纪 90 年代中期就已提出,但它们仍然有效,因为在自动代码生成方面仍没有取得任何突破性进展。然而,自动代码生成和软件重用是应对日益复杂的实时系统的关键技术。

4.7 编译器代码优化

从接收相同的输入会产生相同的输出的意义上讲,对于每一段源代码都存在无穷多种目标代码可以实现相同的计算。这些目标代码中的一些可能会更快,而另一些所需的内存可能更少,这很好地解释了本节主题的动机。Aho 和 Ullman 在他们的经典著作(Aho,Ullman,1977)中指出,理论上在合理的成本下,编译器不可能为每个源代码都产生最佳的目标代码。因此,比"代码优化"更合适的术语就是"代码改进"。但是,长久的传统一直沿袭了这个被高估的术语"代码优化"。

使用新的编译器之前,需要进行试验,以了解其如何处理某些高级语言构造,例如 case 语句与嵌套 if-then-else 语句、整数与字符变量等。因此,应该为所讨论的高级语言准备一套相关的测试用例,以揭示编译器的复杂性。无论在嵌入式实时应用程序中使用哪种编程语言,都应确保开发者对该语言和编译器有透彻的理解。

此外,代码优化中使用的许多技术都强调了这样一个事实,即在任何算术表达式中,都无法替代可靠的数学技术。因此,在可能的情况下,重新构造任何算法或表达式以消除耗时的函数调用(例如那些可能计算指数、平方根或超越函数的函数调用)都是有益的,都可以提高实时性能。

编译器使用的大多数代码优化技术都可以用来减少响应时间。这些优化策略通常由编译器默认使用,或者可以通过编译器指令或开关启用或禁用。此外,如果编译器本身未使用特定策略,则可以在代码级别手动实现。但是,应该记住,通常只有在对这种优化有具体需求的情况下,才应该进行优化工作。为了优化而进行的优化只会在软件项目中浪费资源,并造成不必要的开支。

接下来讨论一些常用的代码优化技术及其对实时性能的显著影响。这些技术包括:

① 使用算术恒等式;

② 强度削弱;

③ 消除公共子表达式;

④ 使用内联函数;

⑤ 常数折叠;

⑥ 消除循环不变式;

⑦ 消除循环归纳;

⑧ 使用寄存器和缓存;

⑨ 删除死代码;

⑩ 控制流优化;

⑪ 常量传播;

⑫ 删除死存储;

⑬ 删除死变量;

⑭ 短路布尔代码;

⑮ 循环展开;

⑯ 循环混合;

⑰ 消除跨分支。

以上的许多技术可以通过使用"窥孔"优化来实现。在窥孔优化中,会将一个小窗口或窥孔中的机器代码与能够产生特定优化机会的已知模式进行比较。这些类型的代码优化器非常容易实现,并允许执行多个优化过程。

4.7.1　标准优化技术

好的编译器使用算术恒等式来消除无用的代码。例如,使用符号常量时,经常会掩盖以下情况:常量"1"相乘或与常量"0"相加的代码自然可以从可执行代码中消除。

强度削弱是指使用最快的机器语言指令来完成给定的操作。例如,在优化速度时,如果两数相乘,其中一个乘数是 2 的幂,则某些编译器通过一系列移位运算完成乘法。在某些 CPU 环境中,移位指令比整数乘法快。

在某些编译器中,很少将字符变量加载到寄存器中,而整数变量却相反。因为假定将会发生涉及整数的算术运算,而不太可能发生涉及字符的算术运算。因此,在决定将特定变量定义为字符还是整数时应格外小心。

此外，众所周知，除法指令通常要比乘法指令执行时间更长。因此，乘以一个数字的倒数可能比除以该数字更快。例如，"x * 0.5"可能比"x/2.0"快，但许多编译器不会自动执行此替换。

应避免在两个不同的表达式中重复计算同一子表达式。例如，以下 C 程序片段：

x = 6 + a * b；

y = a * b + z；

可以替换为

t = a * b；

x = 6 + t；

y = t + z；

从而消除了另一个乘法。如果"a"和"b"是浮点数并且代码在循环中，则可以节省大量时间。

如果可能，可以使用内联函数而不是普通函数。内联函数只是宏，在编译过程中，实际函数调用被内联代码替换。这样做会提高实时性能，因为不需要传递参数，可为局部变量创建空间并最终释放该空间。

大多数编译器执行常量折叠，但是在开始使用新的编译器时不应假定成立，例如下述表达式：

x = 2.0 * x * 4.0；

通过将"2.0 * 4.0"折叠为"8.0"可以进行优化。但是，手动执行此操作可以产生更易调试的代码，并且尽管原始表达可能已经描述得很清楚，但最好还是提供一个注释来解释优化后的代码。

例如，如果程序使用"$\pi/2$"，则可以在初始化阶段对其进行预先计算，并将其存储为名为 pi_div_2 的常量。通常，这将节省一个浮点加载和一个浮点除法指令（可能会节省数微秒）。在 5 ms 的实时周期中，仅此一项就可以节省约 0.1% 的时间。顺便说一句，使用这种策略也显示出了执行时间和内存利用率之间的常见的反比关系：减少了代码执行时间，但是需要额外的内存来存储预先计算的常量。

大多数编译器会将不需要在循环内执行的计算移到循环外，这一过程称为移除循环不变式。例如，考虑 C 中的以下代码片段：

x = 100；

while(x > 0)

x = x - y + z；

它可以被替代为

x = 100；

t = y + z；

while(x > 0)

x = x - t；

这会把加法移到了循环之外,但同样需要更多的内存。

如果整数变量"i"在每一次循环中以某个常数递增或递减,则称为循环的归纳变量。一种常见的情况是,归纳变量为"i",而另一个变量"j"是"i"的线性函数,用来计算到某个数组中的偏移。通常,"i"仅用于测试循环终止。在这种情况下,可以通过将变量"i"的测试替换为对"j"的测试来消除变量 i。例如,考虑以下 C 程序片段:

```
for(i = 1; i< = 10; i+ +)
a[i+1] = 1;
```

优化的版本是

```
for(j = 2; j< = 11; j+ +)
a[j] = 1;
```

消除了循环中的额外加法。

当使用汇编语言编程或使用支持寄存器类型变量(例如 C)的语言时,使用工作寄存器执行计算通常是有利的,因为从寄存器到寄存器的操作一般比从存器到内存的操作要快。因此,如果某些变量在模块中频繁使用,并且如果有足够的寄存器可用,则应尽可能使得编译器生成直接使用寄存器的指令。

如果 CPU 体系结构支持内存缓存,则有可能在语言层面上将经常使用的变量放入缓存。尽管大多数优化的编译器会在可能的情况下缓存变量,但是源代码的性质会影响编译器的功能。

降低内存占用率的最简单的方法之一是删除无效或无法访问的代码,即在常规控制流中永远无法访问的代码。这样的代码可能是仅在设置了调试标志时才执行的调试指令,或者是一些冗余的初始化指令。例如,考虑以下 C 程序片段:

```
if(debug)
{
...
}
```

在微控制器环境中,不管代码是否处于调试模式,对变量 debug 的测试都可能要花费几微秒的时间。因此,实现调试代码时,最好使用大多数编译器可用的条件编译工具。因此,将先前的片段替换为

```
#ifdefDEBUG
{
...
}
#endif
```

这里,#ifdef 是编译器指令,只有在定义了符号常量 DEBUG 的情况下,才会包括它和第一个 #endif 之间的代码。删除死代码也可以提高程序的可靠性。

在控制流优化中,不必要的分支到分支指令被替换为单分支指令。以下伪代码说明了

这种情况：

```
              goto label_1;
      label_0:y=1;
      label_1:goto label_2;
```

可以替换为

```
              goto label_2;
      label_0:y=1;
      label_1:goto label_2;
```

尽管熟练的程序员通常不会生成此类代码，但它可能会由自动代码生成功能产生或在语言到语言的翻译过程中产生并被忽视。

某些变量赋值表达式可以更改为常量赋值，从而得到使用寄存器的机会或使用更快的立即寻址模式。在 C 语言中，以下代码可能是自动翻译过程的结果：

```
      x=100;
      y=x;
```

非优化编译器生成的相应汇编语言代码可能看起来是下面这样的：

```
      LOAD R1,100;将常数"100"加载到工作寄存器"R1"中。
      STORE &x,R1;将"R1"的内容存储到存储位置"x"。
      LOAD R1,&x;将内存位置"x"的内容加载到"R1"。
      STORE &y,R1;将"R1"的内容存储到存储位置"y"。
```

可以替换为

```
      x=100;
      y=100;
```

从而相关的汇编语言输出为

```
      LOAD R1,100;将常数"100"加载到工作寄存器"R1"中。
      STORE &x,R1;将"R1"的内容存储到存储位置"x"。
      STORE &y,R1;将"R1"的内容存储到存储位置"y"。
```

在一小段代码中包含相同值的变量可以合并为一个临时变量。例如：

```
      t=y+z;
      x=func(t);
```

尽管许多编译器可能会为"y+z"生成隐式的临时位置，但这并不总是可靠的。把上面的代码替换为下面的代码：

```
      x=func(y+z);
```

则会强制生成临时位置，从而消除了对局部变量"t"的需求。

如果一个变量的值在随后会使用，则该变量在程序中的某个点被认为是活的；否则，它就是死变量，并且可以被删除。以下代码示出了"z"是一个死变量：

```
      x=y+z;
```

```
x = y;
```

删除"z"之后,剩下的是

```
x = y;
```

尽管这个例子很简单,但确实也可能因为粗心的编码或自动代码生成或翻译过程而出现。

可以通过分别测试每个子表达式来优化复合布尔表达式的测试。考虑以下代码:

```
if((x>0)&&(y>0))
z = 1;
```

可以替换为

```
if(x>0)
if(y>0)
z = 1;
```

在许多编译器中,第二个片段生成的代码将优于第一个。但是 ANSI-C 会顺序执行 if (expression)中括号内的构造,并且会在第一个 FALSE 条件下退出。也就是说,它将自动短路布尔代码。

循环展开将复制在循环中执行的指令,以减少操作数量,从而减少循环开销。在对时间要求严格的信号处理算法进行编码时,程序员经常使用此技术。在极端情况下,整个循环将被内联代码替换。例如:

```
for(i = 1;i< = 6;i+ +)
a[i] = a[i] * 8;
```

会被替换为

```
a[1] = a[1] * 8;
a[2] = a[2] * 8;
a[3] = a[3] * 8;
a[4] = a[4] * 8;
a[5] = a[5] * 8;
a[6] = a[6] * 8;
```

循环混合或循环融合是一种将两个相似的循环组合为一个循环的技术,从而将循环开销减少一半。例如,以下 C 代码:

```
for(i = 1;i< = 100;i+ +)
    x[i] = y[i] * 8;
for(i = 1;i< = 100;i+ +)
    z[i] = x[i] * y[i];
```

可以被有效地替换为

```
for(i = 1;i< = 100;i+ +)
    {
```

$$x[i] = y[i] * 8; z[i] = x[i] * y[i];$$
$$\}$$

在 case 或 switch 语句中,如果同一代码出现在多个 case 中,那么最好将这些 case 合并为一个 case,这样可以消除额外的分支或交叉分支。例如,以下代码:

```
switch(x)
    {
    case 0:x = x + 1;
            break;
    case 1:x = x * 2;
            break;
    case 2:x = x + 1;
            break;
    case 3:x = 2;
            break;
    }
```

可以替换为

```
switch(x)
    {
    case 0:
    case 2:x = x + 1;
            break;
    case 1:x = x * 2;
            break;
    case 3:x = 2;
            break;
    }
```

4.7.2 其他优化注意事项

接下来补充一些优化事项的例子(Jain,1991)。请注意,在大多数情况下,这些技术将优化平均情况,而不一定是最坏情况。

· 对表中的条目进行排序,以便最常查找的值是第一个比较的值。

· 阈值测试时,测试单调函数(连续减小或增大)的参数而不是函数本身,从而避免计算函数。例如,如果"exp(x)"是一个计算"e^x"的函数,则不要使用

$$if(exp(x) < exp(y)) \; then...$$

而是使用

```
if(x<y) then...
```

这将避免对昂贵的函数 exp() 的两次计算。

· 将最常用的过程链接在一起,以最大限度地提高引用的局部性(仅适用于高速缓存或分页系统)。

· 将过程按顺序存储在内存中,以便将调用和被调用过程一起加载以增加引用的局部性(仅适用于缓存或分页系统)。

· 将冗余的数据元素存储在彼此相近的地方,以增加引用的局部性(仅适用于缓存或分页系统)。

即使上面讨论的许多优化技术已经实现自动化,但是某些编译器仅执行一遍优化,从而忽略了需要至少经过一遍以上的优化才发现的机会。因此,手动优化可以节省额外的执行时间。为了了解多遍优化的累积效果,请考虑下面的例子。

首先看一下未优化的 C 代码片段:

```
for(j=1;j<=3;j++)
  { a[j]=0; a[j]=a[j]+2*x;
  }
  for(k=1;k<=3;k++)
    b[k]=b[k]+a[k]+2*k*k;
```

第 1 遍:首先,将通过循环融合、删除循环不变式和无关代码(在这种情况下为“a[j]”的初始化)来优化代码,结果代码为

```
t=2*x;
for(j=1;j<=3;j++)
  { a[j]=t; b[j]=b[j]+a[j]+2*j*j;
  }
```

第 2 遍:循环展开如下:

```
t=2*x;
a[1]=t;
b[1]=b[1]+a[1]+2*1*1;
a[2]=t;
b[2]=b[2]+a[2]+2*2*2;
a[3]=t;
b[3]=b[3]+a[3]+2*3*3;
```

第 3 遍:在常量折叠后,代码为

```
t=2*x;
a[1]=t;
b[1]=b[1]+a[1]+2;
a[2]=t;
```

b[2] = b[2] + a[2] + 8;

a[3] = t;

b[3] = b[3] + a[3] + 18;

第 4 遍:强度削弱(假设乘法慢于加法)并注意到"a[1] = a[2] = a[3] = t"(因此"t"的内容应保存在工作寄存器中),最终代码是

t = x + x;

a[1] = t;

a[2] = t;

a[3] = t;

b[1] = b[1] + t + 2; b[2] = b[2] + t + 8; b[3] = b[3] + t + 18;

原始代码涉及 9 个加法和 9 个乘法,多次数据移动指令,还有循环开销。经过优化的代码仅需要 7 个加法(减少 22%),无乘法(减少 100%),更少的数据移动,并且没有循环开销。因此,改进是显著的。任何编译器都不可能自动进行如此有效的优化。

正如前文所述,在编写用于时间紧迫应用的实时软件时,了解编译器使用的优化技术是非常必要的。了解特定编译器的高级语言和汇编语言翻译之间的显式映射,对于生成在执行时间或内存利用率方面最优的代码至关重要。了解任何编译器的最简单、最可靠的方法是在特定的语言构造上进行一系列测试。例如,在许多编译器中,仅在需比较 3 个以上的情况时,case 语句才有效,否则应嵌套使用 if 语句。有时,为 case 语句生成的代码可能会非常复杂,例如,包含通过寄存器的分支,并以表来存储偏移值,这个过程可能非常耗时。

如前所述,就通过栈传递参数而言,过程调用的成本很高。因此,软件工程师应确定编译器是按字节还是按字传递参数。

尽管现代的编译器确实可以对输出的汇编语言代码进行有效优化,以便在许多情况下做出合理的决策,但重要的是要发现优化结果代码方法。例如,编译器的输出会受到运算速度、内存和寄存器使用情况、分支等的优化的影响,有时可能会导致代码效率低下、时序问题,甚至是产生临界区。因此,实时系统工程师最好精通其使用的编译器。也就是说,工程师在任何时候都应该知道对于给定的高级语言指令,将输出什么汇编语言代码。对编译器的透彻理解只能通过开发一组测试用例进行测试来完成。通过这些测试得到的结论可以包含在编码标准集中,以促进语言的改进使用,并最终提高实时性能(Hatton,1995)。

最后,尽管现代编译器通常会进行有效的代码优化,但是当引入新的 CPU 体系结构以及版本号相当低且不稳定的编译器时,情况可能还不是这样。

扩展阅读　早期编译器版本

这个轶事(由一名 Ovaska 的学生匿名报告)将表明,不能假定新的编译器可以有效地使用复杂的 CPU 体系结构的所有先进功能。几年前,一个支持浮点的数字信号处理器使用了早期版本的 ANSI-C 编译器。一个研究项目是在新的处理器环境中实现相当复杂的信号处理算法。软件设计师有两个相互竞争任务:① 使用汇编语言,并尽一切可能使实时算法的

执行时间最小化；② 仅使用 C 语言，并特别注意代码的清晰性和可理解性。

在开发和评估了这两个代码之后，得出以下结论：汇编程序比 C 程序快 53%；汇编代码比 C 代码少使用 45% 的程序存储器和 63% 的数据存储器。因此，差异是显著的。但是，使用汇编语言时，速度显著提高的主要原因是什么？C 语言编译器没有使用有效的循环寻址模式来实现延迟线，而使用了 for 循环。另外，编译器不能有效地利用处理器的并行指令。C 程序在初始化阶段使用了额外的数据存储位置。但是编写和测试汇编代码花了大约 18 个小时，而使用 C 代码在不到 6 个小时就完成了。显然，C 编译器的最新版本比它早期的版本性能要好得多，但是如果不亲自运行适当的测试，对这样的进步将一无所知。

大部分关于代码优化的讨论都特别适用于对时间要求严格的嵌入式系统，而对软实时系统进行编程时通常无需过多关注此类底层问题——关注的重点更多在于程序员的工作效率以及代码的可维护性和可重用性。

总　　结

编程语言在实时系统的开发中继续发挥着至关重要的作用，因为它们形成了软件工程师和实时硬件之间的显式接口。嵌入式应用程序中的代码量呈明显变化趋势：新产品将比其前代产品具有更多的代码。这种增加主要是由功能的增强以及使用更复杂的计算算法所致。

为响应这些需求，硬件社区提供了时间和空间分布式的系统体系结构、高级通信网络、具有更高指令吞吐量的 CPU 和更大的内存，这些技术是运行复杂信号处理和监控算法、智能故障诊断和自我诊断功能、基于模型的虚拟传感器替代物理传感器、更全面的用户级和系统级接口等都需要的。

这种全球趋势如何影响编程语言的使用和实时软件的编写？当前从过程语言到面向对象语言的过渡，就是对典型嵌入式应用程序软件数量不断增长的一种响应。面向对象语言，例如 Ada，C++，C# 和 Java（或实时 Java），为提高程序员工作效率以及已开发代码的可维护性和可重用性提供了基本方法。

软件重用被认为是减少软件项目中冗余编码工作量的有效方法，但它也具有不确定性：过度重用现有代码甚至可能会限制新产品的创新。此外，还存在传播错误代码的风险。因此，自然地，代码重用应该集中在经久不变且经过充分验证的模块上，这些模块在特定的应用程序中使用了一代又一代。典型示例包括本地控制算法、基准信号发生器、模拟和数字 I/O 处理以及标准的现场总线接口。

从执业工程师的角度来看，即使经过几十年的发展，但是自动代码生成仍然可被认为只是一种新兴技术。尽管如此，由于实时系统中的代码量不断增长，对自动代码生成器的需求比以往任何时候都大。然而,在可预见的将来,自动代码生成器不太可能成为从业人员的主流工具。但是,在对诸如有限状态机的常规结构和不需要程序员手动解决问题的某些数值算法之类进行编码时,它们的使用肯定会稳定地增加。

尽管生产率、可维护性和可重用性是重要的因素,但如果不能满足系统的实时要求,那么它们也就无关紧要了。要在价格低廉的硬件平台中以高采样率运行复杂的算法是非常具有挑战性的。因此,在某些应用领域中,需要使用特殊的实时编程语言来代替通用语言。这种定制的语言具有高度可预测的实时行为和最小的来自于语言的开销。此外,使用过程语言(例如 C 语言)来对较小的和时间紧迫的应用程序进行编码,甚至在特殊的罕见情况下使用汇编语言仍然是有道理的。

实时程序员的最终需求是标准化的编程语言和与之相关联的具有高度抽象性、严格的实时可预测性以及生成有效优化的目标代码的编译器。在下一章中,我们将讨论需求设计方法,这些方法与日益提高的抽象水平有着明显的联系,而这似乎是提高软件工程师的工作效率时的核心问题。

最后,也许该重新考虑温伯格具有开创性却几乎被遗忘的工作,他提出了一个新的研究领域:"作为人类活动的计算机编程,或者简而言之,计算机编程心理学"(温伯格,1998)。尽管该领域从未成为主要领域,但它仍然是继续提高实时程序员的生产力的一个补充思路。

练　习

习题 4.1　曾经流行的 PL/I 衍生语言(例如英特尔的 PL/M,摩托罗拉的 MPL 和 Zilog 的 PL/Z)在 20 世纪 80 年代末几乎消失了,原因是什么(图 4.1)?

习题 4.2　可以说,在某些情况下,良好的软件工程实践与实时性能之间存在明显的矛盾。考虑递归程序设计与交互技术以及全局变量与参数列表的使用的相对优点。根据你的理解,使用这些主题和适当的编程语言作为示例,将实时性能与你理解的良好的软件工程实践进行比较和对比。

习题 4.3　在编程语言中应使用哪些编程限制以对实时应用程序进行直接分析?

习题 4.4　使用你选择的编程语言,编写一套编码标准,用于第 1 章介绍的任何实时应用程序。记录每种编码标准的每个条款的理由。

习题 4.5　为什么在程序的注释中引用实时程序使用的算法的参考文献非常重要?

习题 4.6　使用你选择的过程语言,开发一个名为"image"的抽象数据类型,并提供相关的函数。一定要遵循信息隐藏的原则,并对图像的属性作出必要的假设。

习题 4.7　使用你选择的面向对象语言,设计并编写一个"image"类,该类在项目中有广泛的用途。确保遵循面向对象设计的最佳原则。

习题 4.8 滥用或误用软件技术会如何阻碍软件项目的开发？例如，使用 C 语言中的结构体而不是 C++ 中的类，或者为每个项目重新发明一种工具，而不是使用标准的工具。

习题 4.9 在"hype"和"unification"方面，有人将 Java 与 Ada 95 进行了对比，请说明是支持还是反对这种对比的论据。

习题 4.10 通过使用 Cardelli 的 5 项指标，比较 C 和 C++ 哪个更适合作为实时编程语言，使用五角图（图 4.2）可视化这种比较。

习题 4.11 有什么语言特征是 C/C++ 独有的吗？这些功能在嵌入式环境中有哪些优势或劣势？

习题 4.12 假设你要为制定一种新的嵌入式控制应用的实时编程语言编写一套主要要求，你的定义将包含哪些最重要的要求？并解释你的答案。

习题 4.13 你最喜欢的 C 编译器中有哪些可用的编译器选项？它们具体作用是什么？

习题 4.14 为编译器设计一组测试，以确定在实时处理环境中语言的最佳使用方式。例如，你的测试应确定诸如何时使用 case 语句与嵌套 if-then-else 语句；何时使用整数与布尔变量进行条件分支；是否使用以及何时使用 while 或 for 循环等。

习题 4.15 使用标准的编译器优化方法和多个优化阶段来手动优化以下 C 代码：

```
#define UNIT 1
#define FULL 1 void main(void)
{
    int a,b; a = FULL; b = a;
    if((a = = FULL)&&(b = = FULL))
    {
    if(debug)
        printf("a = %db = %d",a,b);
    a = (b * UNIT)/2;
    a = 2.0 * a * 4;
    b = b * sqrt(a);
    }
}
```

参 考 文 献

［1］ AHO A V,ULLMAN J D. Principles of compiler design[M]. Reading：Addison-Wesley,1977.

［2］ ALONSO D,VICENTE-CICOTE C,SÁNCHEZ P,et al. Automatic Ada code generation using a model-driven engineering approach[Z]. Lecture Notes in Computer Science,2007,4498：168-179.

［3］ BACKUS J W,et al. The fortran automatic coding system[C]//Proceedings of the Western Joint

Computer Conference. Los Angeles,1957:188-198.

[4] BOLLELLA G,GOSLING J. The real-time specification for Java[J]. IEEE Computer,2000,33 (6):47-54.

[5] BURNS A,WELLINGS A. Real-time systems and programming languages: Ada,real-time Java, and C/real-time POSIX [M]. 4th. Harlow: Pearson Education Limited,2009.

[6] CARDELLI L. Bad engineering properties of object-oriented languages[J]. ACM Computing Surveys,1996,28(4):150-158.

[7] DIBBLE P,WELLINGS A. JSR-282 status report[C]//Proceedings of the 7th International Workshop on Java Technologies for Real-Time and Embedded Systems. Madrid,2009:179-182.

[8] DOUGLASS B P. Real-time design patterns: Robust scalable architecture for real-time systems [M]. Boston: Addison-Wesley,2003.

[9] EL-KHARASHI M W,ELGUIBALY F. Java microprocessors: Computer architecture implications[C]// Proceedings of the IEEE Pacific Rim Conference on Communications. Computers and Signal Processing. Victoria,1997:277-280.

[10] GLASS R L. Some thoughts on automatic code generation[J]. ACM SIGMIS Database,1996,27(2): 16-18.

[11] HAGGE N,WAGNER B. Mapping reusable control components to Java language constructs[C]// Proceedings of the 2nd IEEE International Conference on Industrial Informatics. Berlin,2004: 108-113.

[12] HATTON L. SAFER C: Developing software for high-integrity and safety-critical systems[M]. Maidenhead: McGraw-Hill,1995.

[13] HEDIN G,BENDIX L,MAGNUSSON B. Introducing software engineering by means of extreme programming[C]//Proceedings of the 25th International Conference on Software Engineering. Portland,2003:586-593.

[14] JAIN R. The art of computer systems performance analysis: Techniques for experimental design, measurement,simulation,and modeling[M]. New York: John Wiley & Sons,1991.

[15] LAPLANTE P A. Software engineering for image processing[M]. Boca Raton: CRC Press,2003.

[16] LI X,PRASAD C. Effectively teaching coding standards in programming[C]//Proceedings of the 6th Conference on Information Technology Education. Newark,2005:239-244.

[17] LUTZ M,LAPLANTE P A. An analysis of the real-time performance of C#[J]. IEEE Software, 2003,20(1):74-80.

[18] Maclay D. Click and code[J]. IEEE Review,2000,46(3):25-28.

[19] PARNAS D L. On the criteria to be used in decomposing system into modules[J]. Communications of the ACM,1972,15(12):1053-1058.

[20] PETZOLD C. Programming windows[M].5th. Redmond: Microsoft Press,1999.

[21] SCHMIDT D C,STAL M,ROBERT H,et al. Pattern-oriented software architecture volume 2: Patterns for concurrent and networked objects [M]. New York: John Wiley & Sons,2000.

[22] SHAW A C. Real-time systems and software[M].New York:John Wiley & Sons,2001.

[23] SICK B,OVASKA S J. Fusion of soft and hard computing: Multi-dimensional categorization of computationally intelligent hybrid systems [J]. Neural Computing & Applications, 2007, 16 (2):

125-137.

[24] SRODAWA R J,GACH R E,GLICKER A. Preliminary experience with the automatic generation of production-quality code for the Ford/Intel 8061 microprocessor[C]//IEEE Transactions on Industrial Electronics,1985,IE-32(4):318-326.

[25] WEINBERG G M. The Psychology of Computer Programming:Silver Anniversary Edition[Z].

第 5 章　需求工程方法论

自嵌入式系统诞生以来,实时软件开发的重点已经明显地从编程转向需求工程。如今,在典型的软件项目中,需求工程活动可能需要与代码开发和调试相同的工作量(以人·月为单位)。需求工程是软件和系统工程的一个核心学科,它涉及确定问题空间中软件系统的目标、功能和约束,以及以易于建模和分析的形式表示这些方面。需求工程的最终目标是编写一份完整的、平衡的、明确的、正确的、容易被非技术客户和软件开发人员理解的需求文档。而最后一个目标在某种程度上造成了两难的局面,因为它表明了需求文档的双重目的,即为客户提供如下服务:

① 足够的洞察力,以确保正在开发的产品满足他们的需求和期望;

② 完整地表示软件系统的特征和约束,并作为开发人员的基础。

在实时系统领域,由于需要精确表示时间和性能约束以及更明显的需求,情况变得更加复杂。

虽然编程(或对解决方案空间的探索)越来越被认为是可以外包的商品化活动,但是需求工程是任何系统开发项目的关键活动,因此,它应该由开发组织与适当的客户代表小组一起进行。需求工程在按时和按预算提供实时软件方面发挥着主要作用(Laplante,2009),它在很大程度上依赖于定义明确的文档实践、适当的方法和支持工具以及使用它们的技能和原理。

第 5.1 节对需求工程过程和不同类别的需求进行了介绍性讨论,为后面的章节奠定了基础。讨论表明,需求获取包括通过不同的技术集合来收集需求。此外,还有一些标准化的需求类别,实际上适用于所有的软件项目。第 5.2 节中通过说明性示例讨论实时系统规范中的形式化方法。当在开发项目的后期使用自动设计和代码生成方法时,这些严格的方法特别有用。第 5.3 节是与前一节相对应的,因为它提供了一个实用的关于系统规格化的半形式化方法的介绍。第 5.4 节从结构和内容的角度介绍了需求工程阶段的成果——需求文档。第 5.5 节给出了本章的反思性总结。第 5.6 节提供了需求工程的各种实践。最后,在5.7 节中给出了一个详细说明实时软件需求的综合研究案例。在第 6 章的附录中,将从设计的角度继续研究复杂的交通灯控制系统。

本章的某些部分改编自 Laplante (2003,2009),应将其视为贯穿始终的一般参考文献。

5.1 实时系统的需求工程

5.1.1 需求工程作为一个过程

图 5.1 显示了需求工程阶段的多步骤工作流程,其中,具体的工程活动用矩形表示,这些活动产生的文档用图中深色的矩形表示。每个需求工程过程都应该从初步研究开始。这项研究旨在调查潜在开发项目的动机和需要解决的主要问题的性质。这种调查可能包括利益相关者的观点和约束、项目范围和特性优先级的确定以及对整个实时系统的时间约束的一些早期分析。需求工程过程的主要可交付的成果之一是可行性报告,它甚至可以建议停止开发计划中的软件产品。然而,通常在初步研究之后会顺利地提取出需求。

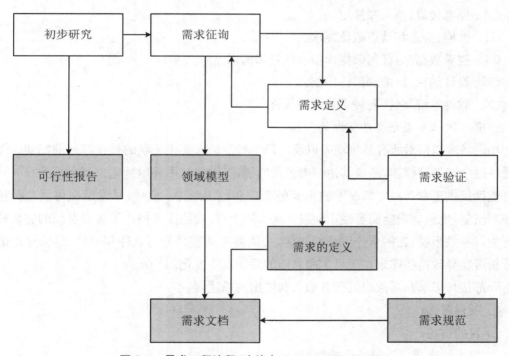

图 5.1 需求工程流程(改编自 Sommerville(2000))

需求提取包括通过各种技术收集各种需求,这些技术可能包括对利益相关者的访谈和问答、焦点小组、公司或客户范围的研讨会以及原型制作。虽然需求可以用从自然语言文本到数学形式的多种形式来表达,但是高级需求通常以领域模型的形式来概述,也就是说,取决于首选的方法,应用领域的模型可能包括诸如上下文图、用例或实体关系图之类的部分。

下一个阶段是需求定义。重要的是足够精确地定义每一个获得的需求，这样才能在验证阶段对它们的完整性、一致性和正确性进行分析。这个过程的总体结果是一个包含软件（或系统）需求规范（SRS）的需求文档，它是对最终系统的功能、行为和约束的描述。精确的软件规范为分析需求、验证它们是否是利益相关者的真实意图、确定设计人员必须构建的内容以及最终验证他们是否正确地完成了任务提供了重要基础（Robertson，Robertson，2005）。

5.1.2　标准需求类

虽然有许多可供选择的需求分类法，但最成熟的一种分类法还是简单的功能分类与非功能分类。电气和电子工程师协会（IEEE）标准 830—1998,《软件需求规格的推荐做法》（IEEE，1998），定义了一个通用的软件规范方案，也适用于规定实时软件，它描述了一个可靠的软件需求文档的内容和质量，这个广泛使用的标准定义了以下 6 类需求：

C1　功能性：基本操作或功能。

C2　外部接口：输入和输出。

C3　性能：静态和动态数值需求。

C4　逻辑数据库：任何数据库信息的逻辑需求。

C5　设计约束：标准和硬件限制。

C6　软件系统属性：各种可量化的属性。

这里，C2～C6 类是非功能性的。

功能需求包括对所有系统输入以及与每个特定输入集相关联的操作序列的描述。无论是通过逐个案例的描述，还是其他一般形式的描述（例如使用通用量化），都必须为每一种输入可能性提供正常和异常情况下的精确的操作和输出顺序。此外，异常情况可能包括错误处理和恢复，也包括未能满足截止期限。从本质上讲，功能需求描述了实时系统的完整确定性行为。一般来说，在需求分析开始之前，功能需求就被划分为软件和硬件，尽管仔细的权衡分析可能导致这些需求在项目生命周期的后期发生变化。

外部接口需求是对系统的所有输入和输出的描述，包括：

① 项目名称；

② 目的描述；

③ 输入的来源或输出的目的地；

④ 有效范围、精度和/或容差；

⑤ 度量单位；

⑥ 时间安排；

⑦ 与其他输入/输出的关系；

⑧ 屏幕格式/组织结构；

⑨ 窗口格式/组织结构；

⑩ 数据格式；

⑪ 命令格式；

⑫ 最终消息。

性能需求包括对软件或者对人与软件的整体交互的静态和动态的数值需求。对于非嵌入式的实时系统,静态需求可能包括要支持的并发用户的数量。而动态需求可能包括在正常和峰值工作负载条件下,特定时间限制内要处理的事务和任务的数量以及数据量。然而,对于嵌入式系统,单个的性能需求可能与非嵌入式软件有很大不同。

逻辑数据库需求包括列出的各种功能使用的信息的定义,例如访问能力、数据实体及其关系、数据保留需求、使用频率和完整性约束。

设计约束需求与标准符合性和硬件限制等至关重要的问题有关。

最后,软件系统属性需求包括实时软件的可用性、可维护性、可移植性、可靠性、安全性和能耗。明确规定这些属性是很重要的,这样就可以客观地验证它们是否正确。这些属性通常是由架构驱动的。

值得注意的是,传统的"功能需求"与"非功能需求"的命名并不精确,因为在实时系统中,"功能"和"非功能"这两个词不一定可区分。因此,更符合逻辑的分类应该是区分通过执行可以观察到的行为(例如响应时间)和通过执行不能观察到的行为(例如可维护性)。这种分类原理类似于控制理论中的可观察性概念。

5.1.3　实时软件的规范化

实时软件的规范化没有单一的方法,但针对具体案例,实时系统工程师通常使用以下方法的特定组合:

① 自上而下的分解或结构化分析；

② 面向对象的方法；

③ 软件描述语言或内部伪代码；

④ 未进一步分解的高级功能规范；

⑤ 特殊技术,包括自然语言、数学描述和各种模型。

规范化技术一般分为三类:形式化的、非形式化的和半形式化的。

形式化方法具有严格的数学或逻辑基础。以下部分将讨论这些方法的代表性示例。

任何需求说明技术如果不能完全转换为严格的数学符号和相关规则,那么它就是非形式化的。基本的非形式化规范,例如流程图,没有或只有很少的底层数学/逻辑结构,因此无法对其进行全面分析。在流程图的情况下,其拓扑结构——无论是序列的还是分支的在数学上是严格的,但流程和决策块中的语义(通常使用自然语言表达)则不然。使用非形式化规范所能做的,就是找到系统无法满足需求或存在冲突的反例。这对于大多数实时系统来说是不够的,在这些系统中,对需求的性能特征的正式证实是必要的。

不符合形式化或非形式化分类的需求规范化的方法被称为半形式化的。半形式化的方法虽然看起来并不完全严格，但也可能是严格的。例如，有些人认为统一建模语言（UML）是半形式化的，因为状态图是形式化的，而它采用的其他元建模技术具有伪数学基础。然而，一些人认为 UML 甚至不是半形式化的，因为它存在严重的漏洞和不一致——这种严厉的批评只适用于 UML 1.x。彻底修订的 UML 2.x 包含额外的形式化组件，并且准备进一步形式化（Miles，Hamilton，2006）。无论如何，UML 在很大程度上享有非形式化和形式化技术的优点，并广泛用于实时系统规范和设计，因为它支持正在发生的从过程编程语言到面向对象语言的过渡。

5.2　系统规范中的形式化方法

通过使用和扩展有效的数学技术，形式化方法对需求的制定和验证做出了重大贡献（Liu，2010）。而且，随着可用的支持工具的日益增加，这种做法也变得越来越可行。这些技术和相关工具采用了抽象代数、离散数学、λ 演算、数论、谓词演算、编程语言语义、递归函数理论等的组合。形式化方法的主要好处之一是它们为系统规范和软件设计提供了精确的科学视角。形式化的需求提供了在开发的最早阶段发现错误的机会，此时错误更容易被纠正，而且成本更低。而非形式化规范则不支持这个目标，因为虽然它们可以通过反例来驳斥特定的需求，但可能很难创建这样的反例。

就其本质而言，实时系统的规范通常在与操作环境，或其嵌入系统的交互的数学表达中包含一些形式化。虽然这并不能证明每个实时系统规范都可以完全形式化，但它确实让人乐观地认为大多数实时系统至少适合于部分形式化。

但是，人们普遍认为，即使是受过专业训练的工程师也很难使用形式化方法，并且如果没有适当的计算机工具，则可能容易出错。由于这些原因，再加上使用形式化方法通常被认为会增加早期生命周期成本甚至延迟项目，所以不幸的是，它是被经常避免使用的。

然而，应该理解，形式化方法并不是要在实时软件规范和设计中扮演包罗万象的角色。相反，可以在开发过程的一个或两个阶段使用精心挑选的技术。在软件工程师的工作中，形式化方法有以下三种典型用途：

（1）一致性检查　使用源于数学的符号来描述系统的行为需求。

（2）模型检查　使用有限状态机或其扩展来验证给定的属性是否在所有条件下都满足。

（3）定理证明　这里，使用系统行为的公理来推导系统将以特定方式运行的证明。

此外，形式化方法为重用需求提供了独特的机会。嵌入式系统通常是作为类似产品的系列来开发的，或者作为现有产品的增量重新设计的。对于第一种情况，形式化方法有助于确定一组一致的核心需求和约束，以减少重复的工程工作。对于重新设计，现有系统的形式化规范为基线行为提供了明确的参考,也为更改分析拟议提供了方便的方法(Bowen,Hinchey,1995)。

示例　需求一致性证明

考虑以下摘自某个软件的需求规格书的内容:

R1　如果中断 A 到达,那么任务 B 停止执行。

R2　任务 A 在中断 A 到达时开始执行。

R3　要么任务 A 正在执行而任务 B 没有执行,要么任务 B 正在执行而任务 A 没有执行,要么两者都没有执行。

可以通过使用它们组成命题来重写这些文本形式的需求以对其进行形式化,即

p:中断 A 到达;

q:任务 B 正在执行;

r:任务 A 正在执行。

然后,使用这些命题和标准逻辑连接词重写需求,可以得到

R1　$p \Rightarrow \neg q$;

R2　$p \Rightarrow r$;

R3　$(r \wedge \neg q) \vee (q \wedge \neg r) \vee (\neg q \wedge \neg r)$。

请注意在清晰地表述时间行为方面,存在明显的困难。例如,在需求 R2 中,任务 A 在中断 A 到达时开始执行,但它会继续执行多久?需要使用其他一些方法来阐明这种关系。

在任何情况下,都可以通过证明至少有一组真值使所有需求同时成立,来证明这些需求的一致性。这可以通过创建相应的真值表来明确验证(表 5.1)。查看表格 5.1 第 6,7,8 列的第 3,6,7,8 行,对应需求 R1,R2,R3 都为真,因此这组需求是一致的。

当有大量复杂的需求时,一致性检查(进行形式化证明)特别有用。如果可以使用具有方便的用户界面的自动化工具来执行检查过程,那么即使是大型规范也可以通过这种方式进行一致性检查。然而,除了形式化符号的困难之外,为命题集找到一组能够产生这组复合真值的真值情况,实际上是一个布尔可满足性问题,这是一个 **NP** 完全问题(将在第 7 章中讨论)。

表 5.1　验证需求示例集一致性的真值表(T = 真,F = 假)

	1	2	3	4	5	6	7	8
	p	q	r	$\neg q$	$\neg r$	$p \Rightarrow \neg q$	$p \Rightarrow r$	$(r \wedge \neg q) \vee (q \wedge \neg r) \vee (\neg q \wedge \neg r)$
1	T	T	T	F	F	F	T	F
2	T	T	F	F	T	F	F	T
3	T	F	T	T	F	T	T	T
4	T	F	F	T	T	T	F	T
5	F	T	T	F	F	T	T	F

续表

	1	2	3	4	5	6	7	8
	p	q	r	$\neg q$	$\neg r$	$p \Rightarrow \neg q$	$p \Rightarrow r$	$(r \wedge \neg q) \vee (q \wedge \neg r) \vee (\neg q \wedge \neg r)$
6	F	T	F	F	T	T	T	T
7	F	F	T	T	F	T	T	T
8	F	F	F	T	T	T	T	T

5.2.1　形式化方法的局限性

对于实时系统开发人员来说,形式化方法有两个主要的限制:第一,虽然形式化经常被用来追求绝对的正确性和安全性,但它无法最终保证这两者;第二,形式化技术不能提供有效或直观的方式来推理可选的架构或设计。

正确性和安全性是推动采用形式化方法的两个原始动机。一些国家的航空航天、汽车、国防、电梯、大众运输和核安全法规强制要求(或强烈建议)使用形式化方法来规范安全关键子系统。此外,一些学术研究人员强调特定数学方法的"正确性"属性,但没有说明开发过程中某一部分的数学正确性可能不会转化为整个系统中实现的正确性。

然而,在此阶段必须生成和验证的是规范而不是软件产品本身。形式化的软件规范需要转换为设计,然后使用某种编程语言进行编码。翻译过程会受到所有编程工作的潜在缺陷。因此,尽管使用形式化方法可以减少测试工作,但在使用形式化需求工程方法的系统中,或使用非形式化或半形式化需求工程方法的系统中,测试同样重要。形式化验证也受到许多与传统测试相同的限制,即测试不能证明没有错误,而只能发现错误。

在形式化方法领域中,符号演变是一个缓慢但持续的过程。从引入新符号到被普遍采用可能需要很多年。将形式化方法应用于实时嵌入式系统的一个主要挑战是选择合适的技术来匹配手头的问题。尽管如此,为了使形式化模型真正适用于广泛的人群,需求文档还应该使用补充的非数学符号,例如自然语言、结构化文本或某种形式的图形。

5.2.2　有限状态机

有限状态机(FSM)、有限状态自动机(FSA)或状态转移图(STD)是用于实时软件规范和设计的形式化数学模型(Wagner 等,2006),我们在本书中使用"有限状态机"。直观地说,有限状态机依赖于这样一个事实,即许多系统可以由固定数量的独特状态和它们之间的某些转换来表示。系统可能会根据时间(实时时钟)或特定事件的发生改变其状态。形式上,有限状态机可以用五元组表示:

$$M = \{S, i, T, \Sigma, \delta\} \tag{5.1}$$

其中,S 是有限的非空状态集;i 是初始状态($i \in S$);T 是有限的终端状态集($T \subseteq S$);Σ 是一个由符号或事件组成的有限字母表,用于标记状态间的转换;δ 是一个转换函数,它描述了给定当前状态和字母表中符号的情况下,FSM 的下一个状态。也就是说,$\delta : S \times \Sigma \to S$。有限状态机可以用图解、矩阵和集合表示,但在本书中我们倾向于使用前两种表示。虽然图解易于工程师创建和理解,但自动代码生成器的适当输入是矩形。

示例 实际有限状态机的表示

为了说明图解和矩阵表示,假设需要对电梯控制器的门控子系统进行建模。这个安全关键的子系统有以下 7 种状态:

全闭:门是完全关闭的。

开门:由于最初的打开命令或稍后的重新打开命令,门正在打开。

全开:门已完全打开。

关门:门正在正常关闭。

强迫关闭:门正在以缓慢的速度关闭,并且在几次重开之后,力道减弱。

故障 C:由于某些故障,门无法完全关闭。

故障 O:由于某些故障,门无法完全打开。

电梯正常运行时,会不定期处于前 5 种状态(全闭、开门、全开、关门和强迫关闭);但最后两个故障(故障 C 和故障 O)代表严重的故障情况,即电梯必须关闭,但由于某些(通常)机械故障,电梯门既不能关闭,也不能打开。在这些异常的终端状态下,会启动某些故障恢复程序,经常需要电梯技术人员上门服务。众所周知,大多数电梯停机都是因梯门损坏导致的。

门控子系统对电梯控制器本身、门触点和安全传感器、轿厢内按钮以及不同的超时计时器产生的各种事件作出反应,下面列出了这些事件:

CC 电梯控制器发出的关门命令。

OC 电梯控制器发出的开门命令。

DC 门全闭触点(门完全关闭)。

DO 门全开触点(门完全打开)。

CB 关门按钮。

OB 开门按钮。

SE 安全边缘,用于感知正在关闭的门扇之间的乘客(或某些障碍物)。

PC 光电管,用于感知正在关闭的门扇之间的乘客(或某些障碍物)。

T1 超时,表示由于多次重开,门在相当长的时间内无法关闭。

T2 超时,表明由于可能的故障,门在过长的时间内不能被关闭。

T3 超时,表示由于可能发生的故障,门在额定(加上一些裕度)时间内无法打开。

图 5.2 显示了由特定事件触发的状态间的可能转换。假设初始状态是"全闭",那么该 FSM 可以用公式(5.1)中的五元组来表示:

$$S = \{全闭、开门、全开、关门、强迫关闭、故障 C、故障 O\}$$

$i = $ 全闭

$T = \{$故障 C, 故障 O$\}$

$\Sigma = \{$CC, OC, DC, DO, CB, OB, SE, PC, T1, T2, T3$\}$

在图形中可以体现出转换函数 δ，并且如表 5.2 所示，转换函数可以很方便地用转换矩阵来表示。

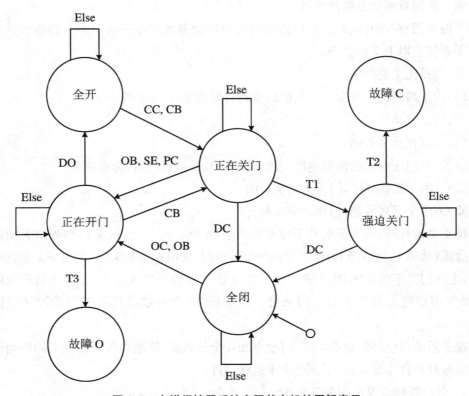

图 5.2　电梯门控子系统有限状态机的图解表示

在状态转换期间不描述任何输出的有限状态机称为摩尔机（Moore Machine），其中，所有输出仅取决于状态。到目前为止，我们在讨论中只考虑了摩尔机。但是，转换期间的输出可以通过米利机（Mealy Machine）的扩展摩尔机来描述。米利机可以相应地用六元组来描述：

$$M = \{S, i, T, \Sigma, \delta, \Gamma\} \tag{5.2}$$

其中，前 5 个元素与公式（5.1）的摩尔机相同，而第 6 个元素 Γ 代表可能的输出集合。然而，这里的转换/输出函数与摩尔 FSM 的纯转换函数 δ 有些不同，因为它描述的是给定当前状态和字母表的输入符号时，下一个状态以及相关联的输出。因此，它可以表示 $\delta: S \times \Sigma \rightarrow S \times \Gamma$。图 5.3 显示了一个具有 3 个状态、3 个输入和 3 个输出的系统的通用米利机。表 5.3 中给出了相应的转换矩阵。众所周知，米利机所需的状态数小于或等于相应摩尔机的状态数。

表 5.2　图 5.2 中有限状态机的转换矩阵表示

	CC	OC	DC	DO	CB	OB	SE	PC	T1	T2	T3
全闭	全闭	正在开门	全闭	全闭	全闭	正在开门	全闭	全闭	全闭	全闭	全闭
正在开门	正在开门	正在开门	正在开门	全开	正在关门	正在开门	正在开门	正在开门	正在开门	正在开门	故障 O
全开	全开	全开	全开	全开	正在关门	全开	全开	全开	全开	全开	全开
正在关门	正在关门	正在关门	全闭	正在关门	正在关门	正在开门	正在开门	正在关门	强迫关门	正在关门	正在关门
强迫关门	强迫关门	强迫关门	全闭	强迫关门	强迫关门	强迫关门	强迫关门	强迫关门	强迫关门	故障 C	强迫关门
故障 C	故障 C	故障 C	故障 C	故障 C	故障 C	故障 C	故障 C	故障 C	故障 C	故障 C	故障 C
故障 O	故障 O	故障 O	故障 O	故障 O	故障 O	正在关门	故障 O	故障 O	故障 O	故障 O	故障 O

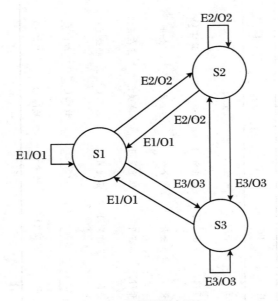

图 5.3 全连接的米利机

(状态为 S1, S2, S3, 输入为 E1, E2, E3, 输出为 O1, O2, O3)

表 5.3 图 5.3 有限状态机的转换矩阵表示

	E1	E2	E3
S1	S1/O1	S2/O2	S3/O3
S2	S1/O1	S2/O2	S3/O3
S3	S1/O1	S2/O2	S3/O3

有限状态机的构造很简单,并且可以使用矩阵来指定状态之间的转换,从而轻松(甚至自动)地生成程序代码。FSM 也是明确的,因为它们可以用形式化的数学描述来表示。此外,实时系统中的并发性可以通过使用多个有限状态机来描述。当构建有限状态机时,应特别注意以下问题(Yourdon,1989):

① 是否定义了所有必要的状态?

② 是否可以到达所有状态?

③ 是否可以退出除结束状态之外的所有状态?

存在严格的数学技术来减少状态的数量,因此可以形式化地优化基于 FSM 的程序代码。这种优化甚至可以自动进行。围绕着有限状态机有丰富的理论,这可以在系统规范的开发中加以利用。而 FSM 的一个主要缺点是无法描述模块的内部情况。也就是说,没有办法表明如何将功能(状态)分解成子功能(子状态)。此外,也很难描述多个 FSM 之间的任务通信。最后,根据所使用的特定系统和字表,状态的数量有时会变得非常大。然而,这两个问题都可以通过使用即将介绍的状态图来解决。此外,第 6 章将讨论有限状态机在实时软件设计中的应用。

5.2.3　状态图

状态图,或最初是 Harel 的状态图(Harel,2009),起源于航空电子行业,它们为系统和软件工程师提供"图解/视觉形式主义"的思考方法。它们既能描述同步操作又能描述异步操作,将有限状态机的用户友好性、数据流图和广播通信的功能结合起来。状态图可以非正式地定义为

$$状态图 = FSM + 深度 + 正交性 + 广播通信$$

在这里,FSM 是一个有限状态机,深度表示细节的层次,正交性表示并行状态的存在,广播通信是允许多个正交状态对同一事件作出反应的方法。实际上,层次性和正交性是状态图背后的两个主要思想,它们可以灵活组合。层次性和正交性的价值主要在于它们的方便和自然。原则上,层级总可以被拉平,而正交性总可以被去除。然而,"方便"正是工程师在使用任何方法时所欢迎的。

状态图是有限状态机的扩展,其中每个状态都可以包含自己的 FSM,并进一步描述它的行为。下面介绍了状态图的基本组件(图 5.4~图 5.7):

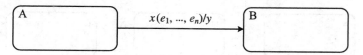

图 5.4　状态图的格式

(其中 A 和 B 是状态,x 是引起箭头标记的转换事件,y 是由 x 触发的可选
事件,$e_1,\cdots,e_n$ 是限定主要事件的可选条件(改编自 Laplante(2003)))

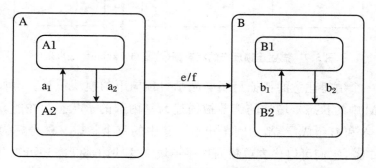

图 5.5　描述内部性的状态图

(改编自 Laplante(2003))

① FSM 以通常的方式表示,使用大写字母或描述性短语来标记状态。

② 深度或等级由状态的内部表示。

③ 正交性由分隔并行状态(或多任务系统中的任务)的虚线体现。

④ 广播通信由带标签的箭头表示,类似于 FSM 中的转换。

⑤ 符号 a,b,$\cdots$,z 表示触发转换的事件,与 FSM 中表示状态转换的方式相同。

⑥ 小括号内的小写字母代表发生相关转换必须满足的条件。

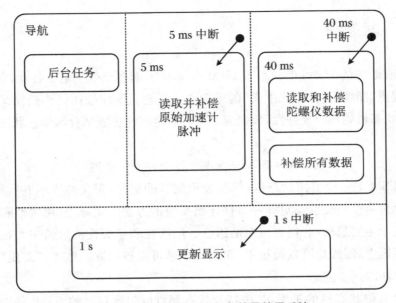

图 5.6　包含 4 个正交任务的导航子系统

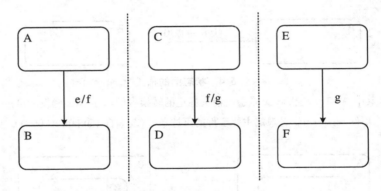

图 5.7　描述连锁反应的状态图（改编自 Laplante（2003））

　　状态图的一个值得注意的特征是明确鼓励自顶向下的模块设计。例如，对于任何模块（表示为 FSM 中的状态），增加的细节被描述为它内部的子状态。在图 5.5 中，系统由两个主要状态 A 和 B 组成，绘制为圆角矩形。其中的每个状态又被分解为子状态 A1 和 A2，以及 B1 和 B2，它们可以代表单独的程序模块。这些内部状态还可以分解，并依此类推。对于使用某些过程语言的程序员来说，一个状态中的每个嵌套子状态代表过程中的一个过程。

　　正交性描述了系统中独立运行的状态的并发性，称为 AND 状态。正交性通过用虚线分隔正交组件来表示。例如，如果状态 S 由 AND 分量 P 和 Q 组成，则 S 称为 P 和 Q 的正交乘积。如果不带任何条件信息从外部输入 S，则状态 P 和 Q 将同时输入。可以通过谨慎地使用全局内存来方便地实现 AND 状态之间的通信，则同步可以通过广播通信的状态图特性来实现。图 5.6 展示了本书前面讨论的飞机导航子系统的状态图，其中包含 4 个正交任务和 6 个内部状态或子状态。整个子系统的这种高度精确的视觉描述清晰地展示了多任务处理功能。但是,在编写这样的状态图之前,有必要了解底层的算法和约束。

广播通信是基于同一事件的正交状态的转换来描述的,它是协调正交状态图组件的简单方法。例如,如果惯性测量系统从"待机"模式切换到"就绪"模式,一个由中断指示的事件可能会导致多个任务(甚至子系统)同时发生状态变化。广播通信的另一个有价值的方面是链式反应。也就是说,事件按顺序触发其他事件。它的实现源于以下观察:状态图可以被视为米利型有限状态机的扩展,并且输出事件可以附加到触发事件上。然而,与标准的米利机相比,外界看不到输出;相反,它仅影响正交组件的行为。例如,在图 5.7 中假设存在一个标记为 e/f 的转换,如果事件 e 发生,则事件 f 立即被激活。此外,事件 f 可能会触发另一个转换,例如 f/g。链式反应的长度是由第一个事件触发的转换次数。这种连锁反应被假定为瞬间发生,尽管在实际的单处理器实现中,并不可能精确完成。在图 5.7 的系统中,当首先发生 e/f 转换时,将发生长度为 2 的链式反应。

状态图非常适合表示实时系统,因为它们可以在保持模块化的同时描述并发性。此外,广播通信的概念可以方便地表示任务间的通信。作为一个真实的例子,后面将在第 5.7 节案例研究中以图 5.21 展示一个对应于复杂的交通灯控制系统的状态图。

总之,状态图结合了数据流图和有限状态机的优点。商业产品允许执业工程师使用状态图对实时系统进行图形化定义,执行全面的仿真分析甚至自动生成程序代码。此外,状态图可以与结构化方法和面向对象的方法结合使用。现今,状态图被广泛使用,因为面向对象的变体已经成为 UML 的标准部分(Samek,2009)。

5.2.4 Petri 网

Petri 网是另一类形式化方法,用于指定和分析实时系统中的并发操作(Mazzeo 等,1997)。商业可用的 Petri 网工具可以生成可执行的规范,特别适用于异步任务之间的同步建模。虽然 Petri 网有严格的数学基础,但它们仍然可以图形化地描述为仅两个基本实体的互联。一方面,一组称为"位置"的圆圈用于表示数据存储或条件。另一方面,矩形框代表转换或事件;每个位置(P)和转换(T)分别用数据计数和转换函数标记,它们由单向箭头连接。Petri 网有时也被称为位置/转换网,以表明位置和转换的核心作用。此外,有限状态机可以解释为 Petri 网的一个子类,但其表达能力明显较弱。

初始 Petri 网图标记为 m_0,表示所有位置的初始数据计数。后续标记 m_i,$i \in \{1,2,3,\cdots\}$,是转换触发的结果,其中每个触发本质上都是原子操作。如果转换的输入数据与生成相关输出所需的数据一样多,则会触发转换。在 Petri 网中,图拓扑不随时间变化;只有位置的标记或数据计数会发生变化。随着转换的发生,建模的实时系统也可能非确定性地推进(即有多个可能的下一个状态)。为了说明触发的概念,考虑图5.8中给出的简单 Petri 网和表 5.4 中提供的相应触发表。

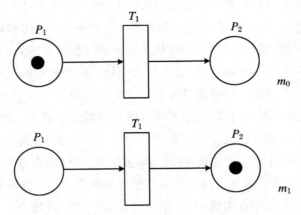

图 5.8   一个简单的 Petri 网

（触发前（m_0）和触发后（m_1），改编自 Laplante(2003)）

表 5.4   图 5.8 中所示的 Petri 网的触发表   改编自(Laplante,2003)

	P_1	P_2
m_0	1	0
m_1	0	1

作为另一个例子，考虑图 5.9 所示的 Petri 网。从上到下和从左到右移动分别表示在网中连续的触发阶段。表 5.5 是相应的触发表。当输出箭头的数量少于输入箭头的数量时，特定的转换称为消费者；当转换的输出的箭头比输入的箭头多时，它就是一个生产者(Bucci等,1995)。

表 5.5   如图 5.9 所示的 Petri 网的触发表

	P_1	P_2	P_3	P_4	P_5	P_6	P_7
m_0	1	1	0	0	0	0	0
m_1	0	0	1	0	0	0	0
m_2	0	0	0	1	1	0	0
m_3	0	0	0	0	0	1	1

Petri 网可用于对实时系统（的部分）进行建模，并搜索可能的时序冲突以及竞争条件。它们非常适合表示分布式和事件驱动的系统，例如通信协议和离散制造系统。由于 Petri 网本质上是纯数学的，因此可以采用严格的技术进行系统优化和程序证明。但是，如果要建模的系统非常简单，使用 Petri 网可能是多此一举的。同样，如果系统非常复杂，则整体时序行为很容易变得模糊不清。

Petri 网是一个强大的工具，经常用于分析竞争条件和识别死锁。例如，假设需求规范包含一个类似于图 5.10 所示的子网。显然，无法判断这两个转换（用问号标记）中的哪一个

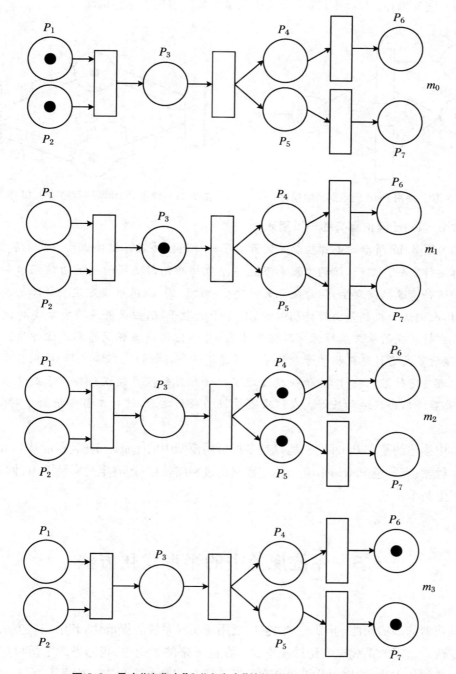

图 5.9　具有"消费者"和"生产者"转换的 Petri 网的顺序行为

会触发,尽管在任何情况下,都只有一个会触发。此外,Petri 网可以有效地识别有潜在死锁风险的循环。例如,假设一组需求可以如图 5.11 所示建模,它实际上是图 3.13 的形式化副本,涉及两个并行任务和两个共享资源。显然,这种情况代表了不可避免的死锁。虽然这种冲突情况不太可能是故意造成的,但 Petri 网也可用于识别不可达的状态,这将由永远无法到达的标记表示。通过适当的仿真工具进行 Petri 网分析,可用于识别在复杂图中以子网形式出现的非明显循环。Ovaska 在下面的小故事中简要讨论了这种情况。

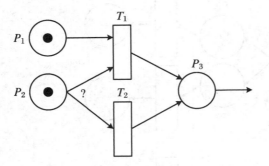

图 5.10　使用 Petri 网识别竞争条件

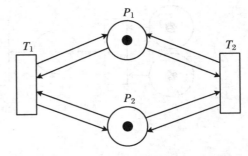

图 5.11　使用 Petri 网展示的图 3.13 中的死锁

小故事　Petri 网仿真有助于识别死锁

我们为图 3.17 所示的电梯控制系统开发了一种通信协议。该协议已经实施和测试，一切似乎都运行良好。然而，组调度器和多达 8 个电梯控制器之间的关键通信偶尔会进入死锁状态。这种情况很少发生，但每隔几天会发生一次。因此，很难确定这种故障的原因。有一段时间，人们认为死锁是由硬件引起的，其源于电磁干扰，但是并没有发现支持这种假设的证据。主持开发的软件工程师实践经验丰富，并不信任系统规范的形式化方法。尽管如此，我们邀请了两名计算机科学专业的学生创建了一个详细的通信协议 Petri 网模型。他们用形式化模型进行了系统仿真，很快就发现了导致死锁的罕见错误条件。于是这个错误被纠正了，此后通信协议运行良好。在这次震撼性的经历之后，这位工程师消除了对 Petri 网的偏见。

本节中描述的基本 Petri 网模型只是多种可用模型中的一种。例如，有定时 Petri 网，它可以同步触发；有彩色 Petri 网，允许标记数据通过网络传播；还有定时彩色 Petri 网，它同时体现了以上两个特征。

5.3　系统规范中的半形式化方法

因其典型的多功能性，半形式方法被广泛用于实时系统的规范化，其中一些方法甚至被认为可以改进繁琐的系统规范化过程本身。在接下来的讨论中，我们考虑了两种广泛用于规范实时软件的方法：结构化分析和结构化设计（SA/SD）方法和统一建模语言（UML）。虽然在实时应用程序中，过程编程语言正持续向面向对象语言的转变，使得 UML 的使用正在迅速扩展（图 4.1），但 SA/SD 仍在嵌入式系统的过程语言的用户中占有稳固的地位。此外，在向本科生或其他软件工程领域的新人介绍系统规范的话题时，易于学习的 SA/SD 方法特别方便。

5.3.1　结构化分析与结构化设计

在过去的几十年里,SA/SD 的方法从 De Marco(1978)的早期定义逐渐演变到 Yourdon(2006)的最新扩展,并广泛用于世界各地各种实时应用。SA/SD 异常流行的一个原因是,这些技术与过程编程语言(例如 C 语言)密切相关,它们与这些语言共同发展,而无数的实时系统都是用这些语言中编写的;另一个原因显然是已经建立的 SA/SD 工程工具具有全球可用性。尽管结构化方法有多种形式,但事实上的标准无疑是 Yourdon 的现代结构化分析(Yourdon,1989)。

在20 世纪80 年代就已经出现了对原始结构化分析(SA)的几个扩展,例如,其在系统动力学和嵌入式系统规范中的使用,特别是,Ward 和 Mellor 通过添加一种方法来模拟控制流(例如中断)以及有限状态机(或状态转换图)来扩展数据流图以定义控制过程(Ward,Mellor,1985),再如,包括 Gomaa 的 DARTS(实时系统设计方法)(Gomaa,1988)。

对实时系统的结构化分析仍然基于连续数据转换之间的数据流的基本概念,它对识别并发性提供的支持非常少。因此,根据分析阶段的细节,在确定适当的过程集时通常会有些武断。这可能会导致出现不必要的进程(导致额外的调度开销)以及在内部需要并发某些进程(导致额外的实现复杂性)(Bucci 等,1995)。为了防止这些效率低下的情况发生,迭代地使用 SA/SD 方法确实很重要;而 SA/SD 工程工具支持这种多趟(multi-pass)方法。

Yourdon 的现代结构化分析由 3 个互补的模型(或观点)来描述一个实时系统。

M1　环境模型;

M2　行为模型;

M3　实施模型。

每个模型的元素如图 5.12 所示。环境模型体现了 SA/SD 的分析方面,由上下文图和关联的事件列表组成。建立环境模型的目的是在高抽象层次上对系统进行建模。另一方面,行为模型将 SA/SD 的设计表现为一系列数据流和控制流图、实体关系图、过程和控制规范、状态转换图和数据字典。通过对这些元素进行适当组合,设计者可对实时系统进行详细建模。

然而,建议将数据流分析和控制流分析分开而不是同时进行。最后,在实现模型中,开发人员使用精选的结构图、伪代码和时间逻辑来描述系统,以使其易转换为某种过程式编程语言。此外,所有模型(M1～M3)也可能包含了一些自然语言描述。存在自然语言的描述通常表明图表对客户或开发人员来说还不够清晰,需要以文字说明来补充。

结构化分析是一种极具潜力的方法,可以克服传统分析需要使用图形工具和自上而下的功能分解方法来确定系统需求的问题。SA 只处理那些可以结构化的分析:功能规范和环境/用户接口。此外,结构化分析用于建模系统的上下文(输入从哪里来,输出到哪里去)、过程(系统执行什么功能、功能如何交互以及如何将输入转换为输出)和内容(系统执行功能所需的数据)。结构化分析试图通过以下方式克服系统分析中固有的异构挑战:

```
环境模型
    上下文图
    事件列表
    自然语言
```

```
行为模型
    数据流图
    控制流图
    实体关系图
    流程规范
    控制规范
    状态转换图
    数据字典
    自然语言
```

```
实施模式
    结构图
    伪代码
    时序逻辑
    自然语言
```

图 5.12　结构化分析和结构化设计的模型和要素

① 目标文档易于维护；

② 使用说明性的图形；

③ 有效减少歧义和冗余；

④ 为功能划分提供支持方法；

⑤ 在实施之前建立系统的逻辑模型。

SA 的目标文档称为结构化规范，它包括一个系统上下文图、一组显示各种组件的分解和相互联系的分层数据流图，以及一个代表驱动系统的外部事件列表。

为了说明结构化分析技术的使用，下面以第 3.3.8 节中介绍的电梯控制系统为例进行讲解。符号上做了一些变动，但这是很常见的，因为每个组织往往有自己的"内部风格"，也即依赖于所使用的计算机辅助软件工程（CASE）工具或个人偏好的惯例。

示例　嵌入式系统的上下文图

图 5.13 的上下文图定义了电梯控制系统（ECS）的运行环境。为了便于从应用程序的角度理解该图，有必要对连接到数据转换（圆圈）的 6 个终端（矩形框）的目的和运行进行简要介绍：

（1）运动控制单元（MCU）　使电梯轿厢安全、平稳、准确地从一层行驶到另一层；提供轿厢位置和操作状态信息。

（2）门扇操作器（DO）　快速但安全地打开和关闭门扇（见图 5.2 的有限状态机）；提供操作信息以及安全传感器和打开/关闭按钮的状态信息。

（3）轿厢操作面板（COP）　向乘客显示轿厢位置和其他运行特定信息；提供操作状态

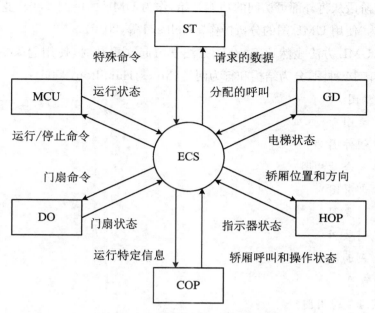

图 5.13　电梯控制系统的上下文图

信息和轿厢呼叫按钮界面。

（4）门厅操作面板（HOP）　向等候的乘客显示轿厢位置信息；控制"指示灯"和"到达铃"，指示到达/离开电梯的运行方向；提供操作状态信息。

（5）组调度器（GD）　使用某些最佳呼叫分配策略将登记的门厅呼叫分配给电梯组中的适当电梯。

（6）维修工具（ST）　提供受密码保护的用户界面，供服务人员发出特殊命令，详尽监控电梯以及访问运行统计信息。

在这里，通过上下文图的单个数据转换对整个电梯控制系统进行建模。ECS 和所有终端（外部设备或子系统）之间的通信是双向的，如数据流所示，传输的数据由描述性标签标识。应该注意的是，出现在上下文图中的数据流应该与上下文图本身具有相同的抽象级别。总而言之，图 5.13 的上下文图为剩下的 SA/SD 过程形成了一个良好的起点。

虽然上面示例的示意图并不是展示一个完整的系统设计，这里有一些简化，但是，如果有某种形式的图形辅助，例如 SA 上下文图，那么在需求提取过程中，就更容易识别缺失的功能。

5.3.2　面向对象分析和统一建模语言

作为软件开发需求规范的结构化分析方法的可行替代方案，接下来考虑使用面向对象的方法（Høydalsvik，Sindre，1993）。与使用算法过程的过程式编程不同，面向对象编程使用协作对象的结构，其中每个部分通过对其直接相邻的输入做出反应来执行其专门的处理。面向对象分析（OOA）有多种"风格"，每种风格都使用自己的工具集。在下面讨论的主要方法中,系统规范阶段从将外部可访问的功能开始,作为 UML 的用例。在从业者中,OOA 被非正式地定义为"使用 UML 图的分析操作"(Gelbard 等,2010)。

总的来说,UML 方法显然比 SA/SD 方法学习起来更耗时,使用起来更复杂,因为它(UML 2.2)共有 14 种图,分为结构和行为两类(Miles,Hamilton,2006):

1. 结构图
   - 类图
   - 组件图
   - 复合结构图
   - 部署图
   - 对象图
   - 封装图
   - 剖面图
2. 行为图
   - 2.1 通用图
     - 活动图
     - 状态机图
     - 用例图
   - 2.2 交互图
     - 通信图
     - 交互概览图
     - 时序图
     - 时间图

所有这些图表类型都将在第 6 章中介绍,而在目前的讨论中,我们只关注那些与实时软件项目的需求工程阶段最相关的图。

用例是面向对象分析和设计中必不可少的工件,可以使用几种技术中的任意一种来图形化地描述。用例图可以被认为类似于结构化分析中的上下文图,因为它表示软件应用程序与其外部环境的交互。在嵌入式系统的规范中,这也是通常指定总体时间约束、采样率和截止期限的地方。文本描述通常用于补充用例图。Cockburn(2001)提供了有关创建适当用例的实用讨论。

用例的图形表示方式为椭圆,所涉及的角色用简笔图表示,如图 5.14 所示。在该图中,用例对应于第 3.3.8 节中提出的五级任务结构。一般来说,决定用例的详细程度或试图了解特定用例的组成通常令人沮丧(Agarwal,Sinha,2003 年)。绘制从角色到用例的线表示它们之间的通信。每个用例实际上是一个文档,描述了所考虑系统的操作场景以及可能的前置/后置条件和异常。在迭代开发过程中,随着分析和设计工作流程的推进,这些用例将变得越来越精细。接下来,创建交互图来描述每个用例定义的行为。在第一次迭代中,这些图将整个系统描述为一个黑盒,一旦域建模完成,黑盒就转换为多个对象的协作。例如,后面将在第 5.7 节案例研究中以图 5.19 给出交通灯控制系统的用例图。

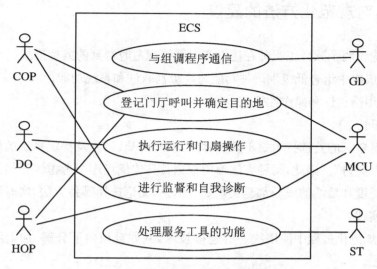

图 5.14 电梯控制系统的用例图

此外,分析类图展示了系统的静态结构、系统抽象及其关系。分析类图包含了表示具有共同特征的实体的类,包括了属性、操作和表示类之间关系的关联。类用矩形表示,连接路径表示类之间的关联。类需要矩形内的名称,而关联可能没有附加的名称。此外,菱形连接表示聚合关系。如果菱形是实心的,它就是一个依赖聚合;否则,它是独立的,也即,这样聚合的对象可以单独存在。在第 5.5.7 节案例研究中的图 5.20 展示了交通灯控制系统的分析类图。类图作为 OOA 的"基石"被广泛使用。

在实时系统建模中使用面向对象的方法提供了许多所需的特性:

① 分布性和并发性;

② 有效管理复杂性;

③ 增强的可重用性;

④ 优秀的可追溯性;

⑤ 提高了可理解性和可维护性;

⑥ 增强的可扩展性;

⑦ 模块化设计。

然而,如第 4.4.3 节所述,在时间关键型嵌入式系统中使用面向对象的方法时,存在潜在的缺点。

Gelbard 等人(2010)对 OOA 提出了批评,并讨论了在分析阶段使用 UML 的具体不足之处。他们合理的批评集中在这样的观察上:"在大型项目中,UML 表示法在上下文和通信方面并不有效。"他们还认为"OOA 方法论缺乏清晰度和全面性。"然而,人们普遍认为,面向对象的方法有力地支持了(实时)软件开发的设计和实施阶段(Agarwal,Sinha,2003)。

5.3.3　对规范化方法的建议

前面的讨论说明了软件工程师在建立实时系统规范时遇到的典型挑战：

① 在同一层次中组合低级别硬件功能与高级别软件和系统功能；

② 混合使用描述性和操作性规范；

③ 省略时间信息。

在这里规定单一的首选技术是不切实际的，众所周知，当涉及特定系统的软件规范化和设计时，没有"万灵丹"。因此，每种方法都应根据其具体优点逐个考虑。任何技术的可用性对其最初的接受度和后续的成功都至关重要。但是，无论选择哪种方法，实时系统建模都应包含以下最佳实践：

① 在整个规范化过程中使用统一的建模技术，例如自顶向下分解，加上结构化分析或面向对象的方法。

② 将操作规范与描述性的行为分开。

③ 在模型内使用一致的抽象级别，并在不同模型间使用一致。

④ 将非功能性需求建模为规范模型的一部分，特别是时间属性。

⑤ 在规范建立阶段省略硬件-软件划分（这是设计的方面，而不是分析；规范化只描述了实时系统必须做什么，而不是如何完成）。

最后，应该指出的是，分析和设计之间的界限通常是模糊的。这同样适用于设计和实现之间的其他界限。每个组织都可以根据自己的需要和偏好自由调整这些边界。

5.4　需　求　文　档

组织软件需求规范（SRS）的方法有很多种，但 IEEE Std 830—1998 提供了 SRS 的完善模板（IEEE，1998）。SRS 可以看作是设计人员、程序员、测试人员和客户之间的有约束力的合同，它包含系统设计的多种范式或视图。推荐的设计视图包括分解、依赖、接口和详细描述的组合。这些与首页模板内容一起构成了软件需求规范的标准模板，如图 5.15 所示。第 1 节和第 2 节是不言而喻的，它们为 SRS 提供前言和介绍材料。然而，SRS 的核心是在描述部分，它们的标题可以进一步细分，例如使用结构化分析。

除了功能角度外，IEEE Std 830 提供了几种替代（或补充）方式来表示需求规范，软件需求可以通过以下方式组织：

① 系统模式（例如正常、消防服务和维护）；

② 用户类别（例如乘客、消防员和电梯技术员）；

③ 对象（例如电机驱动器、轿厢位置传感器和信号设备）；

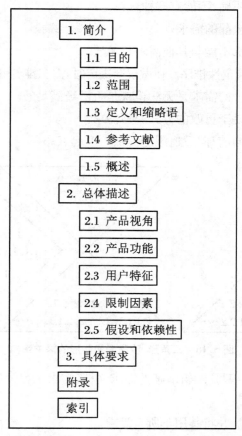

图 5.15　IEEE Std 830—1998 的 SRS 推荐目录

(IEEE,1998)

④ 功能(例如将乘客从一层运送到另一层);

⑤ 输入来源(例如门扇触点、按钮和安全传感器);

⑥ 响应(例如开始向上或向下逐层运行);

⑦ 功能层次结构(通过公共输入、输出或内部数据访问);

⑧ 混合(结合上述两项或多项)。

5.4.1　构建和编写需求

SRS 的文本结构可以通过每个层次上的章节标识符的数量来描述。高级别需求很少有低于 4 级的章节编号(例如第 3.2.1.5 节)。组织良好的文档通常有一个三角形(金字塔式)的需求结构。另外,沙漏结构的需求有太多的管理细节,而菱形结构的需求表明,在更高级别引入的主题在不同的细节层次得到解决(图 5.16)。无论使用何种方法组织 SRS,IEEE Std 830 都描述了良好需求的特征。好的需求应是:

① 正确的,它们必须正确描述系统行为。

② 明确的,需求必须明确,不能有多种解释。

③ 完全的,必须没有遗漏的需求。

④ 一致的,任何需求都不能与其他需求相矛盾。

⑤ 根据重要性和/或稳定性排序。在做权衡决定时,需求排名可以为设计人员提供指导。

⑥ 可验证的,无法验证的需求是无法检查是否已经满足的。

⑦ 可修改的,需要以易于更改的方式编写需求。

⑧ 可追溯的,需求为向前/向后追溯链提供一个起点。

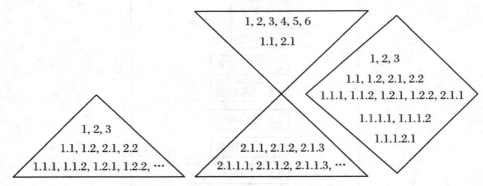

图 5.16　三角形、沙漏形和菱形的需求结构

为了满足这些标准并编写/编辑清晰的需求文档,需求工程师(或技术工作者)可以使用一些最佳实践,其中包括:

① 使用某种标准格式,并将其用于所有需求。

② 语言使用方式要一致,并确保在可被翻译时,内容准确。

③ 对基本需求使用"应(shall)"。

④ 对理想的需求使用"应该(should)"。

⑤ 使用文本高亮显示来识别需求的关键部分。

⑥ 除非有必要,否则避免使用技术术语,为了说明这一点,应考虑以下 5 个需求:

a. 系统应该是可靠的。

b. 系统应是模块化的。

c. 系统应该是可维护的。

d. 系统应是快速的。

e. 系统应该是准确的。

这些需求显然很糟糕,因为它们中没有一个是可验证的,例如,应该如何衡量"可靠的"和"模块化的"?

接下来,考虑一组相关需求:

a. 平均无故障时间(MTBF)应至少为连续运行 500 h。

b. 每个程序模块的圈复杂度应在 10 到 40 之间。

c. 任何软件的安装更新时间不得超过 15 min。

d. 所有一级操作的响应时间应为(250 ± 50) ms。

e. 所有估算量的幅度误差应小于 3.5%。

这组需求比前一组要好得多,因为每一条需求都是可测量的,每个需求都量化了所需的质量:MTBF 是对可靠性的量度,圈复杂度是对模块化的量度,更新时间是对可维护性的量度,响应时间是对速度的量度,幅度误差是对准确度的量度。

5.4.2　需求验证

对软件成品的验证是为了确保软件符合 SRS。这类似于问"我是否是按照规定构建的软件?"因为需要满足所有需求。

而需求验证无异于问"我是否构建了正确的软件?"很多时候,开发项目提供了一个符合 SRS 的功能齐全的实时系统,结果却发现它并不是客户真正想要的。怎样才能避免这种糟糕的结果呢? 显然,必须严格遵循彻底的需求验证过程,该过程是持续和系统地发展的。

执行这样的需求验证包括检查以下内容:

① 有效性。系统是否提供最能(在现有限制范围内)支持客户需求的功能?

② 一致性。是否有任何需求冲突?

③ 完整性。是否包括客户需求的所有功能?

④ 现实性。在给定可用的预算、时间和技术的情况下,需求是否可以实现?

⑤ 可验证性。可以验证需求吗?

有多种方法可以检查软件需求规范是否符合 IEEE 标准的最佳实践和最终有效性,这些互为补充的方法包括(按英文字母顺序):

① 自动一致性分析;

② 检查结构化需求描述的一致性;

③ 将需求与类似系统的需求进行比较;

④ 为需求开发测试以检查可测试性;

⑤ 原型设计;

⑥ 需求审查;

⑦ 系统的手工需求分析;

⑧ 生成测试用例;

⑨ 使用可执行的系统模型来检查需求。

在这些方法中,自动检查是最理想的,但也是最不可能的,因为自然语言的上下文有相关性,并且不可能验证诸如需求完整性这样的麻烦问题。然而,可以开发一些辅助工具来进行单纯的拼写和语法检查(这也可能检查出歧义和不完整性),标记模糊的关键字(例如"快速"),识别缺失的需求(例如搜索典型短语"待定")和过于复杂的句子(可能表示需求不明确)。

模型检查是一种形式化技术,可用于分析可执行的需求规范甚至是部分需求规范。然而,它的目的是发现错误,而不是保证正确。其中一种方法是使用有限状态机来测试安全性和灵活性:第一步涉及构建系统(或其子系统之一)的状态模型,例如使用状态图。一旦获得了这个初始模型,就会估计状态空间大小,以评估自动验证的可能。接下来,通过识别可能的等价类和利用对称性和子类来最小化状态空间。最后,导出需求主要特征的符号表示。这代表了一种行为、时间逻辑结构,它模拟了系统的粗粒度行为。例如,为了检查容错性,将相关故障注入仿真模型,并运用该模型来识别可能的问题(Schneider 等,1998)。模型检查在某种程度上代表了需求的高级原型。

自动化需求检查用于评估需求规范的某些质量,而不是保证 SRS 的正确。这种方法的一个例子是 NASA 的自动需求测量(ARM)工具(Wyatt 等,2003)。多功能工具,如 ARM,使用多个粗粒度和细粒度的需求指标,其中粗粒度指标包括:

① 可读性;

② 需求规模;

③ 规范深度;

④ 文本结构。

而细粒度的指标着眼于文档中某些类别单词的使用,典型指标如下:

① 命令语;

② 延续语;

③ 指示语;

④ 选项;

⑤ 弱短语。

需求规范中的命令语及其目的如表 5.6 所示。

表 5.6　需求规范中的命令语及其目的(Wilson,1997)

命令语	目的
应	规定了基本能力的提供
必须	规定了性能要求或限制
必须不	规定了性能要求或限制
被要求	用于以被动语态书写的规范中
可用于	用来通过引用包括标准或其他文件,作为对规范需求的补充
对……负责	对于已经确定架构的系统,作为一个必要条件
将	一般用于引用由操作或开发环境为被指定的能力提供的东西
应该	不建议使用

延续语遵循命令语,并在较低级别引入需求规范。延续语包括以下单词/短语:

①"如下所示";

②"以下";

③"下列的";

④"特别是";

⑤ "所列出的";

⑥ "支持"。

指令语是指向说明性信息的单词和短语,包括:

① "描绘";

② "图";

③ "例如";

④ "如";

⑤ "表格"。

选项为开发人员提供了满足规范的自由度,包括:

① "能";

② "可以";

③ "可能";

④ "可选地"。

此外,在 SRS 中应避免使用的弱短语包括:

① "足够的";

② "至少";

③ "如适用";

④ "能够";

⑤ "有能力";

⑥ "但不限于";

⑦ "有做……的能力";

⑧ "有能力"做;

⑨ "有效的";

⑩ "如果可行";

⑪ "正常的";

⑫ "提供给";

⑬ "及时";

⑭ "待定"。

这些细粒度的指标至少可以用于度量 SRS 的某些规模数量,例如:

① 命令语;

② 文本行数;

③ 段落;

④ 主题(命令语后的唯一词)。

也可以从这些细粒度的指标中计算出有用的数值比例,这些比例可用于判断软件规范的整体适用性。典型比例如表 5.7 所示。

表 5.7　从软件需求规格中得出的数字比率及其目的

比　例	目　的
命令语对主体	表示详细的程度
文本的行数对命令语	表示简明扼要
在每个文档级别找到的命令语的数量	计算在较高层次上由命令语和延续句(紧接延续语的命令语)引入的较低层次项目的数量
规范深度对文本总行数	表示 SRS 的简洁性

可读性统计类似于衡量写作水平(或理解难度)的统计,可用作 SRS 的质量衡量标准。这些统计数据包括:

① Flesch 易读性指数,单词/句子和音节/单词的总数。

② Flesch-Kincaid 年级水平指数,将 Flesch 指数转换为更容易判断的年级水平(标准写作是 K-12 量表的七年级或八年级)。

③ Coleman-Liau 年级指数,使用单词中的字符数和句子中的单词数来确定年级。

④ Bormuth 等级指数,与 Coleman-Liau 相同。

这些需求度量中的任何一个都可以纳入度量管理,从长远来看,如果一致地、建设性地使用它们并具有良好的判断力,将能够改进特定的实时系统(以及未来要开发的实时系统)。

5.5　总　　结

需求工程是软件开发过程的第一阶段。如果执行不当,软件产品可能无法满足客户的期望和需求——从客户的角度来看,由此产生的实时系统就是"错误的"。在这种极端情况下,系统设计或实施得好坏无关紧要。从不充分的需求工程中恢复过来的成本可能会很高,并会损失大量的收入;一定要进行大量的重新设计和重新实施,因此产品上市可能会延迟很久。

尽管需求工程的作用非常重要,但只有少数工程项目类的本科教学会强调这门学科的重要性。因此,大多数从事需求工程的工程师都是在职接受教育的。然而,一些软件项目正在将需求工程作为必修课程引入(Laplante,2009)。在世界各地的教育机构中应该变得更加普遍。

现有的各种规范化方法(选择哪些?)和现有的 CASE 工具的高成本(我们能负担得起吗?)是与需求工程相关的棘手问题。此外,对于开发组织而言,培训其人员以有效地使用所选择的方法和所获得的 CASE 工具可能是一项重大投资。出于可以理解的原因,开发组织者希望在整个软件开发过程中集成 CASE 支持,但完整 CASE 环境的许可费用对于中小型公司来说可能过于昂贵。因此,在为组织或项目选择合适的方法和相关工具时,需要进行全面的成本效益分析。另一个需要考虑的重要问题显然是非技术客户是否能够理解需求文档中的各种图表(例如 SA/SD 或 UML)。

根据经验,使用的规范化方法的数量应尽可能少,但要足以满足手头项目的需求。在指定实时系统时,半形式化和形式化方法的某种组合通常是有利的。虽然半形式化方法通常具有通用性,但像 Petri 网这样的形式化方法在指定通信协议的规定时特别有用。在定制半形式化和形式化方法的组合时,各个方法和可用 CASE 工具的可用性至关重要。

尽管是值得商榷的刻板印象,但工程师们通常被认为是不善于写作和交流的人。而需求文档是软件开发人员和客户广泛应用的书面文件。因此,使用合理的模板来组织软件需求规范是很重要的。如果尚未使用既定的内部标准,那么 IEEE Std 830—1998 为构建需求文档提供了一个良好的框架。此外,在本科学习期间,提高未来从业者的技术写作能力也很重要。然而,将更多的指导性写作任务纳入到已经过于繁重的工程课程中是具有挑战性的。

最后,本章的重点是,需求工程值得更多关注和系统考虑,因为它可以被视为软件开发组织可持续成功的基石。

练 习

习题 5.1 对于一些嵌入式实时系统,估计并论证在需求工程过程的每个阶段(图 5.1)花费的人·月成本的相对百分比。

鼓励教师收集所有学生的估计结果并总结(平均数/中位数/标准偏差),这通常是课堂讨论甚至辩论的一个有价值的起点。

习题 5.2 应该由谁来编写、分析和验证软件需求规范?

习题 5.3 在什么情况下应该更改软件需求规范? 由谁来授权这种更改?

习题 5.4 选择一个你熟悉的嵌入式系统,在软件需求规格书中找出 3 个好的需求和 3 个不好的需求,重写不好的需求,使其符合 IEEE Std 830—1998 标准。

习题 5.5 举一个具体的例子,说明在创建软件规范的形式化部分时,使用 Mealy FSM 而不是 Moore FSM 是有益的。

习题 5.6 图 5.2 中的开门按钮是瞬压式的。因此,只需按一下按钮即可打开门。然而,当大楼发生火灾,电梯被切换到为轿厢内消防员服务时,电梯门不再自动操作,而是由消防员用开门/关门按钮操作电梯门,此时不再使用安全传感器或使之超时。此外,开门按钮也是恒压式的,也就是说,消防员必须持续地按着按钮,直到门完全打开,否则门会迅速重新关闭,这种功能背后的动机是什么? 重新绘制有限状态机以满足轿厢内消防员服务的要求。

习题 5.7 请绘制一个有限状态机,定义附近某个交通路口的车辆/行人交通灯的常识性控制算法。

习题 5.8 绘制一个简单的数码相机控制软件的状态图模型,清楚地说明你对相机的特定功能的假设。

习题 5.9 为第 3.3.8 节中讨论的电梯控制系统创建一个具有多个正交状态的状态图(类似于图 5.6)。

习题 5.10　使用 Petri 网而不是有限状态机来表示图 5.2 中描述的电梯门控制子系统。

习题 5.11　使用结构化分析法,首先为下面描述的信用卡系统绘制上下文图。然后,继续对系统的功能进行详细描述。可以根据需要做出假设,但要确保你已经清楚地说明了这些假设。

用所设计的信用卡系统处理零售商店的交易。例如,一个交易可能包括从最喜欢的书店购买一本教科书。数据流图应该包括检索和检查客户的信用卡记录、批准和记录每笔交易、维护每家零售店的交易日志的功能。系统应该维护每个商店的信用卡持有人、当前交易和应付账款(已批准的交易)的文件。

习题 5.12　为练习 5.11 中描述的信用卡系统绘制一个完整的用例图。

习题 5.13　以医院的患者监护系统为例。每个患者都连接到电子仪器,以监测血压、心率和心电图。这些监测仪器发出二进制信号,指示稳定(＝0)或不稳定(＝1)状况。这些仪器中的所有结果被组合在一起,形成一个称为“紧急情况”的信号。每个房间(每个房间一个病人)的紧急信号被组合在一起,并发送到护士的工作站。如果任何病人身上的任何仪器显示不稳定状态,紧急警报就会响起,护士会被快速引导到对应的病人那里。为这样的系统编写一个伪代码规范(自己定义一个简单的伪代码语法)。

习题 5.14　指出适用以下各项软件编写规范的技术组合:

(a) 半自动化的意大利面酱装瓶系统;

(b) 战斗机的导航装置;

(c) 本地使用的航空公司预订和订票系统。

习题 5.15　将形式化需求规范从一种建模技术(例如 Petri 网)转换为另一种(例如状态图)的典型问题和后果是什么?

附录　软件需求规范中的案例研究

下面是一个交通灯控制系统软件需求规范的摘录,它详细地展现了本章中讨论的许多要素,提供了一个完整的面向对象方法的示例,并说明了一个复杂的实时系统的需求规范。

1　简介

当前使用的交通控制器包括:简单的计时器,它遵循固定的周期,无论需求如何,都允许车辆/行人在预定的时间通过;感应交通控制器,通过检测车辆/行人以允许通过;自适应交通控制器,通过检测车辆/行人,实时地确定交通状况并做出相应响应,以在不同条件下保持最高的合理效率水平。本规范中描述的交通控制器能够在这三种模式下运行。

1.1　目的

本规范定义了简单的四向行人/车辆交通交叉路口的路口控制系统的软件设计要求。该规范旨在供最终用户和软件开发人员使用。

1.2　范围

该软件包是行人/车辆交叉路口控制系统的一部分,允许:

① 固定周期模式;

② 驱动模式;

③ 完全适应的自动模式;

④ 本地控制的手动模式;

⑤ 远程控制的手动模式;

⑥ 紧急抢占模式。

在完全自适应的自动模式中,包含了流量检测功能,以便系统了解交通模式的变化。还包括按钮装置,系统可以响应行人流量的调整。周期由自适应算法控制,该算法使用多个输入的数据,以实现最大吞吐量以及行人与驾车者可接受的等待时间。抢占功能通过改变信号状态和周期时间,使应急车辆能够安全及时地通过交叉路口。

1.3　定义、首字母缩略词、缩写

以下是本文档中使用的术语及其定义的清单。

1.3.1　10 base-T

由 IEEE 802.3 中描述的双绞线形成的物理连接,设计成每秒传输 10 兆字节的网络连接。

1.3.2　ADA

《美国残疾人法案》。

1.3.3　API

应用程序接口。

1.3.4　进路(approach)

允许进入交叉路口的任何一条路线。

1.3.5　主干道

主要交通路线或用于进入高速公路的路线。

1.3.6　信号灯面

照明交通标准的物理外观。

1.3.7　属性

一个类别的属性。

1.3.8　周期时间

在任何一个交叉路口完成交通信号整个循环(周期)所需的时间。

1.3.9　直接路线

直接通过交叉路口,不需要车辆转弯的路线。

1.3.10　DOT

交通部。

1.3.11　下游

车辆正常行驶方向。

1.3.12　以太网

IEEE 802.3 中描述的最常用的局域网方法。

1.3.13 交叉路口

一个系统,包括硬件和软件,用于调节两条或更多条主干道上的车辆和行人交通。本规范中考虑的交叉路口类别只有两条道路。

1.3.14 手动超控

位于每个交叉路口控制系统并与之物理连接的装置,允许交通管理人员手动控制交叉路口。

1.3.15 方法

类中的程序,表现类行为的一个方面。

1.3.16 消息

从一个代码单元抛出并被另一个代码单元捕获的事件。

1.3.17 占用环路

一种用于检测进路中是否存在车辆,或统计进路中的车辆通过情况的装置。

1.3.18 偏移

相邻交叉路口的周期开始时间的差值。仅适用于协调交叉路口控制,本规范不包括这种情况。

1.3.19 正交路线

通过交叉路口的路线,需要车辆转弯。

1.3.20 行人探测器

位于交叉路口拐角处的按钮控制台,使希望过马路的行人能够向交叉路口控制系统提醒他们的存在。

1.3.21 行人通行标准

面向人行横道方向的信号灯,带有标有"通行"和"禁止通行"的指示灯。

1.3.22 阶段

交叉路口的状态,监管交通模式的特定时期。

1.3.23 远程控制

包含软件界面的计算机主机,允许远程管理员远程控制路口。

1.3.24 RTOS

实时操作系统

1.3.25 次要道路

与另一条路线相比,通常不支持高交通量或使用较少的路线。

1.3.26 SNMP(简单网络管理协议)

网络间管理的实际标准,由 RFC 1157 定义。

1.3.27 占空比(split)

给定相位的占空比,以小数或百分比表示。

1.3.28 车辆通行标准

带有红、黄、绿指示灯的传统交通信号。

1.3.29 上游

与车辆正常行驶方向相反的方向。

1.3.30　车辆检测器

参见 1.3.17，占用环路。

1.3.31　WAN

广域网。

1.4　通信标准

① 10 base-T 以太网（IEEE 802.3）；

② SNMP（RFC 1157）。

1.5　概述

略。

2　总体说明

2.1　交叉路口概述

需要控制的交叉路口类别如图 5.17 所示。

交叉路口的目标类具有以下特点：

① 四路交叉。

② 道路坡度和曲率小到可以忽略不计。

③ 没有右转或左转车道，或者右转和左转信号（但请注意，交叉路口的宽度足以让直行通过的车辆从左转车辆的右侧通过）。

④ 不同优先级（例如，一条道路可能是主干道，另一条可能是次要道路）或相同优先级的交叉道路。

⑤ 每条进路有两种车辆通行标准：一种通过架空电缆悬挂，另一种安装在基座上。

⑥ 每条进路有一条人行横道。

⑦ 行人通行标准，安装在每个人行横道的每一侧。

⑧ 每个人行横道两侧有行人探测器（按钮）。

⑨ 所有进路（每个进路一个）中的停车线车辆检测器（环路探测器），用于检测车辆的存在和计算通过交叉路口的车辆。

2.2　产品视角

2.2.1　系统接口

这在下面的章节中有详细描述。

2.2.2　用户界面

2.2.2.1　行人

行人按下按钮，向软件发出服务请求，并及时接收"步行"信号。

2.2.2.2　机动车辆

在"感应"模式下，车辆进入交叉路口，向软件发出服务请求，并及时收到"可以通行"信号。在"自适应"模式下，车辆通过环路检测器，累积车辆计数，进而引起交叉口时间的调整。

2.2.2.3　应急车辆

应急车辆操作员激活"应急车辆超驰信号"，向软件发出优先服务请求，并在抢占时间内收到"可以通行"信号。

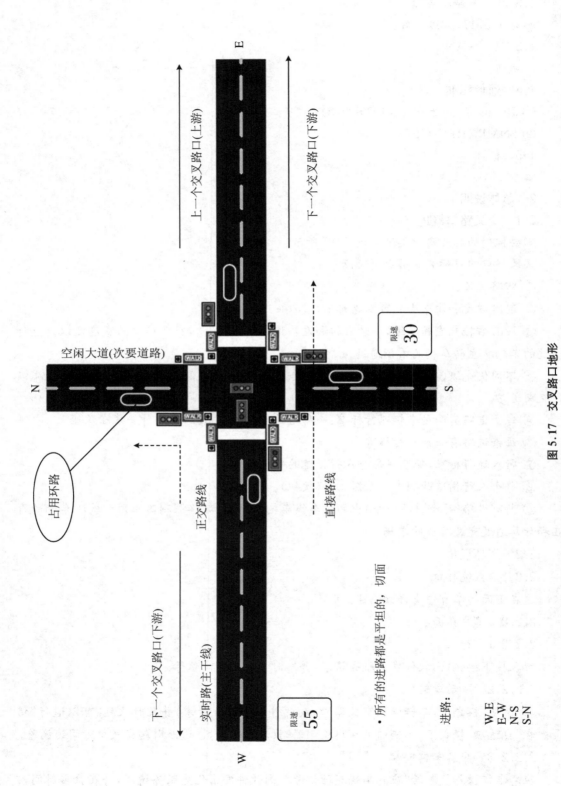

图 5.17 交叉路口地形

• 所有的进路都是平坦的，切面

进路：

W-E
E-W
N-S
S-N

2.2.2.4　交通管理人员

交通管理人员将手控装置从控制箱中取下，按下按钮手动控制路口。

2.2.2.5　远程操作员

远程操作员使用软件控制面板直接控制交叉路口的状态，或观察和操纵特定交叉路口控制系统的参数和状态。

2.2.2.6　维护人员

维护人员通过以太网口接入系统进行维护。

2.2.3　硬件接口

交叉路口控制系统硬件接口总结如图 5.18 所示。

2.2.3.1　主要硬件组件

汇总（表 5.8）。

表 5.8　主要交叉路口控制系统硬件组件

项目	描述	数量
1	交叉路口控制器外壳	1
1.1	输入断路器	1
1.2	输入变压器	1
1.3	带 UPS 的输入电源	1
1.4	交叉路口控制器	1
1.5	灯具驱动器	20
1.6	灯具电流传感器	40
1.7	绿色信号安全继电器	1
1.8	手动超控控制台	1
1.9	车辆检测器接口单元（未在图 5.18 中显示）	4
1.10	行人请求检测器接口单元（图 5.18 中未显示）	8
1.11	RJ-45 以太网连接器－DOT 网络	1
1.12	RJ-45 以太网连接器－维护	1
1.13	外壳布线	A/R
2	车辆通行标准——悬挂式	4
3	车辆通行标准——杆式安装	4
4	行人通行标准	8
5	行人请求检测器	8
6	车辆检测器	4
7	应急车辆应答器	1
8	现场布线	A/R

2.2.3.2　有线接口

为交叉路口控制器和其内部硬件之间提供物理连接线。

① 交通标准灯驱动器(20)；

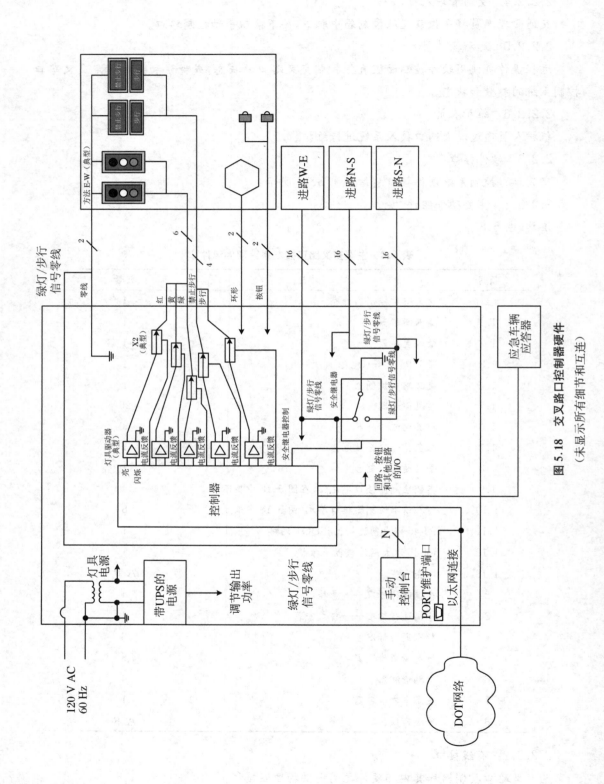

图 5.18 交叉路口控制器硬件

（未显示所有细节和互连）

② 交通标准灯电流传感器(40);

③ 车辆探测器接口单元(4);

④ 行人探测器接口单元(4);

⑤ 绿色信号安全继电器(1);

⑥ 手动超控控制台(1);

⑦ 维护连接器(2 个;10 base-T 双绞线)。

2.2.3.3 有线接口

提供交叉路口控制外壳和以下外部硬件组件之间的外部硬线连接:

① 行人探测器;

② 行人通行标准;

③ 车辆探测器;

④ 车辆通行标准;

⑤ 应急车辆应答器;

⑥ DOT 广域网(WAN)。

2.2.3.4 应急车辆应答器

应急车辆应答器是交叉路口控制系统和应急车辆超驰控制器之间的射频链路。

2.2.3.5 DOT 广域网的以太网连接

软件系统和远程操作员之间的交互通过标准 10 base-T 局域网进行。每个交叉路口控制系统都使用唯一的、静态分配的 IP 地址。

2.2.4 软件接口

2.2.4.1 操作系统

交叉路口控制器通过标准的 OS API 调用与 RTOS 对接。

2.2.4.2 资源管理器

与硬件接口由本 SRS 中未指定的资源管理器处理。假定资源管理器可以直接访问这里定义的对象模型。

2.2.4.3 软件控制面板

交叉路口控制系统必须能够与软件控制面板交互以允许远程用户访问。该接口为远程用户提供修改系统参数、执行维护功能或手动控制交叉路口的能力。此通信的标准协议将是版本 1 的 SNMP。

2.2.5 通信接口

系统将利用 TCP/IP 的 SNMP 接口进行系统间通信。

2.2.6 内存限制

2.2.6.1 闪存

闪存将成为该系统的首选存储介质。该软件将需要不超过 32 MB 的闪存,用于 RTOS、应用程序和数据。

2.2.6.2　RAM

RAM 将用于应用程序执行。系统不应需要超过 32 MB 的 RAM。启动时，RTOS、应用程序和执行所需的静态数据将从闪存复制到 RAM 中。

2.2.7　操作

① 自动、无人值守操作（正常操作）；

② 本地手动操作（通过超控控制台）；

③ 远程手动操作（通过 WAN 端口）；

④ 本地观察操作（通过维护端口）；

⑤ 远程观察操作（通过 WAN 端口）；

⑥ 远程协同操作（可选；通过 WAN 端口）。

2.2.8　场地适应要求　这一点在上面的第 2.1 节中进行了总结。

2.3　产品功能

路口控制系统提供以下功能：

① 控制交叉路口车辆通行标准；

② 控制交叉路口的行人通行标准；

③ 收集和处理所有进路的交通历史；

④ 根据交通流量对交叉路口的时间进行自适应控制；

⑤ 根据是否存在车辆对交叉路口进行感应控制；

⑥ 根据固定方案对交叉路口进行定时控制；

⑦ 处理行人通行请求；

⑧ 处理应急车辆抢占道路；

⑨ 响应人工超控命令的交叉路口控制；

⑩ 响应远程超控指令的交叉路口控制；

⑪ 管理交通历史和事件日志数据库；

⑫ 处理来自维护端口的维护访问请求；

⑬ 处理来自 DOT 广域网的维护访问请求。

2.4　用户特征

2.4.1　行人

一般人群，包括残疾人。

2.4.2　机动车辆

汽车和卡车，取决于道路使用限制。

2.4.3　交通管理人员

授权的 DOT、警察或其他受过人工超控控制台使用培训的人员。必须有系统外箱的钥匙。

2.4.4　系统管理员

受过此系统使用培训的授权 DOT 人员。

2.5　限制条件

系统限制包括以下内容：

① 监管政策（例如 ADA）；

② DOT 规定；

③ 地方法规；

④ 硬件限制；

⑤ 行人过马路的最短时间；

⑥ 车辆的最小停靠距离；

⑦ 瞬时功率下降/断电；

⑧ 与其他应用程序的接口；

⑨ 审计功能；

⑩ 高阶语言要求（需要 RTOS 支持的 OO 语言）；

⑪ 网络协议（例如 SNMP）；

⑫ 可靠性要求；

⑬ 应用程序的临界性；

⑭ 安全考虑；

⑮ 安保考虑。

2.6　假设和依赖

① 所有物理量都使用 SI 单位；

② 使用市售的 RTOS；

③ 硬件接口已经开发了资源管理器（驱动程序），可与这里指定的软件系统集成；

④ DOT 广域网将使用 SNMP 与交叉路口控制系统进行通信；

⑤ 看门狗电路通过硬件强制执行安全默认交叉路口状态。

3　具体要求

本节描述了交叉路口控制系统的基本功能要素。特别是详细描述了软件对象模型，并列举了属性和方法。对用户、硬件和其他软件元素的外部接口进行了描述，并提供了将要使用的自适应算法的背景。

3.1　外部接口要求

3.1.1　用户界面（图 5.19）

① 车辆探测器——用户：机动车辆；

② 行人检测器——用户：行人；

③ 应急车辆超控——用户：应急车辆；

④ 手动超控——用户：交通管制员；

⑤ 远程超控——用户：DOT 管制员；

⑥ 维护界面——用户：维护人员。

3.1.2　硬件接口

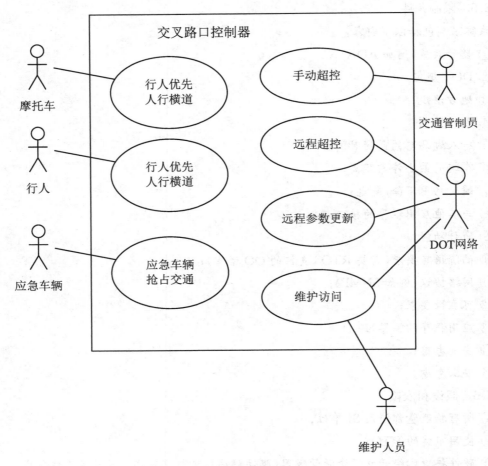

图 5.19　顶层用例图

① 车辆；

② 行人通行按钮；

③ 通行标准；

④ 步行信号；

⑤ 硬件看门狗；

⑥ 不间断电源。

3.1.3　软件接口

① 实时操作系统 API 调用；

② 硬件资源管理器接口。

3.1.4　通信接口

① 与 RTOS TCP/IP 协议栈的接口；

3.2　类/对象

图 5.20 描述了构成交叉路口控制系统软件应用程序的类。

路口控制器负责管理以下功能：

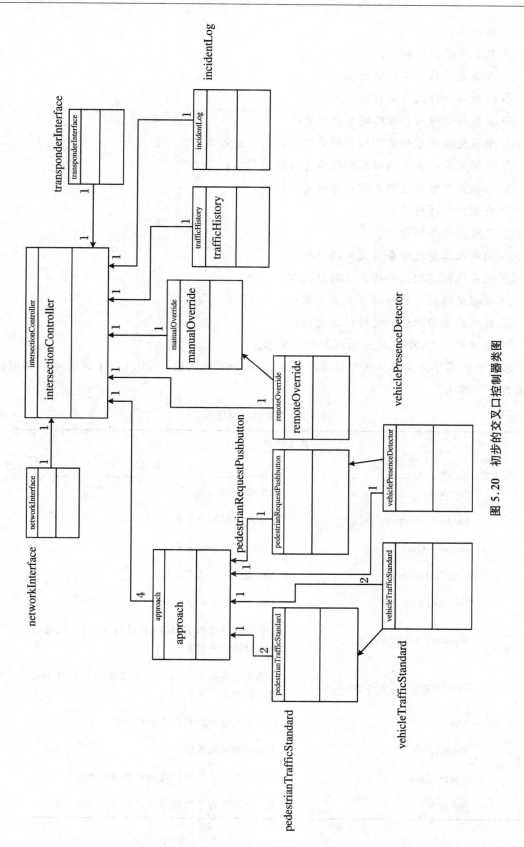

图 5.20 初步的交叉口控制器类图

① 初始化；

② 包含对象的实例化；

③ 控制交叉路口车辆通行标准；

④ 控制路口行人通行标准；

⑤ 收集和处理所有进路的交通历史；

⑥ 根据交通流量对交叉路口的时间进行自适应控制；

⑦ 根据是否存在车辆对交叉路口进行感应控制；

⑧ 根据固定方案对交叉路口进行定时控制；

⑨ 处理行人通行请求；

⑩ 处理应急车辆抢占；

⑪ 响应人工超控命令的交叉路口控制；

⑫ 响应远程超控指令的交叉路口控制；

⑬ 管理交通历史和事件日志数据库；

⑭ 处理来自维护端口的维护访问请求；

⑮ 处理来自 DOT 广域网的维护访问请求。

表 5.9 说明了交叉路口控制器类的属性、方法和事件。图 5.21 给出了交叉路口控制状态图的行为描述。

表 5.9　交叉口控制器类

交叉路口控制器		
	名称	描述
	Approach	Approach 对象数组
	Manual Override	表示人工超控控制台
	Remote Override	表示远程软件控制台
	Traffic History	包含至少7天的事件日志
	Incident Log	包含至少7天的事件日志
属性	Network Interface	提供从网络资源管理器（驱动程序）到交叉控制器对象的接口的对象
	Emergency Vehicle Interface	提供应急车辆应答器和交叉路口控制器对象之间接口的对象
	Mode	当前交叉路口控制器的运行模式
	Priority	方法的相对优先级
	Cycle Time	完成交叉路口所有阶段的完整循环的时间
	Splits	定义分配给每个阶段的循环时间的比例的数组

交叉路口控制器		
	名称	描述
属性	Current Phase	当前交叉路口阶段
	Phase Time Remaining	直到交叉路口进入序列中的下一个阶段的剩余时间
	Commanded Green Signal Safety Relay State	基于当前阶段,该属性持有绿色信号安全继电器资源管理器所需的值,该资源管理器负责驱动继电器
	Detected Green Signal Safety Relay State	该属性保存了绿色信号安全继电器的实际状态
方法	Initialize	
	Advance Phase	将交叉路口的阶段推进到序列中的下一个阶段
	Calculate Cycle Parameters	根据交通数据计算下一个周期的周期时间和分段
事件	Phase Time Remaining Value Reaches 0	当 Phase Time Remaining 计时器达到 0 时触发
	Override Activated	当人工超控或远程超控被激活时触发
	Override Canceled	在禁用超控时触发
	Watchdog Timeout	在看门狗过期时触发
	Error	发生错误时触发。将错误代码作为参数

相应的通行标准信号灯面如图 5.22 所示。

3.2.1　Approach

这是交叉路口进路的程序表示。

Approach 对象负责管理以下功能:

① 对所包含的对象进行实例化;

② 控制与进路相关的通行标准;

③ 处理行人通行事件;

④ 处理环路检测器进入和退出事件;

⑤ 跟踪车辆数量。

表 5.10 说明了 Approach 类的属性、方法和事件。

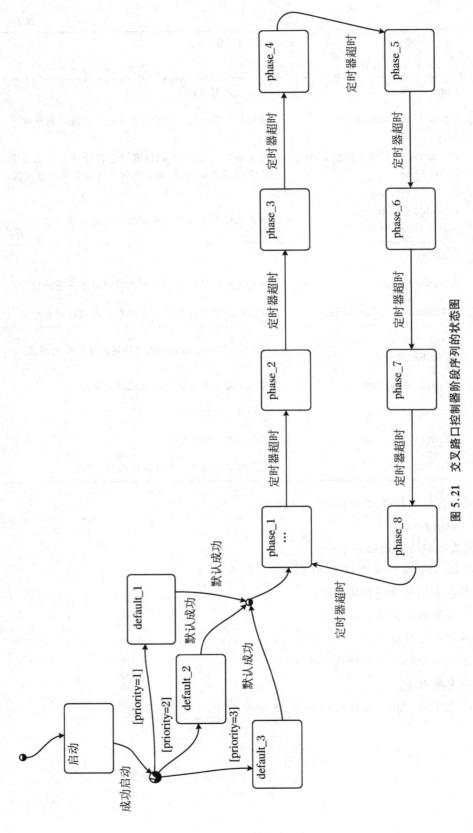

图 5.21 交叉路口控制器阶段序列的状态图

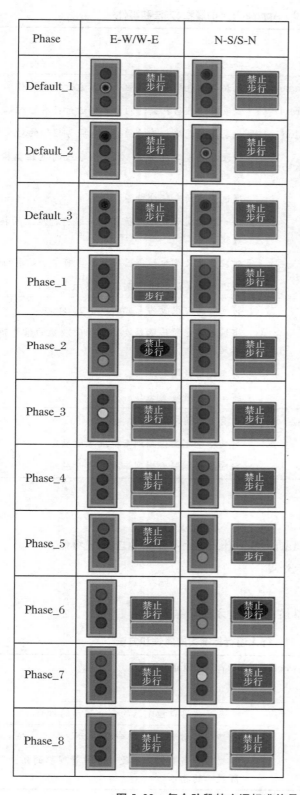

图 5.22　每个阶段的交通标准信号灯面

表 5.10　Approach 类的属性、方法和事件

		Approch
	名称	描述
属性	Pedestrian Traffic Standard	代表与该进路相关的两个行人通行标准的对象
	VehicleTraffic Standards	代表与该进路相关的两个车辆通行标准的对象
	Pedestrian Service Button	代表与该进路相关的两个行人服务按钮的对象
	Vehicle Presence Detector	代表与该进路相关的、位于停车线的近距离检测回路的对象
	Vehicle Count	通过进路的车辆计数
	Indication	用于存储实际显示在所有相关通行标准上的指示的数组
	Current Aspect	对应于交叉路口控制器阶段的当前命令显示的灯面
	Speed Limit	与进路相关的速度限制值(以 km/h 为单位)
方法	Set Aspect	将显示的灯设置为 Commanded Aspect
	Get Aspect	根据来自当前传感器硬件资源管理器的信号获取实际显示的灯
	Increment Count	将车辆计数增加 1
	Reset Count	将车辆计数重置为 0
事件	Pedestrian Request	当有行人请求时触发
	Vehicle Entry	当回路检测器检测到车辆进入时触发
	Vehicle Exit	当回路检测器检测到车辆退出时触发

3.2.2　行人通行标准

这是行人通行信号的程序表示。

行人通行标准(Pedestrian Traffic Standard)对象负责管理以下功能:

① 显示来自进路的指令指示外观;

② 确定实际显示的指示。

表 5.11 说明了行人通行标准类的属性、方法和事件。

表 5.11　行人通行标准类的属性和方法

		Pedestrian Traffic Standard
	名称	描述
属性	Commanded Aspect	来自交叉路口控制器的命令显示的灯面
方法	Set Indication	将显示的指示设置为"命令指示"
	Get Indication	根据来自当前传感器硬件资源管理器的信号获取实际显示的指示

3.2.3　Vehicle Traffic Standard

这是车辆交通信号的程序化表示。

车辆通行标准(Vehicle Traffic Standard)对象负责管理以下功能:

① 显示来自交叉路口控制器的命令的显示灯面;

② 确定实际显示的灯面。

表 5.12 说明了 Vehicle Traffic Standard 类的属性、方法和事件。

表 5.12　车辆通行标准的属性和方法

		Vehicle Traffic Standard	
	名称	描述	
属性	Commanded Aspect	来自交叉路口控制器的命令的显示灯面	
方法	Set Indication	将显示的指示设置为"命令指示"	
	Get Indication	根据来自当前传感器硬件资源管理器的信号获取实际显示的指示	

3.2.4　Pedestrian Service Button

这是一个对象,表示位于人行横道两侧的与进路相关的一组按钮控制台。

Pedestrian Service Button 对象负责管理以下功能:

① 过滤按钮服务请求;

② 生成行人服务请求事件。

表 5.13 说明了 Pedestrian Service Button 类的属性、方法和事件。

表 5.13　Pedestrian Service Button 类的属性、方法和事件

		Pedestrian Service Button	
	名称	描述	
属性	Request Masked	指示行人服务按钮信号是否应被忽略或处理	
	Request State	指示行人服务请求是否处于活动状态	
方法	Set Request State	响应来自按钮硬件资源管理器的信号,决定是否修改请求状态并引发一个事件	
	Reset Request State	清除请求状态	
	Ignore Request State	屏蔽后续的行人按钮操作	
	Listen Request State	对随后的行人按钮操作做出反应	
事件	Pedestrian Service Request	指示一个有效的行人服务请求是活动的	

3.2.5　Vehicle Presence Detector

这是一个代表位于与进路相关的停止线附近的接近检测回路的对象。该对象类基于 Pedestrian Service Button 类。

Vehicle Presence Detector 对象负责管理以下功能:

① 过滤车辆服务请求(ACTUATED 模式);

② 生成车辆服务请求事件（ACTUATED 模式）；

③ 维护车辆计数统计（FIXED、ACTUATED 和 ADAPTIVE 模式）。

表 5.14 说明了 Vehicle Presence Detector 类的属性、方法和事件。

表 5.14　Vehicle Presence Detector 类的属性、方法和事件

Vehicle Presence Detector		
	名称	描述
属性	Request State	表明车辆服务请求处于活动状态（ACTUATED 模式）
方法	Set Request State	设置请求状态
	Reset Request State	清除请求状态
事件	Vehicle Entry	指示检测器回路已被占用
	Vehicle Exit	指示探测器回路已释放

3.2.6　手动超控

这是代表人工超控控制台上一组按钮的对象。

手动超控（Manual Override）对象负责管理以下功能：

① 触发适当的模式改变；

② 控制交叉路口阶段所需的事件的生成和处理。

表 5.15 说明了手动超控类的属性、方法和事件。

表 5.15　手动超控类的属性、方法和事件

Manual Override		
	名称	描述
属性	无	无
方法	无	无
事件	Override Activated	当超控被激活时触发
	Override Canceled	当取消激活超控时触发
	Advance Phase	响应按下超控控制台上的 ADVANCE 按钮而触发

3.2.7　Remote Override

这是代表远程软件控制台上可用命令的对象。此外，该对象还提供了一个接口，用于远程访问和更新交叉路口交通数据和用于协调交叉路口控制的循环参数（选项）。

Remote Override 对象负责管理以下功能：

① 触发适当的模式改变；

② 生成和处理控制交叉路口阶段所需的事件。

表 5.16 说明了 Remote Override 类的属性、方法和事件。

表 5.16　Remote Override 类的属性、方法和事件

	Remote Override	
	名称	描述
属性	无	无
方法	Process Command	处理对象生成的事件,修改 Intersection Controller 对象相应的属性或调用相应方法
	Get Status	检索用作 Calculate Cycle Parameters 自适应控制算法输入的所有参数和其他状态数据
	Set Parameters	设置由远程主机计算的周期计时参数
事件	Override Activated	当超控被激活时触发
	Override Canceled	在取消激活超控时触发
	Advance Phase	响应来自远程软件控制台的 ADVANCE 命令而触发

3.2.8　Emergency Vehicle Interface

该对象管理与授权应急车辆的无线转发器接口,并访问路口控制对象,以显示正确的交通信号,允许应急车辆优先进入路口。

Emergency Vehicle Interface 对象负责管理以下功能:

① 触发适当的模式改变;

② 接收应急车辆抢占请求;

③ 解密和验证应急车辆抢占请求;

④ 生成和处理控制交叉路口阶段所需的事件。

表 5.17 说明了 Emergency Vehicle Interface 类的属性、方法和事件。

表 5.17　Emergency Vehicle Interface 类的属性、方法和事件

	Emergency Vehicle Interface	
	名称	描述
属性	无	无
方法	无	无
事件	Preempt Activated	当抢占被激活时触发
	Preempt Canceled	当取消抢占时触发
	Preempt Timeout	当抢占取消超时间隔到期时触发

3.2.9　Network Interface

这是一个管理以太网端口通信的对象。

Network Interface 对象负责管理以下功能:

① 将控制消息路由到适当的对象;

② 传输交通历史和事件日志数据;

③ 维护操作的管理。

表 5.18 说明了 Network Interface 类的属性、方法和事件。

表 5.18　Network Interface 类的属性、方法和事件

Network Interface		
	名称	描述
属性	无	无
方法	Process Message	分析和路由网络消息
	Receive Message	接收网络消息
	Send Message	发送网络消息
事件	无	无

3.2.10　交通历史

这是一个管理所存储的交通历史(Traffic History)的对象。

交通历史对象负责管理以下功能:

① 存储和检索交通历史数据库记录;

② 响应来自远程主机的命令,清除交通历史记录。

表 5.19 说明了交通历史类的属性、方法和事件。

表 5.19　交通历史类的属性、方法和事件

Traffic History		
	名称	描述
属性	Record	一个结构体数组,每个结构体都包含一个交通历史记录
	First Record	第一个活动记录的索引
	Last Record	最近添加的记录的索引
	Record Pointer	用于对交通历史记录进行排序的索引
方法	Write Record	在当前位置或指定位置写入数据库记录
	Read Record	读取当前位置或指定位置的数据库记录
	Move Record Pointer	按照规定移动记录指针
	Clear Database	将数据库清空
事件	EOF	当到达最后一条记录时触发
	Database Full	当为数据库分配的所有空间都被使用时触发;由于数据库是 FIFO 结构,将开始覆盖记录

3.2.11　事件日志

这是一个管理所存储的事件日志(Incident Log)的对象。

事件日志对象负责管理以下功能:

① 存储和检索事件日志数据库记录;

② 响应来自远程主机的命令,清除事件。

事件日志由以下 Event 生成:

① 错误情况;

② 交通历史数据库已满;

③ 系统重置;

④ 模式改变,包括应急车辆抢占;

⑤ 维护操作,由维护人员通过便携式测试设备(笔记本电脑)更新。

表 5.20 说明了事件日志类的属性、方法和事件。

表 5.20　事件日志类的属性、方法和事件

Incident Log		
	名称	描述
属性	Record	一个结构体数组,每一个结构体都包含一个交通历史记录
	First Record	第一个活动记录的索引
	Last Record	最近添加的记录的索引
	Record Pointer	用于对交通历史记录进行排序的索引
方法	Write Record	在当前位置或指定位置写入数据库记录
	Read Record	读取当前位置或指定位置的数据库记录
	Move Record Pointer	按照规定移动记录指针
	Clear Database	将数据库返回到空状态
事件	EOF	当到达最后一条记录时触发
	Database Full	当为数据库分配的所有空间都被使用时触发;由于数据库是 FIFO 结构,将开始覆盖记录

3.3　性能要求

3.3.1　时间要求

3.3.1.1　总结

表 5.21 提供了所有时间要求的总结。

表 5.21　软件时间要求

ID	命名	适用的模式	对象/来自事件	对象/针对响应	最小时间 (ms)	最大时间 (ms)
1	初始化	所有	硬件/重置信号	交叉路口控制器/完成初始化	—	4 900
2	设置缺省阶段	所有	交叉路口控制器/完成初始化	所有通行标准/命令阶段的显示	—	100

续表

ID	命名	适用的模式	对象/来自事件	对象/针对响应	最小时间（ms）	最大时间（ms）
3	开始正常操作	感应的自适应的定时的	交叉路口控制器/完成初始化	所有通行标准/第一阶段的展示	—	500
4	推进阶段—正常	感应的自适应的定时的	交叉路口控制器/阶段剩余时间达到0	所有通行标准/命令阶段的显示	—	100
5	推进阶段—本地	本地—人工	手动超控/接收来自人工超控面板的推进阶段信号	所有通行标准/命令阶段的显示	—	100
6	推进阶段—远程	远程—人工	远程超控/接收来自网络接口的推进阶段信号	所有通行标准/命令阶段的显示	—	100
7	计算周期参数—感应的	感应的	行人探测器或车辆探测器/行人请求信号或车辆请求信号	交叉路口控制器/周期时间和分割更新	—	100
8	计算周期参数—自适应的	自适应的	交叉路口控制器/周期中最后一个阶段的开始	交叉路口控制器/周期时间和分割更新	—	250
9	关键错误—显示默认值	所有	任意/关键错误	所有通行标准/显示缺省状态传输的启动	—	50
10	关键错误—报警	所有	任意/关键错误	网络接口/报警传输的启动	—	1 000
11	关键错误—重置	所有	任意/关键错误	事件日志/写入完成	—	5 000
12	写错误日志	所有	任意/任意错误	所有通行标准/显示命令阶段	4500	5000
13	设置阶段	感应的自适应的人工远程	交叉路口控制器/推进阶段	交叉路口控制器/确定所显示的相位	—	100
14	获取阶段	感应的自适应的人工远程	交叉路口控制器/获取阶段	交叉路口控制器/返回阶段检查状态	—	150
15	检查阶段	感应的自适应的人工远程	交叉路口控制器/检查阶段	交叉路口控制器/返回阶段检查状态	2	10

ID	命名	适用的模式	对象/来自事件	对象/针对响应	最小时间（ms）	最大时间（ms）
16	行人请求锁定	感应的自适应的定时的	交叉路口控制器/行人请求信号	行人检测器/行人DetectorPending状态的锁定	–	10
17	行人请求重置	感应的自适应的定时的	交叉路口控制器/完成可以接受行人请求的阶段	行人检测器/行人DetectorPending状态的清除	–	100
18	行人请求处理	感应的自适应的定时的	行人检测器/行人检测器挂起状态锁定	交叉路口控制器/更新接下来的两个周期的周期时间；更新接下来的两个周期所有占空比	–	100
19	车辆入口	固定的感应的自适应的	资源管理器/车辆入口信号	车辆检测器/车辆进入状态集	–	10
20	车辆出口	固定的感应的自适应的	资源管理器/车辆出口信号	车辆检测器/车辆进入状态清除	–	10
21	车辆请求处理	固定的感应的自适应的	车辆检测器/入口状态集	交叉路口控制器/处理车辆请求	–	100
22	车辆重置请求状态	感应的自适应的	交叉路口控制器/重置车辆请求状态	车辆检测器/清除车辆进入状态	–	100
23	车辆计数更新	固定的感应的自适应的	车辆检测器/进入状态清除	进路/碰撞计数	–	50
24	车辆计数获取	固定的感应的自适应的	交叉路口控制器/获取技术	交叉路口控制器/返回计数	–	100
25	车辆计数重置	固定的感应的自适应的	交叉路口控制器/阶段改变	接近/重置计数	–	100
26	获取周期参数	远程的	远程超控/参数请求	网络接口/数据包准备发送	–	100
27	更新周期参数	远程的	远程超控/参数更新	交叉路口控制器/更新参数	–	100
28	处理消息	应急抢占	应急车辆接口/激活	交叉路口控制器/模式已更改	–	200

续表

ID	命名	适用的模式	对象/来自事件	对象/针对响应	最小时间（ms）	最大时间（ms）
29	处理命令	应急抢占	应急车辆接口	交叉路口控制器/应急车辆操作	–	100
30	处理消息	应急抢占	远程操作	交叉路口控制器/网络接口	–	200
31	获取数据库	远程的	远程操作	交叉路口控制器/网络接口	–	1000
32	添加记录	远程的	交叉路口控制器	交通历史	–	200
33	清空数据库	固定的 感应的 自适应的	交叉路口控制器	交通历史	–	200
34	添加记录	固定的 感应的 自适应的	交叉路口控制器	事件日志	–	200
35	清空数据库	固定的 感应的 自适应的	交叉路口控制器	事件日志	–	200

注意：车辆检测的时间要求基于以下考虑：

最小车辆长度＝2.44 m；

运动中的最小跟随距离＝1.22 m；

环路宽度＝1.22 m；

环路检测入口，前沿重叠＝0.61 m；

环路检测出口，尾部重叠＝0.30 m；

最高车速＝104.61 km/h；

最小间隙时间的车速＝16.09 km/h(29.05 m/s)；

最小存在脉冲宽度＝94.4 ms；

最小间隙时间（退出和下一辆车进入之间的时间）＝204.5 ms。

这在图 5.23 和图 5.24 中进行了说明。

为了确定该时间，有必要确定车辆之间出现最小间隙时间的速度。在前车离开后，为了触发环形检测器，后续车辆必须走过的距离由以下公式给出：

$$D_{gap}(v) = \begin{cases} 1.22 \text{ m} & (v < 16.09 \text{ km/h}) \\ \dfrac{v^2}{2a} - \dfrac{\left(16.09 \cdot \dfrac{88}{66}\right)^2}{2a} + 0.91 & (v \geq 16.09 \text{ km/h}) \end{cases}$$

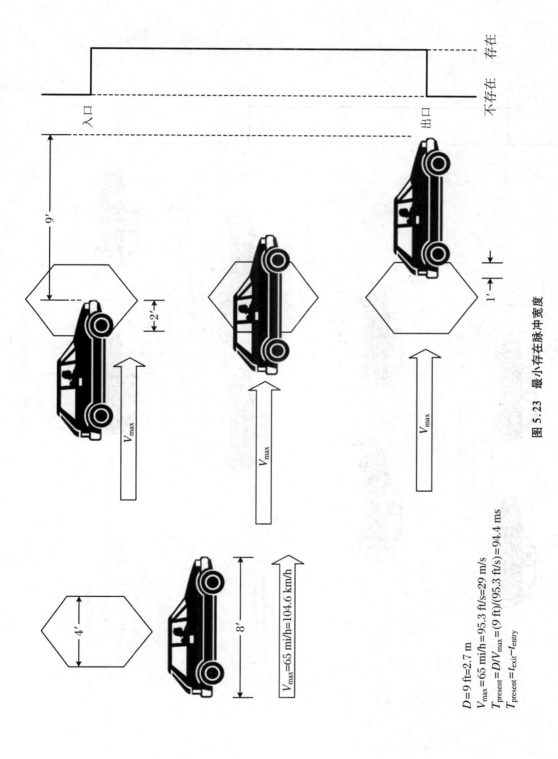

图 5.23 最小存在脉冲宽度

$D = 9 \text{ ft} = 2.7 \text{ m}$
$V_{max} = 65 \text{ mi/h} = 95.3 \text{ ft/s} = 29 \text{ m/s}$
$T_{present} = D/V_{max} = (9 \text{ ft})/(95.3 \text{ ft/s}) = 94.4 \text{ ms}$
$T_{present} = t_{exit} - t_{entry}$

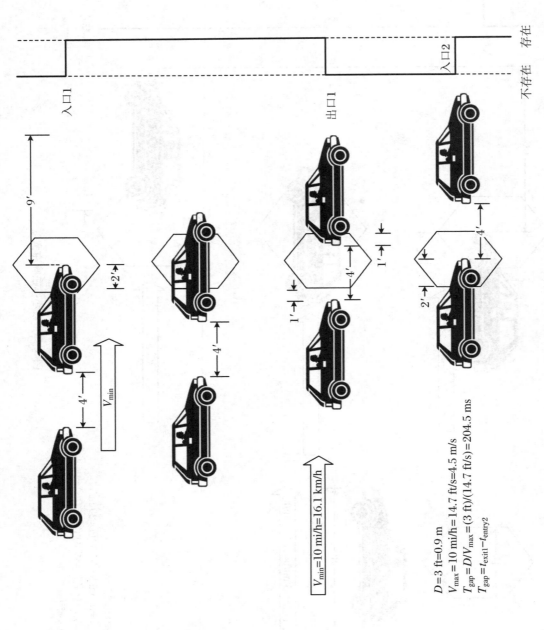

$D = 3\ \text{ft} = 0.9\ \text{m}$

$V_{max} = 10\ \text{mi/h} = 14.7\ \text{ft/s} = 4.5\ \text{m/s}$

$T_{gap} = D/V_{max} = (3\ \text{ft})/(14.7\ \text{ft/s}) = 204.5\ \text{ms}$

$T_{gap} = t_{exit1} - t_{entry2}$

图 5.24 最小间隙脉冲宽度

鉴于此,间隙时间由以下公式给出:

$$T_{\text{gap}}(v) = \frac{D_{\text{gap}}(v)}{v} \quad (v > 0)$$

可以证明最小间隙时间出现在 $v = 16.09$ km/h。

参 考 文 献

[1] AGARWAL R,SINHA A P. Object-oriented modeling with UML:A study of developers'perceptions [J]. Communications of the ACM,2003,46(9):248-256.

[2] BOWEN J P,HINCHEY M G. Ten commandments of formal methods[J]. IEEE Computer,1995, 28(4):56-63.

[3] BUCCI G,CAMPANAI M,NESI P. Tools for specifying real-time systems[J]. Real-Time Systems, 1995,8(2/3):117-172.

[4] COCKBURN A. Writing effective use cases[M]. Boston:Addison-Wesley,2001.

[5] DE MARCO T. Structured analysis and system specification[M]. New York:Yourdon Press,1978.

[6] GELBARD R,TE'ENI D,SADEH M. Object-oriented analysis-is it just theory? [J]. IEEE Software, 2010,27(1):64-71.

[7] GOMAA H. Extending the DARTS software design method to distributed real time applications [C]//Proceedings of the 21st Annual Hawaii International Conference on System Sciences. Kailua-Kona,1988:252-261.

[8] HAREL D. Statecharts in the making:A personal account [J]. Communications of the ACM, 2009,52(3):67-75.

[9] HØYDALSVIK G M,SINDRE G. On the purpose of object-oriented analysis [C]//Proceedings of the 8th Annual Conference on Object-Oriented Programming Systems. Languages,and Applications. Washington,DC,1993:240-255.

[10] INSTITUTE OF ELECTRICAL AND ELECTRONICS ENGINEERS,IEEE Std 830-1998,recommended practice for software requirements specification[R]. New York:IEEE Computer Society, 1998.

[11] LAPLANTE P A. Software engineering for image processing [M]. Boca Raton:CRC Press,2003.

[12] LAPLANTE P A. Requirements engineering for software and systems[M]. Boca Raton:CRC Press,2009.

[13] LIU S. Formal engineering for industrial software development:Using the SOFL method[M]. Berlin:Springer-Verlag,2010.

[14] MAZZEO A,MAZZOCCA N,RUSSO S,et al. A systematic approach to the Petri net based specification of concurrent systems[J]. Real-Time Systems,1997,13(3):219-236.

[15] MILES R,HAMILTON K. Learning UML 2.0[M]. Sebastopol:O'Reilly Media,2006.

[16] ROBERTSON S,ROBERTSON J C. Requirements-Led project management:Discovering David's

slingshot[M]. New York：Addison-Wesley，2005.

[17] SAMEK M. Practical UML statecharts in C/C++：Event-driven programming for embedded systems[M].2nd. Burlington：Newnes，2009.

[18] SCHNEIDER F，EASTERBROOK S M，CALLAHAN J R，et al. Validating requirements for fault tolerant systems using model checking[C]//Proceedings of the 3rd IEEE International Conference on Requirements Engineering. Colorado Springs，CO，1998：4-13.

[19] SOMMERVILLE I. Software engineering[M]. New York：Addison-Wesley，2000.

[20] WAGNER F，SCHMUKI R，WAGNER T，et al. Modeling software with finite state machines：A practical approach[M]. Boca Raton：CRC Press，2006.

[21] WARD P，MELLOR S. Structured development for real-time systems，1-3[M]. New York：Yourdon Press，1985.

[22] WILSON W. Writing effective requirements specifications[C]//USAF Software Technology Conference. Salt Lake City，UT，1997.

[23] WYATT V，DISTEFANO J，CHAPMAN M，et al. A metrics based approach for identifying requirements risks[C]// Proceedings of the 28th Annual NASA Goddard Software Engineering Workshop. Greenbelt，2003：23-28.

[24] YOURDON E. Modern structured analysis[M]. Englewood Cliffs：Prentice-Hall，1989.

[25] YOURDON E. Just enough structured analysis[M]. New York：Yourdon Press，2006.

第 6 章 软件设计方法

　　软件设计是整个软件开发过程的重要部分，它可以是高级产品开发过程的单个子过程。此外，在嵌入式应用程序中，产品开发过程可能还包括并发硬件和子系统开发子过程。软件设计人员可将上一章中讨论的问题领域需求文档转换为解决方案的物理模型，这些模型足以直接实施或编程。最终的设计文件应该是这样的：即使是外部的编程顾问也可以在与设计团队最少交互的情况下理解代码。设计文件的完整性在国际合作项目中尤其重要，例如，需求文件在美国创建，设计文件则可能在芬兰创建，而最终却在印度实施。应该在整个软件开发过程中使用集成的 CASE 环境，该环境提供从需求工程阶段到设计阶段进一步到实施阶段的平稳过渡。此外，有必要使用标准化/广泛的建模技术（例如 SA／SD 方法或 UML），以使各个协作团队都能理解核心文档。

　　电气和电子工程师协会（IEEE）的电气和电子术语标准词典（IEEE Std 100—2000）对"设计"描述如下：定义体系结构、组件、接口和系统其他特性的过程。因此，在软件设计阶段，要做出许多关于职责分配和履行、系统架构和部署、关注点分离以及分层和模块化的决策（Bernstein，Yuhas，2005）。此外，设计文件中还指定了计算算法及其数值精度。这些重要的决策通常是由仿真或原型支持的，也应仔细考虑设计重用的机会。根据我们在设计典型实时应用程序方面的经验，软件设计阶段所花费的资源（以人为单位）与需求设计阶段加上编程阶段的总花费差不多。

　　下面在 6.1 节和 6.2 节中分别讨论实时软件的期望质量以及有利的软件工程原理。此外，通过务实地讨论得到了从这些原则到品质的映射。由于在需求工程和编程阶段都存在过程和面向对象的方法，因此在设计阶段自然也可以使用它们。因此，我们将在 6.3 节中讨论过程设计方法，并在 6.4 节中讨论另一种面向对象的方法，这两个设计部分均基于实际案例。第 6.5 节给出了当前用于实时软件开发的生命周期模型示例的评估性概述。在第 6.6 节中总结了上述关于软件设计方法的内容，并提出了一些建议。在第 6.7 节中提供了精心选择的练习题。最后，在第 6.8 节展示了有关设计实时软件的综合案例研究（在第 5.7 节中已经提供了此交通灯控制系统案例的需求文档）。

　　本章的某些部分改编自 Laplante(2003)。

6.1　实时软件的质量

软件系统和各个组件可以由多种不同的质量来表征。外部质量是用户可以观察到的质量,例如性能和可用性,这是最终用户明确感兴趣的。虽然用户无法直接观察到内部质量,但内部质量可以帮助软件开发人员在外部质量上取得一定的改进。例如,尽管一般用户可能从未看到过需求和设计文档,但是高质量的需求和设计文档对于获得令人满意的外部质量至关重要。这种外部-内部的区别随软件本身和所涉及的用户类型不同而不同。

虽然了解软件质量及其背景是有益的,但客观地评估它们同样是可取的。衡量软件的这些特性对最终用户和设计人员能够言简意赅地谈论产品,进行有效的软件过程控制和项目管理非常必要。但是,更重要的是,在实时设计中必须保证实现这些质量。

6.1.1　从可靠性到可验证性的 8 种质量

可靠性是衡量用户是否可以依赖该软件的量度(Teng,Pham,2006)。可以通过多种方式非正式地定义此质量。例如,可以简单地定义:"用户可以依赖的系统"。可靠的软件系统的常见特征包括:

① 系统"经得起时间的考验";

② 没有导致系统无用的已知错误;

③ 系统从错误中"正常"恢复;

④ 软件是健壮的。

特别是,对于实时系统,可靠性的其他非正式特征可能包括:

① 停机时间低于指定的阈值;

② 系统的精度保持在一定的公差内;

③ 实时性能要求得到一致满足。

尽管所有这些非正式特性在实时系统中都是需要的,但它们很难度量或预测,而且,它们不是可靠性的真实度量,而是对软件的各种属性的度量。

有一些关于软件可靠性的专门文献,从统计行为的角度定义了这种度量,即软件产品在指定的时间间隔内按照预期运行的概率(Pham,2000)。这些描述通常采用以下方法:令 S 为软件系统,令 T 为系统故障的瞬间。那么,在时间 t 处 S 的可靠性表示为 $r_S(t)$,或者在不与其他系统混淆的情况下,记作 $r(t)$,是 T 大于 t 的概率;也就是说

$$r(t) = P \quad (T > t) \tag{6.1}$$

此即是软件系统在指定时间内无故障运行的概率。除了实际的运行阶段,测试阶段也可以包括在考虑的时间段内。

可靠性函数 $r(t)=1$ 的系统永远不会失败。但是，对任何现实系统抱有这样的期望都是不现实的。相反，应该指定一些合理的目标，即 $r(t)<1$。

示例　故障概率随时间增加

考虑一个核电厂监控系统，其指定的故障概率不高于每小时 10^{-9}。这代表了一个 $r(t)=(0.999999999)^t$ 的可靠性函数，其中，t 以小时为单位。注意，当 $t\to\infty$ 时，$r(t)\to0$。表 6.1 给出了各种 t 值的失效概率

$$q(t) = 1 - r(t)$$

此外，经过 35 年的运行（306 600 h，这对于核电厂而言仍是一个合理的时间），其故障概率约为 0.0003。

表征软件可靠性的另一种方法是使用故障函数或模型。故障函数使用指数分布，其中横坐标为时间，纵坐标表示当时的预期故障强度：

$$f(t) = \frac{\lambda}{e^{\lambda t}} \quad (t \geqslant 0) \tag{6.2}$$

表 6.1　作为运行时间的函数的故障函数

t	10^0	10^1	10^2	10^3	10^4	10^5	10^6
$q(t)$	10^{-9}	约 10^{-8}	约 10^{-7}	约 10^{-6}	约 10^{-5}	约 10^{-4}	约 10^{-3}

如图 6.1 所示，最开始故障非常集中，对于新软件来说是可以预料到的，因为在测试阶段会更频繁地检测到故障。然而，在运行阶段，故障的数量预计将随着时间的推移而减少，这是因为发现并修复了故障（图 6.1）。因子 λ 是系统相关的参数，凭经验而定。

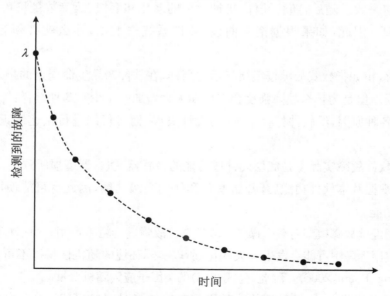

图 6.1　由指数故障函数表示的故障模型

(Laplante, 2003)

图 6.2 所示的"浴缸曲线"给出了另一个常见的故障模型。Brooks 指出，尽管该曲线被

广泛用于描述硬件和机械组件的故障函数,但它对于描述软件产品中发现的错误数量也是有用的(Brooks,1995)。这对于使用寿命长(10~30年)的嵌入式系统尤其有效,并且在漫长的时间内,软件进行了多次更新(修复/增强)。

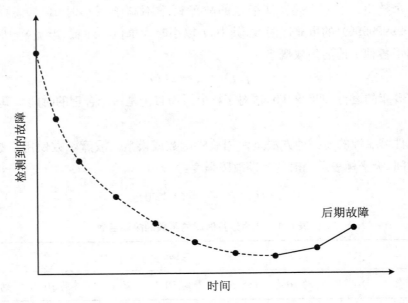

图 6.2   用浴缸曲线表示的软件故障函数
(Laplante,2003)

对于硬件和机械设备,此故障函数的解释是显而易见的:一定数量的产品单元由于制造缺陷会提前失效。随后,随着硬件/机械设备的老化和磨损,故障数量将再次增加,但是软件不会磨损。因此,如果根据浴盆曲线,软件系统失败了,那么就必须有一些合理的解释。

可以理解,正如指数式故障模型所指示的那样,在软件产品生命周期的早期就会发现最大数量的错误。但是为什么故障强度会在后期大大增加? 至少有3种解释:

① 由于各种原因,给软件打补丁(因为设计失误,而对代码进行快速修正)造成了这些新故障;

② 后期软件故障实际上是底层硬件或可能的传感器/执行器磨损所致;

③ 用户掌握基本软件功能后,开始发现和使用高级功能,因此有可能使用了某些未经充分测试的功能。

通常使用经验故障模型对整个操作阶段的软件故障进行粗略预测。由于该软件的运行环境在嵌入式应用程序中可能会发生巨大变化,所以实际环境的随机性将以不可预测的方式影响故障率(Teng,Pham,2006)。因此,公式(6.2)的 λ 因子应为随机变量。

在软件需求规范中,通常采用传统的平均首次故障时间(MTFF)或平均故障间隔时间(MTBF)等质量度量来规定可靠性。这种定义故障的方法非常重视功能需求的有效确定和规范,因为需求也定义了可能的软件故障。

此外,实时软件执行对初始条件和驱动它的外部数据非常敏感。看似随机的故障实际上是可重复的。在发布设计之前,甚至在使用嵌入式软件后出现问题的情况下,发现并解决这些问题的难点,在于难以通过检查发现特定条件以及导致错误变成故障的数据序列。软件系统运行的时间越长,出现此类故障的可能性就越大。

软件的正确性(Mills,1992)与软件的可靠性紧密相关,这两个术语有时可以互换使用。根本的区别在于,软件的正确性即使是与需求的微小偏差在严格意义上也被认为是故障,因此意味着软件不正确。但是,如果仅与要求有微小偏差,但仍可以认为系统是可靠的。众所周知,这种微小偏差在许多软件产品中相当普遍,因为典型的软件只能进行部分测试,并且通常只测试了实际输入空间的一小部分。如第 1 章所述,在实时系统中,正确性既包含输出的正确性,又包含截止时间的满足。

软件的性能(Caprihan,2006)是对某些必需行为的显式度量。衡量算法性能的通用方法是基于计算复杂性理论的(Goldreich,2008)。另外,还可以建立一个实时系统的仿真模型,以达到评估系统性能的实际目的。不过,最准确的方法是使用逻辑分析器或特定的性能分析工具直接对所完成的系统的行为进行计时。

可用性,通常被称为易用性或用户友好性,是对软件的易用性和舒适性的度量(Nielsen,1993)。这种软件质量是难以捉摸的。使应用程序对新手用户友好的属性通常与专家用户或软件设计人员自己所期望的特性有很大不同。示范性原型可以提高软件系统的可用性,例如可以由一组最终产品的最终用户来评估和调整用户界面。

可用性通常很难量化,尽管有些系统可能很容易被认为是不可用的。但是,在大多数情况下,可以使用来自用户的定性反馈和单个问题报告来评估可用性。诸如用户培训时间和用户文档可读性之类的一般性问题是可用性的可能度量(Bernstein,Yuhas,2005)。

互操作性是指软件与其他相关软件共存和协作的能力。在基于组件的软件开发、软件重用和基于网络的软件系统中,这一点尤其重要(Wileden,Kaplan,1999)。例如,在实时应用中,软件必须能够使用标准总线结构和协议与各种设备进行通信。如果在软件设计之前就决定进行通信,那么互操作性通常是很容易实现的——而在软件设计完成后再要实现互操作性则要费力得多。

一个与互操作性相关的是开放系统(Dargan,2005)。开放系统是独立编写的应用程序的可扩展集合,这些应用程序协同工作,作为一个集成系统发挥作用。开放系统不同于开放源代码,开放源代码是在遵守相关许可条款的前提下,可用于全球用户社区以进行改进、扩展和更正的源代码。一个开放的系统允许独立的各方通过使用标准接口来添加新功能,这些标准接口的详细特征已发布。然后,任何应用程序开发人员都可以利用这些接口,从而创建能使用该接口通信的软件。开放系统使不同组织编写的不同应用程序可以互操作。例如,有针对汽车(AUTOSAR,汽车开放系统架构)、楼宇自动化(BAS,楼宇自动化系统)和铁路车辆(IEEE Std 1473-L)系统的开放标准。可以根据是否符合相关开放系统标准来度量互操作性。

可维护性与对变更的预期有关,这应在整个开发项目中指导软件工程的实施。相对容易进行更改的软件系统具有更高的可维护性,这直接关系到程序代码和相关文档的可读性和可理解性（Aggarwal 等，2002）。从长远来看，考虑到变更的设计将显著降低软件生命周期成本，并提高软件工程师、软件产品和相应组织的声誉，一些嵌入式软件产品甚至要维护几十年，因此，在这种情况下，可维护性尤为重要。

可维护性可以分为两个重要特性：可演化性和可修复性。可演化性是衡量系统更改以适应新功能或修改现有功能的难易程度的一种度量。此外，如果可以通过合理的努力修复所有的软件缺陷，那么软件是修复的。

衡量软件的这些质量并不容易，甚至有时无法做到，而且通常只是基于观察性证据。收集这样的历史数据有两个目的：首先，可以将维护成本与其他类似系统进行比较，以进行基准测试和项目管理。第二，这些信息可以提供经验，这将有助于改进软件的开发以及提高软件工程师的技能。

软件的可移植性是软件在不同环境中运行的容易程度的一种度量。在此，术语"环境"是指软件运行的硬件平台所使用的实时操作系统，或预期将与特定软件进行交互的其他系统/应用程序软件。由于软件与 I/O 密集型硬件密切交互，所以在嵌入式软件移植时必须格外小心。

硬件可移植性是通过精心设计的策略来实现的，在该策略中，与硬件相关的代码被限制在尽可能少的代码单元中（例如设备驱动程序）。这种策略可以使用过程式或面向对象的编程语言，也可以通过结构化或面向对象的设计方法来实现。这两者的讨论贯穿全书。

而实时操作系统或其他系统程序的可移植性通常意味着采用某些标准的应用程序接口（API）（Shinjo，Pu，2005），这通常会带来由标准规定的接口引起的潜在开销。从这个意义上讲，可移植性可能会降低可实现的实时性能。

而且，除了通过观察性证据之外，可移植性很难测量。将软件移至新环境所需的工时数是可移植性的通常度量。但这在实际开始移植之前是不可预知的。

软件质量的可验证性是指各种质量（包括前面介绍的所有质量）能够被验证的程度。在实时系统中，截止期限满意度（一种表现形式）的可验证性至关重要。第 7 章将进一步讨论该主题。

提高可验证性的一种常用技术是通过插入特殊程序代码来监视某些质量，例如性能或正确性。严格的软件工程实践和有效使用适当的编程语言也可以提高可验证性。

在整个软件生命周期中，度量或预测软件质量至关重要。因此，该活动应无缝集成到软件开发过程中。表 6.2 总结了刚刚讨论的软件质量以及衡量它们的可能方法。

如今，在"嵌入式系统时代"，对所需软件质量的重视已逐渐从正确性逐渐转变到可靠性和可维护性上（Aggarwal 等，2002）。由于软件产品日益复杂和需要更短的开发时间，所以提高软件开发人员的生产力非常重要。将在第 6.4 节中讨论的面向对象的设计方法，可能有助于解决这一挑战（Siok 和 Tian，2008）。

表 6.2 软件质量和可能的度量方法

软件质量	可能的度量方法
可靠性	概率度量,MTFF,MTBF,启发式度量
正确性	概率度量,MTFF,MTBF
性能	算法复杂度分析,仿真,直接测量
可用性	来自调查和问题报告的用户反馈
互操作性	符合相关开放标准
可维护性	资源消耗的观察
可移植性	关于资源消耗的观察
可验证性	插入特殊监控代码

6.2 软件工程原理

软件工程被认为不具备与电气、机械或土木工程等较传统的工程学科相同的理论基础。确实,软件工程只有很少的公式化原则存在,但是有一些基本规则构成了软件工程实践的基础。以下叙述在实时软件的设计和实现阶段最通用和普遍的原理。

6.2.1 从严谨和形式规范到可追溯性的 7 个原则

由于软件开发是一种与解决问题相关的创造性人类活动,因此在软件规范、设计和编码中一直存在使用非形式临时技术的趋势。可是,纯粹的非形式方法与“最佳软件工程实践”相反。但是,应该指出的是,最佳实践实际上不但取决于应用程序的规模和类型(Jones,2010),还取决于开发组织的规模(Jantunen,2010)。

软件工程的严谨性要求使用数学技术,而形式化是一种更严格的形式,其中使用了精确而明确的工程方法。在实时系统的情况下,严格的形式化将进一步要求对软件的规范、设计、编码和文档采用基本的算法方法。由于在创建纯算法方法方面存在不可克服的困难,因此需要以半形式和非形式方法来补充单独形式方法。例如,设计文档的某些部分可以是形式的,而其他大多数则是半形式的。

关注点分离是软件工程师管理与复杂性有关问题的一种有效的“分而治之”的策略。有多种方法可以实现关注点分离。在软件设计和编码方面,它用于面向对象的设计和过程代码的模块化。此外,可能存在时间上的间隔,例如,为具有不同执行周期的周期性计算任务的集合制定适当的时间表。

另一种关注点分离的方法是处理各个软件的质量。例如,在一段时间内忽略其他质量,对解决系统的容错性可能会有所帮助。但是，必须记住，许多软件质量实际上是相互关联的，并且通常不可能在不降低一个质量的情况下提高另一个。因此，通常需要制定针对特定项目的折中方案。

　　模块化通常是通过将逻辑相关的元素，如语句、过程、变量声明和对象属性，以一种越来越细粒度的细节级别组合在一起来实现的(图 6.3)。模块化设计涉及将软件行为分解为封装的软件单元，可以用过程编程语言和面向对象编程语言来实现。模块化的主要目标是软件结构的高内聚性和低耦合性。关于代码单元，内聚性表示模块内的连通性，而耦合性表示模块间的连通性。内聚和耦合可以用图 6.4 表示，它描绘了具有高内聚和低耦合以及低内聚和高耦合的软件结构。内聚性与模块内元素的关系有关。高内聚性意味着每个模块代表问题解决方案的单个部分。因此，如果系统需要修改，那么需要修改的部分就存在于单一的地方，这样更容易操作并且更不易出错。

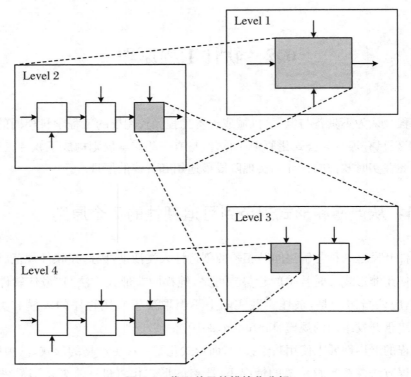

图 6.3　代码单元的模块化分解

(箭头代表程序性范式中的输入和输出，在面向对象范式中，
它们代表关联；在过程性范式中，方框代表封装的数据和程序；
在面向对象范式中，它们代表类)(Laplante，2003)

　　Constantine 和 Yourdon 将内聚力按照强度增加的顺序划分为 7 个水平(Pressman，2009)：

　　① 随便的。模块的各个部分根本不相关，而是简单地捆绑到单个模块中。

　　② 合乎逻辑的。执行类似任务的部件放在一个联合模块中。

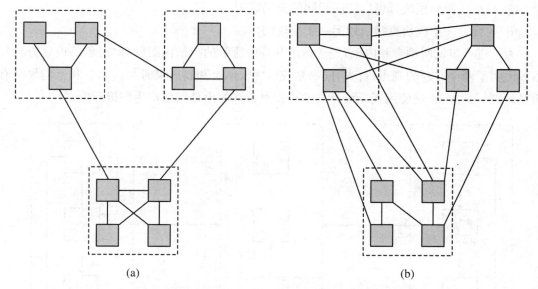

图 6.4　具有(a)高内聚和低耦合以及(b)低内聚和高耦合的软件结构

（里面的方块代表语句或数据；连接线表示功能依赖性）

③ 时间的。将在同一时间段内执行的任务汇总在一起。

④ 程序的。模块的元素组成一个单独的控制序列。

⑤ 通信的。模块的所有元素作用于数据结构的同一区域。

⑥ 顺序的。模块中一个部分的输出可以作为另一个部分的输入。

⑦ 函数的。模块的每个部分都是执行单个函数所必需的。

在设计具体软件模块的内容时，可以使用以上列表；它为启发式模块创建过程带来了宝贵的启示。模块通常不应仅通过"将逻辑相关元素组合在一起"来创建。但是将单个元素组合在一起有多种原因。

耦合涉及模块之间的关系。减少耦合有很大的好处，这样对一个代码单元所做的更改不会传播到其他代码单元（它们被隐藏了）。这种"信息隐藏"原理（也称为 Parnas 分区）是所有软件设计的基石，将在 6.3.1 节（Parnas，1979）中进行讨论。低耦合限制了特定模块中错误的影响（降低"涟漪效应"），并降低了数据完整性问题的可能性。然而，在某些情况下，由于时间紧迫，控制结构可能需要高耦合。例如，在大多数图形用户界面中，控制耦合是不可避免的，并且也是开发者们所希望的。

耦合按强度增加的顺序分为 6 级：

① 没有。所有模块都是完全无关的。

② 数据。每个参数要么是一个简单参数，要么是其中所有元素的被调用模块使用的数据结构。

③ 标记。当数据结构从一个模块传递到另一个模块，但该模块仅对整个结构的某些数据元素进行操作。

④ 控制。一个模块通过将控制元素传递给另一个模块来显式控制它的逻辑。

⑤ 共享。两个模块都可以访问相同的全局数据。

⑥ 内容。一个模块直接引用另一个模块的内容。

为了进一步说明耦合和内聚,先考虑图6.5中所示的类结构图(面向对象的设计方法)。该图说明了两个有趣的观点:首先,同一系统体现低耦合和高内聚时与高耦合和低内聚时有明显区别。其次,正确使用视觉设计技术可以对最终的设计结果产生积极影响。

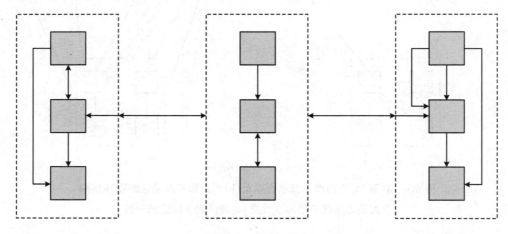

正确的方式:低耦合高内聚

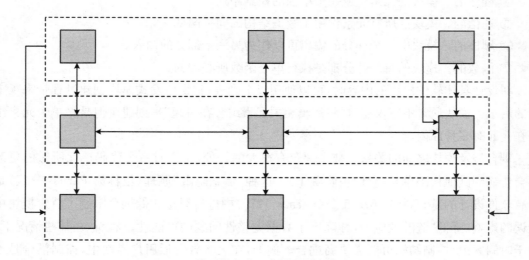

错误的方式:高耦合低内聚

图 6.5　耦合和内聚

预期变更是软件设计中的另一个重要原则。如上所述,软件产品可能会经常更新,以支持新的软硬件要求或修复缺陷。软件产品的高可维护性是出色的商业软件的标志之一。

嵌入式软件的开发人员知道他们的系统会受到硬件、算法甚至应用程序变化的影响,因此,必须以这样的方式设计这些系统:在不显著降低软件的其他所需属性的情况下,方便更改。通过采用适当的软件生命周期模型和相应的设计方法以及通过适当的项目管理实践和相关的培训工作,可以在软件设计中实现对变更的预期。

解决问题时,通用性原则可以表述为寻找隐藏在问题背后的更普遍问题的意图。显而易见,为低端公寓建筑设计电梯控制系统,不如将其设计为适用于各种酒店、办公室、购物中心和公寓建筑更为通用。

通用性可以通过与过程和面向对象范例相关联的多种方法来实现。例如,Parnas 的信息隐藏可以与过程语言一起使用。广泛参数化是为软件提供通用性的另一种常用方法。在面向对象的软件中,通过应用某些设计原则,并通过使用体系结构和设计模式来实现通用性。尽管就目前存在的问题而言,通用性解决方案的成本可能更高,但从长远来看,为通用解决方案付出额外成本可能是值得的。但是,这些额外的成本又可能会影响实时性能,这始终是一个难以解决的问题。此外,特定开发项目的经理可能会问一个相关的问题:"为什么这个项目要提前为将来的项目买单?"的确,这是一个很好的问题,应该由那个特定项目的指导小组回答;短期目标和长期目标之间可能会发生冲突。

增量性涉及一种软件工程方法,在这种方法中,需要开发的产品的增量逐渐增大。每个增量都提供了额外的功能,使未完成的产品更接近最终产品。每个增量还提供了一个向客户展示产品的机会,例如,收集补充需求并改进产品或其用户界面的外观和感觉。但是,实际上,由于开发项目的大量延迟,一些高级增量甚至会作为"产品"交付给客户,但这通常会导致严重的问题,应严格避免。

可追溯性与需求、需求来源以及系统设计之间的关系有关。无论使用哪种生命周期模型,文档和代码可追溯性都非常重要。高可追溯性确保了软件需求贯穿设计和程序代码,然后可以在开发过程的每个阶段追溯。例如,这将确保将编码决策追溯到满足相应要求的设计决策。

可追溯性在嵌入式系统中尤其重要,因为特定的设计和编码决策通常是为了满足相当独特的硬件约束的,而这些约束可能与更高级别的需求没有直接关联。如果不能提供从此类决策到需求的可追溯路径,就可能会导致扩展和维护系统的巨大困难。

通常,可通过在所有文档和软件代码之间提供一致的链接来获得可追溯性,特别是,应该存在下面的链接:

① 从需求到提出这些需求的涉众;

② 依赖需求之间;

③ 从需求到设计;

④ 从设计到相关的代码段;

⑤ 从需求到测试计划;

⑥ 从测试计划到单个测试用例。

创建这些链接的一种方法是在整个文档中使用适当的编号系统。例如,编号为"3.1.1.2"的需求将链接到具有相似编号的设计元素(编号不必一定相同,只要文件中的标注保证了可追溯性)。在实践中,可以构建可追溯性矩阵以帮助交叉引用文档和相关的代码元素(表 6.3)。

表 6.3　按需求号排序的追溯矩阵

需求编号	设计文件引用编号	测试计划引用编号	代码单元名称	测试用例编号
3.1.1.1	3.1.13.2.4	3.1.1.1 3.2.4.1 3.2.4.3	Task_A	3.1.1.A 3.1.1.B 3.1.1.C
3.1.1.2	3.1.1	3.1.1.2	Task_B	3.1.1.1A 3.1.1.D
3.1.1.3	3.1.1.3	3.1.1.3	Task_C	3.1.1.1 B 3.1.1.E

矩阵的构造方式是将相关软件文档和代码单元列出来作为列,然后在行中列出每个软件需求。在表 6.3 中,也可以将与某些要求、标准和法规相关的、涉众的可追溯性作为列添加。

在电子表格软件包中构造可追溯性矩阵,可以提供多个矩阵,根据需要对每一列进行分类和交叉引用。例如,按测试用例编号排序的矩阵将是测试计划的适当附录。可追溯性矩阵在软件生命周期的每个步骤都会更新。例如,直到开发代码后,才添加代码单元名称(例如过程名称或对象类)的列。提高代码单元之间可追溯性的一种方法是使用数据字典,稍后将对此进行描述。

最后,在表 6.4 中列出了从刚刚讨论的各个软件工程原理到表 6.2 所需软件质量的映射(积极影响)。这些映射中有些是显式的,而另一些则是隐式的。有趣的是,所有 7 个原则似乎都可以改善软件的可维护性。在软件工程原理中,模块化似乎是一个特别强大的原则,因为它可以提高除"可用性"和"可验证性"之外的所有软件质量。

表 6.4　从软件工程原则到实时应用软件质量的映射矩阵

原则/质量	可靠性	正确性	性能	可用性	互操作性	可维护性	可移植性	可验证性
严格规范	×	×	×			×	×	×
关注点分离	×	×	×	×	×	×		×
模块化	×	×	×			×	×	
预测变化				×		×	×	
通用性				×		×	×	
增量	×	×		×		×		
可追溯性	×	×				×	×	

6.2.2　设计活动

设计活动涉及从软件需求规范中识别软件设计的组件及接口。此活动的主要工件是软件设计说明(SDD)。与 IEEE Std 830—1998(见第 5.1.2 节)为需求工程文档提供完善的框架一样,最近修订的标准 IEEE Std 1016—2009 规定了对软件设计规范的信息内容和组织的要求(IEEE,2009)。根据该标准"SDD 是一种软件设计的表示,用于记录设计信息,解决各种设计问题并将信息传达给设计的涉众。"

在设计阶段,实时系统工程师团队创建详细的软件设计,并通过了正式的验收。从最初的体系结构设计(Taylor 等,2010)到最终的设计评审(Hadar,Hadar,2007)涉及以下任务:

1. 体系结构设计

执行硬件/软件的权衡分析,以实现硬件—软件划分。

① 确定是集中式还是分布式处理方案;

② 设计与外部组件的接口;

③ 设计内部组件之间的接口。

2. 控制设计

① 确定执行的并发性;

② 设计主要控制策略。

3. 数据设计

① 确定数据的存储、维护和分配策略;

② 设计数据库结构和处理例程。

4. 功能设计

① 设计启动和关闭处理;

② 设计算法和功能处理;

③ 设计错误处理和错误信息处理;

④ 进行关键功能的性能分析。

5. 物理设计

确定软件组件和数据的物理位置。

6. 测试设计

设计测试计划中确定的测试软件。

7. 文档设计

创建可能的支持文档,如操作员手册、用户手册、程序员手册和应用说明。

8. 中期设计评审(→内部验收)

进行内部设计评审。

9. 详细设计

① 开发所有软件组件的详细设计;

② 开发用于正式验收测试的测试用例和程序。

10. 最终设计评审(→组织验收)

① 以 SDD 的形式记录软件设计;

② 将 SDD 提交到正式的设计评审中进行检查和批评。

这是令人生畏的海量任务,由于许多任务必须并行发生或重复多次,因而会更加复杂。显然,没有什么算法可以执行这些任务,这需要多年的实践经验、从他人经验中学习以及良好的判断力,才能引导软件工程师启发式地通过这个设计任务的迷宫。在这样的努力中,一个成熟的开发组织的集体知识将非常重要。

可以使用两种分别与结构化分析和面向对象分析有关的方法,即面向过程设计和面向对象设计,来执行基于软件需求规范的设计活动。两种方法都是为了建立一个包含小而详细组件的物理软件模型。

6.3　过程设计方法

和结构设计一样,过程设计方法论涉及以过程编程语言(例如流行的 C 语言)为中心的自上而下和自下而上的方法。这些方法中最常见的是通过 Parnas 划分进行有效的设计分解(Parnas,1979)。

6.3.1　Parnas 划分

通过信息隐藏的原理,可以将软件划分为多个低外部耦合、高内部凝聚的软件单元。在这种技术中,首先要准备一系列可能会发生变化的困难的设计决策或事物的清单,然后指定各个模块,以实现对系统其余部分隐藏每个设计决策或特定功能的最终实现。因此,每个模块对其他模块可见的只有功能而不是实现的方法。所以,这些模块的更改不太可能影响系统的其余部分。

这种形式的功能分解基于以下原则:系统的某些方面是基本的并且保持不变,而其他方面则是任意的并且可能会发生变化。而且,这些任意方面通常包含最有价值的设计信息。任意的事实很难记住,通常需要大篇幅的描述。因此,它们是文档复杂性的典型来源。

可以通过以下 5 个步骤实现体现信息隐藏的良好设计:

① 首先描述可能的更改(考虑生命周期的不同时间范围)及其影响;

② 估计每种类型的更改概率;

③ 组织软件,将可能的和重大的更改限制在最小数量的代码中;

④ 提供"抽象接口",对潜在的差异进行抽象;

⑤ 实现"对象",即抽象的数据类型和模块,以隐藏可变的数据和其他结构。

这些步骤降低了模块间的耦合并增加了模块内的内聚力。Parnas 还指出,尽管模块设计容易在教科书中描述,但在实践中却很难实现。他建议用大量实际案例来正确地说明这一点(Parnas,1979)。

例如,考虑与电梯监控系统相关的图形子系统的部分显示功能,在图 6.6 中以分层形式进行了描述。这种监视系统用于监控中心,也可以在大型大厅中用于显示电梯运行,由彩色图形组成(例如代表多个电梯竖井、移动的电梯轿厢和呼梯登记),并且基本上由条形、矩形和圆形组成。不同的对象自然可以驻留在不同的显示窗口中,条形、矩形和圆形的实际实现是基于线条绘制的组合调用。因此,线条绘制是此应用程序中最基本的功能(与硬件相关)。无论实际的图形控制器是基于像素、矢量,甚至半图形都无关紧要,仅需更改具有标准软件接口的线条绘制例程,因此,硬件依赖性已被隔离到单个代码单元。

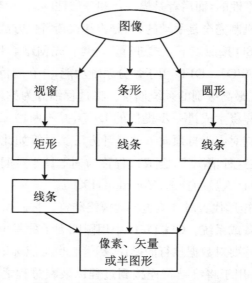

图 6.6　图形渲染软件的 Parnas 分区

Parnas 划分隐藏了软件功能、设计决策、底层硬件驱动程序等的实现细节,以限制将来更改或更正的影响范围。这种技术在嵌入式系统中尤其适用。由于它们直接与硬件联系在一起,因此使用特定的硬件接口对每个实现细节进行分区和本地化非常重要。该方法可以更轻松地实现对可能的硬件接口的更改,并将受影响的代码数量降至最低。

如果在设计软件模块时,将细节的完善推迟到以后(下级代码单元),则该软件设计方法称为自顶向下。与之相反,如果首先处理设计细节,然后使用不断增加的抽象级别来封装这些细节,则该方法显然是自底向上的。

在图 6.6 中,首先通过描述系统各个组件的特性以及要在其上执行的功能(例如打开、调整大小和关闭窗口)来设计软件。然后,可以将窗口功能分解为各个组成部分,例如矩形和文本。还可以进一步细分,即所有矩形都由线组成,依此类推。自顶向下的优化一直持续到代码开发所需的最低细节级别为止。

或者,可以从将系统最易变部分的细节(线或像素的硬件实现)封装到单个代码单元中开始。然后向上工作,创建不断增加的抽象级别,直到满足系统要求。这是一种自底向上的软件设计方法。但是,在许多实际应用中,软件设计过程包含自上而下和自下而上两个部分。

6.3.2 结构化设计

结构化设计（SD）是结构化分析的辅助方法。这是一种系统的方法，与软件体系结构规范有关，涉及许多策略、技术和工具。SD 支持全面但易于学习的设计过程，旨在提供高质量的软件并最大限度地减少生命周期费用，并提高软件产品的可靠性、可维护性、可移植性和整体性能。结构化分析（SA）与结构化设计的关系就像需求表示与软件体系结构的关系一样，即前者是功能性和扁平性的，而后者是模块化和分层性的。

从 SA 到 SD 的过渡机制完全是手动的，在分析和权衡替代方法时涉及大量的问题需要解决。通常，从 SA 开始，SD 按照以下方式进行。一旦首先创建了上下文图（CD），就会开发出一组分层的数据流图（DFD）。DFD 用于划分系统功能，并在规范内记录该划分。第一个 DFD（级别 0 图表）说明了最高级别的系统抽象。将过程细分为越来越低的层次，直到准备好进行详细设计为止，这样将生成进一步提供的 DFD，并不断增加细节层次。这种启发式分解过程称为向下调平，它对应于自顶向下的设计方法。尽管如此，在开发 DFD 时也通常使用自底向上的方法。在这种情况下，合成过程称为向上调平。问题驱动的向下和向上调平的混合是大多数软件设计人员的首选（Yourdon，1989）。

在 CD 中（图 5.13），矩形代表对环境边界建模终结符。它们以名词短语标记，描述了数据进入或退出的代理、设备或系统。CD/DFD 中用圆圈表示的每个过程（或数据转换）都被标记为动词短语，用于描述要对数据执行的操作，尽管它也可能标记为操作数据的系统或特定操作的名称。实线箭头用于将终结符连接到过程以及在过程之间指示通过系统的数据流。每条箭头线都标有一个名词短语，用于描述其携带的数据。此外，平行线表示数据存储，这些数据存储用名词短语标记，这些名词命名数据库、文件或系统在其中存储数据的存储库（简单数据元素或更复杂的数据结构）。通过将数据存储与相应的进程连接起来，可以将其传递到较低的层次结构。

每个 DFD 最好应具有 5～9 个过程（Yourdon，1989）。对最底层过程的描述称为过程规范或 P-SPEC，以决策表或树、伪代码或结构化英语表示，并用于描述实际程序代码的详细算法和操作逻辑。Yourdon 指出，结构化英语的目的是"在正式编程语言的精确度与英语的随意性和可读性之间取得合理的平衡"（Yourdon，1989）。图 6.7 说明了从上下文图到数据流图再到过程规范的典型演变路径。

示例　电梯控制系统的最高级别 DFD

再次考虑 3.3.8 节中讨论的电梯控制系统，并参考图 5.13 中给出的上下文图。相关的 0 级 DFD 如图 6.8 所示。它包含 5 个单独的过程和 3 个共享的数据存储（"全局内存"）。为了创建这样的 DFD，对要设计的电梯控制系统逐渐有了透彻的理解。因此，最终的 DFD 是冗长的迭代过程（包括自上而下和自下而上的阶段）的改进结果。

应该注意的是，该 DFD 还包括一些控制流（虚线箭头），用于激活单个过程。这些激活与硬件中断和某些内部事件有关，如下所述：

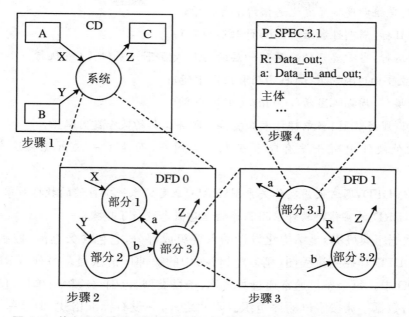

图 6.7　从上下文图到 0 级 DFD 到 1 级 DFD,最后到 P-SPEC 的演变路径

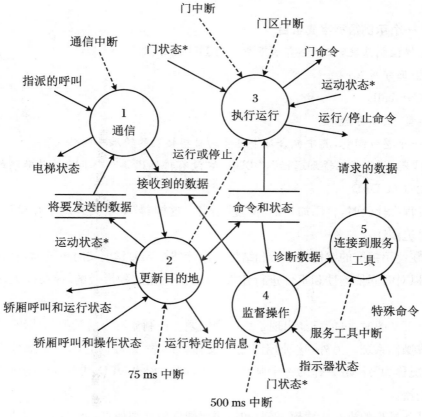

图 6.8　电梯控制系统的 0 级 DFD

(* 此传入数据流连接到两个进程)

① 通信：当组调度程序发送通信请求时激活；

② 更新目标：周期性激活（75 ms 计时器中断）；

③ 执行运行：当需要开始一层到一层的运行或在下一层停止（或执行一些关键的门控制动作）时，主要由过程 2 激活（也由门和门区中断）；

④ 监督操作：周期性激活（500 ms 定时器中断）；

⑤ 连接到服务工具：当电梯技术人员按下服务工具的某个键时激活。

注意，此处硬件中断并没有包含在上下文图中，而是第一次出现在这个级别 0 的 DFD 中。

为了补充 DFD，通常使用实体关系图（ERD）来定义系统中存储的数据对象之间的显式关系。因此，ERD 的实体对软件应用程序的信息概念进行了建模。

此外，数据字典（DD）是结构化设计的重要组成部分，它包含数据流、控制流、数据存储和出现在 DFD 和控制流程图（稍后将讨论）中的缓冲区的条目。另外，ERD 的条目也应包括在 DD 中。每个条目通常通过其名称、条目类型、范围、分辨率、单位、位置等标识。为便于使用，数据字典按字母顺序组织。除此之外，并没有标准格式，但是每个设计元素都必须在其中包含描述性条目。除上述图表外，大多数 SA/SD CASE 工具都支持数据字典功能。

示例　一个示例数据字典条目

对于电梯控制系统，可能会有如下所示的 DD 条目：

名称：轿厢呼叫表；

别名：Car_calls；

条目类型：数据存储；

说明：一个整数向量，其中包含每个可能的目标楼层的轿厢呼叫状态；

值："1"表示"已登记轿厢通话"，"0"表示"没有轿厢通话"，而其他值是非法的；

位置：2.1 级 DFD。

在开发程序代码时，将添加其他"位置"信息。这样，数据字典有助于在设计/代码元素之间提供可追溯性。

但是，在使用标准的结构化分析和结构化设计（SA/SD）建模实时系统时，存在明显的问题，包括难以对时间依赖性和事件进行建模。因此，使用这种形式的 SA/SD 无法充分描述并发性。

创建上下文图时，可能已经出现了另一个问题。控制流不容易转换为代码，因为它们依赖于硬件或操作系统。另外，这种控制流并没有真正意义，因为它的各个部分之间没有连接，这种情况称为"浮动"。作为一个典型的例子，图 6.8 的 DFD 共有 6 个与硬件中断相关的浮动控制流。

对于某些过程的进一步建模，需要知道底层硬件的详细信息。例如，如果更改了通信硬件（与进程 1 交互），会发生什么？或者使用了带有不同类型的键盘或显示面板的另一种维修工具（与过程 5 交互），会发生什么？在这种情况下，硬件引起的更改将需要传播到相应过程的 1 级 DFD 以及任何后续级别，并最终传播到程序代码。

在结构化设计中进行和跟踪更改充满危险，因此需要特别注意。此外，单个更改可能意味着大量代码需要重写、重新编译，并与未更改的代码正确链接，才能使系统正常工作。

如上所述，显然，标准的 SA/SD 方法不能很好地处理时间，因为它是面向数据的方法，而不是面向控制的方法。为了解决此缺点，对 SA/SD 方法进行了扩展，增加了控制流分析。这种 SA/SD 的扩展称为实时 SA/SD(SA/SD/RT)。为此，向标准方法中添加了以下工件：虚线箭头指示控制消息的流向，而虚线平行线指示消息缓冲区。更具体地说，虚线可能是触发事件(例如硬件中断)，也可能是过程之间的特定控制流。控制流可以携带单个消息(例如"激活"或"取消")，也可以形成多个消息的结构。而消息缓冲区是包含显式控制特征的数据存储，因为它可以自主地充当堆栈或队列。此外，虚线圆圈表示 Ward-Mellor SA/SD/RT 中的控制转换(Ward，Mellor，1985)，可以方便地用于对数据流图进行排序。为此，通常使用 Mealy 型有限状态机来定义封装的状态序列和相应的过程激活。

添加控制工件原则上允许创建仅包含控制工件的图，称为控制流程图(CFD)。这些 CFD 可以进一步分解为 C-SPEC(控制规范)，然后可以通过有限状态机进行描述。但是，控制流程图和数据流图通常结合在一起，如图 6.8 所示。图 6.9 描述了控制模型和过程模型之间的重要关系。

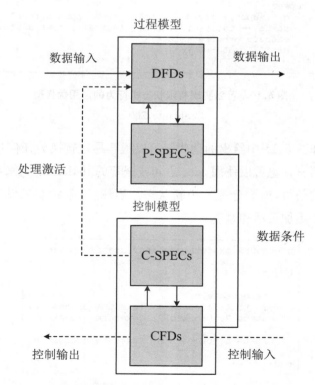

图 6.9　控制模型和过程模型之间的关系(Laplante，2003)

6.3.3 使用有限状态机的程序设计

在软件需求规范中以及在以后软件设计中使用有限状态机的优点之一,是它们可以容易地(甚至自动地)转换为代码和测试用例。例如,考虑对电梯门的控制。表格形式的状态转换函数(参见表 5.2)严格描述了系统的高级行为,可以使用图 6.10 所示的通用伪代码轻松地将其转换为设计。与可能的门状态(打开、关闭、关闭、打开、轻推、故障 C 和故障 O)相关的每个过程都是结构化的代码,可以将其视为在每个时刻都有可能的执行状态之一。可以通过图 6.11 所示的伪代码方便地描述此功能。

```
typedef states:     (state 1,...,state n); {n is # of states}
        alphabet:  (input 1,...,input n);
        table_row: array [1..n] of states;

procedure move_forward; {advances FSM one state}

var
        state: states;
        input: alphabet;
        table: array [1..m] of table_row; {m is alphabet's size}

begin
        repeat
           get(input); {read one token from input stream}
           state := table[ord(input)] [state]; {next state}
           execute_process (state);
           until input = EOF;
end;
```

图 6.10　可以实现有限状态机行为的通用伪代码

(Laplante,2003)

此外,图 6.10 和图 6.11 中给出的伪代码可以很容易地转换为任何过程语言,甚至可以转换为面向对象的语言。也可以使用 case 语句或嵌套的 if-then 语句来描述系统行为,给定当前状态和接收到的信号,就会分配一个新状态。当然,有限状态机设计相对于 case 语句替代方案的优势在于更加灵活和紧凑。

```
procedure execute_process (state: states);

begin

    case state of
    state 1: process 1; {execute process 1}
    state 2: process 2; {execute process 2}
    ...
    state n: process n; {execute process n}

end;
```

图 6.11　用于执行单个操作过程的有限状态机代码

(每个过程可以存在于多种状态,从而可以将程序代码
划分为适当的模块)(Laplante,2003)

6.4　面向对象的设计方法

如第 4 章所述,面向对象的编程语言是以数据抽象、继承、多态性和消息传递为特征的语言。由各种对象进行的数据抽象为有效的信息隐藏或封装以及受保护的变化提供了便利。继承使得软件工程师可以根据先前定义的对象定义新对象,这样新对象可以继承其属性。函数多态性允许程序员定义行为不同的操作,具体则取决于所涉及对象的类型。此外,消息传递允许对象进行通信并调用其支持的方法。

面向对象的语言通过封装为信息隐藏提供了自然的环境。对象的状态、数据和行为进行了封装,只能通过已发布的接口或某些私有方法进行访问。例如,在惯性测量系统中(图5.6),可以设计一个名为"加速度计"的类,该类具有描述其物理实现的属性以及描述其输出、补偿算法等的方法。

面向对象设计是一种现代的系统设计方法,该方法将系统组件以及封装在对象中的数据过程、控制过程和数据存储都视为对象。早期对面向对象设计的尝试是通过在面向对象语言的上下文中,重新解释结构化方法的一些好的功能来重用它们,例如数据流和实体关系图。这也可以在流行的统一建模语言(UML)中观察到,该语言在 20 世纪 90 年代后期开始标准化。该标准的最新版本是 2010 年 5 月发布的 UML 2.3。

6.4.1　面向对象的优点

在过去的 10 年中,面向对象框架在嵌入式软件社区中获得了广泛认可。在实时系统中使用面向对象范例的主要优点是,便于将来的扩展和重用以及相对容易的更改。另外,通过使用面向对象的技术,程序员的工作效率也有可能得到提高。大多数软件系统都受到近乎连续变更的影响:需求变更、合并、新需求出现和变异;目标语言、平台和架构发生了变化以及软件在实践中的使用方式也发生了变化。Larman 指出,在典型的软件产品首次发布之后,至少有一半的工作和成本花在修改上(Larman,2002a)。这对灵活性提出了要求,并给软件设计带来了很大的负担:如何才能在不牺牲质量度量的情况下构建能够支持如此广泛变化的系统? 面向对象的软件工程有 4 个基本原理可以解决此问题,它们被公认为支持重用。

开放封闭原则(OCP)最早由迈耶(Meyer)记录,指出类应该对扩展开放,而对修改关闭(Meyer,2000)。也就是说,为响应新的或不断变化的要求,应该有可能扩展类的行为,但是不允许对源代码进行修改。尽管这些期望似乎有些矛盾(特别是对于那些主要以过程语言为背景的人),但显而易见的关键是抽象。在面向对象的系统中,可以创建固定的超类,但可以通过子类表示无限的变化。例如,在加速度计补偿算法进行更改方面,这明显优于结构化方法,结构化方法将需要新的函数参数列表,并在结构化设计中大规模地重新编译所有调用该代码的模块。

虽然这不是一个新想法,但 Beck 为该原则起了个名字,即软件系统的任何方面(无论是算法、一组常量、文档还是逻辑)都应该存在于一个地方且仅在一个地方(Beck,1999)。这种所谓的一次且仅一次原则(OAOOP)隔离了未来的更改,使系统更易于理解和维护,并且通过该原则带来的低耦合和高内聚性,可重用的潜力显著增加(贝克,1999)。在对象中封装状态和行为以及在类之间继承属性的能力,使得可以在面向对象的系统中严格地应用这些思想,但是这很难在结构化方法中实现。更重要的是,在结构化方法中,出于性能、可靠性、可用性以及安全性的考虑,经常需要违反 OAOOP 原则。

此外,依赖倒置原则(DIP)指出,高级模块不应依赖于低级模块;两者都应依赖抽象。这点可以重新表述:抽象不应依赖细节——细节应取决于抽象。参考了高级和低级模块之间存在的依赖关系的扩散,Martin 引入了这个想法并将其作为对 OCP 的扩展(Martin,1996)。例如,在结构化分解方法中,高级过程引用低级过程,但是更改通常发生在最低级别。这表明,不受此类详细修改影响的高级模块或过程可能会由于这些依赖关系而受到影响。再次考虑加速度计特性发生变化的情况,即使也许只需要重写一个例程,也可能需要修改和重新编译调用模块。如 Liskov 替换原理(LSP)所示,一种可取的情况是反转这些依赖关系。这里的目的是允许预处理方案中的动态变化,这是通过确保所有加速度计对象符合同一接口并因此可互换来实现的。

定义　Liskov 替代原理

Liskov 表示子类对其基类的替换性原理为:如果对于类型 S 的每个对象 O_1,都有一个类型 T 的对象 O_2,使得对于根据 T 定义的所有程序 P,当用 O_1 代替 O_2 时 P 的行为均不变,则 S 是 T 的子类型(Liskov,1988)。

这个有用的原则使类型继承的概念产生了,并且是面向对象系统中多态性的基础。在面向对象系统中,只要它们满足共同超类的义务,则派生类的实例可以彼此替代。

6.4.2　设计模式

开发嵌入式软件非常困难,而开发真正可重用的软件则更加困难。有竞争力的软件设计应特定于当前问题,但应具有足够的通用性,以解决将来可能出现的问题和要求。因此,短期目标和长期目标之间可能会发生与成本相关的冲突。有经验的设计人员会知道,不要从基础开始解决每个问题,而是要重用以前遇到的解决方案,也就是说,他们会发现重复出现的模式,并将其用作新设计的基础。这仅仅是普遍性原则的一个体现。

尽管可以将面向对象的系统设计得像其他任何范式一样既严格又不便于扩展和修改,但是面向对象能够包含独特的设计元素,以迎合未来的更改和扩展。这些“设计模式”最初是由 Gamma,Helm,Johnson 和 Vlissides 引入软件工程实践主流的,因此通常被称为“四人组”(GoF)模式(Gamma 等,1994)。

在各种文献中,模式的正式定义各不相同。在本书中,我们将使用以下非正式定义。

定义　模式

模式是一个命名的问题-解决方案对,可以在不同的上下文中应用,并提供有关如何在新情况下应用它的明确建议。

我们的介绍涉及三种模式类型:体系结构模式、设计模式和习惯用法。体系结构模式跨子系统发生;设计模式发生在子系统中,但独立于编程语言;习惯用法是特定于语言的低级模式(Horstmann,2006)。

一般来说,每一种模式都包含 4 个基本要素:

① 名称(如"façade");

② 要解决的问题(例如"为子系统中的一组接口提供统一的接口");

③ 解决问题的方法;

④ 解决方案的后果。

更准确地说,该问题描述了根据特定的设计问题(例如如何将算法表示为对象)何时应用模式。该问题可能描述的是设计不够灵活的类结构的症状。最后,问题部分可能包括在应用模式之前必须满足的条件。

另外,该解决方案描述了构成设计的元素,尽管它没有描述任何具体的设计或实现。该解决方案提供了对象和类的一般安排是如何解决该问题的。例如,考虑前面提到的 GoF 模式。它们描述了 23 种设计模式,每种设计模式的意图都是创造性的、行为的或结构性的(请参见表 6.5)。该表仅用于说明,我们无意详细描述这些模式,因为在其他地方已对它们进行了详细记录(Gamma 等,1994)。一些模式专门用于实时系统,它们提供了解决基本实时调度、通信和同步问题的各种方法,例如 Douglass(2003)和 Schmidt 等(2000)。

表 6.5　由"四人组"推广的原始设计模式集(Gamma 等,1994)

创造性的	行为性的	结构性的
抽象工厂	责任链	适配器
构建器	命令	桥接
工厂方法	解释器	组合
原型	迭代器	装饰器
	中介者模式	
	备忘录模式	
	观察者模式	外观模式
单例	状态模式	享元模式
	策略模式	代理模式
	模板方法	
	访问者模式	

考虑 Douglass 的实时模式集。道格拉斯将他的 48 种模式分为 6 类(Douglass,2003):

① 子系统和组件体系结构;

② 并发性;

③ 内存;

④ 资源;

⑤ 分配;

⑥ 安全性和可靠性。

事实证明,我们已经在第 3 章中讨论了许多这样的模式(但没有提及术语"模式")。体系结构模式包括实时操作系统非常常见的分层体系结构(图 3.2)以及作为 Java 底层体系结构的虚拟机。在并发模式中,许多并发模式基于我们已经讨论过的解决方案,例如"时间片轮转""静态优先级""动态优先级"和"循环执行"。内存模式中包含用于内存分配、缓冲和垃圾回收的各种解决方案。而资源模式通过使用信号量、优先级继承和优先级上限协议等方法来描述关键部分问题的解决方案。分配模式解决了对一组独立进程进行同步控制的问题,并结合了其他集中的解决方案,例如 GoF 的观察者和代理模式。最后,安全性和可靠性模式提供了通过各种类型的冗余、看门狗定时器等来提高容错性和可靠性的解决方案,我们将在第 8 章中讨论其中的许多内容。此外,Douglass 的模式集还包括许多其他实时解决方案。

Henninger 和 Corrêa(2007)对可用模式集进行了全面研究。他们指出:"随着模式数量和模式类型的不断增加,模式使用者和开发者面临着难以理解已经存在哪些模式,何时、何地以及如何正确使用或引用它们的困难。"这种关注基于一项仔细的调查,其中共有与 170 个软件开发相关的模式实体,超过 2200 个模式被识别和分类。这些模式大多属于架构或设计类型。为了避免忽视有效利用设计模式的机会,Briand 等人(2003 年)提出了一种方法,来半自动检测 UML 设计中适合使用设计模式的候选区域(Briand 等,2006)。如果仅在具有高可用性的 CASE 环境中可用,则这种方法可以促使从业人员使用设计模式。

6.4.3　使用统一建模语言进行设计

如今,UML 已成为使用面向对象方法的软件密集型系统的规范和设计的事实标准。通过将各种规范技术中的"最佳品种"结合在一起,UML 已成为一种复杂的独立语言或图表类型家族,用户可以选择该家族的哪些成员适合他们的特定领域。此外,完整的 UML 模型由一系列图以及伴随的文本和其他文档组成。

UML 是一种基于下面的前提的图形语言:任何系统都可以由交互的实体群体组成。这些实体及其交互的各个方面可以使用 UML 的初始 9 个图表的集合来描述:活动图、类图、通信图、组件图、部署图、时序图、状态图、对象图和用例图。在这些 UML 图中,有 5 个描述了行为或动态视图(活动图、通信图、时序图、状态图和用例图),而其余 4 个则涉及结构或静态方面。对于实时系统,值得特别关注的是行为图,因为它们定义了所考虑的系统中必须发生的事情。许多初始图标在本章末尾的设计案例研究中进行了说明。图 6.12 描述了使用 UML 时生成的主要工件及其关系。

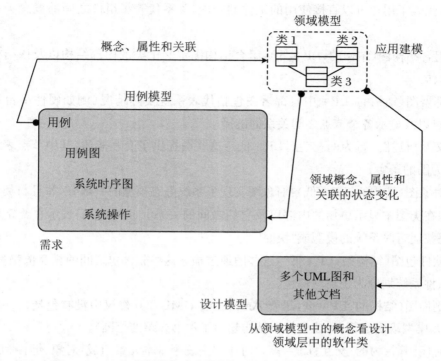

图 6.12　UML 在规范和设计中的作用（改编自 Larman（2002b））

除了上述 9 个图表外，UML 2.2（2009 年发布）还包括其他 5 个图表（OMG 统一建模语言™[OMG UML]，2009）。但是，这么多图中的一些图是部分冗余的，很少使用。下面按字母顺序介绍所有的 14 个 UML 图。对于每个图表，Ambler（2004）给出了学习优先级（LP）的建议；Ambler 的 LP 具有 3 种级别：高、中、低。尽管这些建议是针对"业务应用程序开发人员"的需求，但它们也为实时软件开发人员提供了有用的指导。

① 活动图（行为的/常规的；LP＝高）：活动图与经典流程图密切相关，并用于相同目的，即指定控制流程。但是，与流程图不同，当对象在控制流的不同点从一个状态移动到另一个状态时，它们可以对并发计算步骤和对象流建模。实际上，在 UML 2.0 和更高版本中，活动图被重新设计，更类似于 Petri 网，Petri 网在数字硬件设计中被广泛用于同步分析，并识别死锁、竞争条件和死状态。因此，活动图在实时系统的动态方面建模中非常有用。

② 类图（结构的；LP＝高）：在系统设计过程中，类图定义了以面向对象的编程语言实现的实际的类属性和方法。在设计过程中探索设计模式架构并评估物理需求。设计模式提供指导，将已定义的类属性、方法和职责分配给对象。物理需求要求程序员重新审视分析类图，其中定义了系统需求的新类。本章末尾附录中图 6.25 是交通灯控制系统的设计类图。

③ 通信图（行为的/交互的；LP＝低）：通信图显示了通过类之间的基本关联在对象之间传递的消息。本质上，它们在静态类图上描述了动态行为。通信图是 UML 交互图中最受重视的，因为它可以很清晰地表达更多的信息。通信图包含类、关联和类之间的消息流。本章末尾附录中的图 6.26～图 6.30 是交通灯控制系统的通信图。

④ 组件图(结构的;LP＝中)：这些图由组件、接口和关系组成。组件代表先前存在的实体。接口代表了用户可以直接使用的组件的功能,关系代表了组件之间的概念关系(Holt,2001)。

⑤ 组合结构图(结构的;LP＝低)：组合结构图定义了类的内部结构以及该结构所支持的即时协作。

⑥ 部署图(结构的;LP＝中)：部署图包括代表系统实际情况(例如硬件平台和执行环境)的节点以及显示各个节点之间关系的链接。

⑦ 交互概述图(行为的/交互;LP＝低)：这些图提供了交互概述,其中节点表示单个交互图(行为图的子集)。

⑧ 对象图(结构的;LP＝低)：对象图实现了系统静态模型的一部分,并且与类图密切相关。它们在类图中显示事物的内部以及它们之间的关系。此外,它们表示在给定时间点的部分或完整运行时系统的模型或"快照"。

⑨ 软件包图(结构的;LP＝低)：这些图通过描述这些软件包之间的相互依赖性,显示了如何将软件系统划分为逻辑软件包。

⑩ 剖面图(结构的;LP＝低,尽管 Ambler 的 UML 2.0 建议中没有包括)：一种特殊的图表,在元模型级别运行(元建模体系结构超出了本书介绍的范围)。

⑪ 时序图(行为的/交互;LP＝高)：时序图由三个基本元素组成:对象、链接和消息。这与通信图完全相同。但是,时序图中显示的对象具有与其关联的生命线,这表示逻辑时间轴。每当对象处于活动状态时,都会显示时间轴,并以图形方式显示为垂直线,逻辑时间沿该线移动。时序图的对象在页面上水平地显示,并根据创建的时间交错显示在图表上(Holt,2001)。本章末尾附录的图 6.28 所示为交通灯控制系统的时序图。

⑫ 状态图(行为的/常规;LP＝中)：这些图是通用(versatile)的状态图,用于定义系统的可能状态和允许的状态转换。

⑬ 定时图(行为的/交互;LP＝低)：定时图描述了系统的关键时序约束。

⑭ 用例图(行为的/常规;LP＝中)：用例图表示软件应用程序与其外部环境的特定交互以及各个用例之间的可能依赖关系。

即使以当前的形式,UML 也不能为实时系统的规范和分析需求提供完整的工具。但是,由于 UML 是不断发展的语言家族,因此,如果找到合适的语言,就没理由不加入进去。不幸的是,大多数合适的候选语言都是形式化方法(即具有良好数学背景的规范语言),而这些语言历来被从业人员所回避。

如前所述,领域模型(图 6.12)是基于用例创建的,并且通过交互图进一步探索系统行为,领域模型系统地演变为设计类图。因此,领域模型的构建类似于前面描述的 SA/SD 中的分析阶段。在领域建模中,核心目标是将领域中涉及的真实实体表示为领域模型中的概念。这是面向对象系统的关键方面,并被视为该范式的显著优势,因为所产生的模型比其他建模方法(包括 SA/SD)更接近于现实。

虽然大多数面向对象设计的开发最初很少或没有对实时需求的规定,但 UML 2.0(2005

年发布)对实时应用进行了重大扩展,极大地改善了这种情况(Miles,Hamilton,2006)。

6.4.4　面向对象与过程方法

前面的观察引出了一个问题,即对于嵌入式实时系统,面向对象的设计是否比结构化设计更合适。结构化设计和面向对象设计经常被比较,而事实上,它们在某些方面是相似的。这并不奇怪,因为两者都源于帕纳斯(Parnas)及其前辈们的开创性工作(Parnas,1972,1979)。表 6.6 对这些方法进行了定性比较。

表 6.6　SA/SD 和 OOAD(UML)方法的比较

系统组件	SA/SD 功能	OOAD 对象
数据 控制流程 数据存储	通过内部分解进行分离	全部封装在对象中
特征	组合层次 函数分类 函数内知识封装	属性的继承 对象分类将知识封装在对象中
用户观点	相当容易学习和使用	学习和使用困难得多
CASE 工具	广泛应用	广泛应用
使用量	萎缩	增长

结构化和面向对象的分析和设计都是全生命周期的方法论,并使用了一些类似的工具和技术。然而,它们之间也存在比较大的差异。SA/SD 从功能的角度描述系统,并将数据流与转换它们的功能分开,而 OOAD 则从兼具的功能和形式的封装实体的角度描述系统。

此外,面向对象的模型包括继承,而结构化的模型没有这种有用的特性。尽管 SA/SD 具有明确的层次结构,但这是分解的层次,而不是继承的层次。这样的缺陷导致难以维护和难以扩展规范和设计。

从用户的角度来看,一方面,尽管这两种方法都已得到成熟的 CASE 工具的支持,但 UML 比 SA/SD 方法更难以学习和使用。另一方面,我们也看到 UML 的用户在稳步增长,而 SA/SD 的用户则在相应减少。值得注意的是,这些趋势在实时应用程序中比在其他类型的软件中要慢。

Fries(2006)提出了一个实验性的基于规则的框架,用于将 SA/SD 工件转换为 UML。它的目标是改进最初使用结构化方法设计的软件。SA/SD 的原始数据流和实体关系图会被半自动地转换为 UML 的用例图、序列图和类图。

考虑到一个系统的三个不同视点:数据、事件和动作。事件代表刺激,如控制系统中的各种测量,如本章末的案例研究所示。动作是在计算算法中遵循的精确规则,例如在惯性测量系统中的"补偿"和"校准"。大多数早期的计算机系统都将重点放在这些互补视点中的一个或至多两个上。例如,非实时图像处理系统固然是数据和动作密集型的,但并没有遇到很多事件。

实时系统通常是数据密集型的，因此似乎很适合于结构化分析。尽管如此，实时系统也包括控制信息，这并不特别适合于结构化设计。实时系统很可能既是基于事件或动作，也基于数据，这使得它非常适合面向对象技术。

本讨论的目的不是要否定 SA/SD，也并非说它在所有情况下都比 OOAD 好。OOAD 或是 SA/SD 对实时系统的适用性的一个首要指标是应用的性质。在第 4 章比较程序化和面向对象的编程语言时，也得出了类似的结论，这并不奇怪。

6.5 生命周期模型

对软件的规范、设计、编程、测试和维护采取系统的工程方法，对于最大限度地提高实时系统的可靠性和可维护性以及最大限度地减少生命周期的费用是至关重要的。因此，软件生命周期模型构成了任何严肃的实时系统开发和维护过程的一个组成部分；这种模型明确描述了整个生命周期内必须执行的操作。生命周期被认为从需求工程活动开始，到特定软件不再由负责的组织维护时结束。这个时间段从一年到几十年不等。在开发和维护实时软件时会采用这样几个生命周期模型：经典的瀑布模型、V 型模型、螺旋模型以及最近的敏捷方法论（Ruparelia，2010）。然而，大多数实践中的生命周期模型实际上是混合模型，通常需要调整，以便为特定的产品和开发组织在严格的顺序模型方法和广泛的迭代模型方法之间找到适当的折中方案。

软件生命周期模型的目的是在现有的预算、人员和时间范围内，提供一个可靠的支持性框架，开发有竞争力的软件产品。这里的"竞争力"指的是在第 6.1 节中讨论的特定于应用程序和特定于环境的所需软件质量的混合。通过使用定义明确的生命周期模型和彻底的质量保证程序，即使在具有较长生命周期的不断发展的嵌入式系统中，也可以防止浴缸故障函数中的昂贵的后期故障时间的增加（图 6.2）。以下，我们将介绍一些有代表性的顺序生命周期模型和迭代的生命周期模型，并对它们的优缺点进行评论。所有这些模型至少包括以下基本活动的一个子集：

① 需求工程；
② 设计；
③ 编程；
④ 测试；
⑤ 转入生产；
⑥ 维护。

6.5.1 瀑布模型

纯粹的顺序瀑布（或级联）模型是最古老的软件生命周期模型，它起源于建筑和制造业，基于理想化的假设,即在设计阶段开始之前就可以确定需求,在编程阶段之前就可以确定设计,并依此类推(图 6.13)。此外,每个阶段之间通常有一个正式的审查,只有当前一阶段的工作完成通过审核,才允许进入下一阶段。在这样一个理想化的方案中,没有为可能的迭代提供反馈路径。原则上,在整个开发过程中遵循前馈模型是可取的,但是由于在一个开发项目中,有多种潜在的原因会导致出现修改需求、设计或程序代码,所以基本的瀑布模型得到了加强,包含了可选的反馈路径(图 6.13 中的虚线)。这些宽松的反馈使得重新审视前面的阶段成为可能,例如,纠正在测试中发现的编程错误。尽管增强的瀑布模型提供了直接的迭代机制,但在"瀑布哲学"中所有的迭代都被认为是例外。此外,质量保证可以无缝地内置在瀑布模型中;每个阶段都可以包含"执行部分"和相应的"验证部分"(Ruparelia,2010)。

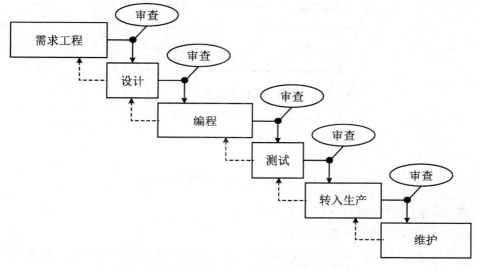

图 6.13　带有可选的反馈增强功能的顺序瀑布模型

自 50 年前引入瀑布原理以来,已经出现了各种迭代模型,而且这似乎也是未来的趋势。在迭代模型中,所有实体的开发可以在整个生命周期中继续进行。不过,根据最近的一项调查,仍然有相当多的软件项目(84%)是根据瀑布模型(或其增强版之一)开发的,并未使用任何现代的迭代方法(Gelbard 等,2010)。

一方面,瀑布模型的级联流程有一个重要的好处,就是它可以直接将单个开发阶段外包,因为确定的文档,比如经过批准的软件需求规范和软件设计描述,预计将不会发生变化。另一方面,瀑布模型并不能有效地支持那些不断演进或变更需求规范的项目。例如,当开发一个清晰而通用的用户界面来浏览不断发展的智能手机功能时,这种缺陷便成为一个日益严重的问题。

6.5.2　V 型模型

瀑布模型不仅通过在连续的阶段之间引入简单的反馈而得到加强,而且在其他方面也得到加强。一个广泛使用的改进是 V 型模型,其中"V"既描述了开发流程的图形形状,又描述了与"验证"相关的主要目标。图 6.14 描述了软件开发的 V 型模型：左分叉包含需求工程和设计阶段，与图 6.13 中的增强型瀑布模型的方式相同；带有模块测试的编程工作位于底部；右分叉专门用于质量保证行动。这些质量保证措施构成了 V 型模型的核心，它们基于对称的左右分叉之间的密切互动。例如，这意味着在需求工程和设计阶段就已经分别创建了用于系统验证和集成测试的策略和计划。因此，它可以确保每个需求和设计本身都是可以严格验证的（Ruparelia，2010）。V 型模型的首要目的是解决任何软件开发项目中出现的两个明显的风险：

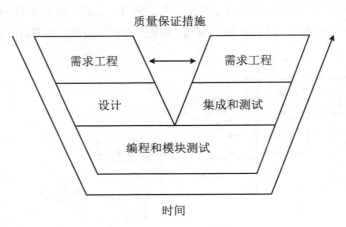

图 6.14　具有质量保证活动的 V 型模型

① 集成后的软件是否与设计完全一致？

② 整个系统是否满足所有的要求？

在传统的瀑布模型中，测试阶段包含的活动与 V 型模型的右分支相似，但 V 型模型强调它们在整个开发生命周期中的作用。常见的做法是对所提出的模型结构进行微调，以符合特定项目的具体需要；图 6.14 的五阶段结构只是一个例子。要开发的软件系统越复杂，两个分叉就越长，从而包含更多的阶段。原则上，V 型模型的使用不依赖于软件项目的规模。此外，它也可以用于硬件和机械的开发。

6.5.3　螺旋模型

瀑布模型的一个特别有用的改进是螺旋模型（Boehm，1986），其面向的是风险分析和中间原型。这些都是循环进行的，直到详细设计阶段，然后是典型的瀑布序列（图 6.15）。每个螺旋周期都经过 Q1～Q4 4 个象限，最后形成一个经过验证的原型，并可能与利益相关者一起进行评估。完成的螺旋循环次数决定了开发项目的累计成本。虽然瀑布模型完全由规范驱动，但螺旋模型显然是一种风险驱动的方法。

软件开发项目中可能存在的风险通常与可用功能的充分性、可用性和用户界面、实时性能、外部提供的组件（如重用的需求规格或部分设计）以及各种开发问题有关（Boehm，1991）。如果软件产品是为具有重大文化动力的全球市场准备的，其中一些风险可能会越来

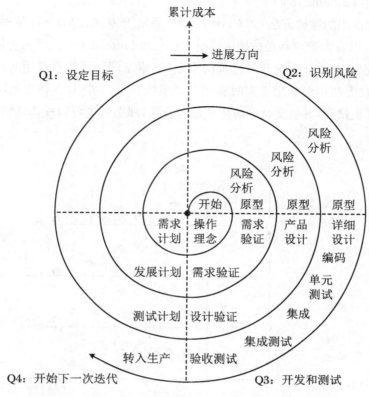

图 6.15　早期原型设计的螺旋模型

(改编自 Boehm(1986))

越大。因此,仔细的风险分析的重要性在未来将会增加。然而,应该注意的是,广泛的原型设计所带来的风险保护效益可能是很有价值的。此外,识别关键风险并不总是那么容易,因此,开发团队将受益于风险识别和分析培训。

同样,在螺旋模型的情况下,也可以调整模型的细节以适应特定项目的需要。此外,螺旋模型的使用需要项目管理人员付出相当大的努力。螺旋模式的理念可以被表述为"从小处着手,从大处着眼"(Ruparelia,2010)。

6.5.4　敏捷方法论

敏捷方法论属于动态的迭代和增量软件开发策略系列。在图 6.13 的增强瀑布模型中,任何迭代都被视为不希望的例外,而敏捷方法则基于有意的迭代,从而使得正在开发的软件逐步完成。因此,其基本原理与瀑布模型、V 型模型或螺旋模型相去甚远,并且无法用包含相互关联的开发活动的静态工作流程图来描述。图 6.16 展示了使用迭代敏捷策略的虚拟软件开发项目的流程。在任何迭代步骤中,都会有多个具有不同工作量的合并开发活动。此外,一组连续的迭代可以形成一个"迷你项目",从而为客户提供部分软件版本。尽管敏捷方法论在部署时往往缺乏严格的流程,但是如果正确实施,它们可以变得十分严格,因此适用于嵌入式应用(Laplante,2009)。

有几种广泛使用的敏捷方法,如 Crystal、动态系统开发法、eXtreme 编程(XP)、特征驱动开发和 Scrum 以及大量声称是敏捷的临时方法(Laplante,2009)。因为它们相对较新,文档和正式过程较少,并且在系统开发过程的早期(当原型硬件可能不可用时)需要进行大量的实验,所以敏捷方法不经常用于实时和嵌入式系统开发。然而,在许多情况下,如果敏捷开发的理念被真正接受,并且文化和应用领域也合适,那么其也可以成为实时和嵌入式系统的正确开发方法。

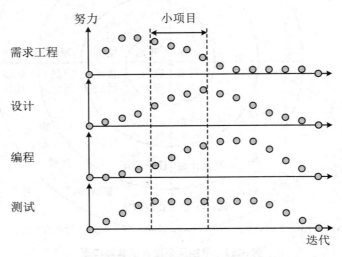

图 6.16　使用迭代敏捷方法的软件开发项目的示例流程

(改编自 Larman(2004))

描述任何一种敏捷方法,或者详细分析何时以及如何在实时和嵌入式系统开发中使用这些方法,都超出了本书的范围。然而,重要的是,要理解和欣赏敏捷方法论的理念,以便了解为什么它们可能适合某些实时应用程序。而要理解这些方法,就必须看看敏捷宣言及其背后的明确原则。以下宣言是由一群敏捷性支持者在 2001 年提出的(Larman,2004)。

定义　敏捷宣言

我们正在通过自己实践和帮助他人进行软件开发来探索更好的软件开发方式。通过这项工作,我们认识到:

① 个人和互动重于流程和工具;

② 能工作的软件优于全面的文档;

③ 客户协作胜于合同谈判;

④ 响应计划变更而不是遵循计划。

也就是说,尽管右边的项很重要,但我们更看重左边这些项。

从这份崇高的宣言中,我们归纳出了 12 条原则(Larman,2004)。

定义　敏捷原则

P1. 我们的首要任务是通过尽早连续交付有价值的软件来满足客户的需求;

P2. 即使在开发后期,也欢迎不断变化的需求。敏捷过程利用变更来获得客户的竞争优势；

　　P3.　频繁交付工作软件，时间从几周到几个月不等，而且更倾向于缩短时间范围；

　　P4.　在整个项目中，业务人员和开发人员必须每天一起工作；

　　P5.　围绕有积极性的个人建立项目，给他们所需的环境和支持，并相信他们能够完成工作；

　　P6.　向开发团队以及在内部传达信息的最有效方法是面对面的交谈；

　　P7.　工作软件是进度的主要衡量标准；

　　P8.　敏捷过程促进可持续发展，赞助商、开发者和用户应该能够无限期地保持恒定的节奏；

　　P9.　持续关注技术卓越性和良好的设计，可以提高敏捷性；

　　P10.　简洁（最大化工作量的艺术）至关重要；

　　P11.　最好的架构、需求和设计来自于自组织的团队；

　　P12.　团队会定期地反思如何提高效率，然后相应地调整其行为；

　　如果坚持贯彻执行这些原则，那么最终将形成一个灵活的项目计划，而不是一个刻板的计划。而且，敏捷方法是以人为本的，而不是以任务为导向的。P5 原则特别有趣，因为它使团队成员能够利用其"自由意志"（一种强大的特征，它将人类智能与先进的机器智能区分开来（Martinez,2006）），而不是仅由政策、程序、上级等来控制。

　　敏捷方法论甚至可以为所有软件开发提供"最合适的策略"吗？我们将通过参考 Wolpert 和 Macready 在优化算法方面讨论的"没有免费午餐"（NFL）定理来回答这个引人深思的问题（Wolpert,Macready,1997）。他们证明，任何优化算法性能的提高都表明算法的结构与当前问题的结构之间存在匹配。因此，对于特定问题，通用算法永远不是最合适的算法，而对于特定问题，最合适的算法也不是通用算法。凭直觉推理，也可以为软件开发策略开发类似的 NFL 定理。然而，这种努力超出了本书的范围。但是，如果我们自由地运用自己的直觉，那么可以说，任何通用策略永远都不可能是所有软件开发的最佳策略。因此，在为特定的应用程序和开发环境创建合适的生命周期模型时，根据具体情况进行调整是有利的。例如，将敏捷方法严格地应用于大型软件项目是困难的，因为该方法强调面对面的交流和自组织的团队，由于大型开发团队和工作所在地的多个地理位置，这可能无法实现（Ruparelia,2010）。尽管如此，敏捷方法论无疑可以用于规模较小、需求规格不断变化或演进的应用。

　　小插曲　我们是否正在见证第二个敏捷发展时期?

　　在研究"敏捷宣言"及其相关原则时，我们注意到它们与那些非正式的软件开发策略有许多相似之处，后者在嵌入式系统时代的开始（大约 30 年前）就曾使用过。当时，工业界对微处理器的使用还不一致；需求规格经常变化；整个软件不过几十千字节；开发团队通常由 2～3 名积极进取的软件工程师组成；团队中没有人是"专家"，所有成员都缺乏经验。这种初始条件为敏捷型行为的出现奠定了基础。

　　根据作者在一些开发组织中的主观观察（而不是任何实际调查），认为最成功的团队实践了 12 种敏捷原则中的 10 种:P1、P2、P4~P7、P9 以及 P12。此外,宣言的所有项目或多或少都是常见的做法。

这仅仅是巧合,还是将来的先进产品和早期嵌入式系统中确实存在类似的东西? 不,这可能不是巧合,但是频繁变化的需求和新技术机会形成了共同的接触点,例如,对于未来的智能手机用户界面,与开拓森林的采伐机器一样具体。但是,大多数敏捷原则被搁置了几十年。由于嵌入式软件的规模迅速增长,因此开发团队变得越来越大,并且各开发部门的地理位置也越来越分散,而且不可能找到足够数量的积极进取和自我约束的人员来支持嵌入式系统的发展。操作环境中的这些改变将开发组织推向严格的生命周期模型和严格的项目管理实践。

最后,应该指出的是,除了上面概述的流行敏捷方法论外,还有其他迭代软件开发方法。从经理的角度出发,有关敏捷和迭代开发的全面讨论可参见 Larman(2004)。

6.6 总　　结

软件设计的目的是创建从需求文档到可实施的设计文档的合理映射。一般来说,存在无限多的可能映射,但是,其中哪一个才是理想的呢? 为了获得理想的映射,我们首先需要定义术语"理想的",这与一组加权软件质量度量直接相关。本章开头讨论了这些特定的质量(例如性能和可维护性)和实现它们的常用方法(例如模块化和通用性)。除了软件质量之外,术语"理想的"还与开发组织和环境以及软件产品的类型和市场有必然的联系。因此,每个设计过程实际上都包含一个具有相当不确定性的多目标优化问题,例如,不同的软件的质量应该如何加权? 软件的最终成功很大程度上取决于设计团队解决此类问题的经验和技能。

有两种生成和记录软件设计的主要的方法:过程设计方法和面向对象方法。争论哪种方法更好,并因此倾向于使用哪种方法是没有用的。相反,所选择的方法必须以具体的应用需求和开发组织的未来愿景为依据。目前,许多具有悠久的嵌入式系统开发历史的工业公司要么刚刚转向了面向对象的技术,要么正处于这种重大转变的过程中。在大型面向程序的组织中,这种转变可能是一种费力的教育工作,因为流畅地使用 UML 比使用 SA/SD 方法的要求更高。而在较新的和小型的开发组织中,情况显然好得多。

软件开发和维护生命周期模型在每个重要的开发过程中都扮演着核心角色。严格的"生命周期思维"的目的是使整个生命周期中的总支出降到最低。然而,尽管从公司或企业的角度来看,生命周期思维是很有意义的,但在大型组织中,要将其付诸实践可能是有挑战性的,因为开发费用与维护费用通常来自不同的"口袋"。当软件产品的寿命很长时,情况就更加复杂了。因此,采用涵盖开发阶段和维护阶段的生命周期模型实际上是执行级别的决策。

在大多数开发组织中,经典瀑布模型或其增强功能之一已经确立了地位。但是,由于不存在单一的软件或开发环境,因此有必要调整和发展现有的生命周期模型,甚至创建新的生命周期理念。在过去的 10 年中,敏捷方法在设计和实施阶段需求频繁变化的应用中被广泛接受。敏捷方法提供了一个迭代和增量的替代方案,以替代主要的顺序和严格的开发生命周期。一方面,尽管这些方法论在某些情况下是有效的,但它们并不是万能的。另一方面,在涉及新技术机会的较小规模的实时系统(或子系统)中,它们的地位正在明显增强。

将来,诸如设计重用和从需求出发的(半)自动设计等生产力问题将继续成为研究和发展的重要但具有挑战性的领域。

我们想用诺曼·麦克林(Norman Maclean)的引人深思的话来结束本章:"最终,万物融合为一体,一条河流贯穿其中"(麦克林,2001)。这显然类似于嵌入式软件的设计。

练　习

习题 6.1　作为设计师,你应该为谁准备软件设计说明?

习题 6.2　目前没有单一的、普遍接受的软件设计方法,这背后的主要原因是什么?

习题 6.3　为什么实际的程序代码,即使是系统行为的精确模型,也不足以作为软件需求文件或软件设计文件? 在任何情况下,伪代码都被广泛用于此类目的。

习题 6.4　作为一个软件项目经理,你将如何处理这种令人困惑的情况,即软件需求说明中也包含了许多设计层面的细节?

习题 6.5　为什么说程序代码可以追溯到软件设计规范,而且追溯到软件需求规范是最重要的? 如果它不能被追踪,可能会有什么后果?

习题 6.6　表 6.4 列出了从有利的软件工程原则到理想的软件质量的映射。为什么"模块化"会映射到"可靠性""正确性""性能""互操作性""可维护性"和"可移植性"。给出具体的解释,或者,你是否不同意其中一些建议的映射?

习题 6.7　过程设计方法和面向对象的方法的主要区别是什么?

习题 6.8　为什么许多嵌入式系统(甚至是全新产品)仍会采用过程设计方法? 在这些情况下,采用面向对象的方法会有什么阻碍?

习题 6.9　使用数据流图,捕获数据和功能要求,以监测飞机在繁忙空域的进入、离开和通过。通过雷达输入监测进入范围的飞机;在系统中输入离开该空域的飞机。空域的当前内容保存在数据区 AirspaceStatus 中。空域使用情况的详细日志或历史记录保存在 AirspaceLog 存储中。空中交通管制人员可以通过控制器输入请求显示特定飞机的状态。

习题 6.10　采用过程设计方法,首先为实验室门上的电子锁创建上下文图,然后创建最高级别的数据流图和控制流图,其要求规格如下:

① 锁具有集成的 RFID 读卡器,每个注册用户都有唯一的识别码;

② 接受的卡由绿色 LED 确认,拒绝的卡由红色 LED 确认;

③ 当有足够的电流流过控制螺线管时,锁将打开;否则,它将保持锁定状态;

④ 有关注册用户及其允许进入的时间信息存储在远程工作站的数据库中,该工作站管理整个学院大楼内的所有锁;

⑤ 每次成功和不成功的开启尝试都会记录在数据库中,并带有相应的标识码、日期和时间;

⑥ 建筑物中各个锁的嵌入式控制器通过无线通信网络与通用工作站进行通信。

如果需要,您可以自己定义其他要求。

习题6.11　进行网络搜索,找到最初开发统一建模语言(UML)的原因。UML 2.0出现的主要原因是什么?

习题6.12　UML 的用例图(图5.14)通常以文本描述作为补充,它们包含哪些信息?

习题6.13　重新绘制图5.14中的电梯控制系统的用例图,用于最大限度地简化的单台电梯,该电梯不属于多电梯组。

习题6.14　考虑以下实时系统:

(a) 简易家用电梯的电梯控制系统;

(b) 核电厂的核心监测系统;

(c) 供全球使用的分布式航空公司预订系统。

你会分别使用哪种设计方法来设计各系统,为什么?

习题6.15　考虑以下嵌入式系统:

(a) 巴士的防抱死制动系统;

(b) 不断发展的智能手机的用户界面;

(c) 国内市场的电梯监控系统。

你更倾向于采用哪种生命周期模式,为什么?

附录　实时软件设计案例研究

为了进一步说明设计概念,我们使用第5.7节案例研究中给出的软件需求规范,为交通灯控制系统提供一个相应的面向对象设计。下面的一些图已经在前面几节中提到过了,以下借此进一步解释面向对象的设计过程及其多个工件,并提供了面向对象的设计文档的指导性示例。

1　简介

目前使用的交通控制器包括简单的定时器,它遵循固定的周期,允许车辆/行人在预定的时间内通行,而不考虑需求;交通感应控制器,通过检测车辆/行人允许通行;自适应交通控制器,通过实时检测车辆/行人确定交通状况,并作出相应的反应,以便在不同的条件下保持最高的合理效率水平。本设计文档中描述的交通控制器能够以上述三种模式运行。

1.1　目的

本文档的目的是提供一套全面的软件设计指南,供应用程序的开发阶段使用。本规范旨在供软件开发人员使用。

1.2 范围

本软件包是行人/车辆交通交叉路口控制系统的一部分,它允许:

① 固定周期模式;

② 感应模式;

③ 完全适应的自动模式;

④ 本地控制的手动模式;

⑤ 远程控制的手动模式;

⑥ 应急抢占模式。

在完全自适应自动模式中,包括了流量检测功能,这样系统就能知道交通模式的变化。按钮式装置也包括在内,因此系统可以考虑并响应行人交通。该周期由一个自适应算法控制,该算法使用许多输入的数据,以实现最大的吞吐量以及行人和驾车者可接受的等待时间。抢占功能通过改变信号灯的状态和周期时间,使应急车辆能够安全及时地通过交叉路口。

本文遵循 IEEE 标准 830—1998 中提供的面向对象的 SRS 模板的结构,并在第 5.7 节中采用,而不是 IEEE 标准 1016—1998 中定义的结构,这是由于 IEEE 标准本身已承认 IEEE 标准 1016 不适合作为代表面向对象设计的基础。

1.3 定义和首字母缩写

除了第 5.7 节中给出的定义和首字母缩写词,这里还定义了以下术语。

1.3.1 访问器

用于访问一个对象的私有属性的方法。

1.3.2 活动对象

一个拥有线程并可以启动控件活动的对象。活动类的实例。

1.3.3 协作

相互协作以执行特定功能的一组对象和它们之间的消息。

1.3.4 修改器

一种用于修改对象的私有属性的方法。

1.4 文档标准

① IEEE 830—1998 标准。

② IEEE 1016—1998 标准。

2 总体描述

2.1 交叉路口概述

要控制的交叉路口类别如图 5.17 所示,交叉路口的目标类别已经在第 5.7 节中详细介绍。

2.2 交叉路口软件架构

交叉路口控制器软件架构由图 6.17 中所示的主要组件组成。

2.2.1 实时操作系统(RTOS)

交叉路口控制器选用的实时操作系统是用于 iX86 系列处理器的 QNX Neutrino 6.2。

名称：交叉路口控制器软件架构
作者：Team 2
版本：1.0
创建日期：2002年12月9日 10:02:10
更新日期：2002年12月9日 10:02:34

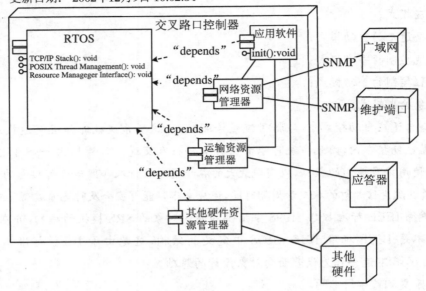

图 6.17　交叉路口控制器软件架构

2.2.2　应用软件

应用软件用 C++编写，并且使用 QNX Photon 工具和 GNU GCC 2.95 编译器进行编译。

2.2.3　资源管理器

资源管理器使用 C++编写，使用 QNX 驱动开发工具包。请注意，这些是由另一个团队开发的，因此在本文档中没有进行详细介绍。

3　设计分解

本节详细介绍了面向对象的界面控制器软件设计分解。分解基于第5.7节中描述的用例和初步的类模型。

分解利用统一建模语言（UML），辅以文本描述，来定义设计的细节。表 6.7 提供了面向对象设计框架内 IEEE 标准 1016 中描述的设计视图。

表 6.7　IEEE Std 1016 的设计视图

设计视图	表示为	SDD 参照物
分解视图	类图中的类	图 6.25
相互关系视图	类图中的关联	图 6.25
接口视图	协作图	图 6.19～图 6.24
详细视图	属性和方法详细信息；行为图	每个类

3.1　主要软件功能(协作图)

基于第 5.7 节中提供的用例图,交叉路口控制器的主要功能已归类到 UML 协作图中,如图 6.18 所示。协作图的细节将在下面的段落中描述。

名称:　交叉路口控制器顶层用户
作者: Team 2
版本: 1.0
创建时间: 2002年11月30日 09:01:19
已更新: 2002年12月3日 07:35:44

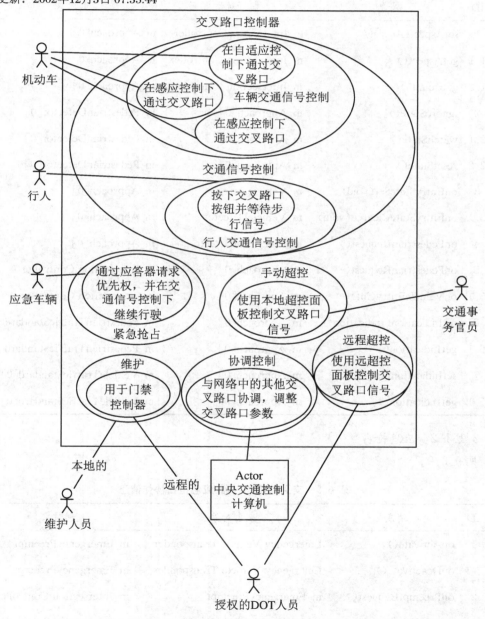

图 6.18　交叉路口控制器的协作

3.1.1 协作消息

表 6.8 是上面定义的每个协作图中的对象之间传递的消息(方法调用和事件)的列表。带"on.."前缀的消息对应于事件。

3.1.1.1 交通信号控制

见表 6.8。

表 6.8 交叉路口控制器-交通信号控制协作信息

ID	消息	来自对象	到对象
1	setAspect(Aspect)	m_IntersectionController	m_Approach[0]
1.1	getAspect()	m_Intersection Controller	m_Approach[0]
1.2	getCount()	m_Intersection Controller	m_Approach[0]
2	ignoreState()	m_Approach[0]	m_PedestrianDetector[0]
2.1	watchState()	m_Approach[0]	m_PedestrianDetector[0]
2.2	resetState()	m_Approach[0]	m_PedestrianDetector[0]
3	onEntryStateSet(void)	m_VehicleDetector	m_Approach[0]
3.1	onEntryStateCleared(void)	m_VehicleDetector	m_Approach[0]
4	onPedestrianRequest()	m_PedestrianDetector[0]	m_Approach[0]
5	onPedestrianRequest()	m_Approach[0]	m_Intersection Controller
5.1	onVehicleEntry(int)	m_Approach[0]	m_Intersection Controller
6	setIndication(Indication)	m_Approach[0]	m_PedestrianTrafficStandard[0]
6.1	getIndication()	m_Approach[0]	m_PedestrianTrafficStandard[0]
7	setIndication(Indication)	m_Approach[0]	m_VehicleTrafficStandard[0]
7.1	getIndication()	m_Approach[0]	m_VehicleTrafficStandard[0]

3.1.1.2 应急抢占

见表 6.9。

表 6.9 交叉路口控制器-应急抢占协作信息

ID	消息	来自对象	到对象
1	onActivate()	Emergency Vehicle Transponder	m_EmergencyPreempt
1.1	onDeactivate()	Emergency Vehicle Transponder	m_EmergencyPreempt
2	onPreemptRequest()	m_EmergencyPreempt	m_Intersection Controller
2.1	onPreemptCleared()	m_EmergencyPreempt	m_Intersection Controller

3.1.1.3 手动超控

见表 6.10。

表 6.10 交叉路口控制器-手动超控协作消息

ID	消息	来自对象	到对象
1	onActivate(OT)	Manual Control Panel	m_ManualOverride
1.1	onDeactivate()	Manual Control Panel	m_ManualOverride
2	onSetPhase()	Manual Control Panel	m_ManualOverride
3	onOverrideActivated(OT)	m_ManualOverride	m_Intersection Controller
3.1	onOverrideDeactivated(OT)	m_ManualOverride	m_Intersection Controller
4	setPhase()	m_ManualOverride	m_Intersection Controller

OT:超控类型。

3.1.1.4 远程控制

见表 6.11。

表 6.11 交叉路口控制器-远程覆盖协作消息

ID	消息	来自对象	到对象
1	onActivate(OT)	m_Network	m_RemoteOverride
1.1	onDeactivate(OT)	m_Network	m_RemoteOverride
2	onSetPhase()	m_Network	m_RemoteOverride
3	onOverrideActivated(OT)	m_RemoteOverride	m_Intersection Controller
3.1	onOverrideDeactivated(OT)	m_RemoteOverride	m_Intersection Controller
4	setPhase()	m_RemoteOverride	m_Intersection Controller
5	sendPacket(void *)	m_RemoteOverride	m_Network

OT:超控类型。

3.1.1.5 协调控制

见表 6.12。

表 6.12 交叉路口控制器——协调控制协作消息

ID	消息	来自对象	到对象
1	setMode(Mode)	m_RemoteOverride	m_Intersection Controller
2	setParameters()	m_RemoteOverride	m_Intersection Controller

ID	消息	来自对象	到对象
3	getStatus()	m_RemoteOverride	m_Intersection Controller
4	onSetParameters（Parameters∗）	m_Network	m_RemoteOverride
5	onGetStatus()	m_Network	m_RemoteOverride
6	sendPacket(void∗)	m_RemoteOverride	m_Network

3.1.1.6 维护

见表 6.13。

表 6.13 活动对象

层次	对象名称
1.	m_IntersectionController
1.1.	m_IntersectionController::m_Approach[0]
1.1.1.	m_IntersectionController::m_Approach[0]::m_VehicleTrafficStandard[0]
1.1.2.	m_IntersectionController::m_Approach[0]::m_VehicleTrafficStandard[1]
1.1.3.	m_IntersectionController::m_Approach[0]::m_VehicleTrafficStandard[0]
1.1.4.	m_IntersectionController::m_Approach[0]::m_PedestrianTrafficStandard[1]
1.1.5.	m_IntersectionController::m_Approach[0]::m_PedestrianDetector[0]
1.1.6.	m_IntersectionController::m_Approach[0]::m_PedestrianDetector[1]
1.1.7.	m_IntersectionController::m_Approach[0]::m_VehicleDetector
1.2.	m_IntersectionController::m_Approach[1]
1.2.1.	m_IntersectionController::m_Approach[1]::m_VehicleTrafficStandard[0]
1.2.2.	m_IntersectionController::m_Approach[1]::m_VehicleTrafficStandard[1]
1.2.3.	m_IntersectionController::m_Approach[1]::m_VehicleTrafficStandard[0]
1.2.4.	m_IntersectionController::m_Approach[1]::m_PedestrianTrafficStandard[1]
1.2.5.	m_IntersectionController::m_Approach[1]::m_PedestrianDetector[0]
1.2.6.	m_IntersectionController::m_Approach[1]::m_PedestrianDetector[1]

层次	对象名称
1.2.7.	m_IntersectionController::m_Approach[1]::m_VehicleDetector
1.3.	m_IntersectionController::m_Approach[2]
1.3.1.	m_IntersectionController::m_Approach[2]::m_VehicleTrafficStandard[0]
1.3.2.	m_IntersectionController::m_Approach[2]::m_VehicleTrafficStandard[1]
1.3.3.	m_IntersectionController::m_Approach[2]::m_VehicleTrafficStandard[0]
1.3.4.	m_IntersectionController::m_Approach[2]::m_PedestrianTrafficStandard[1]
1.3.5.	m_IntersectionController::m_Approach[2]::m_PedestrianDetector[0]
1.3.6.	m_IntersectionController::m_Approach[2]::m_PedestrianDetector[1]
1.3.7.	m_IntersectionController::m_Approach[2]::m_VehicleDetector
1.4.	m_IntersectionController::m_Approach[3]
1.4.1.	m_IntersectionController::m_Approach[3]::m_VehicleTrafficStandard[0]
1.4.2.	m_IntersectionController::m_Approach[3]::m_VehicleTrafficStandard[1]
1.4.3.	m_IntersectionController::m_Approach[3]::m_VehicleTrafficStandard[0]
1.4.4.	m_IntersectionController::m_Approach[3]::m_PedestrianTrafficStandard[1]
1.4.5.	m_IntersectionController::m_Approach[3]::m_PedestrianDetector[0]
1.4.6.	m_IntersectionController::m_Approach[3]::m_PedestrianDetector[1]
1.4.7.	m_IntersectionController::m_Approach[3]::m_VehicleDetector
2.	m_IntersectionController::m_Network
3.	m_IntersectionController::m_EmergencyPreempt

3.1.2　协作图

上述协作在图 6.19～图 6.24 中进行了描述。

见表 6.14。

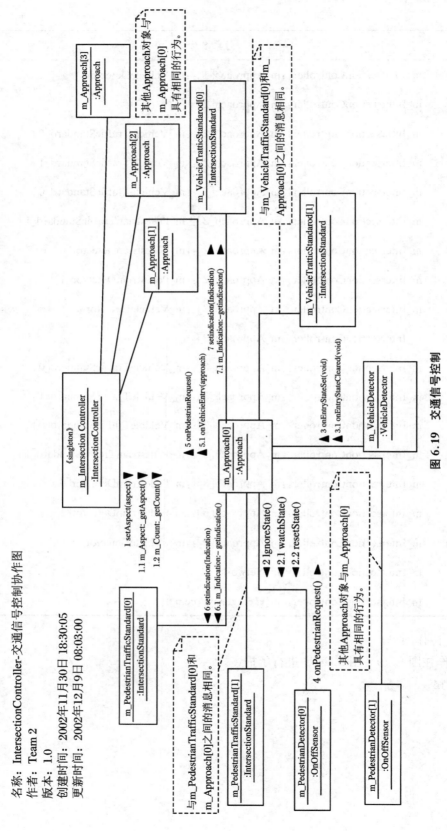

名称: IntersectionController-交通信号控制协作图
作者: Team 2
版本: 1.0
创建时间: 2002年11月30日 18:30:05
更新时间: 2002年12月9日 08:03:00

图 6.19 交通信号控制

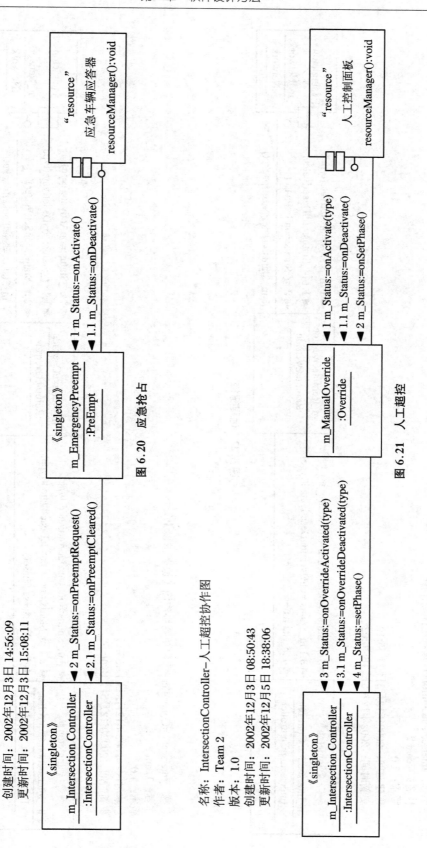

名称: IntersectionController–应急抢占协作图
作者: Team 2
版本: 1.0
创建时间: 2002年12月3日 14:56:09
更新时间: 2002年12月3日 15:08:11

图 6.20 应急抢占

名称: IntersectionController–人工超控协作图
作者: Team 2
版本: 1.0
创建时间: 2002年12月3日 08:50:43
更新时间: 2002年12月5日 18:38:06

图 6.21 人工超控

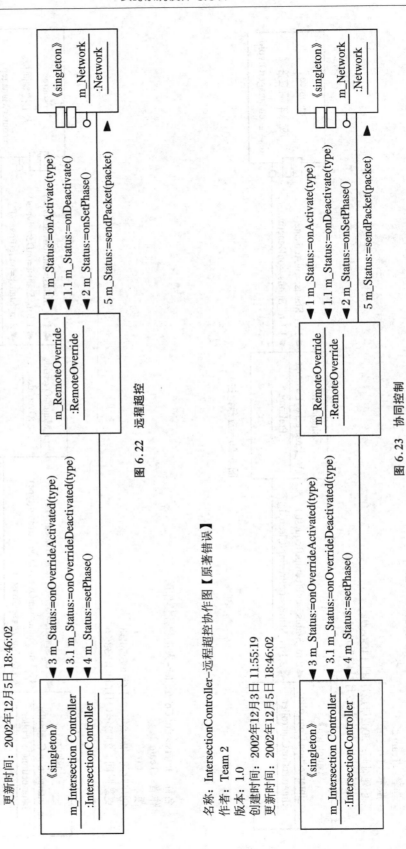

名称：IntersectionController–远程超控协作图
作者：Team 2
版本：1.0
创建时间：2002年12月3日 11:55:19
更新时间：2002年12月5日 18:46:02

图 6.22 远程超控

名称：IntersectionController–远程超控协作图【原著错误】
作者：Team 2
版本：1.0
创建时间：2002年12月3日 11:55:19
更新时间：2002年12月5日 18:46:02

图 6.23 协同控制

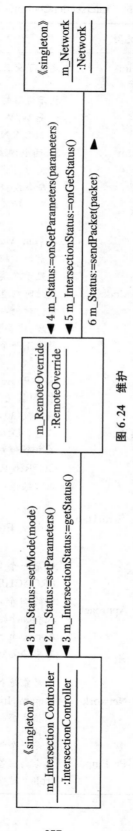

名称: IntersectionController−协同控制协作图【原著错误】

作者: Team 2

版本: 1.0

创建时间: 2002年12月3日 15:11:01

更新时间: 2002年12月3日 15:27:15

图 6.24　维护

表 6.14　IntersectionController 类-属性

属性	类型	说明
NUMAPPROACHES	private:int	定义了交叉路口的进路数量的常数
M_Priority	private:int	指示进路的相对优先级。值如下： 1. E-W/W-E 进路对的优先级＝1； 2. N-S/S-N 进路对的优先级＝2； 3. 两个方法对具有相同的优先级＝3； 该属性用于确定当交叉路口初始化时，或通过覆盖命令或错误条件被设置为默认模式运行时，应设置三种默认状态中的哪一种
m_Mode	private:Mode	对象 m_Mode 是 Mode 枚举类的一个实例，指示当前用于控制交叉路口的方法。此属性的有效值显示在类图中。setPhase( )方法在每个周期开始时检查此值的变化，并在需要时更改控制方案。对抢占、手动或远程模式的更改由特定事件处理；这些事件会导致控制方案立即更改，而不是在下一个周期开始时更改
m_CurrentPhase	private:Phase	这是 Phase 类的枚举，它也用作 m_Split 数组的索引（因为 C＋＋ 会在需要时自动将枚举类型转换为数组），表示当前周期的哪个部分处于活动状态。Default 阶段用于初始化过程中以及对覆盖命令和关键系统故障的响应使用。阶段 GG_GG_RR_RR(1)到 RR_RR_RR_RR_8(8)用于正常操作
m_ErrorHandler	private: ErrorHandler	指向 m_ErrorHandler 对象的指针
m_Approach	private:Approach	这是一个类型为 Approach 且长度为 NUMAPPROACHES 的数组。这个数组代表一个交叉路口的四个入口中的每一个。更多细节请参见 Approach 类。m_Approach 数组的声明方式如下：Approach m_ Approach〔NUMAPPROACHES〕。其中，NUMAPPROACHES 是编译时常数
m_Network	private:Network	该对象是 Network 类的实例，它在网络资源管理器和 m_IntersectionController 对象之间提供一个抽象层
m_EmergencyPreempt	private:PreEmpt	这是一个指向 PreEmpt 类实例的指针，该类在应急车辆应答器资源管理器和 m_IntersectionController 对象之间提供一个抽象层

续表

属性	类型	说明
m_Parameters	private：Parameters	保存交叉路口参数的结构体,这些参数是周期时间和占空比数组
m_RemoteOverride	private：Remote-Override	这是代表 Remote Software 控制台的 RemoteOverride 类的实例。该对象从主应用程序中抽象来自场外软件控制面板的请求
m_ManualOverride	private：Override	这是代表 Manual Override 控制台的 Override 类的实例。该对象充当代理,从位于交通控制系统站点的 Manual Override 控制台发出的任何请求中抽取主应用程序
m_LocalTimeZone	private：float	以小时为单位给出与 UTC(格林尼治标准时间)的偏移
m_TrafficHistory	private：Database	这是数据库类的实例,用于记录有关受控交叉路口交通水平的统计数据。数据存储在系统的闪存中。有关系统中包含的闪存的更多信息,请参见第 5.7 节
m_IncidentLog	private：Database	该对象是 Database 类的另一个实例,它记录系统在交叉路口现场观察到的异常事件。该对象记录的数据将存储在系统的闪存存储器中。有关系统中包含的闪存的更多信息,请参见第 5.7 节
m_Aspect	private：Aspect	从每个 m_Approach 对象检测到的 Aspect；Aspect[4]
m_Count	private：int	每个 m_Approach 对象的车辆数；int[4]
m_IntersectionStatus	private：Status	

3.2 类模型

图 6.25 描述了构成交叉路口控制系统软件应用程序的类。该图反映了第 5.7 节中定义的初级类结构,但增加了细节,在某些情况下,还包括类的增加和职责的重新分配。

图 6.25 中用斜体显示了(即具有自己的控制线程的对象)相对应的类。表 6.14 总结了活动对象的实例。

3.3 类详细信息

3.3.1 IntersectionController 类负责管理的功能

① 初始化;

② 实例化所包含的对象;

③ 交叉路口车辆通行标准的整体控制;

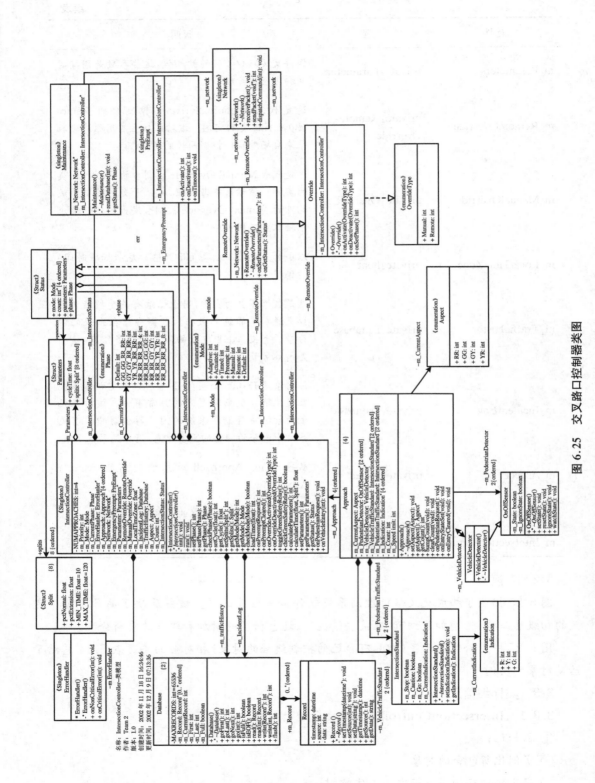

图 6.25　交叉路口控制器类图

④ 交叉路口行人通行标准的整体控制；

⑤ 从所有途径收集和处理交通记录；

⑥ 响应交通流量的交叉路口定时的自适应控制；

⑦ 响应车辆的存在，对交叉路口进行感应控制；

⑧ 响应固定方案的交叉路口定时控制；

⑨ 人行过街要求的整体处理；

⑩ 处理应急车辆抢占；

⑪ 响应手动超控命令的交叉路口控制；

⑫ 响应远程超控命令的交叉路口控制；

⑬ 交通历史和事件日志数据库的管理；

⑭ 处理来自维护端口的维护访问请求；

⑮ 处理来自 DOT 广域网的维护访问请求。

图 6.26 说明了 IntersectionController 类的属性、方法和事件。

3.3.1.1　交叉路口控制器关系

① 来自类 Status 的关联链接；

② 到类 PreEmpt 的关联链接；

③ 到类 Network 的关联链接；

④ 来自类 PreEmpt 的关联链接；

⑤ 到类 Database 的关联链接；

⑥ 来自类 Override 的关联链接；

⑦ 到类 Mode 的关联链接；

⑧ 来自类 Maintenance 的关联链接；

⑨ 到类 Database 的关联链接；

⑩ 到类 Parameters 的关联链接；

⑪ 到类 RemoteOverride 的关联链接；

⑫ 到类 Phase 的关联链接；

⑬ 到类 ErrorHandler 的关联链接；

⑭ 到类 Approach 的关联连接。

3.3.1.2　IntersecttionController 的属性

见表 6.14。

3.3.1.3　IntersecttionController 的方法

见表 6.15。

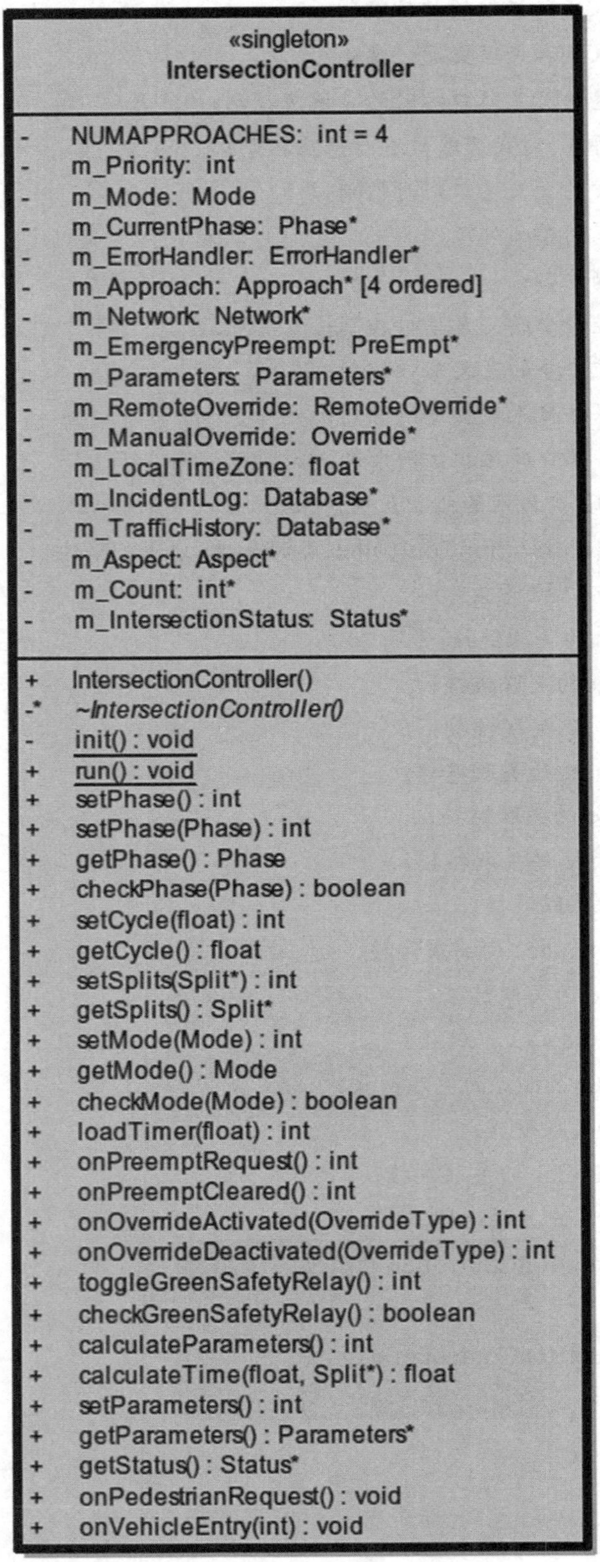

<table>
<tr><td colspan="2" align="center">«singleton»
IntersectionController</td></tr>
</table>

-	NUMAPPROACHES: int = 4
-	m_Priority: int
-	m_Mode: Mode
-	m_CurrentPhase: Phase*
-	m_ErrorHandler: ErrorHandler*
-	m_Approach: Approach* [4 ordered]
-	m_Network: Network*
-	m_EmergencyPreempt: PreEmpt*
-	m_Parameters: Parameters*
-	m_RemoteOverride: RemoteOverride*
-	m_ManualOverride: Override*
-	m_LocalTimeZone: float
-	m_IncidentLog: Database*
-	m_TrafficHistory: Database*
-	m_Aspect: Aspect*
-	m_Count: int*
-	m_IntersectionStatus: Status*
+	IntersectionController()
-*	~IntersectionController()
-	init() : void
+	run() : void
+	setPhase() : int
+	setPhase(Phase) : int
+	getPhase() : Phase
+	checkPhase(Phase) : boolean
+	setCycle(float) : int
+	getCycle() : float
+	setSplits(Split*) : int
+	getSplits() : Split*
+	setMode(Mode) : int
+	getMode() : Mode
+	checkMode(Mode) : boolean
+	loadTimer(float) : int
+	onPreemptRequest() : int
+	onPreemptCleared() : int
+	onOverrideActivated(OverrideType) : int
+	onOverrideDeactivated(OverrideType) : int
+	toggleGreenSafetyRelay() : int
+	checkGreenSafetyRelay() : boolean
+	calculateParameters() : int
+	calculateTime(float, Split*) : float
+	setParameters() : int
+	getParameters() : Parameters*
+	getStatus() : Status*
+	onPedestrianRequest() : void
+	onVehicleEntry(int) : void

图 6.26　交叉路口控制器类

表 6.15 IntersectionController 类-方法

方法	类型	说明
IntersectionController()	public：	构造函数
IntersectionController()	private abstract：	析构函数
init()	private static：void	这是设备激活时执行的第一个代码单元。 该函数执行以下基本任务： 测试内存和硬件； 收集所有环境信息(初始模式、优先级、进路参数)； 将交叉路口的所有组件设置为默认状态； 在正常模式下开始第一个周期
run()	public static：void	
setPhase()	public：int	将交叉路口设置为周期的下一个阶段,调用此方法以响应以下事件： 阶段计时器达到 0(在驱动、固定和自适应模式下)； 远程覆盖 onSetPhase(void)事件被触发(在远程模式下)； 手动覆盖 onSetPhase(void)事件被触发(在手动模式下)。 此方法执行以下任务： 根据以下赋值操作,改变 m_CurrentPhase 属性： m_CurrentPhase = (m_CurrentPhase++)mod 9； 根据 m_CurrentPhase 的新值的要求,更改绿色信号安全继电器的状态； 检查绿色信号安全继电器的状态,如果有差异则引发错误； 根据新当前阶段的要求,操作 m_Approach 对象的属性； 计算阶段时间为 calculateTime(m_Cycle, m_Splits[m_CurrentPhase])； 通过调用 loadTimer(calculateTime(m_Cycle, m_Splits[m_CurrentPhase])),将计算出的阶段时间加载到剩余阶段时间计时器； 检查进路附件的阶段设置是否正确显示,如果有差异则引发错误
setPhase(Phase)	public：int	param：phase [Phase-in]将交叉路口设置为指定的阶段
getPhase()	public：Phase	通过查询所有 Aspect 对象并确定它们的 Aspect 来确定显示的交叉路口阶段。由 checkPhase 方法使用

方法	类型	说明
checkPhase（Phase）	public：boolean	param：phase［Phase-in］如果显示的阶段与指令规定的阶段（作为参数传递）一致，则返回 True，否则返回 False
setCycle（float）	public：int	param：time［float-in］ 周期时间属性的赋值函数
getCycle（）	public：float	周期时间属性的访问函数
setSplits（Split∗）	public：int	param：splits［Split∗-inout］ splits 属性的赋值函数
getSplits（）	public：Split∗	splits 属性的访问函数
setMode（Mode）	public：Mode	m_Mode 属性的赋值函数。
getMode（）	public：Mode	m_Mode 属性的访问函数。
checkMode（Mode）	public：boolean	param：mode［Mode-in］
loadTimer（float）	public：int	param：time［float-in］将作为参数指定的阶段时间加载到阶段计时器（利用操作系统的定时器服务）
onPreemptRequest（）	public：int	来自 m_EmergencyPreempt 对象的应急抢占请求事件。此方法执行以下任务： ① 保存 m_Mode 的当前值； ② 将模式设置为 Preempt； ③ 设置交叉路口阶段，使得应急车辆能够在交通信号控制下安全通过
onPreemptCleared（）	public：int	覆盖来自 m_ManualOverride 或 m_RemoteOverride 对象的激活事件。参数类型表明涉及哪个覆盖。此方法执行以下任务： ① 保存 m_Mode 的当前值； ② 根据参数类型的值，将模式设置为手动或远程； ③ 将交点设置为默认阶段
onOverrideActivated（OverrideType）	public：int	param：type［OverrideType-in］覆盖来自 m_ManualOverride 或 m_RemoteOverride 对象的激活事件。参数类型指示涉及哪个覆盖。此方法执行以下任务： ① 保存 m_Mode 的当前值； ② 根据参数类型的值，将模式设置为手动或远程； ③ 将交点设置为默认阶段

续表

方法	类型	说明
onOverrideDeactivated (OverrideType)	public：int	param：type［OverrideType-in］来自 m_ManualOverride 或 m_ RemoteOverride 对象的覆盖取消事件。参数类型指示涉及哪个覆盖。此方法执行以下任务： ① 恢复 m_Mode 之前的值； ② 将交叉路口设置为默认阶段； ③ 使交叉路口恢复正常运行
toggleGreenSafetyRelay()	public：int	切换绿色安全继电器的状态
checkGreenSafetyRelay ()	public：boolean	检查绿色安全继电器是否处于活动交叉路口阶段的正确状态
calculateParameters ()	public：int	用于确定下一个周期的交叉路口计时参数的自适应算法
calculateTime（float，Split ＊）	public：float	param：cycle［float-in］ param：split［Split ＊ -in］用于根据 m_Parameters. cycleTime 和 m_Parameters. splits 的值计算实际阶段时间
setParameters ()	public：int	交叉路口时间参数的赋值函数
getParameters ()	public：Parameters ＊	交叉路口时间参数的访问函数
getStatus ()	public：Status ＊	用于访问交叉路口整体状态的方法
onPedestrianRequest ()	public：void	由有效的行人过马路请求触发的事件
onVehicleEntry（int）	public：void	param：approach［int-in］由车辆进入车辆检测回路触发的事件

3.3.1.4　IntersecttionController 的行为细节

见图 6.27～图 6.30。

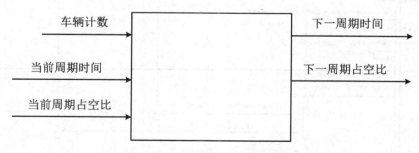

图 6.27　自适应算法的黑盒表示

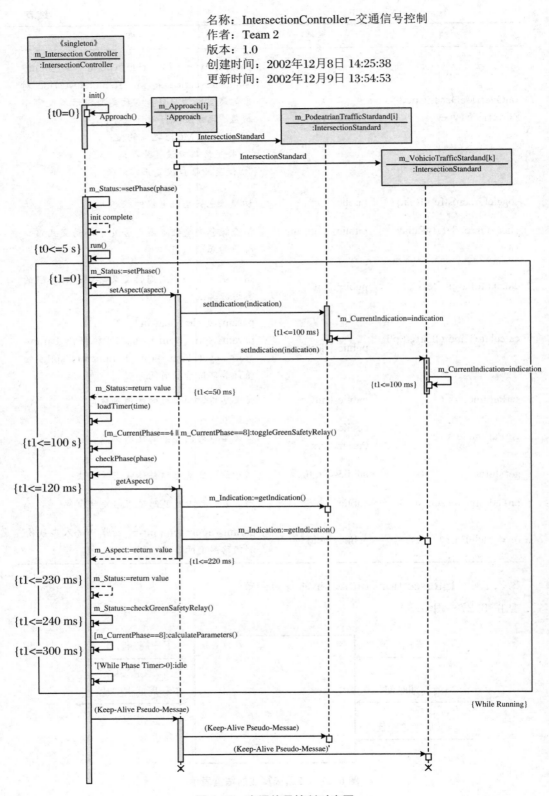

名称：IntersectionController-交通信号控制
作者：Team 2
版本：1.0
创建时间：2002年12月8日 14:25:38
更新时间：2002年12月9日 13:54:53

图 6.28　交通信号控制时序图

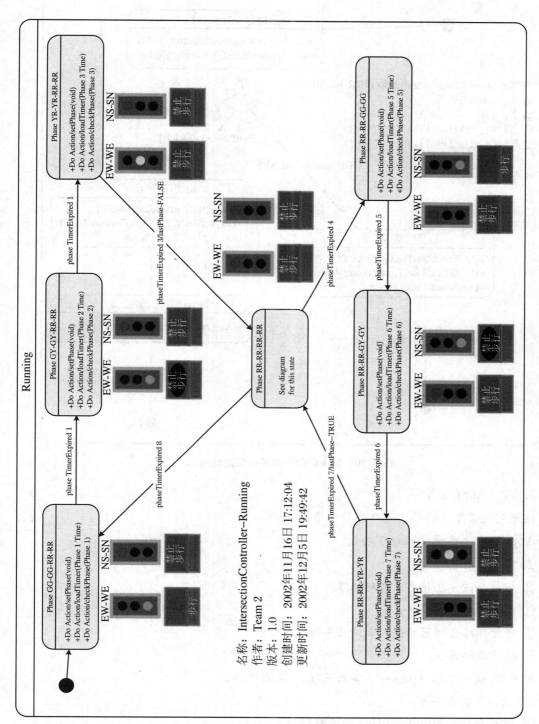

图6.29　交叉路口控制器阶段序列的状态图

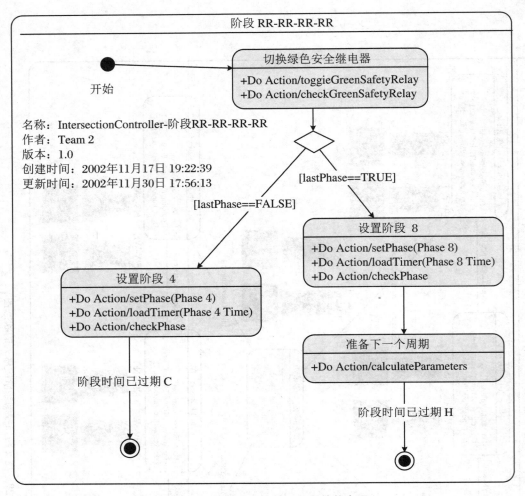

名称：IntersectionController-阶段RR-RR-RR-RR
作者：Team 2
版本：1.0
创建时间：2002年11月17日 19:22:39
更新时间：2002年11月30日 17:56:13

图 6.30　第 4 阶段和第 8 阶段的状态图

3.3.2　Approach

这是对交叉路口的单个进路口的程序化表示。

Approach 类负责管理以下功能：

① 实例化所包含的对象；

② 控制与该方法相关的通行标准；

③ 处理行人过街事件；

④ 处理环路检测器的进入和退出事件；

⑤ 跟踪车辆计数。

图 6.31 说明了该 Approach 类的属性、方法和事件。

3.3.2.1　特殊关系

① 到类 IntersectionStandard 的关联链接；

② 到类 Aspect 的关联链接；

③ 到类 IntersectionStandard 的关联链接；

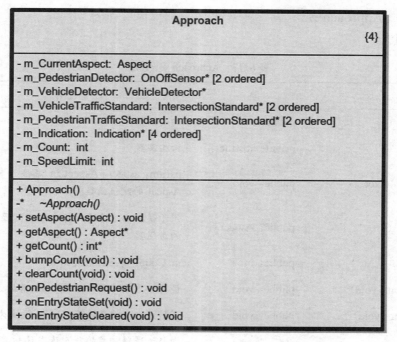

图 6.31　Approach 类

④ 到类 VehicleDetector 的关联链接；

⑤ 到类 OnOffSensor 的关联链接；

⑥ 到类 IntersectionController 的关联链接。

3.3.2.2　Approach 属性

见表 6.16。

表 6.16　Approach 类-属性

属性	类型	说明
m_CurrentAspect	private：Aspect	对应于当前的交叉路口阶段的当前进路近方面
m_PedestrianDetector	private：OnOffSensor *	指向 OnOffSensor 类对象数组的指针，为行人过街请求按钮提供抽象层
m_VehicleDetector	private：VehicleDetector *	指向 VehicleDetector 类（OnOffSensor 的超类）对象的指针，为车辆检测回路提供抽象层
m_VehicleTrafficStandard	private：Intersection-Standard	指向 IntersectionStandard 对象数组的指针，这些对象表示与该进路相关的车辆通行标准
m_PedestrianTraffic Standard	private：Intersection-Standard *	指向 IntersectionStandard 对象数组的指针，这些对象表示与该进路相关的行人通行标准
m_Indication	private：Indication *	指向 Indication 对象数组的指针；用于存储从相关通行标准获得的指示值
m_Count	private：int	用于统计通过进路的车辆数量
m_SpeedLimit	private：int	与进路相关的速度限制（单位：千米/小时）

3.3.2.3 Approach 方法

见表 6.17。

表 6.17 Approach 类-方法

方法	类型	说明
Approach（）	public：	构造函数
Approach（）	private abstract：	析构函数
setAspect（Aspect）	public：void	param：aspect［Aspect-in］属性 m_Current-Aspect 的赋值函数
getAspect（）	public：Aspect *	用于获取由进路通行标准集实际显示的方面的访问器
getCount（）	public：int *	m_Count 属性的访问函数
bumpCount（void）	public：void	调用该方法将属性 m_Count 增加 1
clearCount（void）	public：void	调用该方法将属性 m_Count 设置为 0
onPedestrianRequest（）	public：void	由与该进路相关的行人请求按钮发出的有效行人过路请求触发的事件
onEntryStateSet（void）	public：void	当车辆检测器属性 m_State 被设置时触发的事件
onEntryStateCleared（void）	public：void	清除车辆检测器属性 m_State 时触发的事件

3.3.3 类 IntersectionStandard(行人交通和车辆通行标准)

这是交通控制信号的程序表示。

IntersectionStandard 类负责管理以下功能：

① 从交叉路口控制器显示命令的信号灯面；

② 确定实际显示的信号灯面；

③ 检查命令灯面和显示灯面之间的差异；

④ 如果存在灯面差异，则会引发错误事件。

图 6.32 说明了 IntersectionStandard 类的属性、方法和事件。

3.3.3.1 IntersectionStandard 关系

① 到类 Approach 的关联链接；

② 到类 Indication 的关联链接；

③ 来自类 Approach 的关联链接。

3.3.3.2 IntersectionStandard 属性

见表 6.18。

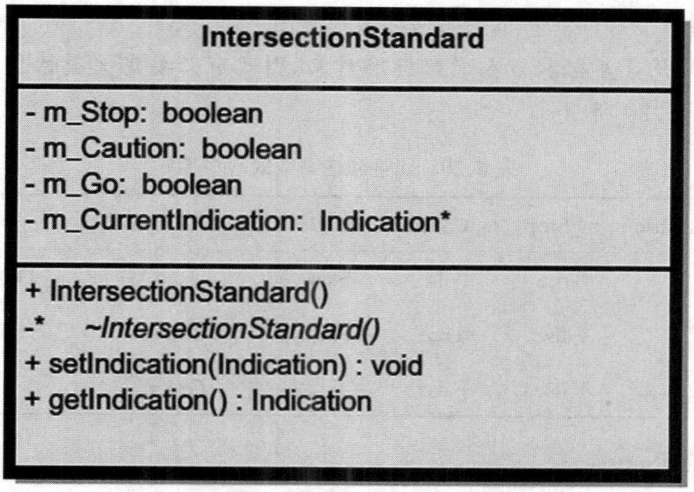

```
┌──────────────────────────────────────────┐
│           IntersectionStandard            │
├──────────────────────────────────────────┤
│ - m_Stop: boolean                         │
│ - m_Caution: boolean                      │
│ - m_Go: boolean                           │
│ - m_CurrentIndication: Indication*        │
├──────────────────────────────────────────┤
│ + IntersectionStandard()                  │
│ -*  ~IntersectionStandard()               │
│ + setIndication(Indication) : void        │
│ + getIndication() : Indication            │
└──────────────────────────────────────────┘
```

图 6.32 IntersectionStandard 类

表 6.18 IntersectionStandard 类-属性

属性	类型	说明
m_Stop	private：boolean	一个布尔值,指示该信号被命令显示停止信号(对应于指示值 R)
m_Caution	private：boolean	一个布尔值,指示该信号被命令显示警告信号(对应于指示值 Y)
m_Go	private：boolean	一个布尔值,指示该信号被命令显示 Go 信号(对应于指示值 G)
m_CurrentIndication	private：Indication	Indication 枚举类的实例,指示要显示的当前交通信号

3.3.3.3 IntersectionStandard 方法

见表 6.19。

表 6.19 IntersectionStandard 类-方法

方法	类型	说明
IntersectionStandard ()	public：	构造函数
IntersectionStandard ()	private abstract：	析构函数
setIndication (Indication)	public：void	param：indication［Indication-in］m _ CurrentIndication 属性的赋值函数。该方法执行以下操作: ① 检查命令的信号灯面是否有效,如果不是,则引发一个错误; ② 如果命令的灯面是有效的,则显示它
getIndication ()	public：Indication	用于获取由进路通行标准集实际显示灯面的访问器

3.3.3.4　指示与实际显示信号之间的对应关系

由于该类同时用于车辆和行人通行标准对象,因此有必要定义属性值与实际显示信号之间的关系,如表 6.20 所示。

表 6.20　属性和信号的对应关系

m_CurrerntIndication	m_Stop	m_Caution	m_Go	车辆标准	行人标准
R	True	False	False	Red	DON'T WALK
Y	False	True	False	Amber	闪烁 DON'T WALK
G	False	False	True	Green	WALK

3.3.4　OnOffSensor

此类代表了位于与进路相关的人行横道两侧的人的请求按钮。

OnOffSensor 类的对象负责管理以下功能:

① 过滤按钮服务请求;

② 生成行人服务请求事件。

图 6.33 说明了 OnOffSensor 类的属性、方法和事件。

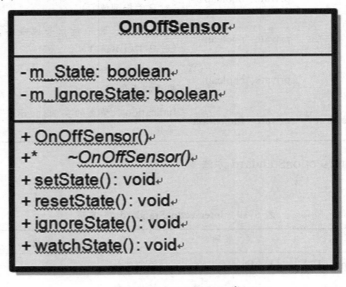

图 6.33　OnOffSensor 类

3.3.4.1　OnOffSensor 关系

① 来自类 Approach 的关联链接;

② 来自类 VehicleDetector 的通用链接。

3.3.4.2　OnOffSensor 属性

见表 6.21。

表 6.21　OnOffSensor 类-属性

属性	类型	说明
m_State	private：boolean	指示自上次重置该值后,是否发生了有效的行人服务请求
m_IgnoreState	private：boolean	一个值,指示后续行人服务请求是应引发事件还是被忽略

3.3.4.3　OnOffSensor 的方法

见表 6.22。

表 6.22　OnOffSensor 类-方法

方法	类型	说明
OnOffSensor（）	public：	构造函数
OnOffSensor（）	private abstract：	析构函数
setState（）	public：void	将对象的 m_State 属性设置为 True,指示一个行人服务请求正在等待处理
resetState（）	public：void	将对象的状态属性设置为 False,指示任何先前的行人服务请求都已经完成
ignoreState（）	public：void	将对象的 m_IgnoreState 属性设置为 True,指示后续的行人请求将被忽略
watchState（）	public：void	将对象的 m_IgnoreState 属性设置为 False,指示将处理后续的行人请求

3.3.4.4　OnOffSensor 行为详细信息

见图 6.34、图 6.35。

3.3.5　VehicleDetector

此类代表了位于与进路相关的停止线附近的接近检测回路。该类基于 OnOffSensor 类。车辆存在检测器对象负责管理以下功能:

① 对车辆服务请求进行过滤(感应模式);

② 生成车辆服务请求事件(感应模式);

③ 维护车辆计数统计(固定、ACTUATED 和 ADAPTIVE 模式)。

图 6.36 展示了 VehicleDetector 类的属性、方法和事件。

3.3.5.1　VehicleDetector 关系

① 来自类 Approach 的关联链接;

② 到类 OnOffSensor 的泛化链接。

3.3.5.2　VehicleDetector 属性

继承自超类。

3.3.5.3　Vehicledetector 方法

从超类继承,被重写的方法描述见表 6.23。

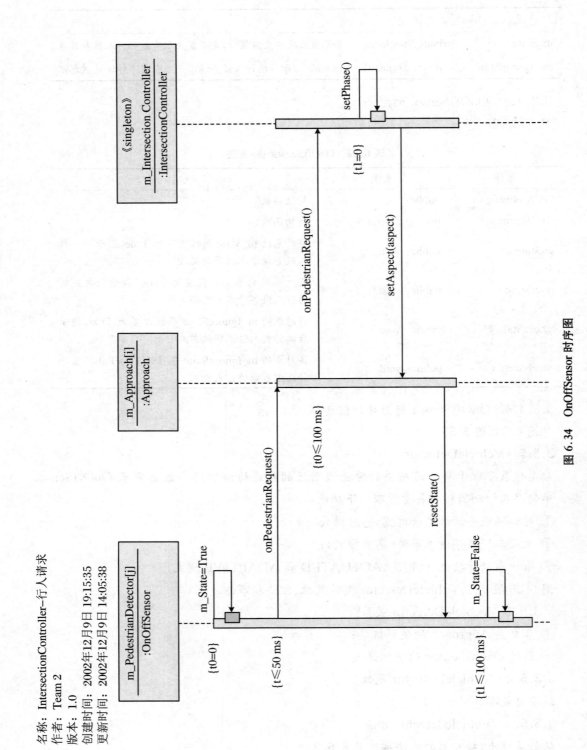

图 6.34 OnOffSensor 时序图

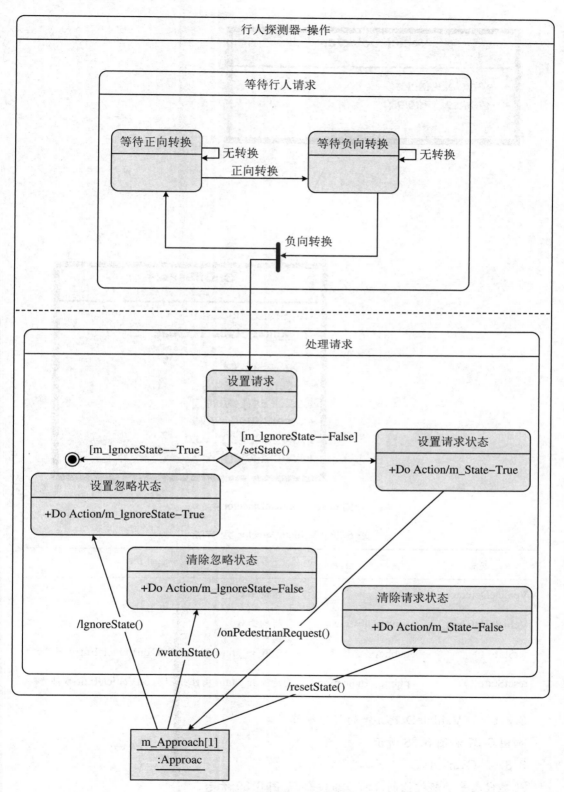

图 6.35 OnOffSensor 状态图

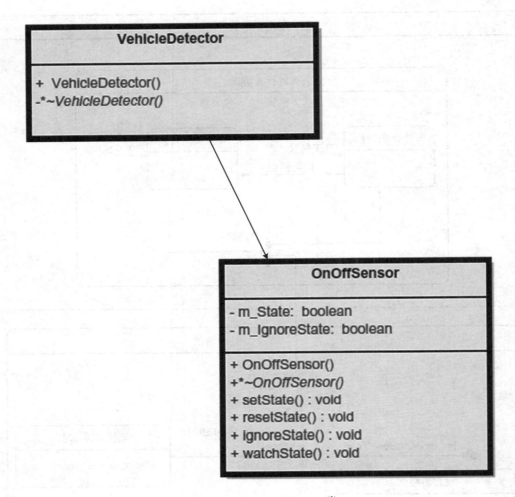

图 6.36　VehicleDetector 类

表 6.23　VehicleDetector 类-方法

方法	类型	说明
VehicleDetector ()	public：	构造函数
VehicleDetector ()	private abstract：	析构函数
setState ()	public：void	设置 m_state 属性并触发 onVehicleEntry 事件
resetState ()	public：Indication	清除 m_state 属性并触发 onVehicleExit 事件

3.3.5.4　VehicleDetector 的行为细节

如图 6.37 和图 6.38 所示。

3.3.6　Override

此类代表手动超控控制台的一组按钮,如图 6.39 所示。

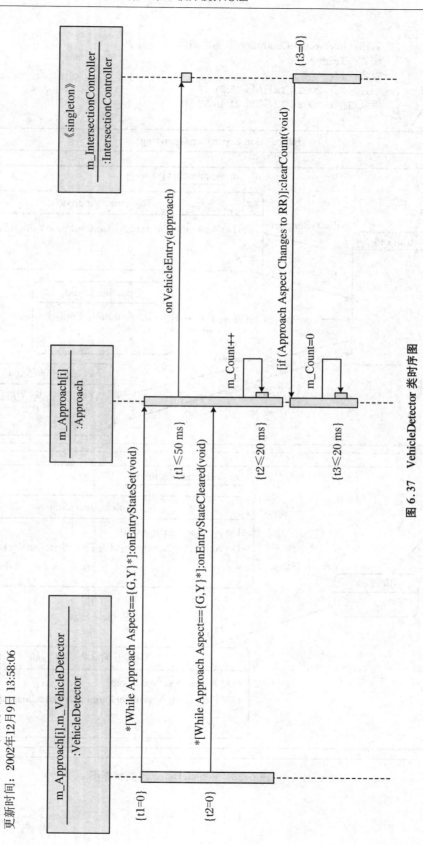

图 6.37　VehicleDetector 类时序图

名称：IntersectionController-车辆检测器
作者：Team 2
版本：1.0
创建时间：2002年12月6日 15:21:47
更新时间：2002年12月7日 21:46:52

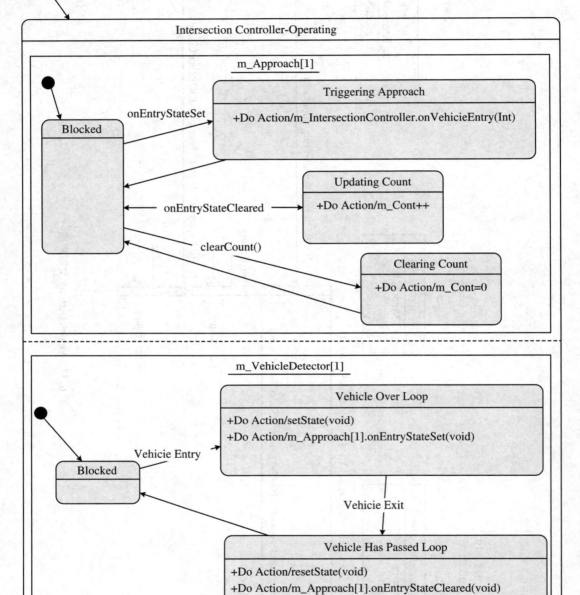

图 6.38 VehicleDetector 类状态图

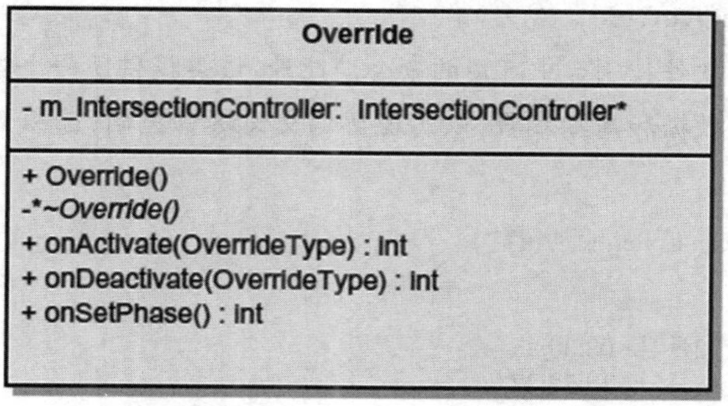

```
┌─────────────────────────────────────────────────────┐
│                      Override                        │
├─────────────────────────────────────────────────────┤
│ - m_IntersectionController: IntersectionController*  │
├─────────────────────────────────────────────────────┤
│ + Override()                                         │
│ -*~Override()                                        │
│ + onActivate(OverrideType) : int                     │
│ + onDeactivate(OverrideType) : int                   │
│ + onSetPhase() : int                                 │
└─────────────────────────────────────────────────────┘
```

图 6.39　Override 类

3.3.6.1　Override 关系

① 与 OverrideType 类的依存关系链接；

② 与类 IntersectionController 的关联链接；

③ 来自类 RemoteOverride 的泛化链接。

3.3.6.2　Override 属性

见表 6.24。

表 6.24　Override 类-属性

属性	类型	说明
m_ IntersectionController	private：IntersectionController	指向 m_IntersectionContoller 对象的指针

3.3.6.3　覆盖方法

见表 6.25。

表 6.25　Override 类-方法

方法	类型	说明
Override（）	public：	构造函数
Override（）	private abstract：	析构函数
onActivate（OverrideType）	public：int	param：type［OverrideType-in］接收到来自本地覆盖控制台的激活命令而触发的事件
onDeactivate（OverrideType）	public：int	param：type［OverrideType-in］接收到来自本地覆盖控制台的停用命令而触发的事件
onSetPhase（）	public：int	接收到来自本地覆盖控制台的推进 advance 阶段命令触发的事件

3.3.6.4　Override 行为细节

见图 6.40。

3.3.7 RemoteOverride

该类表示在远程软件控制台中可用的命令。此外，该类提供了一个接口，用于远程访问和更新交叉路口的交通数据和周期参数，以实现协调交叉路口控制（选项）。RemoteOverride 类负责管理以下功能：

名称：IntersectionController-手动覆盖
作者：Team 2
版本：1.0
创建时间：2002年12月4日 08:30:25
更新时间：2002年12月5日 18:52:22

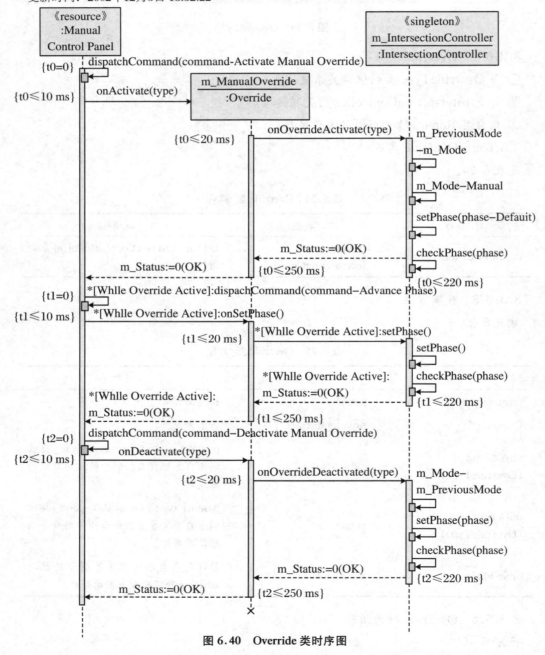

图 6.40 Override 类时序图

① 触发适当的模式变化；

② 产生和处理控制交叉路口阶段所需的事件；

③ 作为 Intersection Control 对象的 Calculate Cycle Parameters 方法的替代（在协调模式下，本规范未涵盖）。

图 6.41 说明了 RemoteOverride 类的属性、方法和事件。

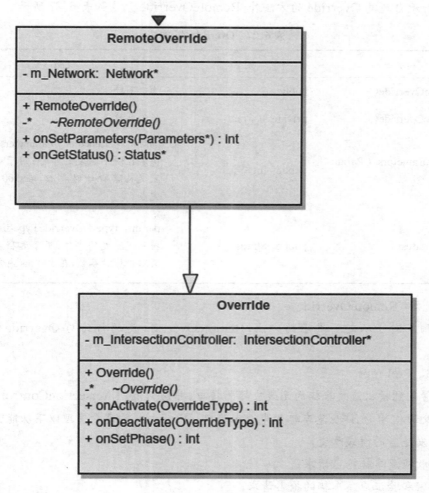

图 6.41　RemoteOverride 类

3.3.7.1　RemoteOverride 关系

① 到类 Status 的依赖链接；

② 到类 Override 的泛化链接；

③ 来自类 IntersectionController 的关联链接；

④ 到类 Network 的关联链接。

3.3.7.2　RemoteOverride 属性

除了继承自超类 Override 的属性外，RemoteOverride 属性如表 6.26 所示。

表 6.26　RemoteOverride 类-属性

属性	类型	说明
m_Network	private：Network	指向 m_Network 对象的指针

3.3.7.3　RemoteOverride 方法

除了继承自超类 Override 的方法外，RemoteOverride 方法如表 6.27 所示。

表 6.27　Override 类-方法

方法	类型	说明
RemoteOverride()	public：	构造函数
RemoteOverride()	private abstract：	析构函数
onSetParameters（Parameters＊）	public：int	param：parameters［Parameters＊-in］协调控制下触发的事件；用于远程设置交叉路口计时参数，在 100 ms 内完成
onGetStatus()	public：Status＊	param：type［OverrideType-in］协调控制下触发的事件；用于远程获取交叉路口计时参数，在 100 ms 内完成

3.3.7.4　RemoteOverride

行为细节对于从超类继承的方法，RemoteOverride 类的行为与 Override 类的行为相同。

3.3.8　PreEmpt

该类管理到授权应急车辆的无线应答器接口，并访问 m_IntersectionControl 对象以显示正确的交通信号，允许应急车辆优先进入路口。PreEmpt 类负责管理以下功能：

① 触发适当的模式改变；

② 接收应急车辆抢占请求；

③ 解密和验证应急车辆的抢占请求；

④ 生成和处理控制交叉路口阶段所需的事件。

图 6.42 说明了 PreEmpt 类的属性、方法和事件。

3.3.8.1　PreEmpt 关系

① 来自 IntersectionController 类的关联链接

② 到 IntersectionController 类的关联链接

3.3.8.2　PreEmpt 属性

见表 6.28。

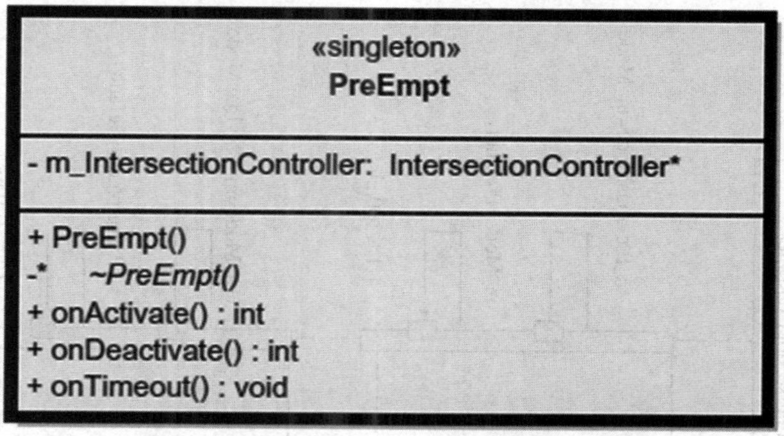

图 6.42　PreEmpt 类

表 6.28　PreEmpt 类-属性

属性	类型	说明
m_ IntersectionController	private： Intersection-Controller	指向 m_ IntersectionController 对象的指针

3.3.8.3　PreEmpt 方法

见表 6.29。

表 6.29　PreEmpt 类-方法

方法	类型	说明
RemoteOverride()	public：	构造函数
RemoteOverride()	private abstract：	析构函数
onActivate()	public：int	接收到来自应紧车辆应答器的激活信号而触发的事件
onDeActivate()	public：int	接收到来自应紧车辆应答器的停用信号而触发的事件
onTimeout()	public：void	如果超时间隔过后未收到停用信号，则触发事件

3.3.8.4　PreEmpt 行为细节

见图 6.43。

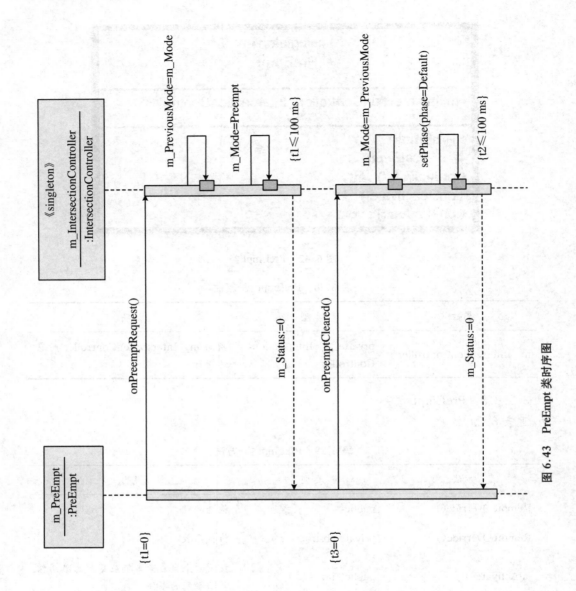

图 6.43　PreEmpt 类时序图

名称：IntersectionController-应急抢占
作者：Team 2
版本：1.0
创建时间：2002年12月9日 13:39:37
更新时间：2002年12月9日 13:45:09

3.3.9　Network

此类通过以太网端口管理通信。

图 6.44 说明了 Network 类的属性、方法和事件。

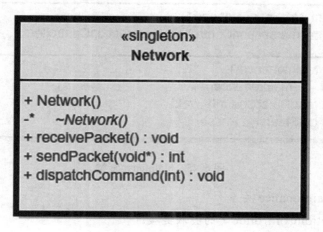

图 6.44　Network 类

3.3.9.1　Network 关系

① 来自 IntersectionController 类的关联链接；

② 来自 Maintenance 类的关联链接；

③ 来自 RemoteOverride 类的关联链接。

3.3.9.2　Network 方法

见表 6.30。

表 6.30　Network 类-方法

方法	类型	说明
Network()	public：	构造函数
Network()	private abstract：	析构函数
receivePacket ()	public：void	负责接收网络 SNMP 数据包的方法
sendPacket(void *)	public：int	param：packet ［void * -in]负责发送网络 SNMP 数据包的方法
dispatchCommand(int)	public：void	param：command［void * -in]解释接收到的 SNMP 数据包并调用适当的方法作为响应

3.3.10　Maintenance

此类为交叉路口控制器提供维护接口，可从本地维护以太网端口或 DOT WAN 访问。

Maintenance 类负责管理以下功能：

① 检索数据库信息；

② 检索当前交叉路口控制器状态（图 6.45）。

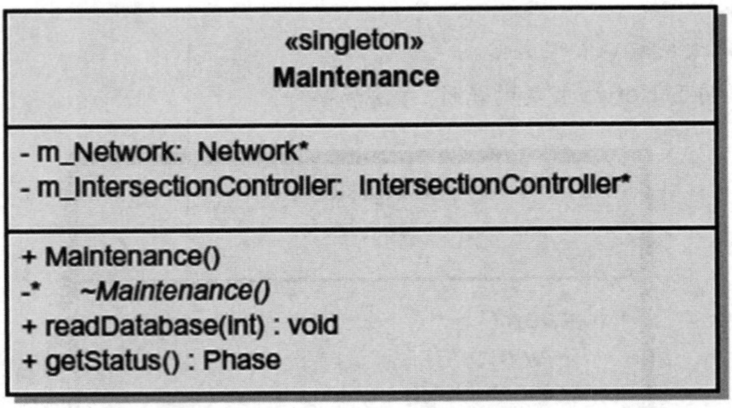

```
           «singleton»
           Maintenance

 - m_Network:  Network*
 - m_IntersectionController:  IntersectionController*

 + Maintenance()
 -*   ~Maintenance()
 + readDatabase(int) : void
 + getStatus() : Phase
```

图 6.45　Maintenance 类

3.3.10.1　Maintenance 关系

① 到 IntersectionController 类的关联链接；

② 到 Network 类的关联链接。

3.3.10.2　Maintenance 属性

见表 6.31。

表 6.31　Maintenance 类-属性

方法	类型	说明
m_Network	private:Network	指向 m_ Network 对象的指针
m_IntersectionCntroller	private：IntersectionController	指向 m_ IntersectionController 对象的指针

3.3.10.3　Maintenance 方法

见表 6.32。

表 6.32　Maintenance 类-方法

方法	类型	说明
Maintenance()	public：	构造函数
Maintenance()	private abstract：	析构函数
readDatabase(int)	public：void	param：packet [void * -in] 负责发送网络 SNMP 数据包的方法
getStatus()	public：Phase	param：command [int-in]解释接收到的 SNMP 数据包,并调用适当的方法作为响应

3.3.11　数据库(交通历史;事件日志)

这个类的实例用于存储被控制的交叉路口的交通历史和事件日志。Traffic History 对象负责管理以下功能：

① 存储和检索交通历史数据库记录；

② 响应来自远程主机的命令，清除交通历史记录。

图 6.46 说明了 Database 类的属性、方法和事件。

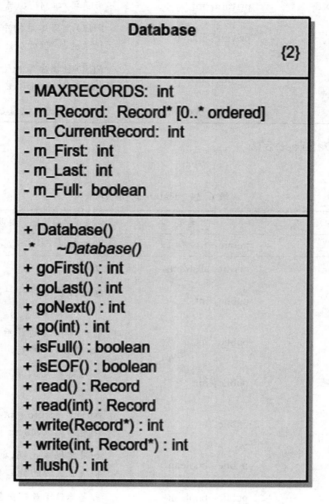

图 6.46 Database 类

3.3.11.1 Database 关系

① 到类 Record 的关联链接；

② 来自 IntersectionController 类的关联链接；

③ 来自 IntersectionController 类的关联链接。

3.3.11.2 Database 属性

见表 6.33。

表 6.33　Database 类-属性

属性	类型	说明
MAXRECORDS	private：int	常量,定义允许的最大记录数
m_Record	private：Record	指向数据库记录的指针,记录类型
m_CurrentRecord	private：int	当前记录的位置(索引)
m_First	private：int	FIFO 数据库结构中第一条(最旧的)记录的位置(索引)
m_Last	private：int	FIFO 数据库结构中最后一条(最新)记录的位置(索引)
m_Full	private：boolean	如果数据正在被覆盖,则为真

3.3.11.3　Database 方法

见表 6.34。

表 6.34　Database 类-方法

方法	类型	说明
Database()	public：	构造函数
Database()	private abstract：	析构函数
goFirst()	public：int	将光标移动到第一条(最旧的)记录,40 ms 内完成
goLast()	public：int	将光标移动到最后一条(最新的)记录,40 ms 内完成
goNext()	public：int	将光标移动到下一条记录,40 ms 内完成
Go(int)	public：int	param：record [int-in]将光标移动到指定的记录,40 ms 内完成
isFull()	public：boolean	如果数据库已满,则为真。后续写入将覆盖最旧的数据(FIFO)
isEOF()	public：boolean	当光标位于最后一条记录时为真
Read()	public：Record	读取当前位置的记录,在 10 ms 内完成
Read(*int*)	public：Record	param：record [int-in]读取指定位置的记录,在 10 ms 内完成
Write(*Record* *)	public：int	param：record [Record * -inout]将新记录添加到数据库末尾。如果 isFull()为 True,则数据将被覆盖,在 50 ms 内完成

续表

方法	类型	说明
Write(*int*，*Record* ∗)	public：int	param：position［int-in］ param：record［Record ∗-inout］覆盖指定位置的记录；将当前记录更新到指定位置，在 50 ms 内完成
Flush()	public：int	通过将第一个和最后一个逻辑记录位置设置为零来清除所有记录；将光标移动到第一个物理记录位置，在 200 ms 内完成

3.3.12　Record

此类定义了 Database 类的对象实例中包含的记录所使用的属性和方法（图6.47）。

3.3.12.1　Record 关系

来自类 Database 的关联链接。

3.3.12.2　Record 属性

见表 6.35。

表 6.35　Record 类-属性

属性	类型	说明
timestamp	private：datetime	事件或交通历史记录的日期和时间
source	private：int	表示作为数据库记录来源的对象的整数值
data	private：string	包含实际数据的字节字符串

3.3.12.3　Record 方法

见表 6.36。

表 6.36　Record 类-方法

方法	类型	说明
Record ()	public：	构造函数
～Record ()	private abstract：	析构函数
setTimestamp(datetime)	public：void	param：timestamp［datetime-inout］m_Timestamp 属性的赋值函数
setSource (int)	public：void	param：source［int-in］
setData (string)	public：void	param：data［string-inout］m_Data 属性的访问函数
getTimestamp ()	public：datetime	param：record［int-in］m_Timestamp 属性的访问函数
getSource ()	public：int	m_Source 属性的访问函数
getData ()	public：string	m_data 属性的访问函数

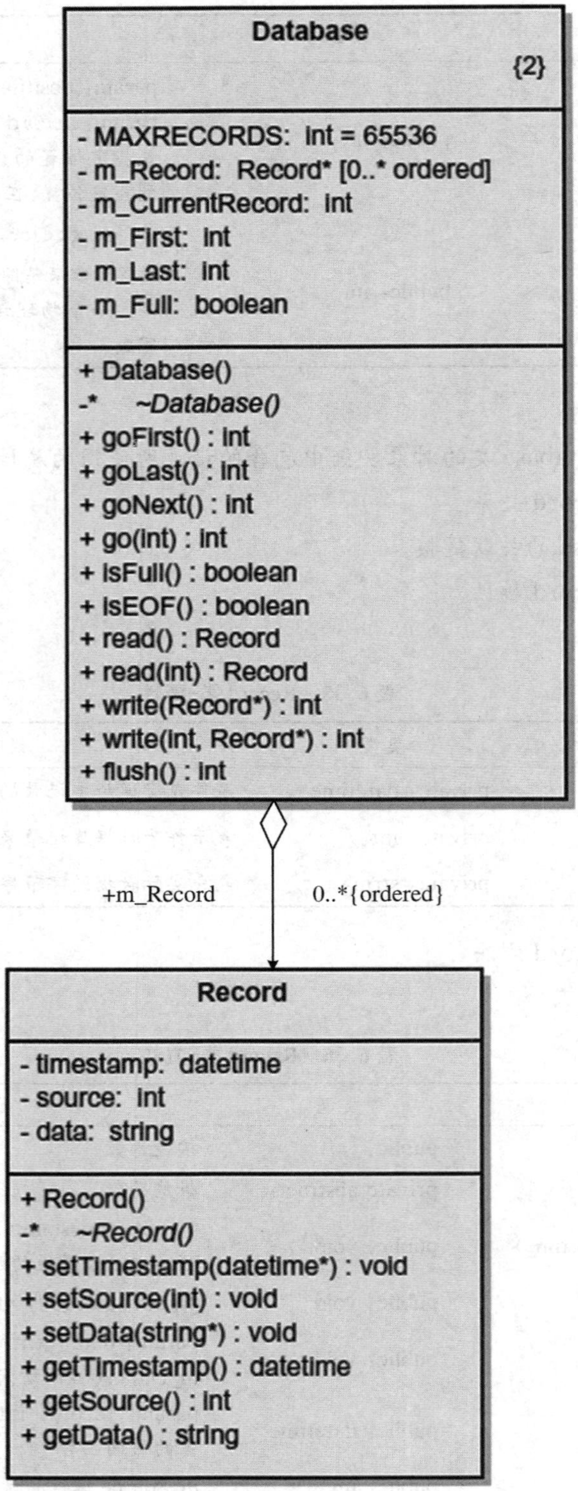

图 6.47　Record 类

3.3.13　ErrorHandler

此类处理应用程序生成的所有错误。所有错误都由 IntersectionController 类生成，以响应内部错误或方法调用的错误返回。

3.3.13.1　ErrorHandler 关系

来自 IntersectionController 类的关联链接。

3.3.13.2　ErrorHandler 方法

见表 6.37。

表 6.37　Record 类-方法

方法	类型	说明
ErrorHandler ()	public：	构造函数
～ErrorHandler ()	private abstract：	析构函数
onNonCriticalError (int)	public：void	param：error [int-in]m_Timestamp 属性的赋值函数
onCriticalError (int)	public：void	param：error [int-in]尝试将交叉路口设置为默认阶段。如果不成功,尝试复位。如果此操作失败或在复位后立即再次发生错误,看门狗定时器将覆盖软件错误处理 记录错误并通过 DOT WAN 向 DOT 中心办公室发送网络消息

3.3.13.3　ErrorHandler 行为细节

见图 6.48 和图 6.49。

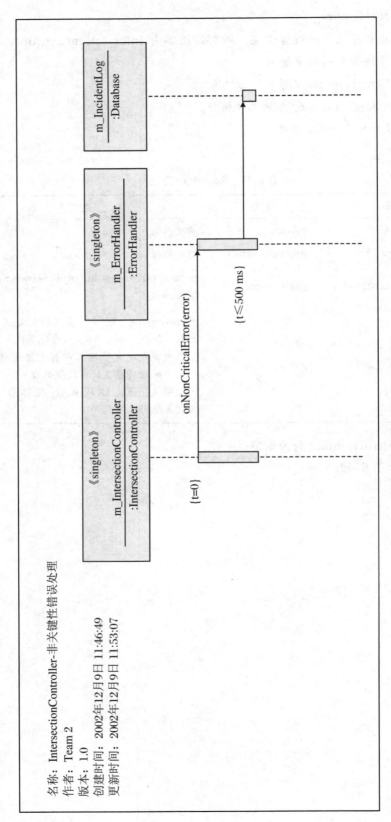

图 6.48 非关键性错误序列图

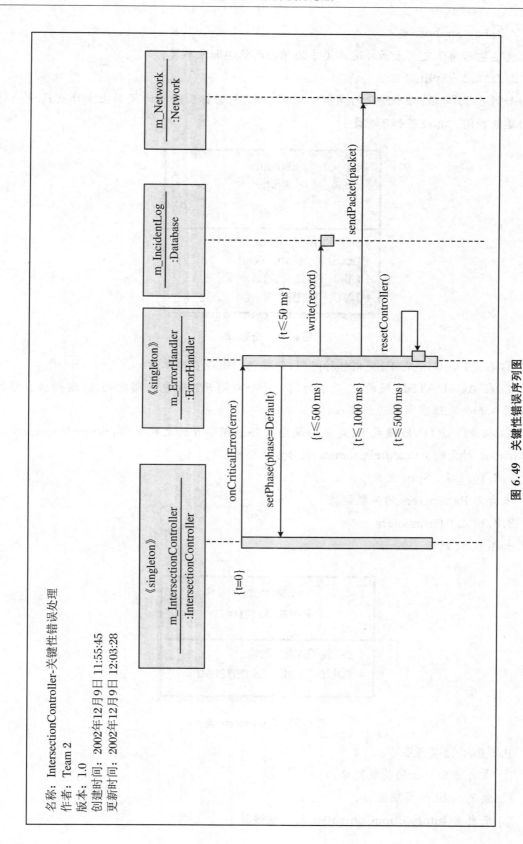

名称：IntersectionController-关键性错误处理
作者：Team 2
版本：1.0
创建时间：2002年12月9日 11:55:45
更新时间：2002年12月9日 12:03:28

图 6.49　关键性错误序列图

3.3.14 Support 类

这些包括用于定义上面详述的类中的属性的结构和枚举类。

3.3.14.1 Split

如图 6.50 所示,每个阶段的周期时间百分比,包括标称阶段时间加上由于交通量而计算的延长时间。其数值如下确定:

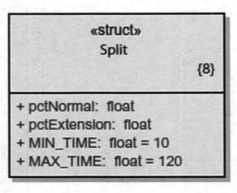

图 6.50 Split 类

① 在 FIXED 模式下,使用标称时间(即延长时间设置为零);

② 在 ACTUATED 模式下,延长时间在每个周期开始时包含固定的值,这些值会根据车辆进入和行人请求事件进行修改;

③ 在 ADAPTIVE 模式下,延长时间会在每个周期开始之前更新,由 m_Intersection-Controller 对象的 calculateParameters( )方法确定。

3.3.14.1.1 Split 关系

来自类 Parameters 的关联链接。

3.3.14.2 Parameters

如图 6.51 所示。

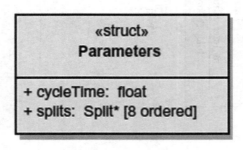

图 6.51 Parameters 类

Parameters 关系如下:

① 来自类 Status 的关联链接;

② 到类 Split 的关联链接;

③ 来自类 IntersectionController 的关联链接。

3.3.14.3 Status

如图 6.52 所示。

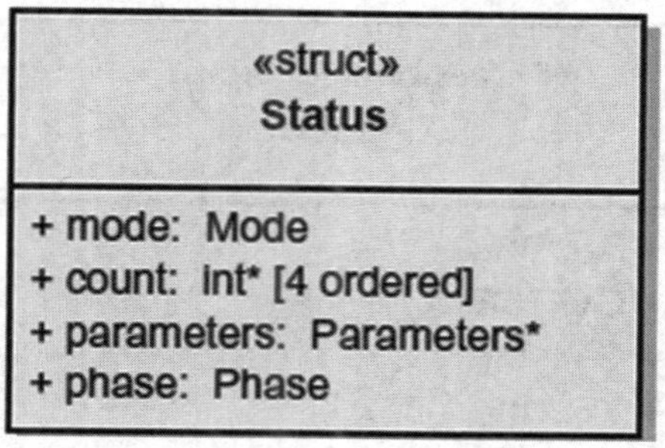

图 6.52 Status 类

3.3.14.3.1 Status 关系

① 到类 Status 的关联链接；

② 到类 IntersectionController 的关联链接；

③ 来自类 RemoteOverride 的依赖链接；

④ 到类 Mode 的关联链接；

⑤ 到类 Phase 的关联链接。

3.3.14.4 Phase

如图 6.53 所示。

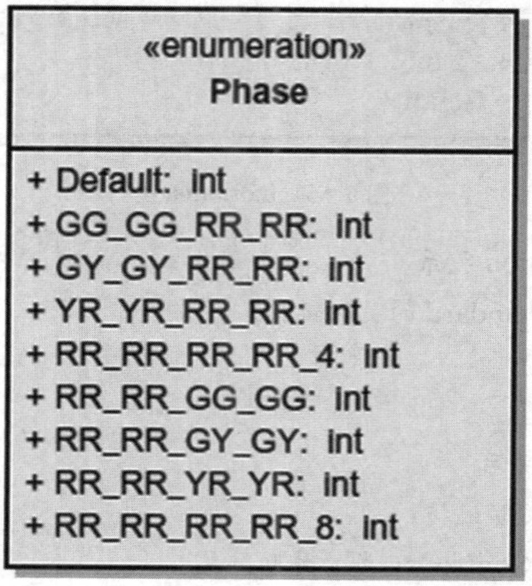

图 6.53 Phase 类

3.3.14.4.1 Phase 关系

① 来自类 IntersectionController 的关联链接；

② 来自类 Status 的关联链接。

3.3.14.5 Aspect

如图 6.54 所示。

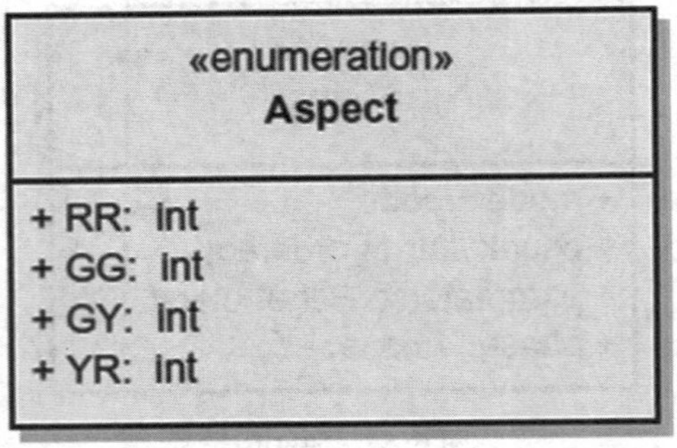

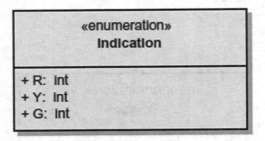

图 6.54　Aspect 类

3.3.14.5.1 Aspect 关系

来自类 Method 的关联链接。

3.3.14.6 Indication

如图 6.55 所示。

«enumeration»
Indication

+ R: int
+ Y: int
+ G: int

图 6.55　Indication 类

3.3.14.6.1 Indication 关系

来自类 IntersectionStandard 的关联链接。

3.3.14.7 Mode

见图 6.56 所示。

3.3.14.7.1 Mode 关系

① 来自类 Status 的关联链接；

② 来自 IntersectionController 类的关联链接。

3.3.14.8 OverrideType

如图 6.57 所示。

3.3.14.8.1 OverrideType 关系

来自类 Override 的依赖链接。

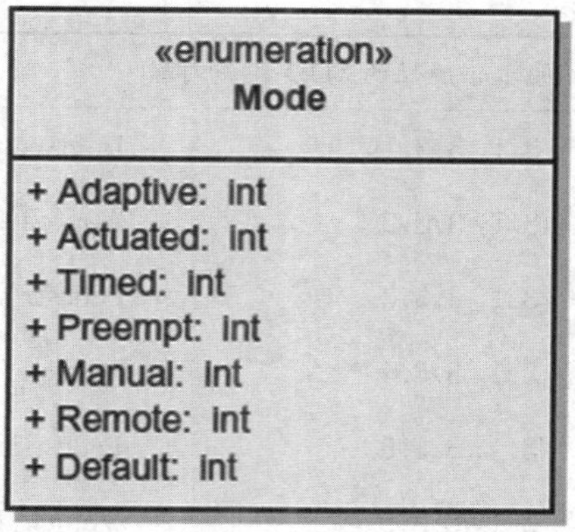

图 6.56　Mode 类

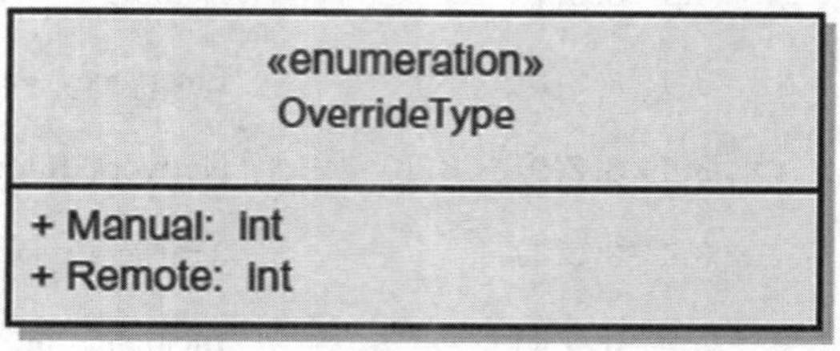

图 6.57　Override Type 类

4　需求可追溯性

表 6.38~表 6.40 说明了 SDD 与 SRS 要求的一致性。

表 6.38　架构需求

SRS 要求的相关内容参考	展示合规性的 SDD 相关内容	说　明
2.5.10	2.2.2	应用软件要用高阶面向对象语言编写；已选择 C++
2.6.2	2.2.1	商用 RTOS
2.6.3	2.2.3	资源管理器

所有 SRS 引用来自第 5 章附录；所有 SDD 引用来自第 6 章附录。

表 6.39　功能需求

SRS 要求的相关内容参考	展示合规性的 SDD 相关内容	说　明
2.6(1)	3.3.2.2	SI 单位；限速以 km/h 为单位
3.1.1，图 5.19	3.1，图 6.18	用例和协作
3.2，图 5.20	3.2，图 6.25	类模式

续表

SRS 要求的相关内容参考	展示合规性的 SDD 相关内容	说　明
3.2.1	3.1, 3.3.1	Intersection Controller 类的需求
3.2.2	3.1, 3.3.2	Approach 类的需求
3.2.3	3.1, 3.3.3	Pedestrian Traffic Standard 类的需求
3.2.4	3.1, 3.3.4	Vehicle Traffic Standard 类的需求
3.2.5	3.1, 3.3.5	Pedestrian Service Button 类的需求
3.2.6	3.1, 3.3.5	Vehicle Presenc Detector 类的需求
3.2.7	3.1, 3.3.6	Manual Override 类的需求
3.2.8	3.1, 3.3.7	Remote Override 类的需求
3.2.9	3.1, 3.3.8	Emergency Vehicle Interface 类的需求
3.2.10	3.1, 3.3.9, 3.3.10	Network Interface 类的需求
3.2.11	3.1, 3.3.11	Traffic History 类的需求
3.2.12	3.1, 3.3.11	Incident Log 类的需求

表 6.40　定时需求

SRS 要求的相关内容参考	展示合规性的 SDD 相关内容	说　明
3.3.1.1, 表 5.21(1)	3.3.1.4, 图 6.28	初始化
3.3.1.1, 表 5.21(2)	3.3.1.4, 图 6.28	设置默认阶段
3.3.1.1, 表 5.21(3)	3.3.1.4, 图 6.28	开始正常模式
3.3.1.1, 表 5.21(4)	3.3.1.4, 图 6.28	进入阶段——正常
3.3.1.1, 表 5.21(5)	3.3.1.4, 图 6.40	进入阶段——本地
3.3.1.1, 表 5.21(6)	3.3.1.4, 图 6.40	进入阶段——远程
3.3.1.1, 表 5.21(7)	3.3.1.4, 图 6.28	计算周期参数——驱动的
3.3.1.1, 表 5.21(8)	3.3.1.4, 图 6.28	计算周期参数——自适应的
3.3.1.1, 表 5.21(9)	3.3.13.3, 图 6.52	关键性错误——显示默认值
3.3.1.1, 表 5.21(10)	3.3.13.3 图 6.52	关键性错误——发出警报
3.3.1.1, 表 5.21(11)	3.3.13.3, 图 6.52	关键性错误——复位
3.3.1.1, 表 5.21(12)	3.3.13.3, 图 6.51, 图 6.52	写入错误日志
3.3.1.1, 表 5.21(13)	3.3.1.4, 图 6.28	设置阶段

续表

SRS 要求的相关内容参考	展示合规性的 SDD 相关内容	说　明
3.3.1.1，表 5.21(14)	3.3.1.4，图 6.28	获取阶段
3.3.1.1，表 5.21(15)	3.3.1.4，图 6.28	检查阶段
3.3.1.1，表 5.21(16)	3.3.4.4，图 6.34	行人请求锁存
3.3.1.1，表 5.21(17)	3.3.4.4，图 6.34	行人请求重置
3.3.1.1，表 5.21(18)	3.3.4.4，图 6.34	行人请求处理
3.3.1.1，表 5.21(19)	3.3.5.4，图 6.37	车辆进入
3.3.1.1，表 5.21(20)	3.3.5.4，图 6.37	车辆离开
3.3.1.1，表 5.21(21)	3.3.5.4，图 6.37	车辆请求处理
3.3.1.1，表 5.21(22)	3.3.1.4，图 6.37	车辆重置请求状态
3.3.1.1，表 5.21(23)	3.3.5.4，图 6.37	车辆计数更新
3.3.1.1，表 5.21(24)	3.3.1.4，图 6.28	车辆计数获取
3.3.1.1，表 5.21(25)	3.3.5.4，图 6.28	车辆计数重置
3.3.1.1，表 5.21(26)	3.3.7.3，图 6.28	获取周期参数
3.3.1.1，表 5.21(27)	3.3.7.3，图 6.28	更新周期参数
3.3.1.1，表 5.21(28)	3.3.8.4，图 6.43	处理消息
3.3.1.1，表 5.21(29)	3.3.8.4，图 6.43	处理命令
3.3.1.1，表 5.21(30)	3.3.8.4，图 6.43	处理消息
3.3.1.1，表 5.21(31)	3.3.11.3，图 6.44	获取数据库
3.3.1.1，表 5.21(32)	3.3.11.3，图 6.44	增加记录
3.3.1.1，表 5.21(33)	3.3.11.3，图 6.44	清空数据库
3.3.1.1，表 5.21(34)	3.3.11.3，图 6.44	增加记录
3.3.1.1，表 5.21(35)	3.3.11.3，图 6.44	清空数据库

参 考 文 献

［1］　AGGARWAL K K，SINGH Y，CHHABRA J K. An integrated measure of software maintainability
　　　［C］//Proceedings of the Annual Reliability and Maintainability Symposium，Seattle. WA，2002：235-

241.

[2] AMBLER S W. The object primer：Agile model-driven development with UML 2.0[M].3rd.New York：Cambridge University Press,2004.

[3] BECK K. Extreme programming explained：Embrace change[M]. New York：Addison-Wesley,1999.

[4] BERNSTEIN L,YUHAS C M. Trustworthy systems through quantitative software engineering[M]. Hoboken：Wiley-Interscience,2005.

[5] BOEHM B W. A spiral model of software development and enhancement[J]. ACM SIGsoft Software Engineering Notes,1986,11(4)：14-24.

[6] BOEHM B W. Software risk management：Principles and practices[J]. IEEE Software,1991,8(1)：32-41.

[7] BRIAND L C,LABICHE Y,SAUVE A. Guiding the application of design patterns based on UML models[C]// Proceedings of the 22nd IEEE International Conference on Software Maintenance. Philadelphia,2006：234-243.

[8] BROOKS F. The mythical man-month[M].2nd. New York：Addison-Wesley,1995.

[9] CAPRIHAN G. Managing software performance in the globally distributed software development paradigm[C]// Proceedings of the IEEE International Conference on Global Software Engineering. Florianopolis,2006：83-91.

[10] DARGAN P A. Open systems and standards for software product development[M]. Norwood：Artech House,2005.

[11] DOUGLASS B P. Real-time design patterns：Robust scalable architecture for real-time systems [M]. Boston：Addison-Wesley,2003.

[12] FRIES T P. A framework for transforming structured analysis and design artifacts to UML[C]// Proceedings of the 24th Annual ACM International Conference on Design of Communication. Myrtle Beach. SC,2006：105-112.

[13] GAMMA E,HELM R,JOHNSON R. et al. Design patterns：Elements of reusable object-oriented software[M]. New York：Addison-Wesley,1994.

[14] GELBARD R，TE´ENI D，SADEH M. Object-oriented analysis-Is it just theory? [J]. IEEE Software,2010,27(1)：64-71.

[15] GOLDREICH O. Computational complexity：A conceptual perspective[M]. New York：Cambridge University Press,2008.

[16] HADAR E,HADAR I. Effective preparation for design review：Using UML arrow checklist leveraged on the gurus´knowledge [C]//Proceedings of the ACM Conference on Object-Oriented Programming,Systems,Languages,and Applications. Montreal,2007：955-962.

[17] HENNINGER S,V. CORR Ê A,Software pattern communities：Current practices and challenges [C]//Proceedings of the 14th Conference on Pattern Languages of Programs. Monticello, 2007；Article no. 14. J. Holt,UML for Systems Engineering. London：IEE,2001.

[18] HORSTMANN C. Object-oriented design and patterns [M]. 2nd. New York：IEEE Computer Society,2009.

[19] JANTUNEN S. Exploring software engineering practices in small and medium-sized organizations [C]//Proceedings of the ICSE Workshop on Cooperative Aspects of Software Engineering. Cape

Town,2010:96-101.

［20］ JONES C. Software engineering best practices: lessons from successful projects in the top companies[M]. New York: McGraw-Hill,2010.

［21］ LAPLANTE P A. Software engineering for image processing [M]. Boca Raton: CRC Press,2003.

［22］ LAPLANTE P A. Requirements engineering for software and systems[M]. Boca Raton: CRC Press,2009.

［23］ LARMAN C. Tutorial: Mastering design patterns[C]//Proceedings of the 24th International Conference on Software Engineering. Orlando,2002a:704.

［24］ LARMAN C. Applying UML and patterns: An introduction to object-oriented analysis and design and the unified process[M]. 2nd. Englewood Cliffs: Prentice-Hall,2002b.

［25］ LARMAN C. Agile and iterative development: A manager's guide [M]. Boston: Pearson Education,2004.

［26］ LISKOV B. Data abstraction and hierarchy[J]. SIGplan Notices,1988,23(5):17-34.

［27］ MACLEAN N. A river runs through it and other stories[M]. 25th Anniversary Edition. Chicago: The University of Chicago Press,2001:104.

［28］ MARTIN R C. The dependency inversion principle[J]. C++ Report,1996,8(6) : 61-66.

［29］ MARTINEZ T. Computer-based intelligence: Where is it going? [C]//IEEE Mountain Workshop on Adaptive and Learning Systems. Logan, 2006.

［30］ MEYER B. Object-oriented software construction [M]. 2nd. Englewood Cliffs: Prentice-Hall,2000.

［31］ MILES R,HAMILTON K. Learning UML 2.0[M]. Sebastopol: O'Reilly Media,2006.

［32］ MILLS H D. Certifying the correctness of software[C]//Proceedings of the 25th Hawaii International Conference on System Science. Kauai,1992(2):373-381.

［33］ NIELSEN J. Usability engineering[M]. New York: Academic Press,1993.

［34］ OMG unified modeling language（OMG UML）,superstructure[EB/OL]. 2009,2(2):686. http://www.omg.org/spec/UML/2.2/2009/2011-08-17.

［35］ PARNAS D L. On the criteria to be used in decomposing systems into modules[J]. Communications of the ACM,1972,15(12):1053-1058.

［36］ PARNAS D L. Designing software for ease of extension and contraction[J]. IEEE Transactions on Software Engineering,1979,5(2):128-138.

［37］ PHAM H. Software reliability[M]. New York: Springer,2000.

［38］ PRESSMAN R S. Software engineering: A practitioners approach[M]. 7th. New York: McGraw-Hill,2009.

［39］ RUPARELIA N B. Software development lifecycle models[J]. ACM SIGSOFT Software Engineering Notes,2010,35(3):8-13.

［40］ SCHMIDT D C, STAL M, ROBERT H, et al. Pattern-oriented software architecture: Patterns for concurrent and networked objects[M]. New York: John Wiley & Sons,2000.

［41］ SHINJO Y,PU C. Achieving efficiency and portability in systems software: A case study on POSIX-compliant multithread programs[J]. IEEE Transactions on Software Engineering,2005,31(9): 785-800.

[42] SIOK M F,TIAN J. Empirical study of embedded software quality and productivity[C]//Proceedings of the 10th High Assurance Systems Engineering Symposium. Plano,2008:313-320.

[43] TAYLOR R N,MEDVIDOVI N,DASHOFY E M. Software architecture：Foundations,theory, and practice[M]. Hoboken：John Wiley & Sons,2010.

[44] TENG X,PHAM H. A new methodology for predicting software reliability in the random field environment[J]. IEEE Transactions on Reliability,2006,55(3):458-468.

[45] WARD P, MELLOR S. Structured development for real-time systems[M]. New York：Yourdon Press,1985.

[46] WILEDEN J C,KAPLAN A. Software interoperability：Principles and practice[C]//Proceedings of the International Conference on Software Engineering. Los Angeles,1999:675-676.

[47] WOLPERT D H,MACREADY W G. No free lunch theorems for optimization[J]. IEEE Transactions on Evolutionary Computation,1997,1(1):67-82.

[48] YOURDON E. Modern structured analysis[M]. Englewood Cliffs：Prentice-Hall,1989.

第 7 章 性能分析技术

性能分析活动可以发生在软件开发生命周期的所有阶段(Liu, 2009)。虽然在测试阶段分析性能指标是自然的,因为各个软件组件已经整合在一起了(可能还有嵌入式硬件平台),但在设计和编程阶段,甚至在需求工程阶段,往往也需要进行指示性的预测性能分析。

测试阶段,可在真实的操作环境或者仿真环境中检测性能。大量的测量为性能分析提供了坚实的基础。然而,在实时系统建设至可直接测量之前,通常需要分析关键算法的性能、可实现的响应时间和任务可调度性。在这种情况下,通常使用类似于软件产品的现有群体知识来预测或估计特定的性能指标,使用选定的算法执行系统级仿真,对程序模块进行一些指令级分析,验证实时系统的部分应用理论原理和简单法则等。尽管如此,没有对完整系统的直接测量,对嵌入式系统进行精确可靠的性能分析实际上是不可能的。即便是这样,也应该使用统计方法仔细分析这些测量。例如,响应时间可能具有不可忽略的误差,而不是严格确定的,该特性与第 1 章中规定的实时性有关。

在所有理论和实践很少重合的领域,没有比性能分析更重要的工作了。对于所有关于实时性能分析的科学研究来说,那些构建过现实世界系统的人都知道,现实中很难实现理论结果。近似公式忽略资源争用、假设过度简化的硬件或假设零上下文切换时间,因此在实际应用中用处有限。然而,这种批评并不意味着理论分析是无用的,也不意味着没有可用的理论,这仅仅意味着实用的、教科书般的方法还远远不够。同样的观察结果也适用于其他用于预测或估计实时系统性能的近似方法。

任何性能分析都可能需要一些系统性能优化。性能优化旨在提高特定的可测量质量,最终满足需求规格。下面这一点很重要:如果有明确的需求,就应该单独进行性能优化;任何仅仅为了优化而进行的优化(通常被称为"镀金")都会导致浪费和进度受累。

第 7.1 节介绍了基于简化估算方法的实时性能分析。这些简单的技术为有限的性能分析提供了一个方便的工具集,甚至在可以执行直接测量之前,这些工具集就已经可用了。第 7.2 节对使用经典排队理论分析实时系统进行了务实的讨论,通过几个例子说明了它对缓冲区大小计算和响应时间建模的适用性。第 7.3 节考虑了输入/输出性能问题,重点是计算缓冲区的大小,并介绍了设备 I/O 访问带来的常见的性能瓶颈。第 7.4 节重点分析了实时系统中的内存利用率。第 7.5 节对本章进行了总结,并对性能优化进行了一些思考。最后,提供了一组练习,供自学和课堂使用。

本章的部分内容改编自 Laplante(2003)。

7.1 基于简化估算方法的实时性能分析

7.1.1 理论准备

在计算复杂性理论中(Arora,Barak,2009),复杂性类 P 是可以通过在确定性计算机器上以多项式时间运行的算法来解决的一类问题。另外,尽管一个候选解决方案可以被多项式时间的算法验证,但复杂度类 NP(非多项式)是所有不能被任何确定性机器在多项式时间内解决的问题类别。如果一个特定的决策或识别问题属于 NP 类,并且 NP 中的所有其他问题都可以在多项式时间约化为它,那么这个问题就被称为 NP 完全问题。此外,如果 NP 中的所有问题都可以在多项式时间中约化为一个问题,但不能证明该问题属于 NP 类,那么该问题就是 NP 难的。

例如,在第 5 章的需求一致性检查中出现的特定布尔可满足性问题就是 NP 完全的。一般的布尔可满足性问题(称为"N-Sat")是 NP 完全的。然而,涉及 2 个布尔变量(称为"2-Sat")或 3 个布尔变量(称为"3-Sat")的系统的布尔可满足性问题复杂度是在 P 中,并且有工具可解决这些问题。然而,很容易想像,最有趣的问题是 N-Sat 类型的问题。实时系统中的 NP 完全问题往往是那些与资源分配有关的问题,这正是多任务调度中出现的情况。这对于解决实时调度问题来说并不是一个好兆头,这将在稍后讨论。

在对实时系统近 40 年的研究中发现,为实时调度问题寻找最优解决方案是一个难题。不幸的是,要解决实时调度中最重要的问题要么需要管理过多的实际约束,要么是 NP 完全的甚至是 NP 难的。以下是斯坦科维奇等人总结的代表性例证(1995):

① 当存在互斥约束时,不可能找到完全的在线最佳运行时调度程序。

② 决定是否可能调度一组仅使用信号量来强制互斥的周期性任务的问题是 NP 难的。

③ 两个处理器、无资源、任意偏序关系、每个任务具有 1 个单位计算时间的多处理器调度问题是多项式的。偏序关系表示任何任务都可以调用自己;如果任务 A 调用任务 B,那么反过来是不可能的;但是如果任务 A 调用任务 B,任务 B 调用任务 C,那么任务 A 可以调用任务 C。

④ 2 个处理器、无资源、独立任务、任意任务计算次数的多处理器调度问题是 NP 完全的。

⑤ 2 个处理器、无资源、独立任务、任意偏序、每个任务具有 1 个或 2 个单元计算时间的多处理器调度问题是 NP 完全的。

⑥ 2 个处理器、1 个资源、1 个偏序森林(每个处理器上的偏序)、每个任务为 1 个单元的计算时间的多处理器调度问题是 NP 完全的。

⑦ 3 个或更多处理器、1 个资源、所有任务独立且每个任务的每个计算时间等于 1 个单元的多处理器调度问题是 NP 完全的。

⑧ 在多处理器的情况下，最早截止时间调度不是最优的。

⑨ 对于 2 个或多个处理器，如果没有对截止时间、计算时间和任务开始时间的完整先验知识，则任何截止时间调度算法都不可能是最优的。

因此，大多数多处理器调度问题都是 NP 难的。然而，对于确定性调度，这不是一个严重的问题，因为如果特定的问题不是 NP 完全的，可以用多项式调度算法来制定一个最优的调度（Stankovic 等，1995）。在这种情况下，可以应用启发式搜索技术。这些离线技术通常只需要找到有竞争力的调度，而不是最优调度。当不存在可行的理论时，这就是从业工程师所做的（必须以工程判断为准）。

7.1.2　与并行化相关的参数

阿姆达尔定律是关于并行计算机系统所能实现的并行化效果的经典定律（Amdahl，1967）。今天，即使在实时系统中，这一基本定律也是适用的，因为多核处理器（或"芯片多处理器"）的使用越来越多，并行芯片上内核的数量也越来越多（希尔，马蒂，2008）。例如，在手机交换系统中，多核平台已经被大量使用（这些系统大多是准实时系统）。然而，目前多核处理器在此类应用中的使用仍然类似于使用多个独立的单核处理器，而不是真正的多核并行化。

定义　阿姆达尔定律

阿姆达尔指出，一个恒定的问题的规模，随着处理器元件数量的增长，增量加速会接近于零（阿姆达尔，1967）。这一观察结果强调了并行性在加速方面的一个严重限制，即加速仅是一个软件属性，而不是硬件属性。

设 N 为可用于并行处理的相同的处理器的个数。设 S 是程序代码中需要串行执行的部分代码，即根本不能并行化（$0 \leqslant S \leqslant 1$）。部分代码无法并行化的一个原因是在一系列固定的操作中，每个操作都取决于前一个操作的结果。因此，$(1-S)$ 是可并行化的代码比例。接下来，确定可实现的加速比为分配给并行处理器之前的代码与分配给并行处理器之后的代码之比：

$$Speedup_{\text{Amdahl}} = \frac{S + (1-S)}{S + \frac{(1-S)}{N}} = \frac{1}{\frac{1}{N} + \left(1 - \frac{1}{N}\right)S} \tag{7.1}$$

很明显，对于 $S = 0$，可以获得作为处理器数量的函数的线性加速。但是对于 $S > 0$，由于串行代码部分的干扰，不再可能获得完美加速。在这种情况下，加速的极限值如下：

$$\lim_{N \to \infty} Speedup_{\text{Amdahl}} = \frac{1}{S} \tag{7.2}$$

阿姆达尔定律被用来反对并行系统，尤其是反对大规模并行处理器。例如，"总有一部分计算是有固定顺序的，（并且）无论你将剩余的 90% 加速多少，整个计算的速度永远都不会提高 10 倍。并行完成 90%任务的处理器最终会等待单个处理器完成 10%的顺序任务"（Hillis，1998）。但是从实践的角度来看，阿姆达尔的悲观论点实际上是站不住脚的。阿姆达尔定律的关键假设是问题规模保持不变；然后在某一点上，计算加速的回报增量越来越小。然而，问题的规模往往会随着并行系统规模的扩大而扩大。因此，处理器数量更多的并行计算机系统被用来解决比单处理器系统更大（要求更高）的问题。无论是在科学数据处理方面，还是在采用多核处理器的高级实时系统方面，都是如此。

阿姆达尔定律多年来阻碍了并行和大规模并行计算机的发展，限制了并行在各种问题中的效率和应用。并行性的怀疑论者将阿姆达尔定律视为不可逾越的瓶颈，这最终也影响了实时系统。幸运的是，后来的研究为阿姆达尔定律及其与大规模并行性的关系提供了新的见解。

引入阿姆达尔定律 20 年后，古斯塔夫森在桑迪亚（美国）国家实验室用 1024 处理器系统证明，阿姆达尔定律中的关键假设显然不适合大规模并行（Gustafson，1988）。他发现问题的大小通常随着处理器的数量或更强大的处理器而变化，而不是像阿姆达尔假设的那样保持不变。然而，使用的（或可接受的）计算时间或多或少保持不变。

古斯塔夫森的经验结果表明，一个程序的并行部分或向量部分确实随着问题规模的扩大而扩展。尽管如此，向量启动、程序加载、串行瓶颈和输入输出的固有时间通常不会随着问题规模的扩大而增加（Gustafson，1988）。

定义　Gustafson 定律

如果固定的串行代码片段 S 和并行化片段（1～S）是由具有 N 个相同处理器的并行计算机系统处理的，那么可实现的加速为

$$Speedup_{Gustafson} = N - (N-1)S \qquad (7.3)$$

在 $S=0.5$ 的例子中，对比公式（7.1）和公式（7.3）的柱状图（图 7.1），可以得出结论，古斯塔夫森提供了一个比阿姆达尔更乐观的并行化带来的加速情况。在古斯塔夫森的实践观点中，实现的并行效率比阿姆达尔定律所预示的要高（Gustafson，1988）。此外，公式（7.3）的

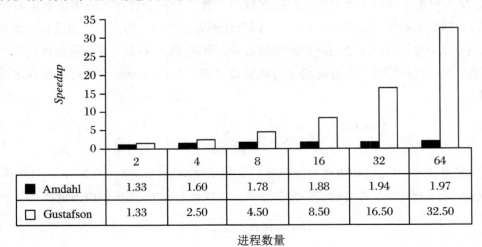

	2	4	8	16	32	64
■ Amdahl	1.33	1.60	1.78	1.88	1.94	1.97
□ Gustafson	1.33	2.50	4.50	8.50	16.50	32.50

进程数量

图 7.1　当 50%的代码适用于并行化时，古斯塔夫森的无限制加速与阿姆达尔的饱和加速的对比

加速不会随着 N 接近无穷大而饱和。

　　对阿姆达尔定律缺陷的另一种看法是："使用并行计算机的一种更有效的方式是让每个处理器执行类似的工作,但是处理不同的数据部分……在涉及大型计算时,这种方法的效果出奇的好"(Hillis,1998)。在不同的数据范围做相同的任务,绕过了阿姆达尔定律中的一个基本假设,即"计算的固定部分……必须是顺序的",这个估计听起来似乎很有道理,但事实证明在"大多数计算中并非如此"(Hillis,1998)。

　　最后,当前的"多核时代"可以被视为古斯塔夫森定律的部分结果。尽管如此,要有效地将实时软件并行化,并将计算负载动态地分配给多个内核,仍然是艰难的挑战。

7.1.3　从程序代码估算执行时间

　　对实时系统进行先验分析,看其能否满足关键的截止期限是很常见的。不幸的是,在实际意义上,由于大多数调度问题是 NP 完全的,并且由于常见的同步机制所带来的严重限制,满足关键的最后期限几乎是不可能的。然而,通过近似分析,我们还是可以掌握系统行为的。进行任何类型的可调度性分析的第一步是预测、估计或测量基本代码单元的执行时间。

　　从工程和项目管理的角度来看,在实施前了解某些程序模块的执行时间和整个系统的时间负载很重要。不仅 CPU 的利用率要求被表述为特定的设计目标,而且事先了解这些要求对于选择嵌入式处理器平台等也很重要。在编程和测试阶段,需要对 CPU 的利用率进行估计,以识别那些有问题的代码单元,这些代码单元特别慢,或者其响应时间不够。有几种方法可以用来确定模块的执行时间和 CPU 利用率。

　　大多数衡量实时性能的方法需要对每个并行任务的执行时间进行估算,即 e_i。获得已完成代码的执行时间的最准确的方法是使用第 8 章介绍的逻辑分析器。这种直接方法的一个优点是,所有的硬件延迟以及其他系统延迟和不确定性都被考虑在内了。使用逻辑分析器方法的缺点是,整个系统或子系统必须完成了编码,而且目标硬件是可用的。因此,逻辑分析器通常只在编程的最后阶段、测试期间,特别是在系统集成期间使用。

　　当逻辑分析器不可用时,可以通过检查编译器的输出以及手动或使用自动化工具对计算机器语言指令进行计数来估计代码执行时间。这种技术要求代码已经完成,存在合理的最终代码草图,或者有高度相似的系统可供指示性分析。这种方法只需要通过代码追踪最坏情况下的执行路径,确定沿途的机器语言指令,并累积它们的执行时间。

　　另一种可能的代码执行时间估算方法是使用系统时钟(由定时器产生),在执行特定的程序代码之前和之后读取。然后利用时间差来确定实际的执行时间。然而,这种技术只有在需要计时的代码序列相对于连续的定时器调用来说时间足够长时才是可行的。

　　当使用逻辑分析器还为时过早,或者在没有逻辑分析器可用的时候,指令计数是确定时间负载的实用方法。在这种近似的方法中,需要实际的 CPU 特定的指令时间。这可以从制造商的数据表中获得,或通过使用模拟器对特定的指令进行计时又或者简单地通过有根据的猜测来获得。此外,还需要读/写访问次数和每个内存操作的可能的等待状态的数量。

示例 指令计数方法

考虑本节前面讨论的惯性测量系统。使用一个特定的程序模块将原始的传感器脉冲转换为实际的加速度分量,然后对温度和其他影响进行补偿。该模块仅用于确定飞机是否仍在地面上,在这种情况下,每个 XYZ 组件仅允许读取很小的加速度读数(由符号常量 PRE_TAKE 表示)。现在,考虑对相应的 C 代码进行时间负载分析如下:

```
♯define SCALE 0.01          /* 缩放因子 */
♯define PRE_TAKE 0.1        /* 最大允许量 */
void accelerometer (unsigned x, unsigned y, unsigned z, float * ax, float * ay,
float * az, unsigned on_ground, unsigned * signal)
{
/* 将脉冲转换为 xyz 加速度 */
* ax =    (float) x * SCALE;
* ay =    (float) y * SCALE;
* az =    (float) z * SCALE;
if(on_ground)
    if( * ax >    PRE_TAKE ||
* ay >    PRE_TAKE ||
* az >    PRE_TAKE)
    /* 飞离地面:设置一位 */
    * signal =    * signal | 0x0001;
}
```

在下面的列表中显示了这些 C 语言指令和编译后的汇编语言,以方便执行路径跟踪。假定使用双地址机器的通用汇编语言。为清楚起见,我们省略了汇编器和编译器指令(以及一些数据分配的伪操作),因为它们不影响时间负载。

以"F"开头的汇编指令是浮点(FLOAT)指令,需要 5 μs。浮点指令将整数转换为浮点格式。所有其他指令都是整数类型,需要 0.6 μs。

```
/* 将脉冲转换为 xyz 加速度 */
* ax =    (float) x * SCALE;
    LOAD      R1,&x
    FLOAT     R1
    FMULT     R1,&SCALE FSTORE R1,&ax
* ay =    (float) y * SCALE;
    LOAD      R1,&y
    FLOAT     R1
    FMULT     R1,&SCALE FSTORER1,&ay
* az =    (float) z * SCALE;
```

```
        LOAD        R1,&z
        FLOAT       R1
        FMULT       R1,&SCALE FSTORER1,&az
if(on_ground)
        LOAD        R1,&on_ground
        CMP         R1,0

        JE          @2 if( * ax >
PRE_TAKE ||
 * ay >    PRE_TAKE ||
 * az >    PRE_TAKE)
        FLOAD       R1,&ax
        FCMP        R1,&PRE_TAKE JLE@2
        FLOAD       R1,&ay
        FCMP        R1,&PRE_TAKE JLE@2
        FLOAD       R1,&az
        FCMP        R1,&PRE_TAKE JLE@2
@1:
/ * 飞离地面:设置一位 * /
 * signal =     * signal | 0x0001;
        LOADR1,&signal
        ORR1,1
        STORER1,&signal
    @2:
```

　　跟踪最坏情况的执行路径并对指令进行计数显示,共有 12 条整数(7.2 μs)和 15 条浮点(75 μs)指令,总执行时间为 82.2 μs。由于此代码序列的运行周期为 5 ms,因此时间负载仅为 82.2/5 000≈1.6%。

　　在前面的例子中,为了简单起见,我们假设了一个非流水线 CPU 架构。然而,在下一个例子中,我们计算了另一个汇编代码序列的最佳和最坏情况执行时间(BCET 和 WCET),首先不假设指令流水线,然后是三级指令流水线。

示例　非流水线和流水线中的指令计数

CPU 平台

考虑以下带编号的 12 条指令的汇编语言代码:

① LOAD R1,&a;　　　　　　　将"a"的内容加载到 R1

② LOAD R2,&a;　　　　　　　将"a"的内容加载到 R2

③ TEST R1,R2;　　　　　　　比较 R1 和 R2

④ JNE@L1；   如果 R1 和 R2 不相等，则转到 @L1

⑤ ADD R1,R2；   R1 = R1 + R2

⑥ TEST R1,R2；   比较 R1 和 R2

⑦ JGE @L2；   如果 R1 ≥ R2,则转到 @L2

⑧ JMP @L3；   无条件转到@L3

⑨ @L1 ADD R1,R2；   R1 = R1 + R2

⑩ JMP @L3；   无条件转到@L3

⑪ @L2 ADD R1,R2；   R1 = R1 + R2

⑫ @L3 SUB R2,R3；   R2 = R2 + R3

现在，计算以下估计值：

① 最好和最坏情况的执行时间（非流水线）；

② 最好和最坏情况的执行时间（流水线）。

首先，确定所有可能的执行路径（Ai 表示"编号为 i 的汇编指令"）：

路径 1：A1—A4，A9—A10，A12；

路径 2：A1—A7，A11—A12；

路径 3：A1—A8，A12。

因此，路径 1 包括 7 条指令，每条指令 $0.6\,\mu s \to 4.2\,\mu s$。路径 2 和 3 均包含 9 条指令，每条指令 $0.6\,\mu s \to 5.4\,\mu s$。这些分别是此代码序列的 BCET 和 WCET。新段对于第二种情况，假设正在使用由取指（F）、译码（D）和执行（E）阶段组成的三级流水线，并且每个阶段需要 $0.6\,\mu s/3 = 0.2\,\mu s$。在这里，需要为 3 个执行路径中的每个路径指令流水线的内容进行仿真，并在需要时刷新流水线。

对于路径 1，流水线执行轨迹如图 7.2 所示。在轨迹的底部，时间以 $0.2\,\mu s$ 的倍数显示；这就产生了 $2.6\,\mu s$ 的总执行时间。对于路径 2，流水线轨迹相应地如图 7.3 所示。这表示总执行时间为 $2.6\,\mu s$。此外，对于路径 3，执行轨迹如图 7.4 所示。该路径的总执行时间也为 $2.6\,\mu s$。因此，BCET 和 WCET 恰好相等。这只是一个巧合，一般来说，它们之间自然存在一些差异。

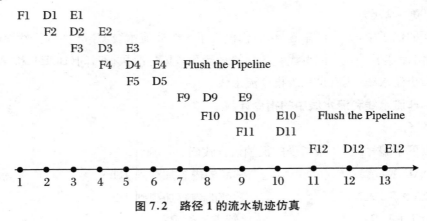

图 7.2　路径 1 的流水轨迹仿真

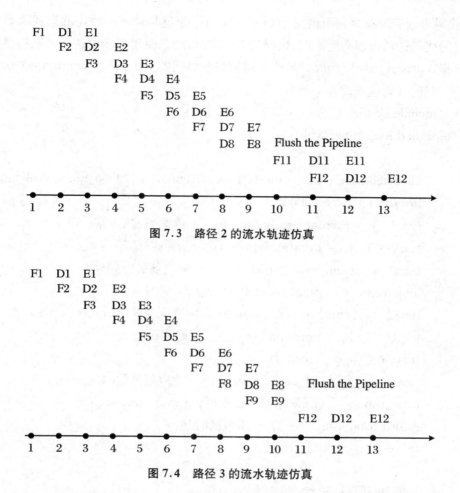

图 7.3　路径 2 的流水轨迹仿真

图 7.4　路径 3 的流水轨迹仿真

如果为目标汇编语言编写一个能够解决分支问题的解析器,那么这个繁琐的指令计数过程就可以自动化。此外,商业性能分析软件可用于执行分析。

此外,指令执行时间的确定还取决于内存访问时间和等待状态,这可能会因指令代码的来源区域或内存中的数据而异。那些经常在各种 CPU 平台上设计实时系统的组织使用特殊的仿真软件来估计指令执行时间和 CPU 吞吐量。使用这些仿真器,用户通常可以输入 CPU 类型、不同地址范围的内存速度以及指令组合,并计算总指令时间和吞吐量。

此外,通过在代码执行前后读取系统时钟,可以方便地对代码段进行计时,然后使用时间差来确定实际执行时间。当然,如果被检查的代码序列只需要几微秒的时间,那么建议在循环中执行代码几千次,这将有助于减少由系统时钟粒度引入的不准确性。当应用这种循环时,需要计算在空循环结构中花费的额外时间,并将其从总数中减去。

示例　60 kHz 系统时钟的定时精度

假设感兴趣的程序代码的 2000 次重复需要 450 ms,时钟粒度为 16.67 μs。因此,执行时间测量具有较高的准确性,如下所示:

$$Accuracy = \frac{16.67 \times 10^{-6}}{450 \times 10^{-3}} \times 100\% \approx \pm\, 0.003\,7\%$$

以下 C 代码可用于对单个高级语言指令或一系列指令进行计时。所需的迭代次数可以根据要计时的代码的长短而有所不同；代码越短，则自然应该使用越多的迭代来获得足够的准确性。这里，current_clock_time()是一个返回当前时间的系统函数，function_to_be_timed()是需要计时的代码应该放置的地方。

```
#include system.h
unsigned long timer(void)
{
    unsigned long time0，time1，time2，time3，i，j，loop_time，total_time
    iteration =    1000000L;
    time0 =    current_clock_time(); /∗ 读取当前的时间 ∗/
    for (j=1; j<=iteration; j++); /∗运行空循环 ∗/
    time1 = current_clock_time(); /∗读取当前的时间 ∗/
    loop_time =    time1-time0;/∗运行空循环∗/
    time2 =    current_clock_time(); /∗读取当前的时间 ∗/
    for (i=1; i<=iteration; i++) /∗ 时间函数 ∗/
    function_to_be_timed();
    time3 =    current_clock_time(); /∗读取当前的时间 ∗/
    total_time =    (time3-time2-loop_time)/iteration;
    return total_time;        /∗ 函数的时间 ∗/
}
```

7.1.4 轮询循环和协程系统分析

轮询循环系统的响应时间由 3 个基本部分组成：由一些外部设备设置软件标志所涉及的累积硬件延迟，轮询循环测试标志的时间以及处理与标志相关的事件所需的时间(图 7.5)。第一个延迟分量通常是纳秒级，一般可以忽略。而检查标志和跳转到处理程序的时间可能是几微秒，并且处理与标志相关的事件的时间取决于所涉及的任务(无论如何都大于前两个延迟)。因此，计算轮询循环的响应时间很简单。

图 7.5 轮询循环响应时间的延迟分量

上述情况假设连续事件之间有足够的处理时间。但是，如果事件开始相互重叠，也就是说，如果在前一个事件仍在处理的同时发起了一个新事件，那么响应时间就会变得更糟。一般来说,如果 t_F 是检查标志所需的时间,t_P 是处理事件的时间,包括重置标志(并忽略外部设备设置标志所需的时间),那么第 N 个重叠事件的响应时间由下面的公式限定:

$$Bound = N(t_F + t_P) \tag{7.4}$$

在实践中,对 N 设置了一些限制,即允许重叠的事件数。尽管如此,在某些应用中,重叠事件可能根本不可取。

此外,协程系统中不使用中断,使得响应时间的确定变得相当容易,可以通过追踪所有任务的最坏情况执行路径简单地得到响应时间(图 7.6)。必须首先使用上面讨论的方法之一确定每个阶段的执行时间。

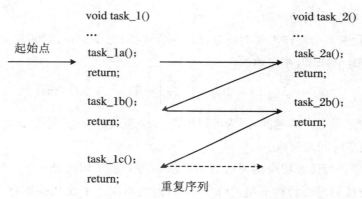

图 7.6　在双任务协程系统中跟踪执行路径

(中央调度程序轮流调用 task_1() 和 task_2(),每个任务中的
switch 语句(未显示)逐步执行阶段驱动代码)

7.1.5　时间片轮转系统分析

假设一个时间片轮转系统有 n 个任务在就绪队列中,调度开始后没有新任务到达,也没有任务提前终止。任务发布时间是任意的,换句话说,虽然所有任务都准备好同时执行,但执行顺序没有特别预先设计,而是固定的。进一步假设所有任务的端到端最大执行时间都是 c 个时间单位。这个假设一开始可能显得过于不切实际。然而,假设每个任务 τ_i 具有不同的最大执行时间 c_i;然后令 $c = \max\{c_1, \cdots, c_n\}$,则为系统性能提供了一个合理的上限,从而可以使用这个简单的模型。

现在,让每个任务的常数时间片为 q 个时间单位。如果任何任务在其时间片结束之前完成,实际上,该空闲时间将分配给队列中的下一个就绪任务。然而,为了简单分析,我们在这里假设根本没有利用可能的剩余时间。这不会严重影响分析,因为只需要上限,而不是精确的响应时间。

理想情况下,每个任务将获得可用 CPU 时间的 $1/n$(以 q 个时间单位为时间片),并且等待不超过 $(n-1)q$ 个时间单位,直到下一次启动。由于每个任务最多需要 $\lceil c/q \rceil$ 时间单位来完成(其中 $\lceil \cdot \rceil$ 代表取上整函数,它产生大于半括号内数量的最小整数),等待时间将为 $(n-1)q\lceil c/q \rceil$。

因此,任何任务从准备就绪到完成的最坏情况时间(也称为周转时间)T,是等待时间加上未受干扰的完成时间 c,即

$$T = (n - 1)q \left\lceil \frac{c}{q} \right\rceil + c \tag{7.5}$$

示例 没有上下文切换开销的周转时间计算

首先,假设只有一个任务,最大执行时间为 500 ms,时间片为 100 ms。因此,$n = 1$,$c = 500$,$q = 100$,并且

$$T = (1 - 1) \times 100 \times \left\lceil \frac{500}{100} \right\rceil + 500 = 500 \, (\text{ms})$$

这是预期的 5 个时间片的持续时间。

接下来,假设有 5 个同样重要的任务,最长执行时间为 500 ms,时间片仍然是 100 ms,因此,$n = 5$,$c = 500$,$q = 100$,相应地,有

$$T = (5 - 1) \times 100 \times \left\lceil \frac{500}{100} \right\rceil + 500 = 2\,500 \, (\text{ms})$$

这个结果在直观上是令人满意的,因为可以预期,5 个连续的任务,每个 500 ms,将需要总共 2 500 ms 的端到端时间来完成。

此外,假设存在与任务切换相关联的不可忽略的上下文切换开销 o。每个任务在下一个时间片之前等待的时间仍然不超过 $(n - 1)q$,但是每次上下文切换都存在 $n \cdot o$ 时间单位的固有开销。同样,每个任务最多需要 $\left\lceil \frac{c}{q} \right\rceil$ 时间片来完成。另一个假设是,第一次加载时有一个初始的"上下文切换"。因此,现在任何任务的最坏情况周转时间最多是

$$T = \left[(n - 1)q + n \cdot o \right] \left\lceil \frac{c}{q} \right\rceil + c \tag{7.6}$$

示例 具有上下文切换开销的周转时间计算

首先,假设有一个最大执行时间为 500 ms 的任务,时间片现在是 40 ms,上下文切换时间是 1 ms。因此,$n = 1$,$c = 500$,$q = 40$,$o = 1$。所以,

$$T = \left[(1 - 1) \times 40 + 1 \times 1 \right] \left\lceil \frac{500}{40} \right\rceil + 500 = 513 \, (\text{ms})$$

这是预料之中的,因为时间片轮转时钟中断服务发生了 13 次上下文切换,每次都要花费 1 ms。

接下来,假设有 6 个同样重要的任务,每个任务的最大执行时间为 600 ms,时间片为 40 ms,每次上下文切换花费 2 ms。因此,$n = 6$,$c = 600$,$q = 40$,$o = 2$。那么,

$$T = \left[(6 - 1) \times 40 + 6 \times 2 \right] \left\lceil \frac{600}{40} \right\rceil + 600 = 3\,780 \, (\text{ms})$$

这也是可以接受的,因为 6 个持续时间为 600 ms 的任务在没有任何上下文切换成本的情况下,就需要花费 3 600 ms。

就时间片而言,希望是 $q < c$,以实现公平的时间片轮转系统。另外,如果 q 非常大,那么时间片轮转算法实际上是先到先服务的算法,因为每个任务将在非常大的时间段内按照

到达的顺序执行到其完成。刚刚描述的近似技术也适用于协作多任务分析,或者任何类型的具有不可忽略上下文切换成本的公平循环调度。

7.1.6　固定周期系统分析

一般来说,简单地基于利用率的分析并不准确,仅为高度简化的任务模型提供令人满意的界限。因此,下面给出了一个基于最坏情况响应时间计算的可调度性的一个充要条件。

对于最高优先级的任务,最坏情况的响应时间显然等于它自己的执行时间。但是,实时系统上运行的其他任务会受到更高优先级任务的干扰。对于任何执行时间为 e_i 时间单位的任务 τ_i,响应时间 R_i 为

$$R_i = e_i + I_i \tag{7.7}$$

其中,I_i 是任务 T_i 在任何时间间隔 $[t, t+R_i)$ 中可能遇到的最大执行延迟(由更高优先级的任务引起)。在临界时刻,即所有更高优先级的任务都与任务 τ_i 一起发布的时刻,I_i 的值最大。

考虑一个优先级高于 τ_i 的任务 τ_j。在区间 $[0, R_i)$ 内,τ_j 的发布时间为 $\lceil R_i / p_j \rceil$,其中,p_j 为 τ_j 的执行周期。任务 τ_j 的每次发布都将增加 τ_i 遭受的干扰时间,并表示为

$$最大干扰时间 = \left\lceil \frac{R_i}{p_j} \right\rceil e_j \tag{7.8}$$

每个更高优先级的任务都在干扰任务 τ_i。因此

$$I_i = \sum_{j \in HPR(i)} \left\lceil \frac{R_i}{p_j} \right\rceil e_j \tag{7.9}$$

其中,$HPR(i)$ 是与 τ_i 相关的更高优先级任务的集合。将这个 I_i 代入方程(7.7)有

$$R_i = e_i + \sum_{j \in HPR(i)} \left\lceil \frac{R_i}{p_j} \right\rceil e_j \tag{7.10}$$

由于取上整函数难以计算,很难直接求解 R_i。在不深入细节的情况下,我们提供了一个简洁的递归解决方案,通过将其重写为递推关系来迭代评估计算 R_i,即

$$R_i^{n+1} = e_i + \sum_{j \in HPR(i)} \left\lceil \frac{R_i}{p_j} \right\rceil e_j \tag{7.11}$$

其中,R_i^n 是第 n 次迭代的结果。

当使用递推关系求响应时间时,有必要迭代地连续计算 R_i^{n+1} 的值,直到找到第一个 m,使得 $R_i^{m+1} = R_i^m$。这个 R_i^m 就是所需的响应时间 R_i。需要注意的是,如果递推方程没有解,那么 R_i^{n+1} 的值将继续增长,就像在过载情况下,任务集的 CPU 利用率大于 100% 时一样。

示例　速率单调情况下的响应时间计算

为了说明固定优先级调度方案的响应时间分析,考虑任务集在速率单调调度时的情况,如下所示:

$$\tau_1 : e_1 = 3, \quad p_1 = 9$$

$$\tau_2 : e_2 = 4, \quad p_2 = 12$$

$$\tau_3 : e_3 = 2, \quad p_3 = 18$$

对于每个任务集,最好先计算 CPU 利用率系数 U(公式 1.2),以确保实时系统不会过载。这里,

$$U = \sum_{i=1}^{3} \frac{e_i}{p_i} = \frac{3}{9} + \frac{4}{12} + \frac{2}{18} \approx 0.72$$

根据第 1 章的语言分类,72% 属于 70%~82% 的"可疑"利用区,远低于超载。

最高优先级任务 τ_1 的响应时间自然等于其执行时间,因此 $R_1 = 3$。此外,中等优先级任务 τ_2 的响应时间将使用公式(7.11)进行迭代。首先,让 $R_0 = 4$,然后推导出 R_0 之后的两个递推值:

$$R_2^1 = 4 + \left\lceil \frac{4}{9} \right\rceil \cdot 3 = 7$$

$$R_2^2 = 4 + \left\lceil \frac{7}{9} \right\rceil \cdot 3 = 7$$

$R_2^1 = R_2^2$,意味着 $R_2 = 7$。类似地,最低优先级任务的响应时间 τ_3 计算如下。首先,$R_3^0 = 2$,再次从公式(7.11)中获得两个递推值:

$$R_3^1 = 2 + \left\lceil \frac{2}{9} \right\rceil \cdot 3 + \left\lceil \frac{2}{12} \right\rceil \cdot 4 = 9$$

$$R_3^2 = 2 + \left\lceil \frac{9}{9} \right\rceil \cdot 3 + \left\lceil \frac{9}{12} \right\rceil \cdot 4 = 9$$

因为 $R_3^1 = R_3^2$,所以相应时间 $R_3 = 9$。

7.1.7 非周期系统分析

在实践中,具有一个或多个非周期性或偶发周期的实时系统可以建模为速率单调系统,但非周期性任务的周期近似为其最坏情况下的预期到达间隔时间。但是,如果这种粗略的近似导致无法接受的高利用率,则可以改用一些启发式分析方法。排队理论(Gross 等,2008)在这方面也有帮助。排队理论的某些重要结果将在后面讨论。

中断驱动系统响应时间的计算取决于多种因素,包括中断延迟、调度/分派时间和上下文切换时间。上下文保存/恢复时间的确定与任何应用程序代码的执行时间估计类似。当 CPU 使用支持多个中断的中断控制器时,调度时间可以忽略不计。当一个中断控制器支持单个的中断时,可以使用简单的指令计数对其进行计时。

中断延迟是响应时间的一个组成部分,是指从设备请求中断到相关中断服务例程的第一条指令执行之间的(变化的)时间段。在实时系统的设计中,有必要考虑最坏情况下的中断延迟。通常,当系统中所有可能的中断被同时请求时,就会发生这种不常见的情况。任务的数量也会导致最坏情况的延迟,因为实时操作系统在处理阻塞或等待任务列表时需要禁用中断。如果实时软件包含大量并行任务,则需要执行一些延迟分析,以验证操作系统没有禁用中断到不可接受的程度。然而,在硬实时系统中,保持任务数量尽可能少总是好的。

　　中断延迟的另一个原因是完成被中断的特定机器语言指令的执行所需的时间。因此，有必要通过测量、仿真或制造商的数据表找出每条机器语言指令的最坏情况执行时间。如果中断请求到达时，程序代码中执行时间最长的指令刚刚开始执行，那么它将最大限度地增加中断延迟。

　　例如，假设在某个 32 位微控制器中，所有定点指令需要 2 μs，浮点指令需要 10 μs，特殊指令（如三角函数）需要 50 μs。已知所考虑的实时软件只有一条反正切指令，但它对中断延迟的影响可能高达 50 μs。尽管如此，在中断发生时执行特定反正切指令的概率显然很低。完成指令所引起的延迟常常被忽视，这可能导致在硬实时系统中出现无法解释的偶发问题。

　　实时软件禁用中断会产生大量的中断延迟，因此它也必须包含在整体延迟估计中。中断被禁用的原因有很多，包括临界区域的保护、缓冲例程和上下文切换。但我们建议尽可能避免禁用中断，并在必须禁用中断时尽量减少禁用的时间长度。根据经验，任何应用软件都不应有权禁用中断，仅允许在系统软件中禁用中断。

　　指令和数据缓存、指令流水线和直接内存访问（DMA），所有这些都旨在提高平均计算性能，它们破坏了确定性，从而使预测实时性能变得困难。例如，在指令缓存的情况下，不确定所请求的指令是否在缓存中。从哪里获取指令对该指令的执行时间有很大影响。此外，为了将缺失的指令带入高速缓存，必须应用耗时的替换算法。因此，要进行严格的最坏情况下的性能分析，必须悲观地假设每条指令都不是从缓存中获取的，而是从速度较慢的主内存中获取的。这个假设对预测的性能有非常不利的影响。同样，在流水线的情况下，必须假设在每一个可能的机会，流水线都需要被刷新。最后，在实时系统中使用 DMA 时，必须假设每一个可能的机会都会发生周期窃取，从而影响指令获取时间。

　　这些特殊情况是否意味着广泛使用的架构增强使计算机系统实际上无法有效地分析实时性能？不幸的是，答案是肯定的，因为传统的最坏情况分析会由于长尾执行时间分布而导致不切实际的悲观结果。实际上，在执行特定代码序列时，存在大量缓存未命中、流水线刷新和周期窃取的可能性。然而，通过对这些影响进行统计上的经验假设，仍然可以对性能进行指示性估计。

　　为了更有效地应对"被破坏的确定性"困境，为缓存、流水线和 DMA 创建概率性能模型以进行执行时间分析可能是有益的（Liang，Mitra，2008）。伯纳特等引入了概率硬实时系统的概念（Bernat 等，2002）。这样的系统肯定会满足所有要求的最后期限，不必绝对保证，只要有一个非常接近 100% 的概率保证就足够了。这种实际的放松大大减少了要考虑的最坏情况的执行时间，例如在可调度性分析中。尽管如此，在硬实时系统中使用先进的 CPU 和内存架构仍然存在问题。

7.2　排队理论的应用

　　应用统计学中的经典排队问题涉及一个或多个称为服务器的生产者进程和一个或多个

称为客户的消费者进程(Gross 等,2008)。自 20 世纪 60 年代中期以来,排队理论一直被应用于实时系统的分析(Martin,1967)。然而,最近的有关实时系统的文献似乎大多省略了它。

排队系统的标准符号是三元组,例如 M/M/1 (Gross 等,2008)。第一部分描述了客户到达时间间隔的概率分布;第二部分是为每个客户提供服务所需时间的概率分布;第三部分是可用服务器的数量。字母"M"通常表示呈指数分布的到达时间间隔或服务时间。

在实时系统中,元组的第一部分可以表示某个中断请求到达时间间隔的概率分布;第二部分将是服务该中断所需时间的概率分布;第三部分对于单处理器系统来说是 1,对于多处理器系统来说是一个大于 1 的整数。这个排队模型的众所周知的特性可以用来预测实时系统中任务的平均服务时间。

7.2.1 单服务器排队模型

最简单的排队模型是 M/M/1 队列,它代表一个单服务器系统,具有泊松到达分布(客户或中断请求间隔到达时间是指数分布的,平均值为 $1/\lambda$),服务或处理时间为指数分布的,平均为 $1/\mu$,并且 $1/\lambda > 1/\mu$。此外,假设队列长度和可能的客户数量是无限的。如前所述,该模型可以有效地用于对实时系统的某些方面进行建模,它特别有用,因为该理论已经建立,因此可以立即获得几个重要结果(Kleinrock,1975)。例如,令 N 为队列中的客户数,假设 $\rho = \lambda/\mu$,那么在这样的单服务器系统中,排队的客户的预期数量为

$$\overline{N} = \frac{\rho}{1 - \sigma} \tag{7.12}$$

并且相应的方差为

$$\sigma_N^2 = \frac{\rho}{(1 - \rho)^2} \tag{7.13}$$

客户在整个系统中花费的平均时间(典型的性能度量)可以表示为

$$T = \frac{\frac{1}{\mu}}{1 - \rho} \tag{7.14}$$

另外,系统所花费时间的随机变量 Y 具有指数概率分布,即

$$s(y) = \mu(1 - \rho)e^{-\mu(1-\rho)y} \tag{7.15}$$

其中,$y \geq 0$。

最后,可以证明至少 k 个顾客同时在队列中的概率为

$$Pr[\geqslant k \text{ in system}] = \rho^k \tag{7.16}$$

在 M/M/1 模型中,系统中超过一定数量的客户的概率呈几何级数下降。如果将中断请求视为实时系统中的客户,那么系统中同时出现 2 个这样的请求(时间过载情况)比同时出现 3 个或更多的请求的概率要大得多。因此,构建能够容忍单次过载情况的健壮系统将显著提高系统可靠性,而不必担心多次过载情况。下文描述了如何在实时系统分析中方便地使用 M/M/1 队列。

7.2.2　到达率和处理率

考虑一个 M/M/1 排队系统,其中,客户代表某种类型的中断请求,而服务器代表该请求所需的特定处理。在这个单处理器模型中,队列中的等待者表示时间过载情况。由于到达和处理时间的性质,这种情况在实践中可能发生。但是,假设到达或处理时间可能会发生变化。到达率(用参数 λ 表示)可以通过修改硬件或改变导致中断的实际进程来改变。处理速率(用参数 μ 表示)可以通过代码优化或改变 CPU 来改变。在任何情况下,固定这两个参数中的一个,并以这样一种方式选择第二个参数,以降低多个中断同时出现的可能性,将确保在特定的置信区间内不会发生时间过载。下面两个示例说明了这一点。

示例　平均处理时间计算

假设已知中断请求之间的平均到达间隔时间 $1/\lambda$ 为 10 ms。期望找到平均处理时间为 $1/\mu$,以保证时间过载的最大概率为 1%。

由公式(7.16),我们得到

$$Pr\big[\geqslant 2 \text{ in system}\big] = \left(\frac{\lambda}{\mu}\right)^2 \leqslant 0.01$$

对于 $1/\mu$ 可以求解如下:

$$\frac{1}{\mu} \leqslant \frac{\sqrt{0.01}}{\lambda} \leqslant 1 \, (\text{ms})$$

因此,平均处理时间 $1/\mu$ 应不超过 1 ms,以保证 99% 的置信度不会发生时间过载。

示例　平均到达间隔时间计算

接下来,假设已知服务时间 $1/\mu$ 为 5 ms。在这里,需要找到中断的平均到达间隔时间 $1/\lambda$,以保证时间过载的概率不超过 1%。

再次

$$Pr\big[\geqslant 2 \text{ in system}\big] = \left(\frac{\lambda}{\mu}\right)^2 \leqslant 0.01$$

现在对于 $1/\lambda$ 求解如下:

$$\frac{1}{\lambda} \geqslant \frac{1}{\mu} \frac{1}{\sqrt{0.01}} \geqslant 50 \, (\text{ms})$$

因此,两个中断请求之间的平均到达间隔时间应至少为 50 ms,以保证只有不超过 1% 的时间过载风险。

显然,在这些近似分析中没有包含上下文切换时间和由于可能的信号量等待导致的阻塞。然而,这种直接的方法在探索具有非周期性或偶发中断的实时系统的可行性时特别有用。

7.2.3　缓冲区大小计算

M/M/1 队列模型还可以用于缓冲区大小的计算,方法是将"客户"作为数据放在缓冲区中。"服务时间"是某个服务器进程获取缓存数据所需的时间。在这种情况下,使用公式(7.12)来计算将 M/M/1 队列的基本属性用于计算存储数据所需的预期缓冲区大小以及使用公式(7.14)计算数据在系统中使用的平均时间(或数据的存在时间)。如以下示例所示。

示例 数据项的预期数量及其平均存在时间

假设一个进程以指数分布 $\lambda = 4e^{-4t}$ 给出的到达速率产生数据,并且另一个进程以另一个指数分布 $\mu = 5e^{-4t}$ 给出的速率消耗数据。

为了计算缓冲区中数据项的预期数量,我们使用公式(7.12)可得

$$\overline{N} = \frac{\dfrac{\lambda}{\mu}}{1 - \dfrac{\lambda}{\mu}} = \frac{\dfrac{4}{5}}{1 - \dfrac{4}{5}} = 4$$

标准差为平均值的统计可信度提供了一个有用的指示,它可以通过取相应方差 σ_N^2 的平方根来计算,σ_N^2 首先使用公式(7.13)确定。因此

$$\sigma_N = \sqrt{\frac{\dfrac{\lambda}{\mu}}{1 - \dfrac{\lambda}{\mu}}} = \frac{\sqrt{\dfrac{4}{5}}}{1 - \dfrac{4}{5}} \approx 4.5$$

与平均值相比,这是一个非常大的标准偏差,并导致缓冲区中数据元素数量的宽裕度为 4 ± 4.5。

此外,可以使用公式(7.14)找到缓冲区中数据项的平均存在时间:

$$T = \frac{\dfrac{1}{\mu}}{1 - \dfrac{\lambda}{\mu}} = \frac{\dfrac{1}{5}}{1 - \dfrac{4}{5}} = 1 \,(\text{s})$$

7.2.4 响应时间建模

如果假设有 M/M/1 模型,那么在没有其他竞争进程的情况下,还可以计算处理中断请求的进程的平均响应时间。在这种情况下,公式(7.14)用于确定中断请求在系统中花费的平均时间(平均响应时间),如下面的示例所示。

示例 平均响应时间及其概率分布

假设一个进程为一个偶发中断提供服务,该中断发生的间隔时间由平均值 $1/\lambda = 5$ ms 的指数分布函数给出。该进程处理中断的时间由另一个平均值为 $1/\mu = 3$ ms 的指数函数确定。现在,该中断请求的平均响应时间由公式(7.14)确定:

$$T = \frac{\dfrac{1}{\mu}}{1 - \dfrac{\lambda}{\mu}} = \frac{3}{1 - \dfrac{\dfrac{1}{5}}{\dfrac{1}{3}}} = 7.5 \,(\text{ms})$$

可以使用公式(7.15)找到确定平均响应时间的随机变量 Y 的概率分布:

$$s(y) = \frac{1}{3}(1 - 3/5)\mathrm{e}^{-(1/3)(1-3/5)y} = \frac{2\mathrm{e}^{-2y/15}}{15}$$

应注意,如果平均中断率大于平均服务率,则预期响应时间将受到不利影响。

7.2.5　排队理论的其他结果

简单的 M/M/1 队列还可以用各种其他方式对实时系统进行建模。唯一的要求是生产者被建模为泊松过程,并且消耗时间是指数的。尽管理论模型假设了一个无限长度的队列,但可以适当地固定置信区间,以对实际的有限长度队列进行建模。

此外,消费者-生产者系统可以被建模为与其他队列模型相匹配,以利用一些众所周知的结果。例如,可以使用具有泊松到达(指数间隔)和一般服务时间概率分布的 M/G/1 队列,还包括总体到达率以及服务密度(Gross 等,2008)。涉及中断消费者(即那些离开队列的消费者)的关系,可用于表示被拒绝的虚假中断或时间过载。

排队理论的一个重要结果为 Little 定律,其在实时系统的性能预测中也有一些应用(Kleinrock,1975)。该定律出现于 1961 年。

定义　Little 定律

排队系统中的预期消费者数量 $\overline{N}_{\mathrm{co}}$ 等于消费者到达该系统的平均到达率 $\overline{r}_{\mathrm{ar}}$ 乘以在系统中花费的平均时间 $\overline{t}_{\mathrm{sp}}$:

$$\overline{N}_{\mathrm{co}} = \overline{r}_{\mathrm{ar}} \cdot \overline{t}_{\mathrm{sp}} \tag{7.17}$$

如果总共有 n 个生产者,那么我们可以将 Little 定律概括为

$$\overline{N}_{\mathrm{co}} = \sum_{i=1}^{n} \overline{r}_{i,\mathrm{ar}} \cdot \overline{t}_{i,\mathrm{sp}} \tag{7.18}$$

其中,$\overline{r}_{i,\mathrm{ar}}$ 是消费者到生产者 i 的平均到达率;$\overline{t}_{i,\mathrm{sp}}$ 是对应的平均服务时间。

该定律的重要意义在于,其结果独立于与基础场景相关的任何确定概率分布。此外,将每个任务视为生产者,并将中断到达视为消费者,Little 定律实际上是对 CPU 利用率的公式(1.2)进行了替换,$e_i = \overline{t}_{i,\mathrm{sp}}$ 以及 $1/p_i = \overline{r}_{i,\mathrm{ar}}$。

示例　预期消费者数量与加载时间的关系

假设一个实时系统已知有 3 个周期性中断,周期分别是 10 ms,20 ms 和 100 ms,而一个偶发中断已知平均每 1 000 ms 发生一次。这些中断的平均处理时间分别为 3 ms,8 ms,25 ms 和 30 ms。

然后,根据 Little 定律,队列中的消费者的预期数量(或时间负载)为

$$\overline{N}_{\mathrm{co}} = \frac{3}{10} + \frac{8}{20} + \frac{25}{100} + \frac{30}{1000} = 0.98$$

这个结果与使用公式(1.2)对 CPU 利用率进行上述替换后得到的结果相同。

排队理论的另一个有用结果是 Erlang 损失公式(ELF),这个公式的建立可以追溯到 1917 年(Kleinrock,1975)。最初,"Erlang"一词指的是电话系统中使用的一个单位,用于对交换设备上的服务负载的统计度量。Erlang 表示由交换设备处理的并发电话呼叫数量的时

间平均值。然而,在考虑由多个进程提供的中断服务时,实时系统中确实存在类似的情况。

定义 Erlang 损失公式

假设有 m 个生产者和可变数量的消费者。除非所有生产者都忙(潜在的阻塞情况),否则每个新到达的消费者都有一个生产者服务。而在阻塞情况下,消费者就会直接丢失。假设生产者的平均服务时间为 $1/\mu$,消费者的平均到达间隔时间为 $1/\lambda$,则所有生产者都忙的概率为

$$P_{busy} = \frac{\dfrac{\left(\dfrac{\mu}{\lambda}\right)^m}{m!}}{\displaystyle\sum_{k=0} \dfrac{\left(\dfrac{\mu}{\lambda}\right)^k}{k!}} \tag{7.19}$$

其中,P_{busy} 可以看作是服务质量的显式度量,而 $P_{busy}=0$ 对应于理想条件。

示例 ELF 在实时系统分析中的使用

将公式(7.19)的 ELF 应用于前面的实时示例(其中生产者=进程,消费者=中断)得出 $m=4, \lambda=1/282.5$ 和 $\mu=1/16.5$;然后

$$P_{busy} = \frac{\dfrac{\left(\dfrac{282.5}{16.5}\right)^4}{24}}{1+\left(\dfrac{282.5}{16.5}\right)+\dfrac{\left(\dfrac{282.5}{16.5}\right)^2}{2}+\dfrac{\left(\dfrac{282.5}{16.5}\right)^3}{6}+\dfrac{\left(\dfrac{282.5}{16.5}\right)^4}{24}+\dfrac{\left(\dfrac{282.5}{16.5}\right)^4}{24}}$$

$$\approx 0.78$$

因此,由同时中断而导致时间过载的概率为 78%。考虑到前一个例子中平均时间负载系数是 98%("危险"),这个结果似乎是合理的。在第 3 章中,我们从速率单调理论中了解到,低于 69% 的时间负载系数足以(但不是必需的)保证任何数量的任务都不会发生过载。此外,例如,60%("安全")的标称时间负载系数通常用作手机交换系统的设计参数。

7.3 输入/输出性能

由于设备依赖性而导致性能变化的一个原因是硬盘和设备 I/O 访问带来的速度瓶颈。在许多准实时和软实时系统中,磁盘 I/O 是导致性能下降的最大因素。因此,在硬实时系统中通常避免使用硬盘。或者,至少将它们的使用限制在某些不那么关键的"软"时期。此外,当通过简单的指令计数分析系统性能时,很难解释磁盘设备访问时间。在大多数情况下,最好假设所有设备 I/O 都处于最坏访问时间的情况,并将此包括在性能估计中。

此外,当实时系统参与某种形式的通信网络(现场总线网络或局域网)时,网络负载会严重影响实时性能,并使性能评估变得困难。因此,首先假设通信网络处于最佳状态(即没有其他用户)来估计系统的性能是可行的。之后,可以在不同的负载条件下直接测量性能,并

生成性能曲线。这种经验性分析应该用适当的统计方法来补充。

7.3.1 时不变突发事件的缓冲区大小计算

缓冲区是一组连续的内存位置,为正在输入或输出的数据,或在两个单独任务之间传递的数据提供临时存储。第 3 章讨论了实时系统中线性和环形缓冲区的使用。

假设数据在突发期的某个有限时间内发送。如果数据以 $P(t)$ 的速率产生,并且可以以 $C(t)$ 的速率消耗,其中 $C(t) < P(t)$,突发期为 T,需要多大的缓冲区来防止任何数据丢失? 在 $P(t)$ 和 $C(t)$ 都是常数的情况下,分别记为 P 和 C,并且当消耗率 C 大于或等于生产率 P 时,则不需要缓冲,因为系统消耗数据的速度总是比产生数据的速度快。但是,如果 $C < P$,则最终会发生溢出。

要计算为避免任何的周期 T 突然溢出所需的缓冲区大小,请注意产生的总数据应为 $P \cdot T$,而在该周期内消耗的总数据为 $C \cdot T$。因此,有 $(P - C)T$ 数据单元过剩。这是缓冲区中必须存储的数据量。因此,所需的缓冲区大小 B 可以如下计算:

$$B = (P - C)T$$

示例 时不变突发事件

假设数据采集单元通过 DMA 以 100 kB/h 的速度向实时计算机提供数据,每 5 s 发生一次持续时间为 0.1 s 的突发。计算机能够以 10 kB/h 的速度处理数据。所需的最小缓冲区大小是多少? 使用公式(7.20)得

$$B = (102\,400 - 10\,240)\text{bytes} \cdot 0.1\ \text{s} = 9\,216\ \text{byte} \tag{7.20}$$

仅当缓冲区总是可以在另一个突发发生之前被清空时,才可以使用公式(7.20)处理突发中出现的数据。在清空前一种情况的缓冲区只需要 0.9 s,这为下一个预期的数据突发提供了足够的时间余量。

如果数据突发太频繁,则必然会发生缓冲区溢出。在这种情况下,实时系统变得不稳定,需要通过升级处理器(硬件/软件)或减慢生产过程来解决问题。

7.3.2 时变突发的缓冲区大小计算

假设突发周期是固定的通常是不够的,它们可能经常是可变的。假设一个任务以实值函数 $P(t)$ 给定的速率产生数据,进一步假设另一个任务以由实值函数 $C(t)$ 确定的速率消耗或使用第一个任务产生的数据。数据是在有限的突发周期 $T = t_2 - t_1$ 期间产生的,其中 t_2 和 $t_1(t_2 > t_2)$ 分别代表数据突发的结束和开始时间。那么 t_2 时刻所需的缓冲区大小可以表示为

$$B(t_2) = \int_{t_1}^{t_2} [P(t) - C(t)]\mathrm{d}t \tag{7.21}$$

示例　时变突发

假设任务由具有不连续导数的函数 $P(t)$ 确定的速率(以 B/s 为单位)生成数据：

$$P(t) = \begin{cases} 10\,000t & (0 \leqslant t \leqslant 1) \\ 10\,000(2-t) & (1 < t \leqslant 2) \\ 0 & (t > 2) \end{cases}$$

其中，t 表示(非负)突发时间。此外，任务以由另一个函数确定的速率消耗数据：

$$C(t) = \begin{cases} 10\,000t & (0 \leqslant t \leqslant 2) \\ 10\,000(2-t) & (2 < t \leqslant 4) \\ 0 & (t > 4) \end{cases}$$

现在，如果已知突发周期为 1.6 s(从 $t_1 = 0$ 到 $t_2 = 1.6$ s)，那么必要的缓冲区大小是多少？应用公式(7.21)可以得出

$$\begin{aligned} B(1.6) &= \int_0^{1.6} \left[P(t) - C(t) \right] \mathrm{d}t \\ &= 10\,000 \int_0^1 \left(t - \frac{4}{t} \right) \mathrm{d}t + 10\,000 \int_0^{1.6} \left[(2-t) - \frac{t}{4} \right] \mathrm{d}t \\ &= 10\,000 \left(\frac{3t^2}{8} \Big|_0^1 + 2t \Big|_1^{1.6} - \frac{st^2}{8} \Big|_1^{1.6} \right) = 6\,000 \text{ byte} \end{aligned}$$

此外，如果突发结束时间由实值函数 $u(t)$ 确定，其中 t 是突发开始时间，那么对于从 t_1 开始，到 $t_2 = u(t_1)$ 结束的突发，在时间 t_2 所需的缓冲区大小为

$$B(t_2) = \int_{t_1}^{u(t_1)} \left[P(t) - C(t) \right] \mathrm{d}t$$

示例　随机突发期

在前面的例子中，如果数据突发结束于由高斯钟函数确定的时刻 t_2，则 $u(t_1)$ 可以表示为

$$u(t_1) = \frac{1}{\sqrt{2\pi}} \mathrm{e}^{-(t_1-2)^2/2} \tag{7.22}$$

现在，假设突发在时间 $t_1 = 0$ 开始，然后它将在时刻 $u(0) = 0.053\,991$ 结束。重新计算缓冲区大小，得到

$$\begin{aligned} B(0.053\,991) &= \int_0^{0.053\,991} \left[P(t) - C(t) \right] \mathrm{d}t \\ &= 10\,000 \int_0^{0.053\,991} \left(t - \frac{4}{t} \right) \mathrm{d}t \\ &= 10\,000 \left(\frac{3t^2}{8} \right) \Big|_0^{0.053\,991} \\ &= 10.9 \text{ byte} \\ &\approx 11 \text{ byte} \end{aligned}$$

为了确定何时缓冲区大小需要达到最大，可以通过绘制消费者 $C(t)$ 和生产者 $P(t)$ 的函数曲线，然后检查它们以确定曲线下的面积差何时达到最大。

7.4　内存需求分析

随着内存容量越来越大,价格越来越便宜,内存利用率分析在许多实时应用程序中也变得不那么重要了。尽管如此,在小型嵌入式系统中,内存的有效使用仍极为重要,例如,在航空航天应用中,对尺寸、功耗和成本就非常敏感。在小型嵌入式系统中,所有可用的内存通常都驻留在微控制器中,因此无法对其进行扩展。而在较大的系统中,可以通过简单地更改内存组件来增强内存,例如,从 512 kB 闪存芯片到 4 MB 闪存芯片。

7.4.1　内存利用率分析

实时系统中的总内存利用率是所有内存区域的单个内存利用率的总和。假设内存映射(典型内存映射见图 2.7)由以下 4 个区域组成:

① 程序;

② 堆栈;

③ 数据;

④ 参数。

然后计算总内存利用率,$M_r \in [0,1]$,

$$M_T = M_{PG} \cdot P_{PG} + M_{ST} \cdot P_{ST} + M_{DT} \cdot P_{DT} + M_{PM} \cdot P_{PM} \tag{7.23}$$

其中,M_{PG},M_{ST},M_{DT} 和 M_{PM} 分别代表程序、堆栈、数据和参数区域的内存利用率;P_{PG}、P_{ST}、P_{DT} 和 P_{PM} 分别是分配给这些内存区域的总内存的一部分。可能的内存映射 I/O 和 DMA 内存不包括在以下内存利用率方程中,因为它们在硬件中是固定的。因此,内存利用率的计算方法是将特定内存区域中已使用位置的数量除以该区域中可用的内存位置的数量:

$$M_A = \frac{U_A}{T_A} \quad (A \in \{T, PG, ST, DT, PM\})$$

其中,U_A 是内存区域 A 中使用的位置数,T_A 是该区域中可用内存位置的总数。T_A 的极限值显然是由硬件平台决定的,但 U_A 的实际值是由链接器/定位器程序提供的。尽管如此,在堆栈的情况下,U_{ST} 的值取决于多种因素,例如所使用的实时操作系统、嵌套过程调用的深度、局部变量的使用以及同时中断的数量。因此,必须非常谨慎地估计足够的 T_{ST},并建议在堆栈和其他区域之间留出合理的安全裕度,以防止偶发的堆栈溢出。

尽管为了提高读取速度和可能的可修改性,程序指令可以存储在 RAM 而不是 ROM 中,但所有全局变量都存储在 RAM 中。虽然可用 RAM 区域的大小是在系统设计时确定的,但在应用程序完成之前,该区域的负载系数是未知的。

示例　总内存利用率

假设,一个软实时系统有 64 MB 的程序内存(负载 75%)、16 MB 的数据内存(负载

25%)和 8 MB 的堆栈区域(负载 50%)。所有这些内存的负载数据都代表了相应的最坏情况值。此外,在这个特定的内存配置中没有单独的参数区域。因此,总内存利用率可由式(7.23)计算:

$$M_{\mathrm{T}} = \overbrace{0.75 \times \frac{64}{88}}^{程序} + \overbrace{0.25 \times \frac{16}{88}}^{堆栈} + \overbrace{0.5 \times \frac{8}{88}}^{数据} \approx 0.64$$

最后需要强调的是,即使总内存利用率远低于 100%,但如果任何内存区域的利用率大于 100%,那么实时系统也无法正常运行。

在前面的例子中,假想的软实时系统总共有 88 MB 的内存。然而,嵌入式控制系统对内存的需求通常要低得多。表 7.1 说明了这一点,其中考虑了两种电机驱动系统:一种低成本电机驱动系统(带有 16 位 CPU)和一种高性能电机驱动系统(带有 24 位 CPU)。这些内存要求是类似嵌入式系统的典型要求。

表 7.1　低成本(LC)和高性能(HP)电机驱动产品的内存规格表

驱动系统标识	存储器类型	存储器大小	用途
	ROM	64 kB	程序
LC	RAM	2 kB	堆栈和数据
	EEPROM	"微小"	参数
	ROM	"小"	启动程序
HP	Flash	512 kB	程序(存储)和参数
	RAM	384 kB	堆栈、数据和程序(执行)

Wolf 和 Kandemir(2003)提供了一份关于嵌入式软件内存行为的调查。该调查有些独特,因为它从软件的角度考虑了内存系统。他们指出,"在很多情况下,内存系统是嵌入式软件性能和功耗的主要限制因素。"对系统设计者来说,性能和功耗之间的相互依存关系使情况变得复杂。例如,在电池供电的嵌入式系统中,很难在最大化性能的同时最小化功耗。

7.4.2　优化内存使用

在现代计算机系统中,内存限制不像以前那么大了。然而,在嵌入式应用程序或遗留系统(那些被重用的系统)中,实时系统工程师通常仍面临着对可用于程序存储或便笺式计算、动态分配等内存量的严格限制。由于内存使用率和 CPU 使用率之间通常存在基本的权衡,因此当需要优化内存使用率时,必须以计算性能为代价来节省内存。例如,使用冗长的级数展开来准确计算三角函数是一种 CPU 密集型方法;大的查找表是一种内存密集型解决方案。而带有线性插值的中等规模的查找表则可以提供这两个极端之间的实际的折中方案。这些实现问题将在第 8 章中进一步讨论。

此外,将实时处理算法与底层计算机架构相匹配也很重要。例如,有必要认识到诸如缓存大小(内存层次结构)和流水线特性(内部并行性)等特征在硬实时应用程序中的影响。在考虑缓存大小时,任何时间关键的算法都可以调整为最大化缓存命中率,从而最小化有效内存访问时间。另外,在考虑流水线特性时,增加代码的引用局部性可以减少不利的流水线刷新的数量。Wilhelm 等(2008)对实时系统的最坏情况执行时间问题进行了务实的讨论,并仔细考虑了缓存和流水线。

如上所述,与过去相比,今天的内存利用率已不再是一个问题,但有时需要设计一个可用内存相对于程序大小来说很小的系统。此外,预计这种情况在未来会更频繁地出现,因为普适的和移动计算应用程序需要的处理器非常紧凑,具有的内存也很小。大多数用于降低内存利用率的方法都是在内存非常宝贵的时代开发的,并且可能违反了良好软件工程的原则。

可以以牺牲另一区域为代价来降低一个区域的内存利用率。例如,对于过程来说,所有局部变量都会增加内存堆栈区的负载,而全局变量出现在数据区。通过强制变量为局部变量或全局变量,可以以牺牲一个内存区域为代价缓解内存的另一个区域,从而平衡各个内存的利用率。

此外,显式计算的中间结果计算需要堆栈或数据区中的变量,具体取决于它是局部的还是全局的。通过省略中间计算,可以将中间值强制放入工作寄存器。尽管如此,这种"强制"取决于所使用的编程语言和编译器的代码优化能力。

内存碎片不会直接影响内存利用率,但会产生类似于内存过载的效果。在这种情况下,虽然有足够的内存可用,但它不是连续的。尽管在第 3 章中讨论了内存压缩方案,并且注意到它们在实时系统中是不可取的,但在内存过度使用的严重情况下,它们可能是必要的。然而,这仅适用于软实时系统。

7.5　总　　结

性能分析不是软件生命周期中的一个单独阶段,而是在软件任务甚至整个实时系统的生命周期各个阶段,都需要进行性能分析。每个性能分析操作都可以看作是以下定义的结果:"实时系统的逻辑正确性基于输出的正确性及其时间线"——尤其是该定义的"时间线"部分。因此,性能分析通常侧重于预测、估计或测量特定的执行时间、中断延迟、响应时间等。为了达到这些目的,需要一系列近似的以及更严格的方法和工具。

近似技术包括各种理论模型、简化了流水线和缓存相关的直接指令计数方法、用于估计最坏情况边界的简单任务模型等。此外,例如,排队理论的使用为分析缓冲区结构的行为和具有非周期性或偶发事件的实时系统提供了有效的手段。但所有这些技术或多或少都是近似的,而且先进的 CPU 和内存架构确实破坏了实时系统中的确定性。那么,对于从业者来说,这种不精确的工具有什么价值呢?

的确,当还不可能在现实的操作环境中对已完成的实时系统进行直接测量或执行记录

（然后进行仔细的统计分析）时，性能预测/估计是从业者可以做的最好的事情。近似的结果可以提供有用的洞察力和关键时间线的上界。在做出特定的设计决策时，尤其是在早期识别实时软件中的问题区域时，可以利用这种补充信息。此外，在对软件和系统工程师进行培训时，使用近似性能分析工具很有帮助，因为通过简单的定量技术很容易说明系统参数对某个性能度量的影响。

嵌入式系统的 I/O 性能非常重要，因为嵌入式计算机通常与其操作环境有密集的时间关键交互。一般来说，通信网络在实时应用中的作用越来越大。然而，由于负载条件的变化，现场总线和局域网可以被视为不确定性的重要来源，这会影响可实现的响应时间及其在分布式系统中的准时性。为了在网络环境中获得有意义的性能估计，应该使用真实的网络流量统计模型；否则，就会大幅高估或低估某些响应时间。本质上，最好的方法是在具有真实流量条件的真实操作环境中直接测量。此外，当传输数据的性质从高优先级控制命令（短消息帧）变化到低优先级操作统计（长消息帧）时，实现并行现场总线网络是可能的。在这种情况下，可以为高优先级消息保留一个负载较轻的网络，为所有低优先级流量保留另一个网络。

内存性能是另一个通用性能类别，它可以分为两个子类：内存速度和内存大小。虽然分层内存系统通常可以缓解内存速度的瓶颈，但内存大小的潜在问题通常是根据情况具体处理的。在非实时计算中，内存大小的问题不太常见；但在小型嵌入式系统中，由于普适系统、无线传感器网络和其他移动单元设置的严格限制，经常需要执行内存大小优化。因此，应该在软件开发项目的所有阶段解决内存大小和功耗限制（这不仅仅是硬件问题）。

在性能分析之后通常是进行性能优化。每当进行了某项“优化”时，应该明确定义（多目标）成本函数——尽管它可能是部分定性的。不幸的是，这种正确的方法并不总是标准做法。通常，所应用的隐含成本函数专注于单一目标，导致令人失望的、并非最优的甚至有时是灾难性的结果。与性能优化相关的实际问题将在第 8 章中讨论。

练　习

习题 7.1　证明：对于串行代码片段 S 来说，不存在这样的值 $\tilde{S}$ 会产生 $Speedup_{Amlahl} = Speedup_{Gustafson}$，其中，$0 < \tilde{S} < 1$ 并且 $N > 1$。

习题 7.2　一个轮询循环系统每 $100\,\mu s$ 检查一个二进制状态信号。测试信号并引导到相应的中断处理例程需要 $15\,\mu s$。如果服务中断需要 $625\,\mu s$，那么这个轮询中断的最短响应时间是多少？最大响应时间是多少？

习题 7.3　考虑一个具有 3 个任务周期的前台/后台系统：$10\,ms$，$40\,ms$ 和 $1\,000\,ms$。如果最坏情况下的任务完成时间分别估计为 $4\,ms$，$12\,ms$ 和 $98\,ms$，那么整个系统的 CPU 利用率是多少？

习题 7.4　一个分布式控制系统的智能节点有 4 个任务，$\pi_1 \sim \pi_4$（速率单调优先级），对应的执行周期为 $p_1 = 10\,\text{ms}$，$p_2 = 100\,\text{ms}$，$p_3 = 500\,\text{ms}$ 以及 $p_4 = 1\,000\,\text{ms}$。执行时间分别为 $e_1 = 2\,\text{ms}$，$e_2 = 15\,\text{ms}$，$e_3 = 100\,\text{ms}$ 和 $e_4 = 10\,\text{ms}$。然而，任务 π_1 是一个关键的控制循环，其执行周期直接影响可实现的控制性能。因此，原则上，该执行期应尽可能短。如果允许的最大 CPU 利用率为 0.91（"危险"），则 $\pi_1 (= p_{1,\min})$ 的最短执行周期是多少？

习题 7.5　在一个前台/后台系统中，后台任务需要 100\,ms 才能完成，单个前台任务每 50\,ms 执行一次，需要 25\,ms 才能完成，上下文切换不超过 100\,ms，那么后台任务最坏情况下的响应时间是多少？

习题 7.6　考虑一个抢占式优先系统。系统中的 3 个任务、完成所需的时间和优先级如表 7.2 所示。

表 7.2　习题 7.6 表

任务 Id	所需时间（ms）	优先级（1 为最高）
τ_1	40	3
τ_2	20	1
τ_3	30	2

如果任务按照 τ_1，τ_2，τ_3 的顺序到达，那么完成每个任务所需的时间是多少？

习题 7.7　一个抢占式前台/后台系统有 3 个中断驱动的任务周期，如表 7.3 所示（忽略上下文切换时间）。

表 7.3　习题 7.7 表

任务 Id	任务周期（ms）	所需时间（ms）	优先级（1 为最高）
τ_1	10	4	1
τ_2	20	5	3
τ_3	40	10	2
τ_4	后台任务	5	n/a

（a）为这个系统画一条执行时间线；

（b）CPU 利用率是多少？

（c）考虑上下文切换时间为 1\,ms，重新绘制该系统的执行时间线；

（d）包括上下文切换时间在内的 CPU 利用率是多少？

习题 7.8　生产者以每 200\,ns 一个字节的速度生成 64\,kB 的突发数据，另外，消费者可以读取 32\,byte 的数据，但速度仅为每 2\,μs 一个字节。假设连续数据突发之间有足够的时间来清空缓冲区，计算避免溢出所需的最小缓冲区大小。

习题 7.9　证明：当生产者和消费者任务具有恒定速率时，则公式（7.21）变为公式（7.20）。

习题 7.10　已知生产者任务能够以指数分布的速率处理数据，每个数据的平均服务时间为 3\,ms。如果碰撞概率不超过 0.1%，最大允许的平均数据速率是多少？假设数据到达的时间间隔是指数分布的。

习题 7.11 在一个软实时系统中,一台计算机的指令需要两个总线周期,一个用于获取指令,另一个用于获取数据。每个总线周期需要 250 ns,每条指令需要 500 ns(即假设内部处理时间可以忽略不计)。计算机有一个硬盘,每个磁道有 16 512 byte 的扇区。磁盘旋转时间为 8.092 ms。如果每个周期窃取 DMA 操作占用一个总线周期,计算机在 DMA 传输过程中会下降到其正常速度的百分之几?考虑两种情况:16 位总线传输和 32 位总线传输。

习题 7.12 与复杂指令集计算机(CISC)架构相比,精简指令集计算机(RISC)架构的哪些特征倾向于减少总中断延迟?

参 考 文 献

[1] ABRAN A A,SELLAMI W. Suryn,Metrology,measurement and metrics in software engineering [C]//Proceedings of the 9th IEEE International Software Metrics Symposium. Sydney,Australia, 2003:2-11.

[2] AGANS J. Debugging:The nine indispensable rules for finding even the most elusive software and hardware problems[M]. New York:AMACOM,2002.

[3] BACH J. Exploratory testing in the testing practitioner[M]. 2nd. Veenendaal:UTN Publishers, 2004:253-265.

[4] BASS J M,LATIF-SHABGAHI G,BENNETT S. Experimental comparison of voting algorithms in cases of disagreement [C]//Proceedings of the 23rd Euromicro Conference. Budapest,1997: 516-523.

[5] BATEMAN A,YATES W. Digital signal processing design[M]. London:Pitman,1988.

[6] BERNSTEIN L,YUHAS C M. Trustworthy systems through quantitative software engineering [M]. Hoboken:Wiley-Interscience,2005.

[7] BOEHM B W. Software engineering economics[M]. Englewood Cliffs:Prentice-Hall,1981.

[8] BOEHM B W. Software cost estimation with COCOMO Ⅱ[M]. Upper Saddle River:Prentice-Hall,2000.

[9] BOEHM B W,VALERDI R. Achievements and challenges in COCOMO-based soft-ware resource estimation[J]. IEEE Software,2008,25(5):74-83.

[10] CHANDRA S,GODEFROID P,PALM C. Software model checking in practice:An industrial case study[C]//Proceedings of the 24th International Conference on Software Engineering. Orlando, 2002:431-441.

[11] COPPICK J C,CHEATHAM T J. Software metrics for object-oriented systems[C]//Proceedings of the ACM Annual Computer Science Conference. Kansas City,1992:317-322.

[12] ELBAUM S,MUNSON J C. Investigating software failures with a software black box[C]// Proceedings of the IEEE Aerospace Conference. Big Sky,2000,4:547-566.

［13］ ELDH S,HANSSON H,SASIKUMAR P,et al. A framework for comparing efficiency,effective-ness and applicability of software testing techniques［C］//Proceedings of the Testing：Academic & Industrial Conference-Practice and Research Techniques. Windsor,2006：159-170.

［14］ EMERGY K O,MITCHELL B K. Multi-level software testing based on cyclomatic complexity［C］// Proceedings of the IEEE National Aerospace and Electronics Conference. Dayton,1989,2：500-507.

［15］ ENGLISH A. Extreme programming,it's worth a look［J］. IT Professional,2002,4(3)：48-50.

［16］ GLASS R L,COLLARD R,BERTOLINO A,et al. Software testing and industry needs［J］. IEEE Software,2006,23(4)：55-57.

［17］ HALSTEAD M. Elements of software science［M］. New York：Elsevier North-Holland,1977.

［18］ HINCHEY M G,BOWEN J P. Industrial-strength formal methods in practice［M］. London：Springer-Verlag,1999.

［19］ HOFFMAN D M,WEISS D M. Software Fundamentals［D］. New York：Addison-Wesley,2001.

［20］ JONES C. Backfiring：Converting lines of code to function points［J］. IEEE Computer,1995, 28(11)：87-88.

［21］ JONES C. Estimating software costs［M］. New York：McGraw-Hill,1998.

［22］ JORGENSEN P. Software testing：A craftsman's approach［M］. 3rd. Boca Raton：CRC Press,2008.

［23］ KANER C. Testing computer software［M］. Blue Ridge Summit：TAB Professional & Reference Books,1988.

［24］ KOREN I,KRISHNA C M. Fault tolerant systems［M］. San Francisco：Morgan Kaufmann,2007.

［25］ LAPLANTE P A. Fault-tolerant control of real-time systems in the presence of single event upsets［J］. Control Engineering Practice,1993,1(5)：9-16.

［26］ LAPLANTE P A. Software engineering for image processing［M］. Boca Raton：CRC Press,2003.

［27］ LAPLANTE P A. The certainty of uncertainty in real-time systems［C］//IEEE Instrumentation Measurement Magazine. 2004,7(4)：44-50.

［28］ LAPLANTE P A. Exploratory testing for mission critical,real-time,and embedded systems［G］// IEEE Reliability Society Annual Technical Report,2009.

［29］ LITTLEWOOD B. Learning to live with uncertainty in our software［C］//Proceedings of the 2nd International Software Metrics Symposium. London,1994：2-8.

［30］ MÄNTYLÄ M V,VANHANEN J,LASSENIUS C. Bad smells-humans as code critics［C］// Proceedings of the 20th IEEE International Conference on Software Maintenance. Chicago,2004：399-408.

［31］ MARIANI R,BOSCHI G. Scrubbing and partitioning for protection of memory systems［C］// Proceedings of the 11th IEEE International On-Line Testing Symposium. St-Raphael,2005：195-196.

［32］ MCCABE T J. A complexity measure［J］. IEEE Transactions on Software Engineering,1976,2(4)：308-320.

［33］ MCGREGOR J D,SYKES D A. A practical guide to testing object-oriented softwarep［M］. Upper Saddle River：Addison-Wesley Professional,2001.

［34］ MESZAROS G. xUnit test patterns：refactoring test code［M］. Upper Saddle River：Addison-

Wesley,2007.

[35] MIYAZAKI Y,MORI K. COCOMO evaluation and tailoring[C]//Proceedings of the 8th International Conference on Software Engineering. London,1985:292-299.

[36] MOON T K. Error correction coding: Mathematical methods and algorithms[M]. Hoboken: Wiley-Interscience,2005.

[37] OVASKA S J. Evolutionary modernization of large elevator groups: Toward intelligent mechatronics[J]. Mechatronics,1998,8(1):37-46.

[38] PATTON R.Software testin[M]. 2nd. Indianapolis: Sams Publishing,2006.

[39] PRESSMAN R S. Software engineering: A practitioner's approach[M]. 5th. New York: McGraw-Hill,2000.

[40] SAGLIETTI F. Location of checkpoints in fault-tolerant software[C]//Proceedings of the 5th Jerusalem Conference on Information Technology. Jerusalem,1990:270-277.

[41] SEIBT D. Function point method: Characteristics,implementation and application experiences[J]. Angewandte Informatik,1987,29(1):3-11.

[42] SERTI D,RUS F,RAC R. UML for real-time device driver development[C]//Proceedings of the 7th International Conference on Telecommunications. Zagreb,2003, 2:631-636.

[43] TENG X, PHAM H. A software-reliability growth model for N-version programming systems[J]. IEEE Transactions on Reliability,2002,51(3):311-321.

[44] THOMAS J,YOUNG M,BROWN K,et al. Java testing patterns [M]. Hoboken: John Wiley & Sons,2004.

[45] VARSHNEY P K. Multisensor data fusion[J]. Electronics & Communications Engineering Journal, 1997,9(6):245-253.

[46] VOAS J M,MCGRAW G. Software Fault Injection: Inoculating Programs against Errors[M]. New York: John Wiley & Sons,1998.

[47] WHITTAKER J A. Exploratory software testing: Tips,tricks,tours,and techniques to guide test design[M]. Boston: Addison Wesley,2009.

第 8 章 从业者的其他注意事项

除了基本的硬件和软件技术外,开发实时系统时还需要多种工程方法。第 2～4 章讨论了主要的实时系统技术,第 5～7 章介绍了基本的系统开发方法。现在我们可以问,这就是从业者在软件开发项目中需要的全部内容吗? 答案显然是"不"——在实时系统工程中,确实存在着一组不同的技术和工具,它们是基本技术和方法的有益补充。这一章非常实用,从这些补充的技术和工具中精选了一些进行了专门介绍。

系统总成本是软件开发项目中的重要因素,因此,最好能尽早得到一个可靠的总体工作估算。准确估算工作量对于管理整个开发生命周期中的资源分配和调度至关重要。可以使用各种软件度量和经验成本模型来预测项目的进度和成本。任何有意义的预测都应基于在类似软件项目中(最好是在同一组织内)获得的经验和洞察力。因此,至少在原则上,通用模型的知识驱动的参数可以及时演变,从而不断改进成本估算。第 8.1 节和第 8.2 节分别介绍了一些常用的软件度量和构造性成本模型。

此外,识别和管理不确定性是复杂系统工程的一个标准部分。但是,在处理实时系统时,具有特殊形式的不确定性会带来更大的挑战。这种现象背后的原因是什么? 显而易见的答案是,对于实时系统而言,必须在已经要求很高的传感器接口和执行器控制任务中保证时间正确性(Laplante,2004)。但是问题实际上比这更复杂。因此,了解实时系统中不同形式的多维不确定性非常重要。第 8.3 节介绍广义的不确定性问题。

自主的嵌入式系统应该在没有任何维护或服务人员干预的情况下能保持长时间的运行。这通常需要通过详尽周密的可靠性工程,使用高质量的组件和子系统以及进行大量的测试工作等来实现。在开发项目不同阶段进行的测试为提高实时系统的初始可靠性提供了有效的手段。然而,诸如电梯、行星探测车、飞机和核电站之类的自主并且与安全相关的系统,通常会被设计成具有一定的容错性,以确保在发生一些严重故障后,实时系统仍能正常运行。在这种情况下,初始可靠性就不够了,例如,可以通过硬件冗余、各种纠错功能或针对错过最后期限的功能健壮性来实现进一步的容错扩展。第 8.4 节和第 8.5 节分别对容错的嵌入式系统和各种测试方案进行了具体讨论。

此外,对于时间关键的程序代码,有几种性能优化技术。尽管编写仿真和设计软件时通常可以使用浮点算术和一整套数学函数,但在对嵌入式系统进行编程时,这并不是正常的情况。在某些情况下,CPU 的本机指令集中只有定点(整数)算术可用,而特殊函数是使用级数扩展或查找表计算的,甚至可能没有乘法和除法指令。因此,可能需要从业者花费很大精力来设计和编程才能"修补"嵌入式计算平台的局限性。第 8.6 节介绍了嵌入式应用中使用的一些性能优化技术。

最后，第 8.7 节给出了本章的总结。第 8.8 节包含了有关从业者其他注意事项的指导性练习集。

本章的某些部分改编自 Laplante(2003)。

8.1　软件工程度量

经验性的软件度量可以以多种方式用于实时系统开发，甚至在需求工程期间也可以使用某些度量标准来协助进行资源和成本估算。软件度量的另一个典型应用是基准测试。例如，如果某个机构有一些可用的已成功完成的实时系统，则这些系统的计算度量将产生一组标准的可测量特征，用于与未来的系统进行比较。许多度量标准也可以用于测试，以度量实时软件的期望属性，并在这些标准的边界设置特定的限制。

当然，度量标准也可以用于跟踪项目进度。实际上，有些公司根据每天开发的软件量来奖励员工，这些软件量由即将介绍的一些度量来衡量。此外，可以在测试阶段以及调试阶段使用软件度量，以帮助关注可能的错误来源。Abran 对软件工程中度量和测量方法进行了广泛的和实用的讨论(2003)。

8.1.1　源代码的行数

最明显的可测量的软件特征是完成的源代码的行数，以千行代码（KLOC）来度量，KLOC 度量通常被称为交付的源指令（DSI）或无注释的源代码语句（NCSS）。也就是说，对可执行程序指令的计数，不包括注释语句、头文件、格式化语句、宏以及任何在编译后不会出现在可执行代码中或导致内存分配的内容。另一个相关的度量是代码的源代码行数（SLOC），主要特点在于一条源代码行可以跨越多行。例如，一条 if-then-else 语句只是一个 SLOC，但是包括多个交付的源指令。

可以将 KLOC 度量看作是衡量了源代码打印输出的量，但仅这样考虑，可能会不合理地低估 KLOC 的重要性。但是，难道 1 000 行程序代码的错误不会比 100 行代码的错误更多吗？开发 1 000 行的代码难道不会比开发 100 行的代码花更长的时间？自然，答案取决于特定代码的复杂程度。

使用源代码行作为度量标准的主要缺点之一是，只能在编写代码后才能对其进行测量。尽管可以根据经验在软件开发过程中就进行估算，但它的准确性远不及测量已经写好的代码。尽管如此，KLOC 是一种广泛使用的度量，并且在大多数情况下比什么都不测要好。此外，还有许多其他度量是从代码行中得出的。例如，密切相关的度量是增量 KLOC。增量 KLOC 是度量 KLOC 在固定时间段内的变化情况。这样的差异度量可能很有用，因为在项目开发后期,可以预期增量 KLOC 会相应减少。

8.1.2　圈复杂度

KLOC 度量的一个缺点是,它没有考虑所度量软件的复杂性。例如,与 100 行实时内核的代码相比,1 000 行的 printf 语句可能初始缺陷会更少。

为了尝试衡量软件复杂性,McCabe 引入了圈复杂度来测量程序控制流(McCabe,1976)。这个概念很适合过程式编程,但不一定适合面向对象的编程,尽管也有一些变体用于面向对象的编程(Coppick,Cheatham,1992),但此度量仍有两个主要用途:

① 指示模块在编码时逐步增加的复杂性,从而帮助程序员确定其模块的适当大小;

② 确定必须设计和执行的测试数量的上限。

确定圈复杂度是基于确定程序模块中线性无关路径的数量,表明复杂度随该数量增加而增加,而可靠性随之降低。

为了计算该度量,需要遵循以下过程。考虑一个程序的流程图,其中节点代表程序段,边代表独立路径。令 e 为边的数量,n 为节点的数量。则圈复杂度 C 的计算如下:

$$C = e - n + 2 \tag{8.1}$$

这是计算圈复杂度最常见的形式。

要了解一些基本代码结构的程序流与圈复杂度之间的关系可以参考图 8.1。例如,此处的指令序列具有 1 条边和 2 个节点,因此复杂度为 $C = 1$。这个很容易理解,因为没有什么代码比顺序的指令序列更简单了。另外,图 8.1 所示的特定 case 结构具有 6 条边和 5 个节点,此时 $C = 3$。C 的值较大也与以下观点相一致:具有 3 个可能路径的 case 语句比简单的指令序列更加复杂。

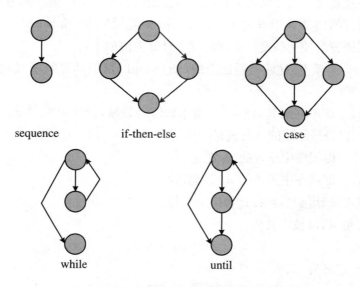

图 8.1　语言中语句和流程图的对应关系

(改编自 Pressman(2000))

示例　硬实时应用程序的圈复杂度

考虑惯性测量系统的陀螺补偿代码中提取的一段程序代码。图 8.2 中描述了模块 a、b、c、d、e 和 f 之间的过程调用。这里 $e = 9$，$n = 6$，因此圈复杂度 $C = 5$。

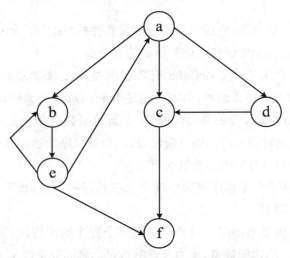

图 8.2　惯性测量系统的陀螺补偿代码的流程图

(Laplante，2003)

通过分析解析器生成的内部树结构，可以在编译过程中直接完成圈复杂度的计算，也可以使用商业工具方便地执行此分析。

8.1.3　Halstead 度量

圈复杂性的缺点之一是需要将复杂度作为控制流的函数来度量。但是复杂性也可以存在于程序设计语言的内部使用方式中。Halstead 的度量标准（Halstead，1977）测量了信息含量或使用编程语言的使用强度。不同的度量计算方法如下：

（1）找出 n_1　本质上，这就是语法上的 begin-end 对（或其等效项）的数量，称为"操作符"。

（2）找出 n_2　即不同语句（或称为"操作数"）的数量，语句由编程语言的语法确定，例如，在 C 语言中，以分号结尾的一行就是一个语句。

（3）计算 N_1　即程序中出现的 n_1 的总次数。

（4）计算 N_2　即程序中出现的 n_2 的总次数。

根据这些基本统计信息，可以计算以下度量。

程序的词汇量 n，可被定义为

$$n = n_1 + n_2 \tag{8.2}$$

程序长度 N 定义为

$$N = N_1 + N_2 \tag{8.3}$$

程序体量 V 定义为

$$V = N\log_2 n \tag{8.4}$$

程序的潜在体量 V^* 定义为

$$V^* = (2 + n_2)\log_2(2 + n_2) \tag{8.5}$$

程序级别 L 定义为

$$L = \frac{V^*}{V} \tag{8.6}$$

其中，L 是程序抽象程度的度量，人们认为增加此数量会增加软件的可靠性，但是，并没有对这种相关性的一般证明。

另一个 Halstead 度量衡量的是代码开发过程中所需的投入水平，编程工作量 E 定义为

$$E = \frac{V}{L} \tag{8.7}$$

再次地，降低投入水平可以增加可靠性，并且易于实施。在实践中，程序长度 N 很容易估算，因此在成本和资源估算中很有用。该长度也是对程序在语言使用方面程序"复杂性"的度量，因此也可以用于估计缺陷率。

Halstead 的度量虽然可以追溯到 30 年前，但仍得到广泛使用，并且可以使用软件工具完全自动化地确定。此外，通过相应地调整"操作符"和"操作数"的定义，Halstead 的度量既可以应用于程序代码也可以应用于需求规范。这样，可以从软件需求规范中生成比较统计信息。Halstead 的度量也已用于相关的应用程序，例如，识别两个程序相似性，看它们的结构是否相同，这一点在剽窃检测或软件专利侵权中特别有用。

8.1.4　功能点

功能点概念是在 20 世纪 70 年代末引入的，它可以替代基于源代码行数的简单度量（Seibt，1987）。功能点的基础是，随着开发出更强大的编程语言，执行给定功能所需的源代码行数将减少。但矛盾的是，如果不考虑这点，则成本/KLOC 度量会显示生产率下降，因为编程的固定成本在很大程度上是保持不变的。

一种解决方案是通过程序中或整个系统中的模块和子系统之间的接口数量来衡量软件的功能。功能点度量的一个重要优点是，它可以在任何编码发生之前，仅根据设计描述来计算。

每个软件模块、子系统或系统的以下 5 个特征表示其功能点：

① 输入数量（I）；
② 输出数量（O）；
③ 用户查询的数量（Q）；
④ 使用的文件数量（F）；
⑤ 外部接口的数量（X）。

接下来，考虑每个特征的经验加权系数，以反映它们在实施中的相对难度。例如，针对某类系统的一组加权系数，可能得出下面的功能点（FP）公式：

$$FP = 4I + 4O + 5Q + 10F + 7X \tag{8.8}$$

公式(8.8)中给出的权重可以根据经验进行调整,以考虑各种因素,如特定的应用领域和软件开发人员的经验。例如,如果 W_i 是权重系数,F_j 是"复杂度调整系数",而 A_i 是项目的计数,则 FP 定义为

$$FP = \left(\sum_i A_i W_i \right) \cdot \left(0.65 + 0.01 \sum_j F_j \right) \tag{8.9}$$

直观地讲,FP 越高,软件系统就越难实现。

还可以调整复杂度系数以适用于不同的应用领域,例如嵌入式和其他实时系统。通过回答 14 个标准问题(其答案的数字范围为 0~5),软件工程师可以确定复杂度因子调整,其中,

0 = 无影响

1 = 偶然的

2 = 中度的

3 = 平均的

4 = 显著的

5 = 重要的

例如,在惯性测量系统中,假设对工程团队进行问询,并获得了以下问题和相应的答案:

Q1 系统是否需要可靠的备份和恢复?

A1 "是的,这是一个关键系统;赋值为 4。"

Q2 是否需要数据通信?

A2 "是的,系统的各个组件之间通过 MIL-STD-1553 串行数据总线进行通信;因此,赋值为 5。"

Q3 是否有分布式处理功能?

A3 "是,赋值为 5。"

Q4 性能至关重要吗?

A4 "当然,这是一个硬实时系统;因此,赋值为 5。"

Q5 该系统是否可以在现有的、使用率很高的操作环境中运行?

A5 "在这种情况下,是的;赋值为 5。"

Q6 该系统是否需要在线数据输入?

A6 "是的,通过多个传感器;因此,赋值为 4。"

Q7 在线数据输入是否需要在多个屏幕或操作上构建输入事务?

A7 "是的,确实;赋值为 4。"

Q8 主文件是否在线更新?

A8 "是的,确实;因此,赋值为 5。"

Q9 输入、输出、文件或查询是否复杂?

A9 "是的,涉及相对复杂的传感器输入;赋值为 4。"

Q10 内部处理是否复杂?

A10 "显然,补偿算法和其他算法并不简单;因此,赋值为 4。"

Q11 该代码是否设计为可重用?

A11 "是的,前期开发成本很高,并且必须支持多种应用,投资才能获得回报;赋值为 4。"

Q12 在设计中是否包括转换和安装?

A12 "在这种情况下,是的;因此,赋值为 5。"

Q13 该系统是否设计用于不同组织中的多次安装?

A13 "不是在不同的组织中,而是在不同的应用程序中,因此,这必须是一个高度灵活的系统;赋值为 5。"

Q14 该应用程序的设计是否旨在便于用户的更改和易用性?

A14 "是的,一点没错;因此,赋值为 5。"

这些量化的答案总结在表 8.1 中。然后应用公式(8.9)可得出

$$FP = \left(\sum_i A_i W_i\right) \times [0.65 + 0.01 \times (6 \times 4 + 8 \times 5)]$$

$$= \left(\sum_i A_i W_i\right) \times 1.29$$

表 8.1　惯性测量系统复杂度问卷的量化答案(A1～A14)

回答	0	1	2	3	4	5
A1					×	
A2						×
A3						×
A4						×
A5						×
A6					×	
A7					×	
A8						×
A9					×	
A10					×	
A11					×	
A12						×
A13						×
A14						×
合计#	0	0	0	0	6	8

现在，假设根据软件需求规范确定项目（item）的数量如下：

$$A_1 = I = 5$$
$$A_2 = U = 7$$
$$A_3 = Q = 8$$
$$A_4 = F = 5$$
$$A_5 = X = 5$$

使用公式（8.8）中的加权系数以及 A5 的附加权重系数：

$$W_1 = 4$$
$$W_2 = 4$$
$$W_3 = 5$$
$$W_4 = 10$$
$$W_5 = 7$$

将它们代入公式（8.9）中，得出

$$FP = (5 \times 4 + 7 \times 4 + 8 \times 5 + 5 \times 10 + 5 \times 7) \times 1.29 \approx 223$$

为了进行比较以及作为项目管理工具，功能点也被映射到特定编程语言的相关源代码的相对行（Jones，1995）。表 8.2 中显示了这种映射。例如，与使用 C 之类的高级语言相比，使用汇编语言代码表达某种功能将花费更多的行（+ 150%），这在直觉上是可以接受的。在 $FP = 223$ 的惯性测量系统中，预计将需要约 28 500 行代码来实现该功能。反过来，用更抽象的语言（例如 C++）来实现相同的功能则只需要更少的代码（−50%）。基于编程的观察也可能适用于软件的维护以及可靠性。

表 8.2　编程语言和每个功能点的代码行数（改编自 Jones(1998)）

编程语言	代码行数/功能点
汇编	320
C	128
C++	64

诸如惯性测量系统之类的实时应用程序非常复杂，因此它们有许多复杂度系数评为"5"，而在诸如数据库应用程序之类的其他类型的系统中，这些系数会低得多。这明确陈述了关于嵌入式实时系统的开发和维护比非嵌入式系统代码更困难。

功能点度量本来是为在商业信息处理中开发的，而不是在嵌入式系统中使用。然而，一种特殊形式的功能点已在实时系统中，尤其是在大规模实时数据库、多媒体应用程序和 Internet 支持中被广泛使用（请参阅以下小节）。这些系统都是数据驱动的，其行为通常类似于基于事务的大型系统，而功能点最初就是为这些系统开发的。

国际功能点用户组（http://www.ifpug.org/，最后访问日期为 2011 年 8 月 23 日）维护着一个 Web 数据库，该数据库包含各种应用领域的加权系数和功能点值，可以用这些数据进行比较。

8.1.5 特征点

特征点是由软件生产力研究公司在 1986 年开发的对功能点的扩展。特征点解决了这样一个问题:功能点度量是为商业信息系统开发的,因此并不特别适用于实时系统,例如移动通信或工业过程控制。原因是这些系统表现出高度的算法复杂性,但是输入和输出相对稀疏。

特征点度量的计算方式与功能点类似,不同之处在于,公式(8.9)中增加了算法数量的新项 A6,加权系数为 W_6。此外,在公式(8.8)中添加了代表"算法"的"A"。

例如,假设项目数量与公式(8.8)中的相同,$A = 7$,则经验权重相应地为

$$W_1 = 3$$
$$W_2 = 4$$
$$W_3 = 5$$
$$W_4 = 4$$
$$W_5 = 7$$
$$W_6 = 7$$

则特征点度量FP^+为

$$FP^+ = 3I + 4O + 5Q + 4F + 7X + 7A \tag{8.10}$$

再举一个例子,考虑惯性测量系统。使用与之前计算相同的项数,假设算法的项数 $A = 10$。现在,使用相同的复杂度调整因子,FP^+ 的计算如下:

$$FP^+ = (5 \times 3 + 7 \times 4 + 8 \times 5 + 10 \times 4 + 5 \times 7 + 10 \times 7) \times 1.29 \approx 294$$

如果系统是用 C 语言编写的,则需要大约 3.76 万行代码(使用表 8.2 并使用 $FP^+ \rightarrow FP$ 替代),这显然比以前使用功能点度量所估算的更悲观。

8.1.6 面向对象软件的度量

尽管前面讨论的任何度量都可以用于面向对象的代码,尤其是方法中的代码,但其他度量标准更适合这种环境(Coppick,Cheatham,1992)。例如,已使用的一些度量包括:

① 每个类中的方法的加权计数;

② 继承树的深度;

③ 继承树中的孩子数量;

④ 对象类之间的耦合;

⑤ 方法缺乏内聚力。

与任何度量一样,获得收益的关键是一致性。

8.1.7　对软件度量的批评

许多软件工程师反对以已描述的一种或所有方式使用经验性度量。对于度量的使用，存在一些反对意见，例如，它们可能被滥用，或者既昂贵又不必要。例如，与原始代码行数有关的度量标准意味着语言功能越强大，看起来程序员的生产力就越低。因此，沉迷于基于代码行的代码编写可以被视为无意义的努力。

度量标准也可能由于粗心而被滥用，而这会导致错误的决策。最后，从滥用度量以"证明观点"的意义上，度量也可能会被滥用。例如，如果项目经理希望声称软件团队的某个特定成员"不称职"，他可以轻率地基于每天生成的代码行数来为此佐证，而不考虑任何其他因素。

另一个反对意见是，在没有清楚了解因果关系的情况下，衡量单一度量的相关影响是危险的。例如，尽管有许多研究表明，降低圈复杂性可以生成更可靠的软件，但还没有客观的方法可以证明。显然，关于编写良好的代码的复杂性和"意大利面式代码"的复杂性的争论是正确的，但是没有办法显示因果关系。因此，反对度量标准的人可能会争辩说，按这种逻辑对几家公司的研究表明，始终穿着蓝色衬衫的工程师编写的软件代码缺陷明显更少，那么公司就应该开始要求着装蓝色衬衫！这个例子当然很夸张，但其对相关性与因果关系的观点很明确。尽管在许多情况下这些异议可能是有效的，但软件度量标准到底是有用或有害，取决于对它们的使用方式（或滥用方式）。

对软件度量提出的反对意见表明，最佳实践需要与度量结合使用，其中包括确定度量的目的、范围和规模。另外，任何严肃的度量计划都需要将设置可靠的度量目标、定义适当的程序以及在整个软件生命周期中执行度量纳入项目管理计划。此外，创建一个积极的团队文化，鼓励和奖励诚实的测量和数据收集也很重要。

8.2　预测成本建模

在任何软件开发项目中，资源和成本估算都是必不可少的问题。Boehm 的算法 CO-COMO 是最被广泛使用和认可的资源估算工具，该算法于 1981 年首次推出（Boehm，1981）。COCOMO 是"构造性成本模型（constructive cost model）"的缩写，它是一种预测模型。这种可预测的性质使得可以在软件开发生命周期的早期就获得有意义的资源估算。原始 COCOMO 81 有 3 种形式：基本的、中级的且详细的以及最近发布的 COCOMO Ⅱ（Boehm 等，2000）。

8.2.1　基本 COCOMO 81

基本 COCOMO 81 是基于简单的 KLOC 度量（数千行代码）而制定的。简而言之，对于给定的软件，为完成该软件而付出的开发工作量（以人·月为单位）PM，是 L（KLOC 度量）以及两个经验参数 a 和 b 的非线性函数，a 和 b 将稍后解释。基本 COCOMO 81 的工作量公式可以表示为

$$PM = a \cdot L^b \tag{8.11}$$

其中，参数 a 和 b 是要开发的软件系统类型的经验函数，它们是根据代表项目收集的大量数据确定的。例如，如果软件系统是有机的，也即并没有大量嵌入硬件，则可以使用以下参数值：

$$a = 2.4$$
$$b = 1.05$$

另外，如果将系统视为半独立式的，也即部分嵌入的，则应使用以下值：

$$a = 3.0$$
$$b = 1.12$$

最后，如果系统是真正的嵌入式系统，即与底层硬件（如惯性测量系统）密切相关，则使用以下参数：

$$a = 3.6$$
$$b = 1.20$$

请注意，嵌入式项的指数 b 最高（$b=1.20>1.12>1.05$），从而导致在完成相同数量的代码行中需要最大的工作量。图 8.3 描绘了对不同软件类型估算，一些 KLOC 度量对 PM 的显著影响。

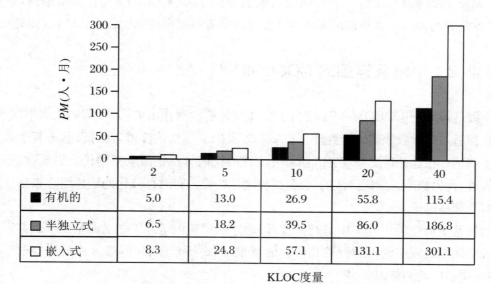

	2	5	10	20	40
■ 有机的	5.0	13.0	26.9	55.8	115.4
■ 半独立式	6.5	18.2	39.5	86.0	186.8
□ 嵌入式	8.3	24.8	57.1	131.1	301.1

KLOC度量

图 8.3　对不同类型的软件估算 PM 作为 KLOC 度量 $L \in \{2,5,10,20,40\}$ 的函数

回想一下,对于惯性测量系统,使用特征点,估计有 3.76 万行 C 代码。但是,如果我们使用公式(8.11)对此进行估计,则技术复杂度实际上会被重复计算,因为指数 1.20 基本上是基于与之前计算特征点的技术复杂度系数 1.29 相同的参数集。因此,我们必须按比例缩小特征点 294/1.29 = 228,并使用相应的 29 200 行 C 代码(表 8.2)的估计值。最后,使用公式(8.11)获得工作量估算:

$$PM = 3.6 \times (29.2)^{1.20} \approx 206.4（人·月）$$

基本 COCOMO 81 还提供了一个公式,在已有的相应 PM 时,用于估算开发整个软件的日历时间 DT(以月为单位)。为此,引入了另外两个经验参数 c 和 d。参数 $c = 2.5$ 与软件类型无关;而对应于有机软件、半独立软件和嵌入式软件,d 的值分别为 $0.38, 0.35$ 和 0.32。现在,可以将开发时间确定为

$$DT = c \cdot PM^d \tag{8.12}$$

继续以惯性测量系统为例,我们接下来可以使用公式(8.12)计算该项目将使用的估计月数:

$$DT = 2.5 \times (206.4)^{0.323} \approx 13.8（月）$$

根据估算的 PM 和 DT 值,现在可以确定所需的软件工程师数量 SE:

$$SE = \frac{PM}{DT} \tag{8.13}$$

公式(8.13)给出了惯性测量系统的情况:

$$SE = \frac{206.4}{13.8} \approx 15（人）$$

因此,需要 15 名软件工程师在大约 14 个月内完成这个高要求的软件项目(假设每月有 152 个工时)。但是,应该强调的是,基本 COCOMO 仅用于对项目成本和资源进行粗略的初步估算。Miyazaki 和 Mori 用一组实际项目数据评估了 COCOMO 81,并得出结论,最初的 COCOMO 显然高估了在他们的环境中开发软件所需的工作量(Miyazaki, Mori, 1985)。

8.2.2　中级且详细的 COCOMO 81

中级且详细的 COCOMO 81 给出了提高建模精度所作出的调整,例如考虑中间模型。一旦根据适当的参数和代码行数计算出基本模型的工作量估算值,就可以基于其他因素做进一步调整。在这种情况下,例如,如果要生成的代码行不是由全新的代码组成,而是包括设计修改、代码修改或集成修改的代码,则使用这些代码相对百分比的线性组合来创建一个自适应性调整因子。

然后基于两组因子对 PM 进行调整,即适应性调整因子和工作量调整因子。前者是要在系统中使用的程序代码的种类和比例的度量,即设计修改、代码修改或集成修改。相应地,给出了适应性调整因子 A:

$$A = 100 - 0.4 \times（\% \text{ 设计修改}）- 0.3 \times（\% \text{ 代码修改}）$$
$$- 0.3 \times（\% \text{ 集成修改}） \tag{8.14}$$

对于全新的软件组件,由于没有可重复使用的代码,因此 $A=100$。另外,如果在设计修改后重用了所有代码,则 $A=60$。设计、代码和集成修改后的代码重用比例不必总计为 100,除非所有代码都具有以某种方式被重用。例如,如果 10% 的代码按设计修改时重用,15% 的代码在代码修改时重用,20% 及以上在集成修改时重用,则

$$A = 100 - 0.4 \times 10 - 0.3 \times 15 - 0.3 \times 20 = 85.5$$

接下来,可以获得调整后的代码行数 L' 为

$$L' = \frac{L \cdot A}{100} \tag{8.15}$$

由此可以看到 A 的变化反映了在代码计数中有效调整的代码行数中重用的优势,例如,如果公式(8.15)中的 $A=90$,则 $L'=L \cdot 0.9$。现在在公式(8.11)中使用该 L' 代替原始 L。

可以根据具体案例相关的多种属性,对先前调整的代码行数 L' 进行调整以修正工作量调整因子,包括:

① 硬件属性,例如性能约束;

② 人员属性,例如应用程序开发经验;

③ 产品属性,例如所要求的可靠性;

④ 项目属性,例如使用的 CASE 工具。

这些属性中的每一个都分配有一个数字(典型值 0.8~1.5),具体取决于根据相对等级对这些属性进行的评估。然后,基于特定的软件类型,形成属性数值的直接的线性组合。这提供了另一个调整因子,称为 E。因此,第二个调整因子引起工作量调整的代码行 L'' 要基于以下公式计算:

$$L'' = E \cdot L' \tag{8.16}$$

最终得出增强的工作量公式:

$$PM'' = a \cdot (L'')^b \tag{8.17}$$

此外,详细模型与中间模型的不同之处在于,针对软件生命周期的每个阶段都使用了定制的工作量调整因子。

COCOMO 作为一个项目管理工具被广泛认可和尊重。即使没有真正理解经验模型的背景,也能够有效地使用它。COCOMO 软件可从市场购买,也可以从网上获取免费的易于使用的资源/成本计算器。

但是,COCOMO 81 的一个缺点是,它没有考虑到各种生产力工具的杠杆效应。此外,成本模型的估算几乎完全基于代码行数,而不是基于实际程序属性,而功能点可以体现实际的程序属性。但是,可以使用标准转换表(例如表 8.2)将特征点和功能点轻松转换为代码行数。

8.2.3 COCOMO Ⅱ

COCOMO Ⅱ 是 2000 年推出的对 COCOMO 81 的一次重大修订,以解决原始版本的一些明显的缺点(Boehm 等,2000)。较新的模型可以用于表达能力更强的编程语言以及更先进的软件生成工具,在相同的人工下,使用这些工具往往可以产生更多的代码。

此外,在 COCOMO Ⅱ 中,一些对项目的预计工期和成本有影响的重要因素被列为新的规模驱动因素。这些规模驱动因素被用来修改基本工作量方程中的指数 b:

① 架构/风险解决方案;

② 开发灵活性;

③ 工艺成熟度;

④ 项目的新颖性;

⑤ 团队凝聚力。

例如,项目新颖性和开发灵活性的规模驱动因素描述了许多与原始 COCOMO 81 调整因素中的相同的属性。

更详细的讨论 COCOMO 或使用 COCOMO 超出了此实时系统书籍的范围。与任何度量标准或模型一样,必须谨慎使用,并基于洞察力和经验。但是,使用这样一个经过充分验证的成本模型肯定比完全不使用成本模型要好。

Boehm 和 Valerdi(2008)对过去 40 年关于软件成本和资源估算的主要贡献进行了概述,对 COCOMO 和其他重要模型的发展进行了深入的讨论。

8.3　实时系统中的不确定性

在过去的 30 年中,嵌入式系统工程的重点已经从简单满足性能目标发展到针对不确定性进行设计。在本节中,将对实时系统中不确定性的不同性质进行研究。我们的重点是通过"泄密"的行为和"代码异味"来识别软件的不确定性。此外,还给出了管理、缓解甚至消除不确定性的实用技术。

本节改编自 Laplante(2004)。

8.3.1　不确定性的三个维度

如图 8.4 所示,实时系统存在 3 个主要的不确定性:时间、空间和行为。如果我们试图减少这些维度中任何一个不确定性,则其他两个维度中的至少一个不确定性将会增加。这种经验观察类似于量子力学中著名的海森堡测不准原理。

定义　海森堡测不准原理

不能同时知道粒子的精确位置和动量,如果试图确定一个,则会以牺牲另一个的确定性为代价。

根据定义,实时系统具有及时性的要求,并且在很大程度上,响应时间的不可预测性导致了实时系统的设计和分析的困难。量化时间的不确定性是主流实时系统研究的重点,并且此类研究的主要有用结果的代表是速率单调(RM)定理(在第 3 章中进行了讨论)。RM

定理指出,对于单个处理器上一组周期性的抢占优先级任务,最佳调度算法是分配任务优先级,使得执行率越高,优先级越高。但是,该定理仅在排除了非周期/偶发任务、互斥以及资源争用时才成立。当包含这些现实因素时,RM 定理就会失败,响应时间的不确定性开始增加。

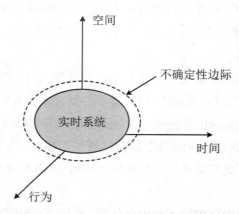

**图 8.4　一个具有不确定性的实时系统可以被视为具有时间、
空间和行为维度,并在所有这些维度有一些不确定性**

返回图 8.4,空间维度涉及处理实时系统管理的物理资源,包括其内存。就像海森堡的测不准原理一样,试图提高一个维度的确定性是以牺牲另一个维度的确定性为代价的。例如,试图将不确定的行为置于控制之下,会浪费空间(更多的内存或硬件)或计算时间。而偶尔通过提前终止某些迭代计算而在时间上"作弊",可能导致不确定的行为。

8.3.2　不确定性的来源

更仔细看一下图 8.4,并详细检查不确定性的潜在来源,尤其是沿着行为轴的不确定性。为此,我们将实时系统视为基于状态的转换,当前状态接受一组输入转化到新的状态并产生相应的输出集。这些基本要素中的每一个都可能包含不确定性。例如,可以在系统的任何输入中找到不确定性。同样,系统状态随时可能不确定,导致失去控制(但每个控制系统必须始终保持稳定)。从一种状态到另一种状态的转换也可以是不确定的,即不能肯定的。此外,在设计不当或误用的实时系统中,操作环境的输出并非总是可预测的。最后,实时系统通常必须与不确定的环境交互。

环境不确定性可能源自很多方面。例如,它可能是由混沌的受控系统(SUC)引起的。混沌系统是指输入中的微小变化会导致状态行为和输出发生根本变化的系统。因此,混沌系统给实时系统工程师带来了巨大的挑战。使情况更复杂化的事实是,从实时系统到 SUC 的输出损坏甚至会导致 SUC 看起来混乱。例如,经典的倒立摆或车杆控制问题会由于其固有的不稳定性而造成环境不确定性。

另一种形式的环境不确定性来自于粗心定义、不完整或不一致的软件需求。如果不能消除这种不确定性,则会导致已实现系统中的隐性不确定性。

此外,还有一种不确定性来自物理环境,例如,太空中的单个事件扰乱或军事战场条件下的各种特殊性。当然,控制物理环境通常是不可能的。因此,任何实时系统都必须构造成对环境影响具有足够的耐受性(或健壮性)。

测试过程也会导致一种环境不确定性。应该尝试使用测试来控制所有的不确定性来源并验证应对机制。但是,测试本身也有固有的不确定性,例如,测试覆盖范围是否足够或者所采用的测试策略是否正确是无法确定的。实际上,实时系统已通过一些测试套件,并不意味着该系统将 100% 无缺陷。

输入到实时系统的数据的不确定性通常是由设备故障、干扰、噪音、数据采集错误等引起的。但是,还有某些不良输入可能是操作环境,而不是受控系统导致的。在任何情况下,实时系统工程师都绝对不能信任系统的外部输入——使用前需要对其进行完整性检查、验证或过滤。

实时系统的输出也会因设备故障和数据转换错误而损坏,从而给受控系统带来不确定性。此外,实时系统也会从受控系统中接收到损坏的输入,而这种损坏实际上是基于其自身的损坏的输出。

在任何时候,对于一组给定的输入和当前状态,我们应该能够正确预测实时系统的下一个状态。但在输入或当前状态不确定的情况下,并不总是成立的。例如,由单个事件翻转、指针误用或"假"中断等导致的程序计数器的意外跳变可能导致状态不确定。由于我们无法查看"黑匣子"的内部,因此我们永远无法确定状态的完整性。

总体而言,行为不确定性是一类广泛的不确定性,包括时间和调度问题、组件行为的不确定性以及所使用编程语言的不确定性。

时间不确定性源于以下事实,即系统从输入集和当前状态转换到输出集和新状态所需要的时间不一定是确定性的。在这里,我们面临一个难题:大多数任务调度问题都是 NP 完全的或 NP 难的,因此没有直接的解决方案。

此外,现成的或遗留的硬件/软件中组件行为的不确定性是经常遇到的现实。但是,有些技术可以帮助减少这种不确定性。例如,如果源代码可用,则可以使用故障注入来检查软件组件。在这种实验技术中,故意在软件的关键点创建错误,以查看错误是如何在整个代码中传播的(Voas,McGraw,1998)。其他方法将结合对现成的或遗留的组件进行严格测试,而不是依赖于可能的二手信息。

另一种行为不确定性是由编程语言及其编译器引起的。例如,在面向对象的语言中,组合比继承更受欢迎。然而,前者会产生更多不确定的行为,并且难以测试。在面向对象和过程式编程的约定中,无界的递归、无效和不可访问的代码、无界的 while 循环以及遗留的调试语句都可能导致不确定的行为。显然,了解编译器和运行时支持代码的行为方式对于控制此类不确定性至关重要。

8.3.3　识别不确定性

实时系统的不确定性行为可能非常明显。奇怪的输出、延宕的系统、错过的中断以及偶发的死锁都是不确定性的表现形式。问题在于,并不总是很清楚不确定性是存在于环境、输入、输出、状态中还是系统行为中的。一种用于识别不确定性来源的潜在技术是通过代码异味。代码异味是指对不良设计或编码风格的某种主观度量（Mäntylä 等，2004）。更具体地说，该术语涉及可观察到的迹象，这些迹象表明需要代码重构——为改善软件的某些功能而进行的行为保护性代码转换，这可通过代码异味来证明。

一个暗示行为不确定性的传统代码异味涉及在 while 循环或其他循环中实现的定时延迟。这些软件延迟依赖于循环构造的计算成本，加上主体代码的执行时间来实现特定的延迟。这里的问题是，如果底层的计算机体系结构或指令执行的特征发生变化，则延迟长度将被无意中更改，从而导致时间的不确定性。显而易见的解决方案是使用实时操作系统（RTOS）提供的一些可靠的计时机制。

不确定性的另一个迹象是可疑的约束。这种特殊的代码异味涉及响应时间的约束，这些约束来自可疑的或不可归因的来源。在某些情况下，实时系统具有特定的截止期限，这些截止期限仅基于猜测或基于某些已被遗忘并且被消除的需求。重构是为了发现这种约束的真正原因。如果可以确定来源，则约束条件可以放宽。

推测性扩充点的代码异味与钩子和特殊情况有关，这些钩子和特殊情况内置于代码中以处理当前不需要的事物（不确定是否需要它们）。实时系统不应包含任何"假设"代码，因为它可能导致测试异常，并可能导致无法到达的代码。

此外，可疑的注释代码异味涉及过多的注释，或倾向于对代码过度阐释。阐释性的注释通常指示严重问题。那些明确承认不确定性的注释，例如"不要删除这段代码"或"如果删除此语句，则代码不起作用，我不知道为什么"（我们已经在真实的"工业级"的代码中看到过这些注释），自然会引起注意。这类非专业的注释表明可能存在隐藏的时间问题。在任何情况下，重构都涉及重新编写代码，这样就不再需要这种模糊的注释。

除了上述代码异味，Mäntylä 等（2004）还提出了面向对象编程的三种典型的异味指示器，即大型类、长参数列表和重复代码，用于自动代码分析。

8.3.4　处理不确定性

如果管理得当，实时软件的不确定性可以随时间而减少，但是如果不加注意，它很可能会随时间增加。我们已经探索了通过重构由异味指示的代码来减少不确定性的方法。同时还有其他有用的技术。

由不良需求导致的环境不确定性可以通过一致性检查和基于目标的需求分析进行管理。在这种情况下，目标是业务、组织或系统的高层目标；需求指定了所建议的实时系统应如何实现目标。其他形式化方法也可能帮助实现相同的目的（Hinchey，Bowen，1999）。

对于不确定的输入，典型的解决方案包括使用平均法、中值滤波器、卡尔曼滤波器、数据融合、回滚和恢复块。这些通用技术也可以控制输出的不确定性。

在基于状态的不确定性的情况下，除了已经提到的重构之外，模型检查和黑匣子记录器也会有帮助。模型检查是一种使用有限状态机来验证状态行为的形式化方法（Chandra 等，

2002)。而软件黑匣子是一种运行时工具，它使用检查点来记录函数转换（Elbaum，Munson，2000）。记录的转换用于后期分析，以确定导致特定故障的最可能的执行序列。

另一种形式的执行时间不确定性可能是由各种截断和舍入错误逐渐累积（软件运行太久）而引起的。这些可以通过定期停止和重启系统来进行管理。这种钝化的技术被称为"返老还童"（Bernstein，Yuhas，2005），但是，应谨慎使用这种方法。

不确定性是实时系统普遍且持久的特性。由于受控系统的复杂性以及不确定的操作环境，完全消除不确定性几乎是不可能的（Littlewood，1994）。但是，与其承认失败，不如采取积极主动的方法来降低不确定性。这种方法首先要确认不确定性的存在，然后确定其主要原因，以便设计出有效的缓解策略。每个缓解策略最好是定制设计的解决方案。表8.3总结了实时系统中各种不确定性、它们的典型症状、可能的原因以及潜在解决方案。

表8.3　一些种类的实时系统的不确定性的典型症状、可能的原因和潜在解决方案（Laplante，2004）

	环境不确定性		
不确定性的种类	典型症状	可能的原因	潜在解决方案
受控系统	奇怪的输入或输出	应用的性质；硬件出错	使用容错设计
操作环境	奇怪的输入或输出	湿度、温度或电磁干扰	使用容错的设计和实现方法
需求	不良需求、过多的"不确定"	不一致的或不完整的需求	基于目标的需求分析、形式化的一致性检查
测试	通过测试的系统在实用时出错	糟糕的测试方案或覆盖不完整	改进测试过程
输入	奇怪的行为、阐释性评论	不稳定的输入源、有缺陷的硬件	平均法、中值滤波器、卡尔曼滤波器、数据融合、回滚和恢复块
输出	奇怪的行为、阐释性评论	硬件有缺陷；受控系统的输入被破坏	平均法、中值滤波器、卡尔曼滤波器、数据融合、回滚和恢复块
状态	奇怪的行为、阐释性评论	程序计数器跳转、指针错误、假中断	模型检查、软件黑匣子、所有中断的中断服务程序
	行为不确定性		
不确定性的种类	典型症状	可能的原因	可能的解决方案
时间和调度性	可疑的约束、错过最后期限、阐述性评论	推测性扩充点、循环中的延迟或失效的现成组件	模型检查、使用RTOS提供的定时设施、故障注入
语言	阐述性评论	编译器引入的错误	验证编译器、提高编程技术
现成组件	错过最后期限、莫名其妙的失败	软件或硬件测试不佳、虚假的广告宣传	故障注入、软件黑匣子

8.4　容　错　设　计

实时系统中的容错是在出现硬件或软件故障的情况下,能够继续运行的趋势(Koren,Krishna,2007)。有时,例如由于传感器故障,可能有必要将功能质量降低到最低的可接受水平。在实时系统中,容错也包括将硬实时期限转换为软实时期限的设计选择。这些是在中断驱动的系统中遇到的,它可以检测错过的截止期限并做出反应。

容错旨在提升嵌入式系统初始可靠性,可以分为空间或时间两类。空间容错包括涉及冗余硬件和/或软件解决方案的方法,而时间容错则涉及允许对错过的最后期限容错的各种技术。在这两种方式中,时间容错更难实现(通常是不可能的),因为它需要精心设计算法。

8.4.1　空间容错

通常,可以通过某种形式的基于冗余硬件的空间容错来提高实时系统的可靠性。在典型的方案中,使用两对或更多对冗余硬件设备为系统提供输入。每个设备都会将其输出与其伙伴硬件进行比较。如果结果不相等,则该对设备就宣布自己出错,它们的输出将被忽略。一种替代方法是使用第三个设备来确定其他两个设备中的哪一个是正确的。在这两种情况下,不可避免的代价是成本、空间和功率需求的增加。

也可以在软件中使用各种投票方案(Bass 等,1997),以提高算法的健壮性。通常,处理来自多个来源的类似的输入,并还原为实际值的某种最佳估计,例如,可以通过卫星定位系统的信息、惯性导航数据和地面信息来确定一架飞机的位置,然后使用数据融合技术对这些互补的读数进行合成(Varshney,1997)。

此外,重要的是仅对实时系统中的那些众所周知的灾难性故障的重要来源的部分建立冗余。在那些不太可能出现故障的部件中实施容错只是浪费金钱和资源,尽管这些故障一旦发生将是灾难性的。这个问题将在下面的小故事中讨论。

小插曲　容错但无故障

考虑图 3.17 所示的电梯组控制系统,可以很容易指出 3 个区域特别容易发生严重故障:

F1　从呼梯按钮到组分派程序的接口;该接口中的故障将会导致部分或全部厅门呼叫不能获得呼梯分配。

F2　组分派程序和各个电梯控制器之间的通信链接;串行链路中的故障不可能将已登记的呼梯呼叫分配给一台或所有的电梯。

F3　组分派程序本身;如果分派程序计算机发生故障,则整个呼梯分配过程将突然终止。

因此,在最坏的情况下,这些故障可能会导致灾难性的情况,在该情况下,电梯组不会为任何乘客提供服务。想像一下早高峰,当大量员工在一小时左右的时间内进入一座 40 层的办公楼,而这 3 个区域(低层、中层或高层)中的一个却没有电梯提供服务!

在两侧有多个电梯的大堂中,通常通过在大堂两侧都包括冗余的上行和下行按钮来处理潜在的厅门呼叫接口问题(F1)。此外,这两组按钮通过独立的 I/O 通道连接到组分派程序。如果其中一组接口出现故障,另一组呼梯按钮仍可运行。

按照类似的思想,无需进一步分析,也可以通过冗余为通信链路故障和组调度程序故障(F2 和 F3)提供容错能力。图 8.5 说明了此增强功能,其中包括备份的通信链路和备份的组调度程序(Ovaska,1998)。这些冗余的硬件/软件扩展经过了精心的设计和实施,成功的实时系统也已经投入运行多年。那么,这个小故事有什么意义呢?

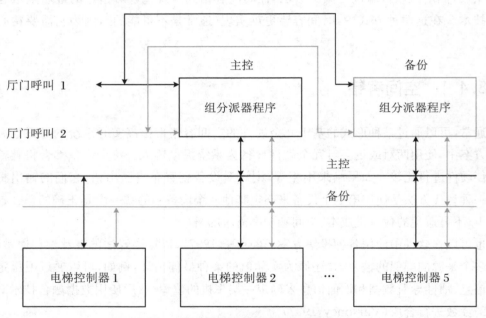

图 8.5 电梯组控制系统的容错版本

的确,术语"容错"由两个基本部分组成:导致出错的"故障"和消除其影响的"容错"。虽然图 8.5 所示的电梯系统可以对故障 F1～F3 进行容错,但这里的重点是,后来认为这些故障实际上是不存在的。绝大多数已记录的硬件故障出现在与电梯控制器的外部操作环境接口的 I/O 部分中。而计算机故障和内部通信链路的故障在此特定产品中发生的可能性很小。因此,备份组件花费了开发、材料、组装和测试费用,但没有提供任何明显的好处。

我们的结论是,在计划增强任何容错措施之前,应客观、彻底地评估与应用相关的故障概率和严重性问题。

另一种增加容错能力的方法是使用软件检查点(Saglietti,1990)。在该方案中,出于诊断目的,在程序代码中的固定位置,将中间结果写入内存中(图 8.6)。这些特殊位置称为检查点,可以在系统验证期间和系统操作期间使用。如果仅在测试期间使用检查点,那么这种额外的代码称为测试探针。而测试探针会为实时系统引入微妙的时间问题。

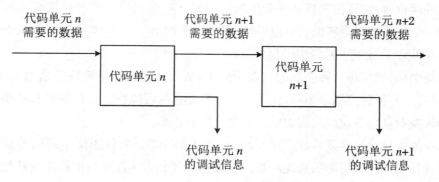

图 8.6 检查点的实现(Laplante,2003)

通过在软件中使用检查点和预先确定的复位点,可以进一步提高容错性。这些复位点标志着实时软件中的恢复块。在每个恢复块的末尾,将测试相应检查点的"合理性"。如结果不合理,则使用先前的恢复块继续处理(图 8.7)。当然,问题的关键是,某些硬件设备(或与所讨论过程无关的另一个过程)向该块提供了错误的输入。通过在该块中重复处理,可能有效地使用输入的数据,将不会再发生"软"错误。

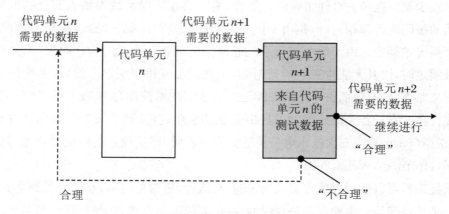

图 8.7 恢复块的实现(Laplante,2003)

在过程块方法中,每个恢复块代表对正在测试的块的一个冗余并行过程。尽管此策略提高了系统可靠性,但因检查点以及重复处理块而增加的开销,可能对实时性能产生严重影响。

8.4.2 软件黑匣子

软件黑匣子与检查点相关,在某些关键任务系统中用于恢复数据,以分析已发生灾难的原因,防止将来再次发生灾难。软件黑匣子的目的是确定导致软件故障的事件序列,以识别错误的程序代码(Elbaum,Munson,2000)。软件黑匣子记录器本质上是一个检查点,在程序执行过程中记录并存储行为数据,同时试图使对该执行的影响最小化。

程序功能的执行导致一系列模块转换,这样,可以将实时系统描述为模块以及它们的互动。当软件运行时,它将控制权从一个模块传递到下一个模块。这种将控制权从一个模块交换到另一个模块被称为转换。可以以图形方式,使用 $N \times N$ 矩阵从这些转换中创建调用图,其中,N 表示系统或子系统中的模块数。

调用每个模块时,每个转换都记录在矩阵中,从而在转换频率矩阵中递增关联的元素。由此,可以导出后验转换概率矩阵,记录一个转换发生的可能性。转换频率和转换矩阵指示观察到的转换数量以及这些数据中缺少某些序列的概率。

在系统发生故障且恢复软件黑匣子后,分析才能开始。软件黑匣子解码器根据在转换矩阵中的执行频率生成可能的功能场景。生成过程尝试将执行序列中的模块映射到特定功能,从而隔离可能的故障原因。

8.4.3 N 版本编程

实际上,在任何复杂的系统中,都可能进入系统失效或锁定的状态。这通常是由软件中某些未经测试的控制流所致,没法完全避免。也就是说,已经违反了事件确定性。

为了减少发生这种灾难性错误的可能性,有时会在实时系统中加入冗余的处理器。这些处理器的编码规范都相同,但是由不同的编程团队进行编码。因此,在相同情况下,不可能有多个系统被锁定。由于每个冗余系统通常都会重置一个看门狗计时器,因此当其中一个系统被锁定时,因其无法重置它的计时器,很快就会变得很明显。然后,系统中的其他处理器可以忽略该处理器,而整个系统继续运行。这项技术被称为 N 版本编程(Teng,Pham,2002),在许多开发任务关键系统的项目中已成功应用,包括航天飞机的通用计算机。尽管如此,帕纳斯(Parnas)在安大略水电公司的案例中表明,即使独立的编程团队也可能产生相关的结果(Hoffman,Weiss,2001)。

冗余处理器可以使用表决方案来决定输出,或者,更常见的是,有两个处理器,一个主处理器和一个从处理器。主处理器是在线的,并将实际输出发送到受控系统,而从处理器则离线地跟踪主处理器。如果检测到主处理器被挂起,则从处理器将接管主处理器并上线。

8.4.4 内置测试软件

内置测试软件(BITS)可以通过提供底层硬件的在线诊断数据供软件进一步处理来提高容错能力。BITS 在嵌入式系统中尤其重要。例如,如果板载测试电路确定一个 I/O 通道运行不正常,则该软件可关闭该通道,并将 I/O 重定向到另一个通道。尽管 BITS 是嵌入式系统的重要组成部分,但它可能会大大增加最坏情况下的时间负载分析。在选择 BITS 以及在分析由该附加软件所增加的 CPU 使用率时,必须考虑这一点。

在一个关键的嵌入式系统中,应定期检查 CPU 的运行状况。可以执行一组精心构造的测试,以验证其指令集在所有寻址模式下的有效性。这种全面的测试套件非常耗时,因此应降级为后台处理。在每个子测试期间都应禁用中断,以保护正在使用的数据。

尽管如此,使用 CPU 测试自身仍存在悖论问题。例如,如果 CPU 在其指令集中检测到错误,它能被信任吗? 另一方面,如果 CPU 没有检测到实际存在的错误,那么这也是一个悖论。但是这种矛盾不应成为省略 CPU 指令集测试的理由,因为在任何情况下,检测到的错误都是由测试本身或基础硬件中的某些故障引起的。

所有类型的存储器,包括非易失性存储器,都可能因静电放电、功率突增、振动或其他物理原因损坏。这种损坏可以表现为存储在存储单元中的数据发生变化,也可以表现为对该单元的永久损伤。在太空中,一个特殊问题是,随机遇到的电荷粒子会破坏 RAM 和 ROM,而在地球上,这种单粒子翻转通常不会发生,因为要么地球电磁场会偏转有问题的粒子,要么粒子的平均自由路径不足以到达地球表面。

对内存内容的损坏为软错误,而对单元本身的损坏则是硬错误。嵌入式系统工程师特别关注的是可以检测到发生错误的存储单元并纠正它的技术。

对 ROM 的内容的检查,通常通过将其原始校验和与新计算出的校验和进行比较来进行。原始校验和通常是所有程序代码存储位置的简单(溢出)二进制加法,在链接时计算并存储在 ROM 中的特定位置。可以在空闲周期或后台程序重新计算新的校验和,并将其与原始校验和进行比较。任何偏差都应报告为存储器错误。

简单的校验和不足以对大容量进行可靠的错误检查,因为偶数个位置的错误都会导致错误消除。例如,两个不同存储位置的第 4 位错误可能会在整个校验和中抵消,从而导致检测不到错误。此外,尽管可能会报告错误,但是仍然不知道错误在内存中的位置。

一种更可靠的检查 ROM 类型内存的方法是使用循环冗余码(CRC)。CRC 将存储器的内容视为长的比特流,并将每一比特视为消息多项式的二进制系数(Moon,2005)。另一个低阶(例如 16 阶)的二进制多项式被称为生成多项式,使用生成多项式去除(模 2)该消息,从而产生商和余数。在除之前,对于生成多项式中的每个项(系数是 0 或 1),消息多项式将附加和生成多项式阶数相同个数的零。零填充之后,模 2 除法得到的余数就是 CRC 校验值,商则被丢弃。广泛应用的 CRC-16(CCITT)生成多项式为

$$X^{16} + X^{12} + X^5 + 1 \qquad (8.18)$$

而替代的 CRC-16(ANSI)生成多项式为

$$X^{16} + X^{15} + X^2 + 1 \qquad (8.19)$$

这些 CRC 可以检测所有的 1 位错误以及几乎所有的多位错误,但是无法精确定位。例如,假设 ROM 由 64 kB 的 16 位宽的存储器组成。公式(8.19)的 CRC-16 用于检查存储器内容的有效性。在此,全部存储器内容表示最多为 $65\ 536 \times 16 = 1\ 048\ 576$ 阶的多项式。只要能保持一致性,多项式是高内存还是低内存无关紧要。由于使用 CRC-16,在将多项式附加 16 个 0 之后,多项式最多为 $1\ 048\ 592$ 阶。然后,将这个消息多项式除以生成多项式 $X^{16} + X^{15} + X^2 + 1$,得到商和余数,丢弃商,保存余数,也即所期望的 CRC 值。

由于 RAM 的易失性,所以简单的校验和/或 CRC 并不可行。防止内存错误的一种方法是为它配备用于实现某些汉明码的额外位(Moon,2005)。根据额外的位数(称为校正

子),可以检测甚至纠正一位或多位的错误。这种有效的编码方案也可以用于 ROM。

实现汉明码错误检测和校正(EDC)的集成电路已在市场上销售。在正常的存储器获取或保存期间,数据必须先通过 EDC 芯片,然后才能进入或退出存储器。此外,芯片将数据与校验位进行比较,并在必要时进行校正。该芯片还设置了一个可读的标志,该标志指示检测到一位或多位错误。但是请注意,在读取周期内不会在存储器中纠正错误,因此,如果再次读取了相同的错误数据,也必须再次进行纠正。但是,当数据存储到内存中时,可将计算数据的正确校验位与数据一起存储,从而修复所有错误。这个过程称为 RAM 刷洗(Mariani,Boschi,2005)。

在 RAM 刷洗中,只需读取和写回 RAM 单元的内容。错误检测和纠正在系统总线上进行,要纠正的数据会重新加载到中间寄存器中。将数据写回到存储位置后,将存储正确的数据和校验子。因此,该错误在存储器中以及在总线上被纠正。例如,在航天飞机的惯性测量单元(Laplante,1993)上使用了 RAM 刷洗。EDC 的明显缺点是该方案需要额外的内存(每 16 位需要另外的 6 位),如果进行错误校正,则每次访问的时间损失约为 50 ns。最后,无法纠正多位错误。

在没有 EDC 硬件的情况下(大多数嵌入式系统中通常如此),可以使用简单的技术来验证 RAM 型存储器的完整性。这些测试通常在初始化时运行,但是如果适当地禁用了中断,它们也可以在慢周期中实现。通常需要对地址和数据总线以及存储单元进行测试。这是通过向每个存储器位置写入然后读回某些位模式来实现的。通过仔细选择位模式,可以检测到任何卡住的故障以及接线之间的串扰。总接线并不总是沿着位位置放置的,因此可能会出现各种串扰情况。

在嵌入式系统中,A/D 转换器、D/A 转换器、模拟和数字多路复用器、数字 I/O 等可能需要在每次上电后测试,在使用过程中也需要不断测试。这样的接口模块可以配备有内置的看门狗计时器电路,以指示设备仍处于在线状态。该软件可以检查看门狗定时器是否溢出,或者重置相应的设备或指示特定的故障。

8.4.5 伪中断和错过的中断

并非由于时间过载而引起的无关的中断和不必要的中断称为伪(或"幻象")中断。这样的中断会破坏算法的完整性,并导致运行时堆栈溢出或系统崩溃。伪中断是由硬件噪声、功率突增、静电放电或单粒子翻转引起的。类似的原因也可能导致错过中断。在这两种情况下,硬性的实时最后期限都可能被破坏,从而导致系统失败。因此,目标是将这些硬错误转换为某种可容忍的软错误。

通过使用冗余的中断硬件以及投票方案,可以对伪中断容错。类似地,发出中断的设备可以发出冗余检查,例如使用直接内存访问(DMA)发送确认标志。接收到中断后,处理程序例程将检查冗余标志。如果设置了标志,则中断是合法的。然后,处理程序应清除该标志。如果未设置该标志,则该中断是伪中断,并且该处理例程应快速有序地退出。相对于所获得的好处,检查冗余标志的额外开销可以忽略。当然,应该分配额外的堆栈空间,以便每个周期至少允许一个伪中断,以避免堆栈溢出。重复的伪中断导致的堆栈溢出称为"死亡螺旋"。

错过的中断更难以处理。可以构造软件看门狗定时器,必须由相关任务设置或重置。以更高优先级或更快速度运行的任务可以检查这些内存位置,以确保可以正确访问它们。如果不行,则可以重新启动已失败的任务,或者指示错误。面对错过的中断时,维持完整性的最可靠方法是通过设计健壮的算法,但是该主题超出了本书讨论范围。

8.5　软件测试和系统集成

漏洞、缺陷、故障和失败这些常用术语之间存在微妙的差别。实际上,不鼓励使用"漏洞",因为它某种程度上暗示着错误不是因为人的原因而进入程序中的,这当然是不正确的。对于需求、设计或程序代码中的错误,首选术语是"错误"或"缺陷"。此外,在软件系统的操作过程中出现的缺陷称为故障。导致软件系统无法满足其所有要求的故障就是失败。

软件的验证和检查是开发过程的关键阶段。一方面,验证确定软件开发过程的某一阶段的结果是否满足上一阶段建立的要求。因此,验证回答了以下问题:"我是否是按照指定的方式构建了软件?"

另一方面,根据用户的明确需求和要求,检查确定最终软件的正确性。因此,检查回答了以下问题:"我是否构建了正确的软件?"

测试是使用已知的输入(激励)和输出(响应)来执行一个程序或部分程序,输入和输出都经过预测和观察,目的是发现故障或未达标的要求。

尽管有效的测试应该是为了清除错误,但这只是其目的之一。另一个是增加对软件系统的信任。也许曾经一度认为软件测试是为了消除所有错误,如以下小故事所示。但是测试只能检测到错误的存在,而不能保证错误不存在。因此,永远无法知道何时检测到所有错误。相反,通过确保软件满足其要求,即使仍然可能包含未检测到的错误,测试也能够增强对系统的信心。这个目标强调了坚实的设计技术和完善的需求文档。此外,必须创建一个正式的测试计划,用于提供确定系统是否满足要求的标准。

小插曲　消除所有错误或被解雇!

一个最新的嵌入式控制系统已交付给测试客户。但由于时间问题,该软件没有经过全面测试,嵌入式系统的用户几乎每天都会发现一个新错误。显然,客户很不高兴。一个晚上,将系统出售给该客户的区域经理致电负责软件的工程师。区域经理想知道"何时可以纠正最后一个错误。"然后软件工程师如实回答"我不知道,没有人会知道。"这个直率的回答使该区域经理非常不高兴,他立即致电工程部副总裁,并要求他解雇这样一个无礼的工程师。

幸运的是,检测到的错误率开始急剧下降,并且在几周后,客户不再抱怨。因此,对新软件的信心达到了令人满意的水平,尽管可能仍未清除所有的错误。此外,这位无畏的软件工程师并未被解雇,但他肯定学会了在未来的项目中应投入更多的精力进行测试。

Patton(2006)提供了对软件测试的深入介绍。此外,Glass 等(2006)对软件测试和行业提出了 5 种发人深省的观点。

8.5.1　测试技术

有各种各样的测试技术可以用于单元级和系统级测试以及集成测试。有些技术可能是可互换的,而另一些则不能。对于实时系统,这些测试技术中的任何一种可能都有不足,或者在计算上不可行。因此,通常采用多种技术的某种组合。最近,出现了商业和开源的用户引导的测试用例生成器。这些工具,例如 XUnit(Meszaros,2007),可以极大地促进许多测试策略的使用,这些测试策略将在下面讨论。

可以使用几种方法来测试单个模块或代码单元。单元作者或独立的测试团队可以使用这些技术来测试系统中的每个代码单元。相同的技术也可以应用于子系统,即与同一功能相关的模块的集合。

在黑盒测试中,仅考虑代码单元的输入和输出,完全忽略如何基于一组特定的输入产生输出。这种技术独立于模块,可以应用于具有相同功能的任意数量的模块。但是,这种技术并不能深入了解程序员实现模块的方法。因此,无法检测到无效或不可达的代码。

对于每个模块,需要生成许多测试用例。该数量取决于输入的数目、模块的功能等。如果模块未能通过单个模块级测试,则必须修复检测到的错误,并且重新运行先前的所有模块级测试用例,以防止修复引起其他错误。

一些广泛使用的黑盒测试技术包括:

① 穷举测试;

② 边界值测试;

③ 生成随机测试用例;

④ 最坏情况测试。

使用黑盒测试技术的一个重要方面是,需要明确定义软件模块的接口。这进一步强调了需要将 Parnas 分区原则(在第 6 章中讨论过)应用于模块设计。

暴力测试或穷举测试涉及为每个代码单元提供所有可能的输入组合。在少量输入(每个输入都具有有限的输入范围)的情况下,穷举测试效果很好,例如,评估少量的布尔输入的代码单元。但是,穷举测试的一个主要问题是测试用例数量的组合爆炸。例如,对于将要处理原始加速度计数据的程序代码,将总共需要 $2^{16} \times 2^{16} \times 2^{16} = 2^{48}$ 个测试用例(3 个 16 位加速组件 a_x、a_y 和 a_z),这是不合理的。

边角案例或边界值测试解决了组合爆炸的问题,即仅测试被标识为输入空间中有意义的"边界"的输入组合。例如,考虑具有 5 个不同输入的代码单元,每个输入都是一个 16 位带符号整数。使用详尽的测试来进行此代码单元的测试将需要 $2^{16} \times 2^{16} \times 2^{16} \times 2^{16} \times 2^{16} =$

2^{80}个测试用例。但是,如果将测试输入限制为每个输入的最小值、最大值和平均值的组合,则测试集仅将包括3^5即243个测试用例,这是一个合理的数目。这种规模的测试集可以通过自动生成测试用例来轻松处理。

随机测试用例或者基于统计的测试可用于单元级和系统级测试。这种测试涉及在一段时间内将代码单元置于大量随机生成的测试用例中。这种方法旨在模拟软件在实际情况下的执行。

随机生成的测试用例基于确定预期输入的基本统计信息。此类基本统计信息通常是由类似系统的专家用户收集的,或者,如果不存在这样的专家用户,则根据猜测确定。从理论上讲,如果能够在受控环境中模拟软件系统的长时间运行,则可以提高系统的可靠性。这种技术的主要缺点是输入变量的基本概率分布函数可能不可用或不正确。此外,随机生成的测试用例很可能会漏掉发生概率很小的特殊条件。

病态案例或最坏案例测试是处理那些被认为非常不寻常甚至不大可能发生的测试场景。通常情况下,这些特殊案例恰好是那些代码设计不当,并会因此失败的情况。例如,在惯性测量系统中,虽然系统不太可能达到以16位缩放数表示的最大加速度,但仍然需要测试这种最坏的情况。

当然,黑盒测试还有许多其他形式,包括等价类测试、配对测试和基于决策表的测试(乔根森,2008)。

黑盒测试的一个明显的缺点是,它无法识别不可达或无效的代码。此外,它可能不会测试模块中的所有流路径。另一种看法是,黑盒测试仅测试预期发生的事情,而不测试非预期的事情。而透明盒、玻璃盒或白盒测试技术可用于解决此问题,图8.8显示了黑盒测试和白盒测试的根本区别。

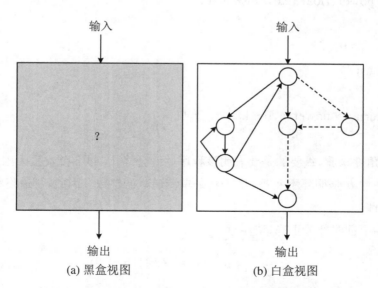

(a) 黑盒视图　　　　　　(b) 白盒视图

图8.8　测试软件模块的黑盒测试和白盒测试视图

黑盒测试是数据驱动的,而白盒测试是逻辑驱动的,也就是说,它们被设计为测试用代码单元中的所有路径。例如,在核电站监控系统中,将需要测试所有错误路径,包括那些处于并发故障或多个故障的病态情况。

白盒测试还具有一个优势,就是可以发现无法执行的代码路径。这种无法到达的代码是不可取的,因为这很可能表明底层逻辑不正确,因为这是在浪费内存空间,并且在 CPU 程序计数器损坏的情况下,可能会无意中执行该代码。

代码检查或小组演练是一种白盒测试,由一组经验丰富的程序员逐行检查代码。精心组织和执行的演练比传统测试技术有效得多。

在代码检查中,软件模块集合的作者将所有代码提交给一个有能力的审查小组,该小组可以检测错误并发现实现改进的方法。该审计也可以提供对编码标准的控制。最后,还可以发现不可达的代码。

形式化程序证明是另一种使用形式化方法的白盒测试,其将代码视为一个定理,并使用某种形式的演算来证明程序是正确的。

如果在程序终止时对每个输入都能产生正确的输出,则称该程序部分正确。如果程序是部分正确的,并且总是终止,那么就可以认为它是正确的。因此,要验证程序是正确的,必须首先证明部分正确性,然后必须证明程序终止。

为了说明形式化程序验证,请考虑以下示例。为了便于理解,省略了一些严格的数学知识,所以这个例子比较随意。

示例 形式化程序验证

考虑计算幂 a^b 的函数,其中 a 是一个浮点数,b 是一个非负整数(验证中省略了类型和范围检查,因为预期由运行时库执行这些操作):

```
float power(float real, unsigned b)
{
if (b = = 0)
    return 1;
else
    return a * power(a, b-1);  /* 递归 */
}
```

从实时的角度来看,重要的是要表明该程序始终会终止,即不会发生无限递归。为了证明这一点,请注意 b 是循环不变式,并且 b 是单调递减的整数。因此,b 最终将变为 0,这是明确的终止条件。

接下来,为了证明部分正确,请注意

$$a^b = \prod_{i=1}^{b} a \quad (b \in \mathbf{Z}^+ \text{ 且 } b \neq 0)$$

$$a^b = 1$$

$$b = 0$$

认识到所验证的程序通过 else 条件(递归)被调用了 b 次,而通过 if 条件仅调用一次,就产生所示的相等性。

因此,该程序是正确的。

由于其严谨的形式,形式化验证需要更高水平的数学技巧,并且由于其分析活动的强度,通常只适合于有限的、关键的任务。

此外,与面向对象设计和编程相得益彰的测试过程可以显著提高程序员的工作效率、软件质量以及重用潜力。在测试面向对象软件时,有 3 个主要问题:

① 测试基类;

② 测试使用基类的外部代码;

③ 处理继承和动态绑定。

如果没有继承,则测试面向对象的代码与简单测试抽象数据类型没有太大区别。每个对象都有一些数据结构(例如数组)和一组成员函数。还有一些成员函数可以对对象进行操作。这些成员函数像其他任何函数一样使用黑盒或白盒进行测试。

一方面,在一个好的面向对象的设计中,应该有定义明确的继承结构。因此,对基类的大多数测试都可以用于派生类,并且只需要对派生类进行少量重新测试。另一方面,如果继承结构不好,例如,如果有实现的继承(其中代码来自基类),则需要进行额外的测试。因此,继承使用不善的代价就是必须重新测试所有继承的代码。最后,动态绑定要求必须针对每种绑定可能性测试所有情况。

有效的测试可以使用可能的错误源的信息做指导。多态、继承和封装的组合是面向对象语言的,可能存在程序性编程语言中没有的错误。这里主要规则是,如果一个类是在一个新的上下文中使用的,那么应该像测试新类一样测试它。

McGregor 和 Sykes(2001)提供了测试面向对象软件的更多准则。

测试优先编码(或测试驱动设计)是一种代码生产方法,通常与 eXtreme 编程相关(English,2002)。在测试优先编码中,测试用例由实现最终编码的软件工程师设计。这种方法的优势在于,软件工程师会以不同的方式来思考代码,包括“分解”软件。使用这种技术的人在报告上说,尽管有时很难改变思维方式,但是当测试用例被设计出来后,编写程序代码会更容易,并且由于已经编写了单元级的测试用例,所以调试也变得容易得多。测试优先编码并不是真正的测试技术,它是一种设计和分析方法,并且没有进行消除测试的需要。

事实证明,圈复杂度衡量了代码中线性无关路径的数量,因此,它指明了测试每条代码路径所需的最小测试用例数量。为了确定线性无关的路径,McCabe 开发了称为基线方法的算法程序,以确定一组基本路径(Emergy,Mitchell,1989)。

首先,通过定义沿路径的标量乘法和加法概念,遵循一种巧妙的构造来迫使复杂度图看起来像一个向量空间,然后确定该空间的基向量。该方法继续选择基线路径,该基线路径应对应于沿着基向量路径之一执行程序的某些“普通”情况。McCabe 建议选择一条具有尽可能多的决策节点的路径。接下来,对基线路径进行回溯,并依次对每个决策进行反转,也就是说,当到达一个出度大于 2 的节点时,必须采用不同的路径。以这种方式继续进行直到耗尽所有可能性,它就会产生代表整个测试集的一组路径(Jorgensen,2008)。例如,考虑图 8.2。

在这种情况下，计算出圈复杂度为 5，表明存在 5 个线性无关测试用例。追溯该图，第一个路径是 *adcf*。然后按照 McCabe 的步骤得出其他 4 个路径 *acf*、*abef*、*abeb* 和 *abea*。

功能和特征点也可以用于确定足够覆盖率所需的最少测试用例数。国际功能点用户组（http://www.ifpug.org/）指出，测试用例的数量、软件缺陷和功能点之间存在很强的关系。因此，可以通过将功能点的数量乘以 1.2（这是 McCabe 建议的系数）来估计验收测试用例的数量。例如，如果一个项目包含 200 个功能点，那么将需要 240 个测试用例。

Eldh 等（2006）提出了一个比较软件测试技术的实验框架。

8.5.2　调试方法

在实时系统中，测试方法通常会影响所测试的系统。如果认为这样做有害，则应使用非侵入式测试。例如，在调试过程中跳过代码时，请勿使用条件分支。条件分支会影响时间，并可能引入细微的时间问题，此时，条件编译更为合适。在条件编译中，仅当设置了特定的编译器指令时才包括选定的代码，因此，它不会产生时间影响。

程序可能会受到语法或逻辑错误的影响。句法或语法错误是由于无法满足编程语言的规则而引起的。一个好的编译器总会检测出语法错误，尽管它报告错误的方式通常会产生误导。例如，在 C 程序中，一个缺失的"}"可能在它应该出现的位置许多行之后才被发现。此外，某些编译器可能仅模糊地报告"语法错误"，而不是"缺少}"。

所谓逻辑错误是程序代码的语法是正确的，但其所实现的算法在某种程度上是错误的。逻辑错误更难以诊断，因为编译器无法检测到它们。但是，以下一些基本规则可能有助于发现和消除逻辑错误：

① 仔细、适当地记录程序。每条重要的代码行都应包含解释性注释。在注释过程中，可能会检测到逻辑错误。

② 如果有符号调试器可用，可使用步进、跟踪、断点、跳过等，以隔离逻辑错误。

③ 尽可能使用自动化测试。可以使用开源测试生成器，例如 XUnit 系列（Meszaros，2007），其中包括 Java 的 JUnit 和 C++ 的 CUnit。这些工具有助于生成测试用例，用于组件或类的单元和回归测试。

④ 对于普通的命令行环境（例如 Unix/Linux），使用 print 语句在代码中的检查点输出中间结果。这有助于检测逻辑错误。

⑤ 如果发生错误，应去掉必要的注释代码部分，直到程序通过编译并运行。然后将去掉的注释代码添加回来，一次添加一项功能，检查程序是否能够编译和运行。当程序无法通过编译或运行不正确时，则最后增加的代码错误。

在实时系统中有效地发现和消除错误既是一门学科，又是一门科学，随着时间推移，软件工程师会通过实践逐步培养这些直观技能。在许多情况下，代码审核或演练对发现逻辑错误特别有帮助。

源代码级调试器是能够提供汇编语言或高级语言级别单步执行代码的功能的软件工

具。它们在模块级测试中非常有用。但是在系统级调试中的用处不大,因为系统的实时方面必定会受到影响甚至失效。

调试器可以作为编译器支持包的一部分获得,或者与逻辑分析器结合使用。例如,sdb是与 Unix 和 Linux 相关的符号调试器的通用名称。sdb 使得软件工程师能够单步执行源语言代码,并查看每个步骤的结果。

为了使用符号调试器,必须使用特定的选项集来编译源代码。这样可以包括与调试器交互的特殊运行时代码。一旦代码被编译用于调试,那么就可以"正常"执行。例如,在 Unix / Linux 环境中,通过在命令提示符下键入某些命令,可以随时从 sdb 调试器中正常启动该程序。尽管如此,单步执行源代码通常更有用。使用 step 命令可以一次显示并执行一行代码。如果执行的语句是输出语句,它将相应地输出到屏幕;如果该语句是输入语句,它将等待用户输入;所有其他语句照常执行。在单步执行过程中的任何时候,都可以检查或设置各个变量。sdb 还有许多其他功能,例如断点设置,这些功能在所有调试器中都是通用的。在更复杂的操作环境中,还提供了图形用户界面,但本质上,其与命令提示符下输入的命令提供了相同的功能。

很多时候,当调试一个新的程序时,Unix 操作系统会中止执行,并指示发生了核心转储。这表明发生了一些故障。核心转储会创建一个名为 core 的相当大的文件,通常在进行调试之前将其删除。但是 core 包含一些有价值的调试信息,尤其是与 sdb 结合使用时更是如此。例如,core 包含发生故障时所执行的最后一行程序以及函数调用栈的内容。sdb 可用于单步调试到核心转储的点,以找出其原因。稍后,可以使用断点来快速到达此特定代码行。

Agans(2002)提出了一种调试软件和硬件的逻辑方法,此为从业人员建议了 9 种"发现错误的规则" R1~R9:

R1　"了解系统。"

R2　"使系统出错。"

R3　"别想了,快观察。"

R4　"分而治之。"

R5　"一次改变一件事。"

R6　"保留审核记录。"

R7　"检查插头。"

R8　"换个角度看问题。"

R9　"如果你没有解决问题,问题不会自己消失。"

这些通用规则为所有的调试相关人员提供了有用的清单。

8.5.3　系统级测试

测试了各个模块之后,便需要测试所有子系统和整个系统。可以将较大的系统分解为一系列子系统测试,然后再对整个系统进行测试。

系统测试将软件系统视为黑盒,因此可以应用一种或多种黑盒测试技术。所有模块通过单元测试后,将进行系统级测试。此时,编码团队将软件移交给测试团队进行验证。如果在系统级测试期间发生错误,则必须首先修复该错误。然后,必须重新运行每个涉及已更改模块的测试用例,并且必须通过所有先前的系统级测试。系统测试用例的集合通常称为系统测试套件。

烧机测试是一种系统级测试,旨在消除那些在实时系统生命周期早期出现的故障,从而提高所交付软件产品的可靠性。系统级测试之后可以进行 alpha 测试,alpha 测试是一种验证类型,包括软件的内部发布和使用。在此测试之后进行 beta 测试,在该测试中,将经过验证的软件的初始版本发布给友好的客户,这些客户在实际使用中对软件进行测试。在软件生命周期的后期,每当添加了校正或增强功能时,就必须进行回归测试。图 8.9 显示了典型的测试层次结构的各个阶段。

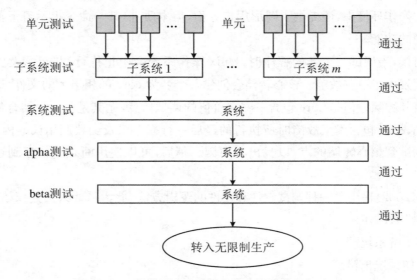

图 8.9　软件测试阶段的自底向上的分层序列

回归测试也可以在模块级别上执行,用于使用已通过的旧测试用例集验证修改后的软件。然后将增强功能所需的任何新测试用例添加到测试套件中,并对该软件进行验证,就像它是新产品一样。当新模块被添加到已测试的子系统时,回归测试也是集成测试的一个组成部分。

净室软件开发的主要原则是,只要有足够的时间并精心设计,就可以编写无错误的软件。净室软件开发在很大程度上依赖于小组演练、代码检查和形式化程序验证。人们理所当然地认为,存在足以完整描述系统的软件规范。在这种方法中,不允许开发团队本身在开发时对任何代码进行测试。而是使用语法检查器、小组演练、代码检查和形式化验证来确保代码的完整性。然后,由一个独立的测试团队在软件实现的各个阶段进行基于统计的测试。相比其他开发方法,这种技术产生的文档和程序代码更具可靠性和可维护性,并且更易于测试。

程序的开发是从一些基本的功能开始的,将功能缓慢"增长"到代码中。在每个里程碑,独立的测试团队都会根据一组描述了需求中指定的每个功能的使用频率的统计信息,使用一组随机生成的测试用例对代码进行检查。该小组按照预定的里程碑对代码进行增量测试,并接受或将其返回给开发团队进行更正。一旦达到了功能里程碑,开发团队便使用与以前相同的技术将代码添加到"干净"的代码中。因此,就像洋葱皮一样,新的功能层会添加到软件系统中,直到完全满足要求为止。

在压力测试中,软件系统的输入会遭受较大干扰(例如大量的突发中断),然后是分散在较长时间段内的较小干扰。这种测试的一个目的是观察系统如何正常地出错或灾难性地崩溃。

压力测试在处理系统重负载的特定情况和条件时也很有用。例如,在与其他应用程序和操作系统资源一起测试内存或处理器利用率时,可以使用压力测试来确定性能是否被接受。例如,进行压力测试的有效方法是在测试程序中生成数量可配置的任务,由软件来处理这些任务。长时间运行此类测试还可以检查可能的内存泄漏(例如堆栈溢出)。

测试实时系统的挑战之一是处理仅部分实现的系统。出现的许多问题与处理原型硬件时发现的问题相似。直接的策略是,通过插桩或者创建特殊驱动程序来处理接口上缺少的组件。在这些情况下,商业的和开源的测试生成器可能会有所帮助,但是测试实时系统所涉及的策略并不简单。

最后,测试计划应遵循要求逐项记录于文档,并提供用于判断是否满足要求的项目的标准。然后编写一组测试用例,用于测量测试计划中列出的标准。如果要求中包括了复杂的用户界面,编写此类测试用例可能会很困难。测试计划包括用于在逐模块或单元级别以及子系统和系统级别测试实时软件的标准。

8.5.4 系统集成

集成是将部分功能结合起来以形成完整的系统功能的过程。由于实时系统通常是嵌入式的,因此集成过程涉及多个软件单元和硬件。每个部分都可能是由项目组织中的不同团队或个人开发。尽管假定已经分别对组件进行了严格的测试和验证,但是只有在系统完全集成之后,才能测试嵌入式系统的整体性能以及与大多数软件要求的一致性。当软件和硬件都是新的时,软件集成会更加复杂。在这种情况下,可能难以确定特定故障是由软件还是硬件错误引起的。

软件集成阶段的进度是最不确定的,这也通常是项目成本超支的原因。此外,贯穿整个软件开发生命周期中使用的规范、设计、实现和测试实践,已经决定了该阶段的成功或失败。因此,在进行软件集成时,可能很难识别并解决问题。事实上,许多现代编程实践被设计出来,以确保在这个阶段的源代码中的错误是最少的。例如,轻量级的敏捷方法,如eXtreme编程,往往可以减少这类问题(English,2002)。

将软件系统中各个组件的各个部分组合在一起是一个棘手的过程,对于嵌入式系统而言更是如此。参数不匹配、变量名错误和调用序列错误等都是系统集成过程中遇到的典型问题。

系统统一过程包括将按顺序从源代码库中提取的经过测试的软件模块链接在一起。在链接过程中,可能会发生与未解析的外部符号、内存分配冲突、页面链接错误等相关的错误。当然,这些问题必须得到解决。解决后,可以将可加载代码或加载模块从开发环境下载到目标平台。根据系统体系结构,这一步可以以多种方式实现。无论如何,一旦创建了加载模块并加载到目标平台中,就可以开始计时测试以及硬件/软件交互的测试。

嵌入式系统的最终系统测试可能是一个非常严苛的过程,通常需要数周时间。在系统验证期间,必须保留详细的测试日志,指出测试用例的编号、结果和处置。表 8.4 所示是电梯控制系统的测试日志的样本。如果系统测试失败,则在确定并纠正问题后,必须立即重新运行所有受影响的测试,包括:

① 任何已修改模块的所有模块级测试用例;

② 所有相关的子系统级测试用例;

③ 所有系统级测试用例。

表 8.4　电梯控制系统测试日志样本(A1～A14)

测试序号	参考的需求号	测试名称	状态	时间	测试人员
MO27	3.4.1	等待服务	通过	11/3/10	S.J.O.
MO28	3.4.2	独立服务	通过	11/4/10	P.A.L.
MO29	3.4.3	消防员服务	失败	11/4/10	S.J.O

即使是已经通过的模块级测试用例和先前的(子系统)级测试用例,也必须重新运行这些测试,以确保在错误修复期间未引入任何副作用。

如前所述,在系统测试过程中识别错误来源并不容易。幸运的是,有许多硬件和软件工具可用来辅助对嵌入式系统的验证。尤其是在深度嵌入式系统中,多功能的测试工具为最终的成功铺平了道路。

虽然示波器不被视为软件调试工具,但它在嵌入式软件环境中很有用。示波器可用于验证中断完整性、离散信号的发出和接收以及监视时钟。

逻辑分析仪是调试嵌入式软件的重要工具。它可用于捕获数据或事件,测量单个指令时间,或对代码段进行计时。此外,可以使用具有集成调试环境的可编程逻辑分析仪,进一步增强系统集成器的功能。

先进的逻辑分析仪包括内置的反汇编器,用于调试、分析性能甚至分析代码。这些集成的环境可以很方便地对性能瓶颈进行识别。

如图 8.10 所示,无论多么复杂,所有逻辑分析仪都具有相同的基本功能。逻辑分析仪通过直接位于地址和数据总线上的探针连接到被测系统。时钟探针连接到内存访问同步时钟。每次访问存储器时,逻辑分析仪都会捕获相应的地址和数据,并将其存储在缓冲区中,以传输到逻辑分析仪的主存储器,然后可以对其进行处理以进行显示。使用逻辑分析仪,软件工程师可以捕获特定的存储器位置和数据,用于计时或验证特定代码段的执行。逻辑分析仪可用于精确对单个机器语言指令、代码段或整个任务进行计时。

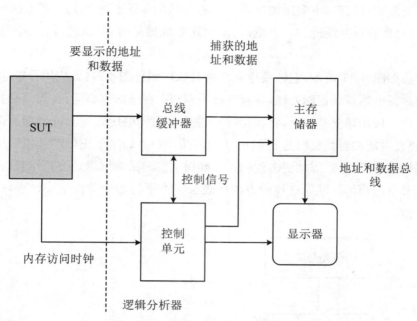

图 8.10 连接到被测系统(SUT)的逻辑分析仪

在嵌入式软件/硬件的模块级调试和系统集成过程中,单步执行 CPU、设置程序计数器以及插入和读取内存的功能非常重要。这些功能与符号调试器结合在一起,是成功集成实时系统的关键。但是,在嵌入式环境中,此功能由在线仿真器(ICE)提供。在线仿真使用特殊的硬件结合软件来仿真目标 CPU,同时提供上述调试器功能。一般情况下,通常将 ICE 插入由 CPU 占用的芯片载体或电路板插槽中。另外,外部电线可以连接到仿真系统。可以直接或通过工作站访问仿真器。

在线仿真器对于单步执行代码的关键部分很有用。但是,在线仿真器通常在计时测试中没有用,因为仿真器硬件可能会引入细微的时序变化。

在集成和调试嵌入式系统时,通常需要另外的软件仿真器来代替不存在的或不容易获得的硬件或输入,例如,在当时无法得到真实的加速度计或陀螺仪读数时,可以生成仿真的加速度计或陀螺仪。实现仿真器程序绝非易事,因为必须编写软件来精确仿真硬件规格,尤其是在时间特性方面。此外,必须对仿真器进行彻底测试。许多实时系统已经成功验证并与软件仿真器集成,然而在连接到实际硬件环境时却还是失败了。

执行系统集成时,必须小心谨慎以确保系统完整性。否则,可能导致成本上升和前功尽弃。软件集成方法主要基于经验和洞察力。以下是软件集成的可行策略。

在任何实时操作系统(RTOS)中,确保系统中的所有任务都被正确地安排和调度是很重要的。因此,集成嵌入式系统的首要目标是确保每个任务都以其规定的速率运行,并且正确保存和恢复上下文。在任务中无需执行任何应用程序功能即可完成此操作,应用程序功能将在以后添加。

如前所述,通过在每个相关任务的起始位置设置触发器,逻辑分析器在验证周期速率方面特别有用。在调试过程中,确定循环进程正在以适当的速率被调用这一事实是最有帮助的。在系统正常运行之前,不应添加与每个任务关联的应用程序代码。此方法的成功取决于以下事实:每次只对系统进行一个更改,从而在系统损坏时,可以通过合理的努力将问题隔离。

整体方法如图 8.11 所示,它涉及建立普通 RTOS 组件的基线(无应用程序功能)。这样可以确保定时器中断得到正确处理,并且所有周期都以指定的速率运行,而不必担心应用程序代码的干扰。成功建立基线后,将添加一小部分应用程序代码并验证周期速率。如果检测到错误,可在可能的时候临时进行纠正(以节省时间)。如果更正(或"补丁")成功地恢复了正确的周期速率,则可以添加更多代码。这确保了实时系统以增量方式增长,并在集成的每个阶段都具有适当的基准。这样的方法代表了一个平稳的分阶段集成过程,每个阶段后都有回归测试。

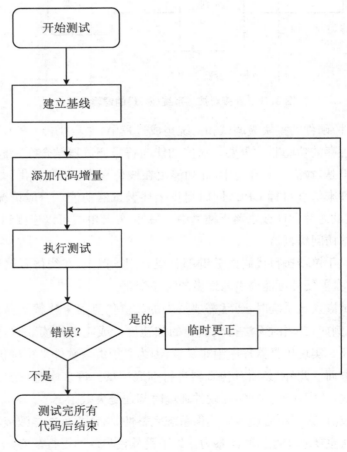

图 8.11　一个直接的整合策略

(Laplante,2003)

8.5.5　测试模式和探索性测试

本讨论改编自 Laplante(2009)。

有多种用于测试软件的传统组织模式(或问题-解决方案对)。但是所有可用的软件测试模式目录都是特定于语言的(例如 Thomas 等,2004)或侧重于单元测试(例如 Meszaros, 2007),而且我们知道没有任何测试模式语言专注于测试实时系统的问题。需要一组通用模式,用于测试任务关键的集成后的实时系统。在这方面,探索性测试具有巨大的价值。探索性测试旨在发现第 8.3 节中描述的各种不确定性来源,并帮助组织一组抽象测试范例,这些范例可以极大地帮助开发大规模的测试用例。

坎纳(Kaner)首先描述了探索性测试,它是一种指导性的随机技术,结合了同步进行学习、测试设计和测试执行(Kaner,1988)。尽管探索性测试几乎专门应用于商业应用中的 GUI(图形用户界面)测试,但它是一种经常在嵌入式系统中进行的测试,以增强传统的脚本化测试方法。

传统的软件和系统测试涉及依赖脚本或基于上下文的测试技术。也就是说,对于每个测试,测试工程师都会定义系统的特定初始状态(包括环境状态)、系统的一组输入以及该测试的一组预期输出。然而,在探索性测试中,测试几乎是随机进行的。测试人员仅以特定方式使用系统,然后记录他遇到的任何异常情况。探索性测试是"近随机的",因为它实际上是由测试人员采用的特定方式驱动的行为模式所引导的。

考虑以下旅游的比喻:基于脚本的测试就像遵循行程计划的旅行者。探索性测试就像以自己的直觉和个人想法来指导旅游的旅行者。继续这个比喻,我们可能有多种类型的旅行者个性,这些个性会影响每个旅行者的旅程。惠特克(Whittaker,2009)在他的书中描述了许多这样的旅程。例如,他指出,在大城市,当地人会避开游客陷阱。在软件测试中,这类似于专家用户避免使用的一组功能。那么,在"历史区域之旅"中,测试人员会故意测试专家们会避免的那些功能。在"酒店区之旅"中,测试人员测试该软件表面上处于停顿状态时仍在后台运行的代码的功能。尽管 Whittaker 列举了一些适合进行安全测试或嵌入式系统的测试方法("破坏者之旅"和"肮脏区之旅",思考其中的含义),但还有很多与嵌入式和其他实际相关的其他测试。

为实时系统开发一套有用的探索性测试的一种方法是考虑系统不确定性的来源(Bach, 2004),然后创建特定测试,以揭示这些不确定性。这些探索可以转换为使用和误用案例,以实现测试和回归测试。考虑以下示例。

示例　环境探索

环境探索模拟了系统运行环境中的不确定性。这些不确定性可能源于操作系统异常,例如火星探路者失控;也可能源于操作领域的干扰,例如功率突增或暴风雨。因此,需要进行一系列探索来发现这些类型的问题。我们将这些探索称为"恶劣天气之旅"。为了促进这种探索,需要创建仿真以对任何种类的可想象的不利运行环境条件进行建模。在这些情况下,经验可以作为指导。

示例　输入探索

输入不确定性,例如虚假的或错过的中断、异常数据以及故意有害的数据,可能导致一系列级联故障,导致系统过载。通常,需要放弃单一故障假设,以压倒任何内置的容错机制。这样的测试称为"墨菲之旅",因为任何可能的出错都会出现。

示例　输出探索

软件控制系统可以将严重的或轻微的缺陷输出传递到受控系统,从而导致系统响应进一步被扰乱。异常的反馈回路最终会导致控制系统故障。名为"奇妙的神秘之旅"的探索测试需要模拟这种情况的每个变体。

示例　状态探索

有多种情况,诸如跳转程序计数器的内部错误,可能导致程序状态不确定,这难以诊断,而且几乎无法恢复。对这些失败导致的不稳定行为的探索,我们称之为"恐惧的拉斯维加斯之旅"。

示例　行为探索

实时系统的标志是存在大量的时序和调度问题。但是,这类问题通常是使用传统的脚本式的上下文驱动的测试方法进行测试和诊断的,目前尚无提供新的探索性测试。

示例　语言探索

许多编译器是以非线性的方式生成代码的。例如,删除一行源代码可以从根本上改变编译器此后的输出。这些变化的影响可能导致潜藏的时序问题和不希望出现的副作用。因此,需要进行一系列探索,以测试可执行代码生成中涉及的编译器和其他系统程序(调试器、链接器、加载器等)。为了发现这些潜在问题,需要进行一系列探索性测试,称为"震荡之旅"(震荡之旅是指某些运输飞船的首次航行)。

示例　商业现成的勘探

这些探索旨在发现第三方(例如商业供应商)提供的软件或开源软件中的问题。需要对这些组件进行传统的测试。因为"信任但要验证"是此测试的标志,所以我们将这些称为"里根之旅"。

尽管从未给出过这些酷炫的名字,Laplante 和他的同事们还是将这些探索广泛地用于测试航空电子应用的各种嵌入式系统,包括航天飞机惯性测量单元、卫星系统和其他导航系统。目前正在进行的工作是对这些探索性测试进行分类和推广(socialize),以用于其他种类的实时系统。

8.6　性能优化技术

识别多余的计算是减代码执行时间的第一步,因此也是降低 CPU 利用率的第一步。在编译器优化中使用的许多传统方法(请参见第 4 章)可用于此目的,但已经出现了专门针对嵌入式系统的各种其他方法。以下 3 个小节将讨论常见的一小部分性能优化技术。

此外,所有的实时处理原则上都应该以可容忍的最慢速度进行。例如,对于大型演讲厅的温度超过每秒一次的检查速度可能会很浪费,因为由于热惯性,室温不会快速变化。而在核电站中,专用传感器用来连续监测堆芯温度,如果检测到温度过高,则会发出高优先级服务请求。

8.6.1　缩放数字可以更快地执行

在几乎所有计算机中,整数运算都比浮点运算更快。通过将浮点算法转换为缩放整数算法可以利用这一点。在所谓的缩放数中,整数变量的最低有效位(LSB)分配了实数缩放因子。缩放数字可以直接加、减,也可以乘和除一个常数,但不能与另一个缩放数字相乘或相除。然后仅在最后一个计算步骤将结果转换为浮点数,从而节省了处理时间。

示例　缩放的加速示例

假设一个模数转换器正在转换加速度计的数据。如果 16 位二进制补码的最低有效位的值 $a = 0.000\,1\ \mathrm{m/s^2}$,则任何加速度都可以表示最大为

$$(215 - 1) \times 0.0001\ \mathrm{m/s^2} = 3.276\,7\ \mathrm{m/s^2}$$

的值,例如,16 位数字 0000 0000 0000 1101 表示为

$$13 \times 0.000\,1\ \mathrm{m/s^2} = 0.001\,3\ \mathrm{m/s^2}$$

的加速度。

一种常见的做法是将整数 x 通过 $x \cdot a$ 转换为等值的浮点数,然后将其直接与其他转换后的数字一起用于计算;例如,

$$d = x \times a - y \times a$$

其中,$y \times a$ 是类似的转换后的浮点数。相反,可以先以整数形式执行计算,然后将其转换为浮点数:

$$d = (x - y) \times a$$

这无疑会节省时间。

对于涉及大量类似数据的加减的算法,缩放数字可以节省大量时间。但是请注意,不能对一个缩放比例的数字与另一个缩放比例的数字执行乘除运算,因为这些操作会改变缩放比例。此外,过度使用缩放数字通常会牺牲准确性。因此,在使用缩放数字实现复杂的或数值敏感算法时,需要仔细进行误差分析。

另一种缩放数字是基于以下特性,即将任意角度增加 180°,类似于取其补码。这项技术称为二进制角度测量(BAM),其工作原理如下:

假设 n 位字的 LSB 为

$$2^{-(n-1)} \times 180°$$

最高有效位(MSB)为 180°。这样表示的任意角度 θ 的范围是 $0° \leqslant \theta \leqslant 360° - 2^{-(n-1)} \times 180°$。

图 8.12 显示了一个 16 位 BAM 字。为了获得更高的准确性，BAM 可以扩展为多个字。每个 n 位字的最大值为

$$2 - 2^{-(n-1)} \times 180° = 360° - \text{LSB} \tag{8.20}$$

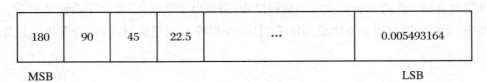

图 8.12　16 位 BAM 字

粒度是

$$2^{-(n-1)} \times 180° = \text{LSB} \tag{8.21}$$

现在，考虑 16 位的 BAM 字：

$$0000000010100110$$

它对应的角度是

$$166 \times 2^{-15} \times 180° \approx 0.911\,9°$$

BAM 字可以在一起加减，也可以像无符号整数那样与常数相乘相除，并在算法的最后阶段进行转换，产生浮点结果。很容易看出，BAM 数的溢出没有问题，因为角度只是简单绕到 0°。BAM 经常用于导航软件、机器人控制以及与数字化成像设备一起使用。

8.6.2　函数查询表

缩放数字概念的另一个变体是使用固定间隔的预先计算的函数值存储表。这样的表称为查找表(Bateman, Yates, 1988)，它使得能够基本上使用定点算术来计算连续函数。

令 $f(x)$ 为连续的实值函数，令 Δx 为间隔大小。假设希望将 $f(x)$ 在 $x \in [x_0, x_0 + (n-1) \cdot \Delta x]$ 范围内的 n 个 $f(x)$ 值存储在一个缩放整数数组中。对应的导数值 $f'(x)$ 也可以存储在表中，以实现更快的插值，如表 8.5 所示。Δx 的选择代表了表的大小和函数的所需分辨率之间的权衡。表 8.5 给出了一个通用的查找表，这样的表可以用于 $f(\hat{x})$ 的插值，其中，$x < \hat{x} < x + \Delta x$，由著名的插值公式

$$f(\hat{x}) = f(x) + (\hat{x} - x) \cdot \overbrace{\frac{f(x + \Delta x) - f(x)}{\Delta x}}^{\text{当} \Delta x \to 0 \text{的导数}} \tag{8.22}$$

可知，除了最终乘以因子 $(\hat{x} - x)/\Delta x$ 和转换为浮点数之外，该计算是使用整数指令完成的。当 $\Delta x \to 0$ 时，方程(8.22)的精度明显提高。如果 $f'(x)$ 也存储在查找表中，则插值公式简化为

$$f(\hat{x}) = f(x) + (\hat{x} - x) \cdot f'(x)$$

这明显地改善了插值算法的执行时间(以增加内存空间为代价，减少了执行时间)。

当然，使用查表方法的主要优点是速度快。如果能直接找到一个表值，不需要插值，则该方法比任何相应的级数展开都快得多。

表 8.5 一个包含函数及其导数的通用函数查询表

x	$f(x)$	$f'(x)$
x_0	$f(x_0)$	$f'(x_0)$
$x_0 + \Delta x$	$f(x_0 + \Delta x)$	$f'(x_0 + \Delta x)$
$x_0 + 2\Delta x$	$f(x_0 + 2\Delta x)$	$f'(x_0 + 2\Delta x)$
$\vdots$	$\vdots$	$\vdots$
$x_0 + (n-1)\Delta x$	$f(x_0 + (n-1)\Delta x)$	$f'(x_0 + (n-1)\Delta x)$

查找表广泛应用于连续函数的实现,如正弦、余弦、正切函数及其逆函数。由于经常使用三角函数,例如,与离散傅里叶变换(DFT)和离散余弦变换(DCT)结合使用,查找表可以大大提升实时信号和图像处理应用的运行速度。

在一些实时应用中,为了满足关键的截止期限,可以给出部分结果。在需要软件程序提供数学支持的情况下,通常采用复杂的算法来完成所需的计算。例如,泰勒级数展开(可能使用函数导数的查询表)可以提前终止,这虽然会损失准确性,但会提高实时性能。为了满足最后期限而提早截断级数展开的技术被称为不精确计算。然而,不精确的计算可能难以应用,因为通常不容易确定何时可以放弃计算处理及保证整体效果。

8.6.3 实时设备驱动程序

一般来说,一个系统软件实时设备驱动程序会在硬件平台和应用软件之间形成一个高级接口,并且可以利用实时操作系统(RTOS)的功能有效地完成这项任务。它有 3 个主要的目的,这些目的或多或少都与实时性能有联系:

① 为硬件设备提供高效、可靠的接口,并通过精心设计和实现的驱动功能实现最小的输入/输出开销。

② 向应用程序程序员隐藏设备的具体细节,从而提高程序员的工作效率。

③ 将特定的硬件平台和设备与应用软件隔离,从而增强软件的可移植性和可重用性。

设备驱动程序简化了实时设备的使用,如外围接口适配器、数据采集硬件、无线网络接口等。虽然外设接口适配器的使用很简单,但通信网络适配器的编程通常超出了工程师开发嵌入式应用软件的范围。因此,复杂实时设备的驱动程序通常是从硬件设备的制造商那里获得的,他们知道特定硬件设备的所有功能细节。此外,设备驱动程序可能是针对特定操作系统的。

实时设备驱动程序管理各种重要功能,其中包括(图 8.13):

① 设备初始化;

② 应用软件的逻辑(可能是标准)边界;

③ 与特定设备硬件的物理接口;

④ 资源仲裁和共享;

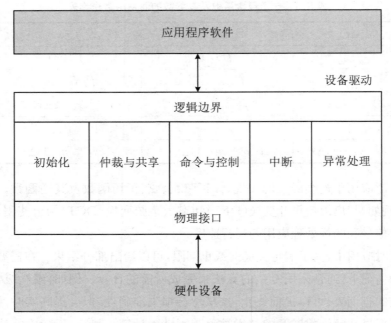

图 8.13　与 RTOS 密切互动的实时设备驱动程序的典型功能

⑤ 芯片级命令与控制序列；

⑥ 中断服务；

⑦ 异常处理。

此外,在软件测试过程中,当真正的设备还不能使用时,可以用虚拟设备驱动程序模拟特定硬件设备的功能。这样的虚拟驱动模拟了一些物理设备的行为,从而为测试实时软件提供了一个真实的环境。

Sertić等人讨论了使用 UML 来设计实时 Linux 环境设备驱动程序(Sertić等,2003),开发了设备驱动程序行为的静态和运行时模型,包括中断处理程序的模型;进一步验证了所实现的设备驱动程序在计算效率高且可靠,并将其应用于数据通信应用中,所提出的设计方法也适用于其他设备驱动程序。

总而言之,任何实时设备驱动程序都是一个关键的软件单元,因此可以很容易地证明优化其性能的努力的合理性。

8.7　总　　结

在前面几节关于实时系统的设计和分析的章节之后,本章作为综合性章节为从业者提供了丰富的补充注意事项。实际上,使实时系统工程领域如此引人入胜的一个特征是整个领域的多维性;有许多有吸引力的领域可以成为专门的领域。没有人可以声称自己完全掌握了所有这些。这也意味着,一个有竞争力的开发团队需要成员在教育重点方面具有相似及不同之处,他们可以相互补充,形成一个充满活力的团队,而不仅仅是一些人简单地聚集在一起。

由于成本意识和对谨慎的项目规划的需求正在不断增加,即使在较小的组织中,软件度量和相关的成本建模技术的隐性或被动作用也将得到增强。这一趋势是由嵌入式系统中软件日益增长的作用(和规模)以及软件开发项目的全球化特性所推动的。例如,未来的智能手机将越来越多地成为"软件产品",甚至中等规模的企业也可能拥有跨国的软件开发团队。

不确定性管理一直是嵌入式系统工程中的一个重要课题。尽管如此,随着自主系统、普适计算和大规模分布式无线解决方案在产量上的增长,这种重要性正得到新的体现。它们无疑也会给嵌入式软件开发人员带来新的挑战。这种不确定性挑战很大程度上与软件的可靠性和容错有关。因此,需要开设"无线分布式系统中的不确定性管理和容错"的高级课程。这种以软件为导向的课程可以同时面向计算机工程和计算机科学专业的学生。

对系统高可靠性的要求正逐步从高端实时系统向低端实时系统扩展。在可预见的未来,政府、社会、组织和个人都将越来越依赖于实时计算。这种不断加深的依赖关系可能被视为一种威胁,因此需要容错解决方案。

软件测试是未来嵌入式系统成功道路中的另一个重要影响因素。这种重要性源于嵌入式产品的数量和全球分布的增长以及嵌入式软件规模的增大。为了使上市时间度量是可接受的,同时确保软件维护阶段能够满足成本要求,至关重要的是增加使用自动测试用例生成器、自动测试环境以及可测试性设计。此外,为了提高早期测试阶段的置信度,需要仔细开发虚拟硬件平台和虚拟设备驱动程序。

一方面,由于摩尔定律的持续有效性,嵌入式处理器的指令吞吐量正在以惊人的速度增长。这显然减少了对传统性能优化方法的需求,但对时间关键或费用敏感型的应用程序除外。另一方面,嵌入式应用中为了实现多任务的真正并发性而应用的多核处理器需要新的性能优化技术。因此,性能优化领域正在进入一个未知的领域。

最后,尽管在架构上有了很大的进步,但在中低端的嵌入式平台上,基于硬件的浮点支持的可用性不可能会增加。这使缩放数字、查找表和其他传统性能优化技术的重要性保持在一个稳定的水平上。

练 习

习题 8.1 通过互联网搜索,研究圈复杂度度量在实时系统中的使用。根据研究结果总结你的发现。

习题 8.2 重新计算如图 8.1 所示的 if-then-else、while 和 until 结构的圈复杂度度量。

习题 8.3 假设使用了大量的现成软件(例如 70%),使用一组加权,重新计算惯性测量系统的 FP(功能点)度量。对会受到现成软件的最大影响的那些因素作出假设。估计需要多少行 C++代码？

习题 8.4　与练习 8.3 相同，只是现在重新计算 FP^+（特征点）度量。估计需要多少行 C++代码？

习题 8.5　在 N 版本编程中，不同的编程团队根据同一套规范独立地进行编码。讨论这种方法可能存在的缺点。

习题 8.6　描述 BITS 和可靠性方案（a）～（d）的效果（如果有的话），没有适当地禁用中断。应该如何禁用中断？

（a）CPU 指令集测试；

（b）ROM 的 CRC 计算；

（c）RAM 模式测试；

（d）RAM 刷洗。

习题 8.7　假设一个实时计算机系统有 16 位数据和地址总线。什么测试模式对于测试地址和数据线以及 RAM 单元是充要的？

习题 8.8　用自己选择的编程语言编写一个模块，为 16 位内存范围生成一个 CRC 校验值。模块应该将该范围的起始地址和结束地址作为输入，并输出 16 位校验值。使用 CRC-16（CCITT）或 CRC-16（ANSI）格式生成多项式。

习题 8.9　一个软件模块要接收 4 个有符号的 16 位整数作为输入，产生两个输出，即总和以及平均值。一个详尽的测试方案需要多少测试用例？如果只使用每个输入的最小值、最大值和平均值，那么需要多少个？

习题 8.10　在实践中，测试和测试用例/套件的生成在多大程度上可以自动化？实现测试套件自动化的障碍是什么？以 Java 为例说明。

习题 8.11　对于本书中讨论的示例系统：

（a）机票预订系统；

（b）电梯控制系统；

（c）惯性测量系统；

（d）核监测系统。

你更喜欢哪种测试方法，为什么？

习题 8.12　电梯组监控系统在多个显示屏上以小时和分钟为单位显示时钟时间。该时间由可编程的 16 位定时器生成，定时器使用 50 kHz 时钟信号来计算秒数。然后通过软件将这些秒累积到几分钟，再累积到几个小时。但是，监视器的用户最初抱怨，时钟时间在一个月内提前或滞后了 7 min。

一位现场工程师对这一问题进行了调查，并注意到每个地点的提前量或滞后量实际上是恒定的，这取决于单独的监测计算机。基于这些观察，针对这个恼人的问题，开发了一个解决方案，并在整个监控系统出厂前的最后测试阶段投入使用。

如果不允许对硬件进行修改，你会采取什么方法来解决这个问题？提示：监控计算机在闪存中有可用的参数空间，可以通过服务工具访问。

习题 8.13　为正切函数创建一个紧凑的查找表(小数点后三位的浮点数字),增量为 1°。一定要利用对称性。

习题 8.14　假设 x 是代表角度 225°的 16 位 BAM 字,而 y 是代表 157.5°的另一个 16 位 BAM 字。使用二进制算术,证明: $x + y = 22.5°$。

习题 8.15　用诸如 C++ 这样的面向对象的语言编写 BAM 对象类有什么优点和缺点?

参 考 文 献

[1]　ABRAN A A,SELLAMI W. Suryn,Metrology,measurement and metrics in software engineering [C]//Proceedings of the 9th IEEE International Software Metrics Symposium. Sydney,Australia, 2003:2-11.

[2]　AGANS J. Debugging:The nine indispensable rules for finding even the most elusive software and hardware problems[M]. New York:AMACOM,2002.

[3]　BACH J. Exploratory testing in the testing practitioner[M]. 2nd. Veenendaal:UTN Publishers, 2004:253-265.

[4]　BASS J M,LATIF-SHABGAHI G,BENNETT S. Experimental comparison of voting algorithms in cases of disagreement [C]//Proceedings of the 23rd Euromicro Conference. Budapest, 1997: 516-523.

[5]　BATEMAN A,YATES W. Digital signal processing design[M]. London:Pitman,1988.

[6]　BERNSTEIN L,YUHAS C M. Trustworthy systems through quantitative software engineering [M]. Hoboken:Wiley-Interscience,2005.

[7]　BOEHM B W. Software engineering economics[M]. Englewood Cliffs:Prentice-Hall,1981.

[8]　BOEHM B W. Software cost estimation with COCOMO Ⅱ [M]. Upper Saddle River:Prentice-Hall,2000.

[9]　BOEHM B W,VALERDI R. Achievements and challenges in COCOMO-based soft-ware resource estimation[J]. IEEE Software,2008,25(5):74-83.

[10]　CHANDRA S,GODEFROID P,PALM C. Software model checking in practice:An industrial case study[C]//Proceedings of the 24th International Conference on Software Engineering. Orlando, 2002:431-441.

[11]　COPPICK J C,CHEATHAM T J. Software metrics for object-oriented systems[C]//Proceedings of the ACM Annual Computer Science Conference. Kansas City,1992:317-322.

[12]　ELBAUM S,MUNSON J C. Investigating software failures with a software black box [C]// Proceedings of the IEEE Aerospace Conference. Big Sky,2000,4:547-566.

[13]　ELDH S,HANSSON H,SASIKUMAR P,et al. A framework for comparing efficiency,effectiveness and applicability of software testing techniques[C]//Proceedings of the Testing:Academic & Industrial Conference-Practice and Research Techniques. Windsor,2006:159-170.

[14]　EMERGY K O,MITCHELL B K. Multi-level software testing based on cyclomatic complexity

[C]//Proceedings of the IEEE National Aerospace and Electronics Conference. Dayton, 1989, 2: 500-507.

[15] ENGLISH A. Extreme programming, it's worth a look[J]. IT Professional, 2002, 4(3): 48-50.

[16] GLASS R L, COLLARD R, BERTOLINO A, et al. Software testing and industry needs[J]. IEEE Software, 2006, 23(4): 55-57.

[17] HALSTEAD M. Elements of software science[M]. New York: Elsevier North-Holland, 1977.

[18] HINCHEY M G, BOWEN J P. Industrial-strength formal methods in practice[M]. London: Springer-Verlag, 1999.

[19] HOFFMAN D M, WEISS D M. Software Fundamentals[D]. New York: Addison-Wesley, 2001.

[20] JONES C. Backfiring: Converting lines of code to function points[J]. IEEE Computer, 1995, 28(11): 87-88.

[21] JONES C. Estimating software costs[M]. New York: McGraw-Hill, 1998.

[22] JORGENSEN P. Software testing: A craftsman's approach[M]. 3rd. Boca Raton: CRC Press, 2008.

[23] KANER C. Testing computer software[M]. Blue Ridge Summit: TAB Professional & Reference Books, 1988.

[24] KOREN I, KRISHNA C M. Fault tolerant systems[M]. San Francisco: Morgan Kaufmann, 2007.

[25] LAPLANTE P A. Fault-tolerant control of real-time systems in the presence of single event upsets[J]. Control Engineering Practice, 1993, 1(5): 9-16.

[26] LAPLANTE P A. Software engineering for image processing[M]. Boca Raton: CRC Press, 2003.

[27] LAPLANTE P A. The certainty of uncertainty in real-time systems[C]//IEEE Instrumentation Measurement Magazine, 2004, 7(4): 44-50.

[28] LAPLANTE P A. Exploratory testing for mission critical, real-time, and embedded systems[G]// IEEE Reliability Society Annual Technical Report, 2009.

[29] LITTLEWOOD B. Learning to live with uncertainty in our software[C]//Proceedings of the 2nd International Software Metrics Symposium. London, 1994: 2-8.

[30] MÄNTYLÄ M V, VANHANEN J, LASSENIUS C. Bad smells-humans as code critics[C]// Proceedings of the 20th IEEE International Conference on Software Maintenance. Chicago, 2004: 399-408.

[31] MARIANI R, BOSCHI G. Scrubbing and partitioning for protection of memory systems[C]// Proceedings of the 11th IEEE International On-Line Testing Symposium. St-Raphael, 2005: 195-196.

[32] MCCABE T J. A complexity measure[J]. IEEE Transactions on Software Engineering, 1976, 2(4): 308-320.

[33] MCGREGOR J D, SYKES D A. A practical guide to testing object-oriented softwarep[M]. Upper Saddle River: Addison-Wesley Professional, 2001.

[34] MESZAROS G. xUnit test patterns: refactoring test code[M]. Upper Saddle River: Addison-Wesley, 2007.

[35] MIYAZAKI Y, MORI K. COCOMO evaluation and tailoring[C]//Proceedings of the 8th International Conference on Software Engineering. London, 1985: 292-299.

[36] MOON T K. Error correction coding: Mathematical methods and algorithms[M]. Hoboken: Wiley-Interscience,2005.

[37] OVASKA S J. Evolutionary modernization of large elevator groups: Toward intelligent mechatronics[J]. Mechatronics,1998,8(1):37-46.

[38] PATTON R. Software testin[M]. 2nd. Indianapolis: Sams Publishing,2006.

[39] PRESSMAN R S. Software engineering: A practitioner's approach[M]. 5th. New York: McGraw-Hill,2000.

[40] SAGLIETTI F. Location of checkpoints in fault-tolerant software[C]//Proceedings of the 5th Jerusalem Conference on Information Technology. Jerusalem,1990:270-277.

[41] SEIBT D. Function point method: Characteristics,implementation and application experiences[J]. Angewandte Informatik,1987,29(1):3-11.

[42] SERTI D,RUS F,RAC R. UML for real-time device driver development[C]//Proceedings of the 7th International Conference on Telecommunications. Zagreb,2003，2:631-636.

[43] TENG X，PHAM H. A software-reliability growth model for N-version programming systems[J]. IEEE Transactions on Reliability,2002,51(3):311-321.

[44] THOMAS J,YOUNG M,BROWN K,et al. Java testing patterns [M]. Hoboken: John Wiley & Sons,2004.

[45] VARSHNEY P K. Multisensor data fusion[J]. Electronics & Communications Engineering Journal, 1997,9(6):245-253.

[46] VOAS J M,MCGRAW G. Software Fault Injection: Inoculating Programs against Errors[M]. New York: John Wiley & Sons,1998.

[47] WHITTAKER J A. Exploratory software testing: Tips,tricks,tours,and techniques to guide test design[M]. Boston: Addison Wesley,2009.

第 9 章 实时系统的未来愿景

预测总是一项有风险的工作,例如,经常出现这样的情况,当我们试图根据专业的天气预报来计划户外活动时,最终发现不尽如人意——尽管天气预报是晴天,但却下起了大雨。技术预测尤其困难,特别是如果我们试图预测太远的未来。尽管如此,商业顾问、研究工程师和科学家们还是做出了不同类型的技术预测。这些预测通常用于支持决策过程和战略规划的目的。预测背后的基本方法是类比、推断和建模以及它们的各种组合(Makridakis 等,1998)。相反,对某些技术发展的愿景是技术预测的一种推测形式,它可能依赖于既定的预测方法,但受到人类直觉甚至想像力的大力支持。这样的技术愿景有时被用来代替实际的预测或与之并行补充,因为预测无论如何都含有不确定性。

在本章中,我们对实时系统的演变和发展提供了选择性的愿景。我们的愿景的时间跨度到 2040 年;因此,一些愿景必然是"仰望星空",而另一些则是"脚踏实地"的。但本章背后的动机是什么? 好吧,我们的主要目的是为课堂辩论、小组讨论、文献检索作业等创造令人兴奋的基础,这可以用于大学实时系统设计课程的最后阶段。此外,这些愿景对于需要了解未来实时技术的从业者来说是有帮助的。读者可能不同意我们的某些观点,但尽可能客观地找出具体的论据和推理来支持这些不同的看法,肯定是有教育意义的。我们提出的愿景来自于我们对实时系统技术的最新文献的研究。然而,必须强调的是,本章所引用的文献是主观收集的样本,而不是任何全面文献调查的结果。另外,在我们参与实时系统,特别是嵌入式系统的 30 年里,我们的洞察力已经成熟。

在 2010 年的一次欧洲未来学家会议上,一些领先的未来学家表达了他们对未来的预言(或愿景)。以下是这些预言的简明清单,这些清单与未来的实时系统有着明显的联系(Talwar,Pearson,2010):

① 增强现实将更加成熟,成为我们生活中熟悉的一部分。

② 通过大量使用间接沟通渠道,我们与机器的交互不可避免地需要变得更加"自然",从而使机器对生物特征数据(和手势)敏感,从中可以获取情感和情境信息。

③ 10 TB 的计算机内存(大约相当于一个人脑中的内存空间)可能仅需 1 000 美元。

④ 每天结束时,我可以花 20 分钟查看并注释从我个人数据芯片中下载的内容,这些数据记录了我的每一次对话和所看到的每幅图像。

他们认为,所有这些设想的未来都应在 2020 年之前成为现实。

尽管之前的设想是由未来学家表达的,但(日本仪器与控制工程师学会 SICE)跨事业部的嵌入式系统技术委员会已经制定了嵌入式控制系统的路线图(Funabashi 等,2009)。他们的路线图涵盖了 2015 年、2025 年和 2035 年，并包括以下主要里程碑：

① 2015 年：具有多核处理器和高级网络的分布式嵌入式控制系统；

② 2015 年：从功能规范到实现的实用建模方法；

③ 2015 年：控制软件的自动验证方法；

④ 2015 年：在企业之间通过基于模型的开发方法进行协作；

⑤ 2025 年：从高层次规范自动生成小型控制软件；

⑥ 2025 年：远程维护控制软件；

⑦ 2035 年：从高级规范为网络嵌入式系统自动生成软件；

⑧ 2035 年：开发新产品的进化和自组织机制。

此外，Funabashi 等人将"泛在智能"这一术语定义为后嵌入式系统的一种方法，该方法由相互联网的嵌入式控制系统以及计算云组成（Funabashi 等，2009）。

国际未来学家小组的预测以及日本路线图的里程碑将为我们对实时系统的未来愿景提供指导，这一点很快就会看到。

我们对实时系统的愿景有 5 个维度（但是，它们并不是完全正交的）：实时硬件、实时操作系统、实时编程语言、实时系统工程和实时应用程序。这些不同的愿景元素分别在第 9.1～9.5 节中呈现。此外，第 9.6 节总结了本章内容，第 9.7 节提供了一系列供课堂使用的未来愿景练习。通过在连续的章节之间建立明确的连接，我们在本章中编织了一条共同的线索。因此，本章不仅仅是实时系统单独愿景（个人观点）的集合，它还是一个完整的整体，希望能给敏锐的读者留下许多思考。

此外，由于任何长期技术发展的愿景都或多或少具有不确定性，因此建议教师和学生为第 9.1～9.5 节的 5 个愿景要素创建自己的愿景五角星（习题 9.6）。愿景五角星为每个愿景元素都提供了一个轴，每个轴都对应着评估者对特定章节内容的确信度："1"表示完全确信，"0"表示完全没有信心（Sick，Ovaska，2007）。图 9.1 展示了一个具有任意置信度的确信五角星。教师和学生的五角星可能存在差异，这种差异可以为课堂讨论奠定有益基础。

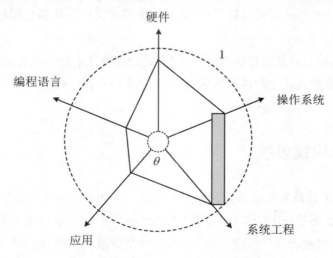

图 9.1　一个愿景信心五角星示例

9.1 愿景:实时硬件

40 多年来,集成电路技术的指数级发展一直遵循着摩尔定律。1965 年,戈登·摩尔(Gordon Moore)预测晶体管的密度每两年翻一番。如今,我们可以在单个处理器芯片上拥有数百万个晶体管。摩尔定律可以用数学公式表示为(Powell,2008)

$$\hat{N}_2 = N_1 2^{[(y_2 - y_1)/2]}$$

其中,N_1 是 y_1 年的已知晶体管数,$\hat{N}_2$ 是 y_2 年的预测晶体管数。为了给我们关于实时硬件的愿景提供一些观点,我们来计算一下 2020 年、2030 年和 2040 年的 $\hat{N}_2$,并使用 2011 年初始晶体管数量作为归一化值,即 $N_1 = 1$。$\hat{N}_2$ 的相应值分别约为 23、724 和 23 171。如果摩尔定律继续有效,这些数字将显著扩大当前的"数百万"晶体管。另外,鲍威尔估计摩尔定律的物理量子极限将在 2036 年达到(Powell,2008),但这个遥远的年份已经接近我们的愿景期的终点。

未来的十亿晶体管集成电路的一个主要问题是其高功耗会导致严重的发热问题(Gea-Banacloche,Kish,2005)。由于功耗与所施加的时钟频率成线性比例关系,所以显然需要优化集成处理器系统中每个模块的时钟频率(和工作电压)。因此,不同的功能块将以不同的频率运行,这对于特定的功能来说仅仅是"足够"。

容错计算被视为另一种(但相当"革命性")方法,可以缓解未来处理器芯片的功耗问题(Lammers,2010)。它基于放宽的思路,指令执行过程中出现的大部分内部错误将被纠正(耗电),但小错误可以忽略(省电)。这种有概率性的方法必然会使计算结果偏离确定性,在准实时和硬实时的实时系统中,这是不能容忍的。尽管如此,在某些软实时系统中,例如大规模图形处理,这种偏差还是可以接受的。增强/虚拟现实以及移动数据记录应用程序是容错计算的潜在用户。

尽管就单个芯片上的晶体管数量而言,嵌入式处理器从未处于领先地位,但只要摩尔定律继续有效,创新的嵌入式处理器系统将有巨大的机会。这些机会将作为我们的硬件愿景在后续进行讨论。

9.1.1 异构软多核

2004 年,英特尔总裁兼首席执行官保罗·欧德宁(Paul Otellini)宣布,英特尔将致力于把"所有的未来产品都设计用于多核环境"(Patterson,2010)。虽然英特尔不再是嵌入式处理器领域的主要参与者,但这一震撼性的宣布也是全球嵌入式处理器研究和开发新时代的一个标志。从那以后,出现了许多实验性的和一些商业的多核体系结构供嵌入式系统使用

（Levy，Conte，2009）。

多核处理器体系结构使实时系统可以真正并发地执行多个任务（具有相同优先级）。原则上，每个任务都可以在其分配的 CPU 核上运行，因此拥有该核的所有处理能力。但是，如果单个芯片上的 CPU 核被平均分配，则将导致计算资源的使用效率非常低（以及过多的功耗）。由于某些软件任务的计算量较小，而另一些任务的计算量较大，一些任务的执行周期较长，而另一些任务的执行周期较短，因此，拥有一个具有特定于应用程序的异构 CPU 核集的多核处理器将是有利的，这些 CPU 核可以被分配给单独的任务，并根据其明确的需求在不同的电压设置下运行（Hashemi，Ghiasi，2010）。

但是，存在着各种不同的硬实时应用，因此，对于异构多核芯片的组成也有各种不同的需求。例如，一个 8 任务的应用程序可能需要一个具有 4 个 8 位 RISC 微控制器内核、2 个 32 位 RISC 内核和 2 个 16 位数字信号处理器内核的多核芯片。此外，另一个 4 任务系统可能只需要 3 个 8 位 RISC 微控制器内核和 1 个 24 位数字信号处理器内核。自然地，将大量的异构多核芯片用作标准组件是不可行的。

解决此"多样性问题"的传统解决方案是专用集成电路（ASIC），其是为特定应用量身定制异构多核体系结构。但是，昂贵的设计和制造过程以及较长的周转时间使 ASIC 对大多数应用而言都不受欢迎。幸运的是，大型现场可编程门阵列（FPGA）为异构多核处理器提供了一种有吸引力的实现方案。显而易见，在相当广泛的应用中，可编程（或可重构）基板正在相当快地取代专用 ASIC（Hashemi，Ghiasi，2010），并且随着逻辑元件数量的不断增加，FPGA 可用于实现异构软多核。仅使用基本的 FPGA 逻辑元件就可以经济高效地实现各个软 CPU 核，而无需使用任何特殊的更高级别的元素（内存块除外）（Elkateeb，Mandepanda，2009）。这可以指导不同的 FPGA 制造商实现标准化。

图 9.2 描述了用于嵌入式应用程序的异构软多核（HSMC）架构。单个 FPGA 电路包含 6 个 CPU 核、核之间的高速通信通道（或"片上网络"）、核专用外部接口单元（EIU）以及核本地存储器。此外，针对执行任务的确切需求，优化了各个 CPU 内核的时钟频率，这样就可以简单地实现功耗的降低。尽管专用处理器设计直接由晶体管、逻辑门和标准单元组成，但可配置平台中未来的"软组件"具有诸如 CPU 核、核间通信通存储器等高级功能——抽象水平将大大提高，从而使设计工作易于管理。在硬实时嵌入式应用程序中，所需的 CPU 内核（或并行任务）的数量通常为 10～15 个。

在关键任务的应用中（如图 1.6 所示的火星探测车），可重构软核心系统，甚至可以自我修复，正如 Laplante（2005）所讨论的那样。未来 HSMC 组件的半自动设计和配置过程将在第 9.3 节中讨论。

9.1.2　各个软核的体系结构问题

在提出了一个由多个异构软核的组成作为嵌入式硬实时系统的特定应用平台之后，我们接下来讨论与组合中的各个软核有关的体系结构问题。

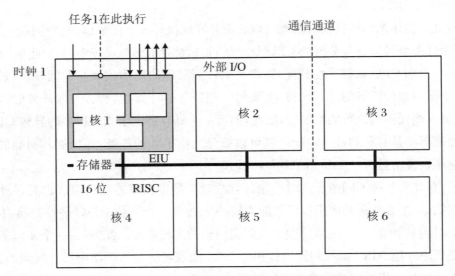

图 9.2　面向未来嵌入式系统的异构软多核体系结构
（仅展示内核 1 的细节）

众所周知，指令队列/流水线和指令/数据缓存对实时系统的分析带来了挑战，因为它们使估算单个任务执行时间的上下限变得困难。一个主要问题是，模块级执行时间测量的直接组合（执行性能分析的常用方式）可能导致对整个任务的最坏执行时间情况估计过于悲观（Wilhelm 等，2009）。这些问题不仅与性能分析的难度有关，而且流水线和缓存都会导致响应时间的不确定性。因此，实时准时性会变差。

在具有异构软多核的硬实时系统中，有可能为消除高速缓存而采用扁平存储器架构。这是可行的，因为每个任务都在分配给它的 CPU 内核上运行，并且内核的时钟频率通常不需要达到底层 FPGA 硬件的极限，在这种环境下，不存在 CPU-内存延迟差距。由于不需要高速缓存控制器，因此该结构特性使各个软核块更简单。此外，由于每个 CPU 内核都有一个专用内存，因此在该多核平台中也不存在内存交错延迟。

流水线、超流水线、超标量架构特征和乱序执行都可以提高现代处理器的指令吞吐量。尽管它们确实改善了指令的平均执行时间，但它们也给最坏情况的执行时间带来了显著的不确定性。因此，按照 Wilhelm 等人的建议（Wilhelm 等，2009），我们倾向于使用较短的（3～5 个阶段）组合式流水线，以使时序分析变得简单明了。正如他们指出的那样，对于完全时序的组合式架构，分析可以安全地只遵循局部最坏情况的路径。

最后，软 CPU 内核具有类似 RISC 的指令集没有任何推测特性的、丰富的寄存器数据路径、内存映射的输入/输出（I/O）和哈佛架构。而且，对于每个相关的 FPGA 平台来说，具有几个性能级别的可配置软核应该就够了，例如：

① 8 位低性能 RISC；

② 16 位中性能 RISC；

③ 32 位高性能 RISC；

④ 16 位数字信号处理器；

⑤ 32 位数字信号处理器。

这些软核模块可以根据浮点运算的可用性、内存的数量和类型以及可用的外部接口单元灵活地配置。

9.1.3 更高级的现场总线网络和更简单的分布式节点

在实时系统的早期,大型工厂的自动化和控制计算(Kamiya,2004 年)是集中式的:单个计算机单元收集测量数据,执行基本信号处理和控制算法,并为执行器提供命令,以及为本地模拟控制器提供参考。这需要在有较高的电磁干扰程度的工业环境(化工厂、造纸厂、发电厂等)中大量的并行布线。当传输模拟信号的距离很长时,布线尤其成问题。众所周知,通过实施分布式控制系统可以有效地解决这些问题,该系统使用现场总线网络进行布线,有效地连接了各个测量单元、控制器、执行器和显示器。

此外,分布式控制方法不仅可以节省接线费用和空间,而且还为在分布式单元中实现机器智能提供了机会。然而,在整个控制系统中分布式智能还有另一个驱动力——使在这样一个协作环境中管理硬实时约束成为可能,在这样的环境中,共享通信网络为节点到节点的消息传递时间带来了相当大的不确定性。对于大多数现场总线系统,情况仍然如此。

在未来,由于越来越多地使用光缆代替铜线,因此现场总线网络将变得更快。此外,通过轻量级简化协议,消息将以只有几个字节的块的形式传递。这使得在传递时间紧迫的信息时可以降低延迟及其不确定性。利用这些先进的网络,可以将一些分布式智能"移回"到通常处理监督控制任务的中央计算单元。此举背后的动机是简化众多分布式节点,从而使它们的远程维护和更新更加容易。

强大的中央计算单元还通过 Internet 连接到计算云(Luo,2010)。这种云计算基础设施依赖于区域数据中心,该数据中心为工厂监督中心、本地服务人员、产品维护小组、研发团队、运营管理等提供按需服务。所需的原始数据根据需要从分布式单位中收集,但是所有的后处理、故障诊断和诊断、过程参数的优化以及特定于服务的用户界面都由计算云的服务器提供。而且所有这些信息和派生知识甚至可以由智能手机使用 Web 浏览器或可能的增强现实功能进行访问。

图 9.3 说明了用于大型工厂的分布式控制架构,它基于简单的分布式节点、先进的现场总线网络、中央计算单元、Internet 连接和计算云。除工业厂房外,这种双层体系结构也适用其他场合。硬实时功能在现场总线框架内严格处理,而软实时服务则由云提供。此外,这两个实体都可以处理硬实时任务,这取决于特定应用的性质。

总体而言,在使用任何复杂的控制架构之前,进行仔细的灵敏度分析,以确保新架构对变化的鲁棒性非常重要(Racu 等,2008)。例如,必须进行灵敏度分析才能判断新架构是否能很好地适应更新和后期的修改。

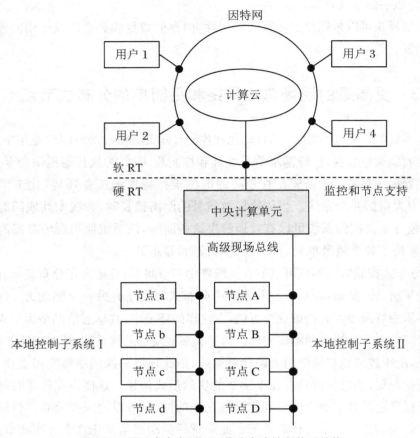

图 9.3 用于未来大型工厂的分布式控制体系结构

9.2 愿景:实时操作系统

由于目前使用的多核处理器无法胜任具有严格任务或安全考虑的硬实时应用中的多任务处理(Wolf 等,2010),因此我们在本章先提出了具有高度确定性的异构软多核的简单(直接)架构。

接下来,我们将概述一个用于该可重新配置环境的普通实时操作系统。这个面向服务的操作系统非常简单,因为它不需要执行任何内核内或内核间调度/分派,这一点将在下面看到。

9.2.1 一个协调系统任务和多个隔离的应用任务

HSMC 架构为每个独立运行的任务提供了专用的 CPU 核。实际上,这种方法可以解释为单个芯片上的分布式多处理器系统。因此,所需的 RTOS 功能仅专注于可靠的同步和任务间通信。这些关键服务在单个系统任务中执行,该任务通过图 9.2 中所示的高速通信通道与应用程序任务交互。所有应用任务都会自行处理其本地调度和调度。在这种情况下,调度/分派是指由于本地硬件中断以及与同步或任务间通信有关的系统事件而及时激活应用程序。当应用程序正在等待某些硬件中断或特定的系统事件时,后台程序(非实时)正在运行并执行硬件平台的内置自检,这是对简单空转的自然替代。因此,每个 CPU 核都包含一个前台-后台系统。

使用互斥锁或其他形式的信号量来执行同步以保护临界资源,例如共享的数据获取通道和外部通信网络。应用程序任务向系统任务请求互斥锁,系统任务在互斥锁可用时分配它们。如果所需的互斥锁不能立即用于请求的任务,则该任务将自身置于等待状态,并且当系统任务最终提供与互斥锁的可用性相对应的事件时,等待的应用程序任务将继续执行。最终,互斥锁将被释放给其他应用程序任务。系统任务使用优先级或轮询机制或它们的某种组合(取决于应用程序)来处理来自应用程序任务的并发请求。此外,当访问公共资源时,系统任务可以保证处理有时间限制。每个共享资源的使用时间都被限制为一个特定的持续时间内。因此,最坏情况下的执行时间分析总是可能的。因为真正的任务并发是在独立的内核中实现的,所以不会发生优先级反转这样的情况。

任务间通信是使用任务本地消息缓冲区进行的,这些缓冲区由系统任务"相互连接"。也就是说,如果任务 1 要向任务 2 发送消息,它将填充其本地消息缓冲区,并通知系统任务有一条消息给任务 2。接下来,消息缓冲区的内容将通过高速传输通道传输到系统任务消息中心。

最后,在任务 2 通知系统任务它正在等待任务 1 的消息后,系统任务将消息缓冲区传递给任务 2。此外,系统任务向任务 1 发送"消息已传递"的通知。如果指定的目标任务在指定的时间段内未请求某些消息,则会向源任务发送"消息未传递"的警告。此外,如果关联的源任务在另一个指定的时间段内未提供期望的消息,则将向目标任务发送"消息不可用"的警告。如图 9.4 所示,也可以使用相同的原理同时向多个任务广播消息。

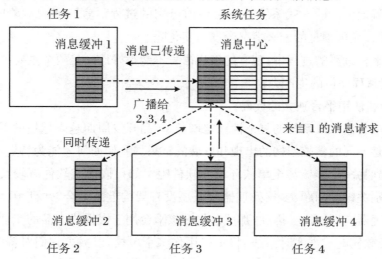

图 9.4　从任务 1 到任务 2～4 的协调消息广播示例

除了同步和任务间通信服务之外,系统任务还可以提供其他实用服务,例如准确的实时时钟和日历。

这种简单的实时操作系统和直接的处理器体系结构,是对日益复杂的硬实时系统的响应。确定性的和易于管理的计算平台使研发团队更有效地专注于应用程序的设计,这将在第 9.4 节中进行讨论。

9.2.2 平台独立的小型虚拟机

我们暂时离开特殊的 HSMC 架构,看看更传统的方法。最新的架构/硬件进步已经产生了一些实验性的小型嵌入式处理器。与前几代处理器相比,它们具有更强的处理能力和内存,而且功耗更低,而且所有这些都占用相对较小的内存空间。但是,现代虚拟机对这些环境的支持可能仍需要太多内存。例如,嵌入式系统的 Java 标准版本的 ROM 大小约为 30 MB,.NET"紧凑框架"约为 5 MB。对于小型嵌入式环境而言,ROM 大小在 256 kB 内的虚拟机将是理想的,可以适应最小的设备。

即使开发了足够小的虚拟机,典型的实时系统的结构也不是为管理虚拟机的负载而设计的。因此,需要一种新的小型微控制器平台的架构范式,它可以同时支持实时处理和虚拟机(Davis,2011)。此外,还需要开发可以在虚拟机上运行的适当的微内核架构。

9.3 愿景:实时编程语言

在过去的几十年里,不时地引入专门的实时编程语言,但是它们在嵌入式软件开发中并未获得任何主流地位。嵌入式系统行业对当前可用的过程语言和面向对象的语言相当满意。那么,为什么在可预见的未来情况会发生变化呢?

在向多核平台过渡的过程中,现有的编程语言不能很好地满足两个主要需求:

① 需要提高程序员的生产力;

② 需要继续使用平台独立的代码。

第一个需求与嵌入式系统的复杂性稳定增长、产品开发周期越来越短的总体趋势有关;而后一个需求是不同的多核架构的出现和发展的结果。我们如何才能为特定的多核处理器开发可以移植到另一个多核甚至单核环境的软件呢? 如果嵌入式软件有较长的使用寿命,则这是一个特别关键的问题:多核处理器领域还没有架构上的融合,并且 10 年后的处理器将与现有的处理器有所不同。因此,那些已将多核平台用于嵌入式产品的工业公司(到目前为止,仅适用于软实时或准实时系统)将多核用作多个单核,以减少它们对特定并行架构的依赖性。此外,通过遵循这种保守的方法,也不需要任何特殊的多核操作系统。我们在第 9.1节和第 9.2 节中介绍的异构软多核方法可以看作是这种务实原则的扩展。

当半导体行业开始从制造更快的处理器转变为将更多的处理器集成到单个芯片上时，人们还不明了此类设备将如何编程（Patterson，2010），因此，为了摆脱硬件瓶颈，实质上引入了编程瓶颈。多核处理器的程序员面临着经典并行编程的挑战，例如顺序依赖、负载平衡、内存共享和同步。在最近的计算机架构研究方向研讨会上，两位知名科学家 David August 和 Keshav Pingali 围绕着"应用程序程序员是否需要明确编写并行程序？"这一基本问题进行了辩论（Arvind 等，2010）。经过激烈的辩论，在显式和隐式问题上并未最终达成一致——两种并行编程模式都有其优缺点，但是隐式方法显然更可取。此外，随着嵌入式系统开发领域不断扩大，编程人员的生产力和熟练编程人员的短缺是当前存在的问题（即使不考虑对并行编程专家的需求），因此倾向于隐式并行编程模型也是实际的。在隐式并行编程中，识别并利用并行的机会是编译器（而不是程序员）的责任。这是嵌入式软件在多核时代的编程方式。新的架构不应使从业人员的编程任务变得更加困难，也不应破坏代码在不同平台之间的可移植性。

9.3.1　UML++ 作为未来的"编程语言"

为了提高编程效率，有必要提高现有编程语言的抽象水平。因此，我们建议将传统的编程语言与通用建模语言（UML）"合并"形成 UML++。选择这个假想的名字是为了将未来的建模和编程语言与当前的 UML 区分开来，也是为了强调它确实是从 UML 演变而来的。UML 与 UML++ 关系类似于 C 与 C++ 的关系。UML 为"并行编程语言"奠定了良好的基础，因为它的对象被视为并行实体，并且单个对象实体表现为并发活动。这种程序员抽象级别的提升将意味着代码必然是自动生成的，因此，程序员将把他们的精力从代码编写转移到实时系统设计上。由于采用了异构的软多核体系结构，结果是实时系统的设计——而不仅仅是实时软件，还需要组合和配置特定于应用程序的处理器。所有这一切都是使用 UML++ 完成的，它需要在旨在用于建立硬实时系统的规范的图表的完整子集中有严格的形式化。因此，UML++ 设计引擎能够将实时系统的高级行为描述半自动地映射到异构处理器平台的多个软核上，这些软核被合成为一组具有不同性能和功能级别的可配置的 CPU 核。此外，还会根据 UML++ 描述为每个软核自动生成程序代码。此过程如图 9.5 所示。

目前许多从业者认为 UML 2.0 过于复杂，难以学习/使用，这是否会妨碍 UML++ 被接受？不一定，如果基本的 UML 符号在初中、高中和整个大学教育中就被"所有人"所熟悉的话就可能不会成为阻碍。因为数学、科学和工程课程中使用的图形表示法技术可以一致地用相关教科书中的基本 UML 符号取代（当前，根据上下文使用各种框图和流程图）。Spinellis 称这种方法为"无处不在的 UML"，他指出"经过短暂的学习，我们所有人都将能够专注于研究我们的图表如何最完美地传达我们的思想，而不是发明新的符号"（Spinellis，2010）。这样，将来的从业者使用高级 UML++ 时，所付出的努力可能是适度的。

总而言之，UML++ 中明确的行为建模部分将成为 HSMC 架构的未来"实时编程语言"（以及更多）。Arpinen 等（2006）朝这个方向迈出了第一步。但是，所有必需的功能都很好

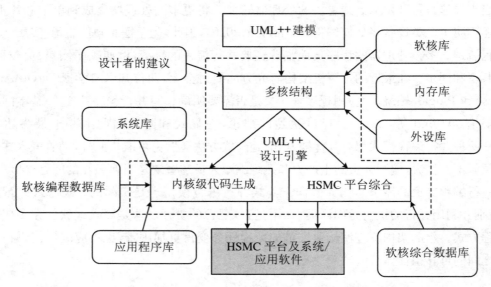

图 9.5　使用 UML + + 设计引擎为各个软核生成特定于应用的 HSMC 平台和相应的程序代码的过程

地建立起来并在嵌入式系统社区中成为主流使用应该要接近 2040 年了。考虑到嵌入式系统行业在方法论上的保守性,这个漫长的采用期是可以理解的。尽管容易争辩说这种自动代码生成方案效率低下,但我们可以有把握地回答,摩尔定律的持续有效性将在我们的愿景期推翻这些考虑。这种简单的推理类似于在硬实时系统中从汇编语言到过程语言,再从过程语言到面向对象语言的痛苦而成功的转换。

9.4　愿景:实时系统工程

　　形式化方法一直给人们带来希望,那就是可以找到更容易、更快和更便宜的构建可靠实时系统的方法。但是,这个期盼从未真正实现过,这主要是由于对时间行为的建模存在困难。

　　当前,将形式化方法作为实时系统设计和分析的灵丹妙药还存在难点,尚没有标准的方法,实际上,似乎有太多的形式化方法可用。在完全使用形式化方法来构建成功的实时系统方面,似乎还缺少真正的成功案例。而当报道这些成功的故事时,它们被认为仅是一种特殊的情况。如果形式方法确实是答案,那么关于它们被成功应用于实时系统不应该是新闻,而应该是司空见惯的了。

　　软件工程先驱 David Parnas 最近提出了这一观点,并对应用形式化方法的现状表示遗憾:"我们的工作是改进这些方法,而不是推销它们。好的方法,经过适当的解释,就能够推销自己。我们目前的方法的有效性不会超出第一次试验的范围"(Parnas,2010)。Parnas 继续论证了使用形式化方法的不同范式以及符号的简单性和普遍性。

在上一节中,我们提出了 UML++,它是下一代建模语言,可用于设计和实现单核和(异构)多核环境的实时软件。嵌入式系统的正式 UML++ 模型是平台独立的,因为所有的平台依赖性都隐藏在图 9.5 所示的 UML++ 设计引擎中。这些平台依赖性既与特定应用的多核组成有关,也与所使用的实际 FPGA 电路有关。需要强调的是,在 UML++ 框架中,软件设计和实现活动是高度不可分割的,因此,最终的 UML++ 模型是迭代构建的,增量过程由高级仿真工具支持,以在模型增量出现时验证模型增量。这种模型验证是半自动执行的。

9.4.1　软件自动验证

HSMC 平台的软件是根据 UML++ 模型自动生成的(图 9.5)。在进行如此大量的计算工作的同时,还会生成必要的测试用例和相关的测试套件。此外,嵌入式软件会自动在三个不同层次进行验证:

① 对象层次:单个 CPU 核中的每个对象;
② 核心层次:多核处理器中的每个 CPU 核;
③ 系统层次:所有 CPU 核一起。

为了能够对实时软件的第 2 层次和第 3 层次进行足够的测试,需要一个通用的、可配置的仿真程序库来提供基本的应用程序环境。全自动软件验证面临的最大挑战与这些模拟应用程序环境有关。显然,在我们的愿景期间,必须半自动生成它们。

9.4.2　保守的需求工程

必须强调需求工程的作用,因为在"正确的时间"开发"正确的产品"对于竞争激烈、生命周期缩短的全球市场来说越来越重要了。根据要开发的产品类型,需求工程过程可以是增量的,并与 UML++ 设计/实现阶段紧密集成;也可以是独立的阶段,在 UML++ 建模开始之前完成。前一种方法与敏捷方法具有明显的相似之处,而后一种方法则支持顺序生命周期模型。而这两者都是必需的,因为有各种类型的嵌入式产品以及具有不同特性的开发环境需要管理。

尽管完全使用单一的 UML++ 工具执行设计/实现,但需求工程活动仍将由多个工具支持,这是由利益相关者的多样性决定的。在这个远景时期,他们不会有"共同语言",营销人员和工程人员之间的方法上的鸿沟仍然太大。

9.4.3　软件项目中的远程协作

在未来,嵌入式软件开发项目在地理上将越来越广地分布在多个位置甚至可能位于不同的大陆。全球化的推进使大型或中型的公司将他们的研发（R&D）部门分散开来。母公司可能位于欧洲或美国，但在巴西、中国和印度等国家亦有本地研发小组。

为了给分布在各地的小组之间的有效合作奠定坚实的基础，有必要在整个项目团队中使用通用的建模工具。由于具有结构化效果，所以以模型为中心的软件工程协作方法是有益的（Whitehead，2007）。

如今，电子邮件和某些基于 Web 的应用程序在大多数开发项目中通常作为组间通信的首选方法。实时软件工程师的物理出行量正在不断减少——它耗时、昂贵且对环境不利。尽管如此，根据我们的国际研发经验，当前的视频会议技术并不能完全取代项目团队精心准备的见面会议。视频会议的状态仍然过于原始，分裂性的安排"他们和我们"给互动带来了不利影响。

Whitehead 提出了有关软件工程合作的相关路线图（Whitehead，2007）。他表示，未来的通信和在场技术将提供新的机会，以淡化合作的工程团队之间的物理距离感。特别是，先进的 3D 游戏虚拟现实环境（以及"第二人生"之类的虚拟环境）可以为设计审查、例行项目会议，甚至是每天的咖啡休息时间提供合理的虚拟环境。这样，整个项目团队的凝聚力将会提高，"他们和我们"这样的有害的想法可能会减少。

可以预期，创新性的游戏行业将在这个愿景期开发这样的虚拟或增强现实环境，这也将为分布式软件工程团队之间自然而有效的互动提供了"量子飞跃"。

9.4.4　拖放式系统

开放源代码存储库中有很多用于构建实时系统的组件，其中许多组件相当强大，目前已经在工业级的实时系统中使用。但是对于最关键的应用，需要新的工程范式，以方便地识别、鉴定、验证和组装这些来自多个来源（例如开源、商业现货和内部重用）的组件。

我们设想了新一代基于拖放组件的软件工程工具以及相关功能，以支持双向工程（从规范到代码的正向和反向工程）。这类系统的前身比比皆是，但是没有一个系统具有最关键的应用所需要的那种鲁棒性和可证明的正确性。

9.5　愿景：实时应用

自进入嵌入式系统时代以来，已经引入了许多嵌入式应用程序，其中很多应用已经存在了多年，并在我们的生活中占有一席之地，而另一些则悄然消失了。毫无疑问，在愿景期及以后，将会继续引入新的嵌入式应用程序。在本节中，我们讨论一些未来的嵌入式应用，这些应用可能会对我们的个人生活和周围的社会产生重大影响。

智能手机、可穿戴服装、电器、自动贩卖机等设备中大量的小型实时计算机有望改变人类与环境的互动方式。以下场景几乎触手可及：

① 衣服中的嵌入式微控制器与洗衣机通信，以设置适当的洗涤周期；

② 读取出汗情况和体温的传感器可调节您家中或汽车中的环境；

③ 您的冰箱和智能食品储藏室可以盘点库存清单，并根据您的饮食习惯、最近准备的饭菜和即将到来的假期为您准备一份购物清单。

在第 9.1～9.4 节中预期的所有改进将使新的应用系列具有令人惊叹的功能。可以理解的是，我们只能讨论这些可能性中的一小部分。

9.5.1　协作的实时系统的局域网

先进的智能家居和智能建筑需要包含协作的实时系统的本地通信网络。智能家居除了带来许多便利之外（例如环境控制），其中还有许多针对老年人、残疾人或幼儿的安全应用。例如，可以跟踪居民是否在安全区外徘徊或长时间不动。将系统与生命体征和其他状态监视设备连接起来，可以为跟踪和维护私人住宅或公共设施（如医院、学校或退休设施）中的任何居民的健康和保健提供重要信息。

也有各种各样的娱乐和舒适应用，例如，虚拟墙壁艺术、音乐和气候控制可适应我们房间中个人的口味和需求。实际上，比尔·盖茨在自己的家中设想了 RFID 技术的这些应用，然后实现了它们（Gates，1995）。接下来，可以在各种公共场所（例如学校、图书馆和医院）实施这些相同的调整。而且，与智能家居相同的进步可以扩展能到与内部组件（例如电梯、HVAC 和照明）、用户和环境交互的智能建筑（Snoonian，2003）。

机器人对实时系统工程师带来了终极挑战，因为它们融合了图像处理、人工智能和机电系统，都通过现场总线网络进行通信。但是，我们可以期待在工业和住宅环境中看到更多的基于机器人的应用，到 2040 年，很可能会普及逼真的类人机器人。即使在今天，全球许多家庭都拥有自主的机器人真空吸尘器，它能够在居住空间内进行导航，同时对地板和地毯进行吸尘操作。

9.5.2　协作实时系统的广域网

也许实时系统最令人兴奋的应用是涉及大范围的大量协作系统。典型的应用包括智能交通系统、智能电网和协同基础设施系统。

智能交通系统是指各个车辆相互交互，并与交通监控设备、应急车辆、行人和其他实时组件交互的系统（Ma 等，2009）。

另外，智能电网是"一种自动化的、广泛分布的能源输送网络，其特点是电力和信息的双向流动，并且能够监视从发电厂、客户喜好到单个电器的所有内容。它将分布式计算和通信的优点整合到电网中，以提供实时信息，并在设备层面实现近乎瞬时的供需平衡"（美国能源部，电力输送和能源可靠性办公室，2008）。

此外,用于基础设施(例如电网、水处理、电信系统等)的安全系统可以进行交互以识别复杂的威胁媒介,例如网络攻击。网络攻击是"对计算服务的大规模破坏,可能在全球范围内触发计算和非计算系统中的二阶和三阶故障或失效"(Laplante 等,2009)。

目前,所有这些系统都以相当初级的形式存在,但在未来二十年内,将会出现功能强大、健壮且具有容错功能的解决方案。这些系统为实时工程师提出了各种有趣的问题。但是,这些问题中有许多是我们在本书中研究的各种挑战的升级版本。

9.5.3 具有远程访问功能的生物识别设备

另一类有趣的应用是基于远程访问功能的新型生物识别(Ricanek 等,2010)设备(BIDRA)。BIDRA 是几乎每个人都可以拥有并可以持续使用的智能设备,未来可能会与智能手机集成。它能够对其真实拥有者进行可靠而强大的生物特征识别,并且会不定期重复进行识别,以确保持有 BIDRA 设备的人是其合法拥有者。此外,BIDRA 可以与其附近环境安全地交互,也可以使用无线通信接口通过 Internet 进行访问。

这些主要特征使 BIDRA 成为多种问题的解决方案,这些问题在某种程度上与个人的安全身份识别有关。如今,我们所有人都有多个高强度密码,这使我们可以使用具有不同级别的隐私和安全性的各种系统和服务。但是任何人只要拥有我们的密码就能以我们身份使用那些系统/服务。而且,不幸的是,这种情况一直在发生,因为总有人可以通过非法或至少是可疑的方式来获取他人的密码。BIDRA 可以方便地代替所有密码,并且先进的生物识别技术将确保高度的人身安全。因此,解决了烦人的密码问题。

此外,BIDRA 可用于自动配置不同的环境,以适应个人偏好。例如,当某人进入自己的汽车(也可能由其他家庭成员使用)时,汽车会识别出坐在方向盘后面的人是谁,并根据从 BIDRA 获得的预先定义的偏好,调整方向盘、驾驶员座椅、后视镜、内部温度和首选的广播频道。BIDRA 还可以用作多个电子锁(家庭、办公室、汽车等)的通用钥匙,不再需要其他钥匙。

此外,BIDRA 还可用于公共停车场中轻松停车。远程 BIDRA 读取器可以识别出由某人驾驶的汽车正在进入停车场,并记录到达时间。稍后,当同一个人驾驶的汽车离开车库时,远程读取器会记录离开时间。在这种默认情况下,直接从银行账户收取停车费,无需现场付款,该账号由 BIDRA 提供。

在许多国家的高速公路和街道上,越来越多地使用自动超速检测。通常在路面下有一个感应式传感器,用于测量过往车辆的速度,还有一个坚固的相机,用于拍摄每辆超速行驶的车辆的数字图像。最终,在向车主发出处罚通知之前,只需要进行少量手动处理。BIDRA 可以大大简化超速"票据"流程。只需要一个具有无线互联网访问权限的简单 BIDRA 阅读器,就可以取代那些昂贵的路边摄像机。当车辆通过此类读取器并且检测到超速时,处罚通知可以自动通过电子邮件发送到驾驶员的 BIDRA 提供的地址,甚至可以直接从驾驶员的银行账户中扣除。在某些国家/地区,某些罚款取决于驾驶员的年收入,BIDRA

也知道这个信息。此外,没有有效的驾驶执照就不能使用对应车辆,并且此信息也存储在 BIDRA 中。

这种自由的设想过程可以继续进行,但是已经提供的示例表明 BIDRA 将提供巨大的潜力。但是,如果丢失 BIDRA 设备会怎样? 不用担心,每个 BIDRA 都包含一个卫星导航接收器,可用于高精度定位,并且有可能通过无线互联网连接访问丢失的 BIDRA 设备。原则上,如果允许的话,也可以由某个授权人员或组织一直跟踪每个 BIDRA 设备。

9.5.4　高速无线通信背后是否存在任何威胁?

在 BIDRA 简短的介绍中,"无线"一词已被提及 3 次,看来我们的数字化社会正在朝着越来越快的无线网络发展。"无线很方便,无线无处不在,"但是这种思维背后可能存在严重的威胁。

自从手机时代开始以来,就一直存在着争论,即所传输的高频波或微波是否会导致脑癌。但是,没有科学证据表明手机会对用户的健康造成危险。另外,正在进行关于手机和无线通信系统的基站对人类荷尔蒙分泌的可能影响的讨论。例如,特定的激素分泌障碍可能导致例如抑郁症或酗酒。此外,至少有人怀疑高速无线通信系统会破坏某些昆虫(例如蜜蜂)的导航能力。

需要以长期研究来判断与无线通信的生物效应有关的那些假设和其他类似假设(Valberg 等,2007)。但是,与这种研究工作并行的是,随着无线互联网使用更高的数据速率,所使用的微波频率也在不断增加。

如果事实证明生物威胁确实存在,那也将对未来的实时系统产生重大影响。另一个纯粹的技术问题是,由于未来嵌入式应用中无线传感器网络的过度使用,公共频段(不需要明确的运营商许可证)将变得过于拥挤。

9.6　总　　结

实时系统的愿景是一个具有挑战性的主题,根据所选择的观点,可以以多种不同的方式展现。我们不打算对这个广泛的主题进行全面讨论,而是决定将重点放在精心选择的特定主题上,这些整体可以为课堂讨论和实时系统实践课程结束时的相关任务提供教育基础。

硬件技术的持续发展为实时系统的发展奠定了坚实的基础。大型可重构(但具有成本效益)的 FPGA 平台,与所建议的异构软多核体系结构一起,可以实现具有真正任务并发性的硬实时系统。为每个软件任务分配一个单独的 CPU 内核的可能性使整个软件结构简单明了,因此更易于维护。这一点很重要,因为在未来的嵌入式系统中,应用软件的规模将大大增加。

而且,实时操作系统在 HSMC 环境中的作用与传统的多任务处理有所不同,因为每个软件任务都在其专用 CPU 内核上独立运行。实时操作系统不需要集中的调度/分派,但主要为协同任务提供准时同步和任务间通信服务。与那些同时处理内核内和内核间调度/分派以及动态负载平衡的多核操作系统相比,这种确定性方案要简单得多。

此外,与现有的过程语言和面向对象的语言相比,HSMC 处理器的编程以更高的抽象级别进行。我们将这种新的"实时编程语言"称为 UML++。但是,UML++ 不仅是一种编程语言,而且是当前 UML 的演进实体,具有增强的形式化和实时支持。UML++ 设计引擎使用增量设计和验证的行为模型来自动构建特定于应用程序的 HSMC 平台和自动生成代码。

手动测试未来的应用程序软件是不现实的,在自动测试用例和测试套件的生成之后会自动执行测试。使用 HSMC 平台,可以在三个层次级别上自动测试嵌入式软件,三个层次为:对象级别、核级别和系统级别。

在嵌入式软件开发中,软件工程师之间的有效协作将变得越来越重要。这是实时软件日益复杂和软件开发活动全球化所致。为了使组间协作更加自然和有效,可以使用未来的 3D 游戏虚拟现实环境和增强现实环境作为地理分布的软件工程团队之间的协作环境。

数字化社会的主要问题之一是如何可靠而方便地识别各种系统/服务的用户。由于明显的原因,当前采用的密码方案正接近其实用性的终点。因此,我们提出了一种具有远程访问权限的生物特征识别设备,它使用强大的生物识别技术来识别 BIDRA 的真正所有者,几乎可以用于将来所有需要对个人进行安全身份识别的应用。经过对 BIDRA 的一些潜在应用进行了设想和讨论,这种具有灵活的无线通信和自我定位能力的识别设备很可能在我们的愿景期结束之前问世。

实时系统的未来应用是令人兴奋的,但是实现这些系统所面临的大多数挑战都是 50 多年来实时系统工程师面临的相同问题。虽然对旧问题的许多解决方案可以扩展,但随着时间的推移,系统的功能不断改进,新的复杂性也随之引入。此外,应用开发将产生新的理论问题需要解决,需要新的、更好的软件工程技术,以便有效地实现应用程序。

教科书的一个新版本就像自然界中的一个新的春天。

练　习

习题 9.1　找出 HSMC 结构至少 3 个优点和 3 个缺点(图 9.2)。根据这些发现,评估你对这一特定硬件愿景的信任度(0~1 级)。如果可能的话,你认为到哪一个十年,这样的方法将成为现实并被广泛使用?

课堂作业:比较每个学生的答案,并共同创建班级的一个集体答案。

习题 9.2　与满足类似要求的传统解决方案相比,计算云(图 9.3)可以为大型工厂的分布式控制系统提供哪些好处(如果有的话)?

课堂讨论:将基于互联网的云计算与这种具有硬实时和准实时约束的分布式控制系统相结合是否可行?

习题9.3　在实践中,如何实现图9.4中用于在不同CPU内核之间传输消息的物理通信通道? 这些替代的实现方式有什么优点和缺点?

课堂讨论:物理通信通道是否会成为系统任务所提供的同步和任务间通信服务的瓶颈?

习题9.4　图9.5中建议的设计和实现背后的主要挑战甚至障碍是什么? 根据所确定的挑战,评估你对这一特定愿景的信心(0~1级)。

课堂作业:比较每个学生的答案,并共同创建整个班级的集体答案。

习题9.5　拟议的BIDRA装置似乎提供了广泛的应用机会。列出本书中未提及的BIDRA的5个应用的可能。哪些实际问题会阻碍BIDRA的发展或广泛传播?

课堂辩论:教师主持两个小组之间的预备辩论。首先,全班分成3个小组,其中一个小组赞成BIDRA的概念,一个小组反对,一个小组对所提出的论点进行评估。评估小组的客观结论是什么?

习题9.6　根据你的个人愿景五角星(图9.1),找出本章中所表达的最强和最弱的愿景元素(或维度)。在绘制五角星时,请在一个愿景要素中整体考虑多个愿景元素。

课堂作业:比较各个学生的五角星,并共同创建整个班级的集体五角星。

习题9.7　本章中未提及的关于实时系统的3个最重要的愿景是什么? 解释一下为什么这些愿景特别重要?

课堂讨论:评估每个学生的其他愿景,并创建全班前三名的额外愿景(可通过投票方式)。

习题9.8　诸如Java虚拟机(JVM)之类的虚拟机可以使应用软件容易移植到不同的硬件平台。对于HSMC架构(图9.2和图9.5)也考虑使用类似的虚拟机模型(这适用于硬实时系统)是否可行? 在这种情况下,这种方案有什么优点和缺点?

课堂讨论:在为嵌入式应用开发和实现小型时间可预测的虚拟机时,主要的挑战是什么?

参 考 文 献

[1]　ARPINEN T, KUKKALA P, SALMINEN E, et al. Configurable multiprocessor platform with RTOS for distributed execution of UML 2.0 designed applications[C]//Proceedings of the Design, Automation and Test in Europe. Munich, 2006, 1.

[2]　ARVIND D A, PINGALI K, CHIOU D, et al. Programming multicores: Do applications programmers need to write explicitly parallel programs? [J]. IEEE Micro, 2010, 30(3): 19-33.

[3]　DAVIS R. Evaluating virtual machines for use on a small embedded real time microcontroller platform[D]. Colorado Technical University, 2011.

[4] ELKATEEB A,MANDEPANDA A. Embedded soft processor for sensor networks[C]//Proceedings of the International Conference on Network-Based Information Systems. Indianapolis,2009: 268-272.

[5] FUNABASHI M,KAWABE T,NAGASHIMA A. Towards post embedded systems era[C]// Proceedings of the ICROS-SICE International Joint Conference. Fukuoka,2009:466-469.

[6] GATES B. The road ahead[M]. New York:Penguin Books,1995.

[7] GEA-BANACLOCHE J,KISH L B. Future directions in electronic computing and information processing[J]. Proceedings of the IEEE,2005,93(10):1858-1863.

[8] HASHEMI M,GHIASI S. Versatile task assignment for heterogeneous soft dual-processor platforms[J]. IEEE Transactions on Computer-Aided Design of Integrated Circuits and Systems,2010,29(3):414-425.

[9] KAMIYA A. General model for large-scale plant application. Computationally intelligent hybrid systems[M]//The Fusion of Soft Computing and Hard Computing. Hoboken:Wiley-Interscience, 2004:35-55.

[10] LAMMERS D. The era of error-tolerant computing[J]. IEEE Spectrum,2010,47(11): 15.

[11] LAPLANTE P A. Computing requirements for self-repairing space systems[J]. Journal of Aerospace Computing,Information,and Communication,2005,2(3):154-169.

[12] LAPLANTE P,MICHAEL B,VOAS J. Cyber pandemics:History,inevitability,response [J]. IEEE Security and Privacy,2009,7(1):63-67.

[13] LEVY M,CONTE T M. Embedded multicore processors and systems [J]. IEEE Micro,2009, 29(3):7-9.

[14] LUO Y. Network I/O virtualization for cloud computing [J]. IT Professional,2010,12(5):36-41.

[15] MA Y,CHOWDHURY M,SADEK A,et al. Real-time highway traffic condition assessment framework using vehicle-infrastructure integration (Ⅶ) with artificial intelligence (AI) [J]. IEEE Transactions on Intelligent Transportation Systems,2009,10(4):615-627.

[16] MAKRIDAKIS S,WHEELWRIGHT S C,HYNDMAN R J. Forecasting:Methods and Applications[M].3rd. New York:John Wiley & Sons,1998.

[17] PARNAS D L. Really rethinking 'formal methods'[J]. IEEE Computer,2010,43(1):28-34.

[18] PATTERSON D. The trouble with multi-core [J]. IEEE Spectrum,2010,47(7):28-32, 53.

[19] POWELL J R. The quantum limit to Moore's law [C]//Proceedings of the IEEE. 2008,96(8): 1247-1248.

[20] RACU R,HAMANN A,ERNST R. Sensitivity analysis of complex embedded real-time systems[J]. Real-Time Systems,2008,39(1):31-72.

[21] RICANEK K,SAVVIDES M,WOODARD D L,et al. Unconstrained biometric identification: Emerging technologies [J]. IEEE Computer,2010,43(2):56-62.

[22] SICK B,OVASKA S J. Fusion of soft and hard computing:Multi-dimensional categorization of computationally intelligent hybrid systems [J]. Neural Computing and Applications,2007,16(2): 125-137.

[23] SNOONIAN D. Smart buildings [J]. IEEE Spectrum,2003,40(8):18-23.

[25] Spinellis D. UML everywhere[J]. IEEE Software,2010,27(5):90-91.

［26］ TALWAR R,PEARSON I. The world in 2020 ［General Forecasts］ ［J］. Engineering and Technology，2010,5(1):21-24.

［27］ U. S. DEPARTMENT OF ENERGY，OFFICE OF ELECTRICITY DELIVERY AND ENERGY RELIABILITY. The smart grid: An introduction［EB/OL］. (2008)［2011-8-17］http://energy. gov/ sites/prod/files/oeprod/DocumentsandMedia/DOE_SG_Book_Single_Pages%281%29.

［28］ VALBERG P A，VAN DEVENTER T E，REPACHOLI M H. Workgroup report: Base stations and wireless networks- radiofrequency (RF) exposures and health consequences［J］. Environmental Health Perspectives,2007,115(3):416-424.

［29］ WHITEHEAD J. Collaboration in software engineering: A roadmap［C］//Proceedings of the Future of Software Engineering. Minneapolis,2007:214-225.

［30］ WILHELM R. Memory hierarchies,pipelines,and buses for future architectures in time-critical embedded systems［J］. IEEE Transactions on Computer-Aided Design of Integrated Circuits and Systems,2009,28(7):966-978.

［31］ WOLF J. RTOS support for parallel execution of hard real-time applications on the MERASA multi-core processor［C］//Proceedings of the 13th IEEE International Symposium on Object/Component/Service-Oriented Real-Time Distributed Computing. Carmona,2010:193-201.

致　　谢

感谢我亲爱的朋友塞波·J.奥瓦斯卡博士,他是完美的合作者。塞波易于相处,他的勤奋、经验、洞察力、耐心和对细节的关注完美地补充了我的缺点。第3版和第4版之间的绝大部分完善都得益于塞波的辛勤工作。由于塞波的贡献,第4版远远优于本书的任何前一版。正如我珍视前3版一样,本书也将是他的愿景和珍视的作品。

我还要感谢我的妻子南希和孩子克里斯托弗以及夏洛特,感谢他们在这些年里忍受着我为这份手稿和其他许多项目所做的看似无止境的工作。

菲利普·A.拉普兰特

我感谢我的妻子海伦娜和我的儿子萨米和萨穆,感谢我们一起经历的一切。尽管与你们给予我的一切相比,这只是一个小小的举动,但我还是谦卑地将这本书献给你们。最后,菲尔(指菲利普·A.拉普兰特),在这个令人激动和有意义的图书项目中,能与你一起工作,我真的很高兴。

塞波·J.奥瓦斯卡